MSP432 中国大学计划用书

基于固件的 MSP432 微控制器原理及应用

刘　杰　著

北京航空航天大学出版社

内 容 简 介

本书以 MSP432P401R 固件库函数为主线，介绍了 MSP432P401R 的基本外设特点、结构与功能、固件库的函数列表及使用。本书采用真实硬件 MSP－EXP432P401R LaunchPad 评估板来测试基于固件编写的程序，使用虚拟硬件 Proteus 8.3 来测试基于寄存器编写的程序，以便把高效的基于固件编程与传统的基于寄存器编程的优点结合起来，以加快 MSP432 软件的开发速度。

本书可作为嵌入式工程师在基于固件 MSP432 开发时的参考用书，也可作为高校电类专业学习 MSP432 或 Cortex-M4 的入门教材。

图书在版编目(CIP)数据

基于固件的 MSP432 微控制器原理及应用 / 刘杰著
. -- 北京 ：北京航空航天大学出版社，2016.5
ISBN 978－7－5124－2119－6

Ⅰ. ①基… Ⅱ. ①刘… Ⅲ. ①微控制器 Ⅳ.
①TP332.3

中国版本图书馆 CIP 数据核字(2016)第 103533 号

基于固件的 MSP432 微控制器原理及应用

刘 杰 著

责任编辑 孙兴芳

*

北京航空航天大学出版社出版发行

北京市海淀区学院路 37 号(邮编 100191) http://www.buaapress.com.cn

发行部电话：(010)82317024 传真：(010)82328026

读者信箱：emsbook@buaacm.com.cn 邮购电话：(010)82316936

北京市同江印刷有限公司印装 各地书店经销

*

开本：710×1 000 1/16 印张：23 字数：490 千字

2016 年 6 月第 1 版 2016 年 6 月第 1 次印刷 印数：3 000 册

ISBN 978－7－5124－2119－6 定价：55.00 元

前　言

正值超低功耗的 MSP430 产品在业界做得风生水起的时候，2015 年初 TI 又推出了全新的超低功耗 MSP432 MCU 产品，这是一款将低功耗 MSP430 所具有的卓越性能引入 ARM Cortex 领域中的产品。其凭借 Cortex-M4F 内核、FPU 引擎、DSP 指令和 48 MHz 主频，更好地满足了那些正在寻求具有更高性能或行业标准内核的 MSP 用户和更低功耗的 ARM 用户的需求。

MSP432 MCU 可利用与 Cortex-M0C+（M4F 的性能比 M0+强 10 倍）相当的功耗来实现 Cortex-M4F 的全部性能，使得工业界或消费类应用领域的用户再也无须在低功耗与高性能之间做出取舍与权衡了。MSP432 MCU 旨在为业界提供具有最低功耗的 ARM Cortex-M4F 器件，这可通过 EEMBC（嵌入式微处理器基准评测协会）的 ULPBench（超低功率基准）评分来证明。在该项测试中，MSP432 MCU 在所有同类的 Cortex-M3/M4F 器件中获得了最高分——167.4 分。

MSP432 系列在工作状态下的电流仅为 95 μA/MHz，在支持实时时钟的待机状态，电流可低至 850 nA，并且还集成了针对超低功耗的外设，包括：

◇ 集成的 DC/DC，与低压降稳压器（LDO）相比，可降低 40%的功耗；

◇ 为 8 个 RAM 段中的每个段提供专用电源，从而使每个段的耗能减少 30 nA；

◇ 14 位 ADC，在 1 MSPS 时的电流仅为 375 μA；

◇ 存储在 ROM 中的驱动库（即所谓的固件库），可比闪存省电 35%；

◇ 具有独立段的 256 KB 闪存，能同步执行内存读取和擦除；

◇ 存储在 ROM 驱动库（即所谓的固件库）中的数据，比保存在闪存中的数据执行速度快 200%。

AES 256 硬件加密加速器使得程序员能够保护器件和数据安全，而 MSP432 上的 IP 保护也可确保数据和代码的安全性。鉴于 MSP432 具有大的数据吞吐量、更加完整的高级算法和有线或无线物联网（IoT）堆栈，以及更高分辨率的显示图像等优点，或许 MSP432 的设计思想将代表今后 MCU 的发展方向，因而具有广泛的应用前景。

由于 MSP432 MCU 刚面市不久，国内还没有针对 MSP432 的原理及应用的相关技术书籍，因此作者撰写此书对其进行介绍。

本书的特点如下：

◇ 采用基于固件的软件编程模式：易学，省时，可降低程序员的入门门槛，并且可以大幅提高软件的开发速度，是替代传统的基于寄存器软件开发模式的不二选择。
◇ 较详细地介绍了软件调试与测试的技术细节，比如设置断点和单步调试方法，以利于初学者尽快跨进嵌入式程序员的门槛。
◇ 为充分利用现有的书籍及网络资源，本书还介绍了 CCS 6.1、Keil for ARM 与 IAR for ARM 三种最新版的开发软件。
◇ 最熟悉 TI 芯片的人莫过于 TI 自己的工程师，本书尽量原汁原味地把 TI 工程师的编程方法介绍给读者。
◇ 基于固件来介绍 MSP432 的软件编程方法，并不是抛弃基于寄存器的传统软件开发模式，而是将二者有机地结合起来。这样做，仅需在包含文件中加入 MSP432 的头文件即可，这样就可以在那些适于基于寄存器编程的地方添加基于寄存器的代码到应用程序中，并以基于 Proteus 8.3 虚拟软硬件平台的形式出现即可。这也可以使那些有 MSP-EXP432P401R LaunchPad 评估板但外围硬件有限或无该板卡的读者测试基于寄存器编写的代码了。
◇ 介绍了基于 Proteus 8.3 开发平台的软硬件编程与调试方法。
◇ 尽量将理论和实践结合起来，规避两种倾向（高校老师编写的书——偏理论，软硬件工程师编写的书——偏程序），特别适用于初学者。

本书的主要内容包括：

◇ 开发工具使用入门；
◇ MSP-EXP432P401R LaunchPad 开发板简介；
◇ 系统时钟模块；
◇ 数字 I/O 端口；
◇ 电源系统；
◇ 内部存储器；
◇ ADC14 模块；
◇ 比较器 E 及基准 A 模块；
◇ 定时器模块；
◇ 嵌套向量中断控制器；
◇ eUSCI_A 的 UART 模式；
◇ eUSCI 的 SPI 模式；
◇ eUSCI_B 的 I²C 模式；
◇ DMA 控制器；
◇ 基本图形库。

在本书的编写过程中使用了大量 TI 公司的中英文资源，并得到了 TI 中国大学计划部谢胜祥工程师和潘亚涛经理等的大力协助；此外，TI还为本书的软件测试提供了全部实验器材。王凯、程泳、郭丹、李晗、吴仪炳、陈添丁、杨元廷、史进、谢文福、杨叶腾、陈松雷、寿永勇、寿永勇、余延臻、林东灿、林亮亮、许惠敏 、王爱忠、苏泓、史永祥、陈鸿霖、周楠、赵建欣、王丽琴、谭笑、林静、黄荣、高建鸿、杜程远、张志鸿、张伟敏、吴承清、林肖、李加滨、江丽珍、黄冠莉、陈阳、董晓芳、陈志成、姜杨、彭浩书等同学参与了个别章节和固件库函数的初始翻译与资料整理工作；同时，在编写本书的过程中得到了北航出版社编辑的全程指导，以及EEWORLD网站 http://bbs.eeworld.com.cn/ 的大力支持，在此一并表示感谢。

本书可作为嵌入式工程师在基于固件的MSP432开发时的参考用书，也可作为高校电类专业学习MSP432或ARM Cortex-M4的入门教材。

由于时间紧，任务重，加上本人的水平有限，难免会有纰漏，敬请读者批评指正。

刘　杰

2015年11月于福大怡园

目录

第1章

搭建软件开发环境

本章将简单介绍 CCS 6.1、Keil for ARM 和 MSPWare 软件包的下载、安装及使用方法，搭建 MSP432 的软件开发平台，并介绍 EnergyTrace 技术。

本章的主要内容：

◇ CCS 6.1 的安装及使用方法；

◇ Keil for ARM 的安装及使用方法；

◇ MSPWare 软件包的安装及使用方法；

◇ EnergyTrace 技术；

◇ 基于 Proteus8.3 的 MSP430 软件测试。

1.1 下载与安装所需的软件

本节将扼要介绍 CCS 6.1、Keil for ARM、IAR for ARM 和 MSPWare 软件包的下载与安装。

1.1.1 下载开发软件包

MSP-EXP432P401R LaunchPad 软件包 MSPWare_2_30_00_49_setup 的下载地址：

http://software-dl.ti.com/msp430/msp430_public_sw/mcu/msp430/MSPWare/latest/index_FDS.html。

CCS 6.1 软件的下载地址：

http://processors.wiki.ti.com/index.php/Download_CCS。

Keil for ARM(编号:MDK516a)软件的下载地址：

http://www.keil.com/arm/mdk.asp。

IAR for ARM(编号:EWARM-CD-7407-9865-1)的下载地址：

http://supp.iar.com/Download/SW/?item=EWARM-EVAL。

1.1.2 安装开发软件包

(1) CCS 6.1 的安装步骤

① 按默认路径安装,如图1-1所示。

② 选中 MSP432 Ultra Low Power MCUs(见图1-2),默认条件下该芯片为非选中状态。

其他步骤按提示即可顺利完成,但只有CCS 6.1及更高版本的CCS软件才支持MSP432。

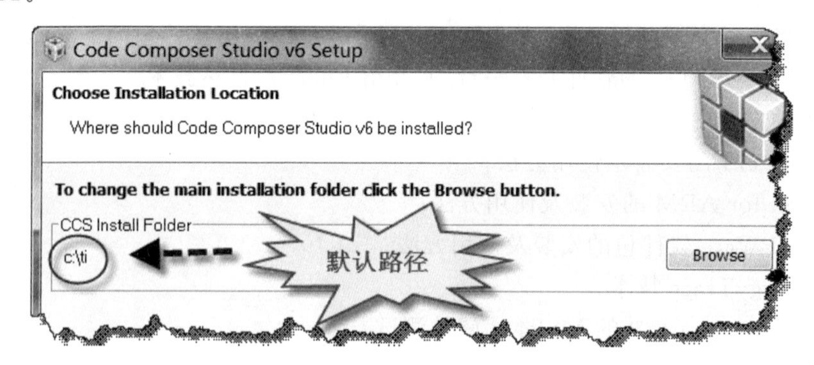

图1-1 按默认路径安装

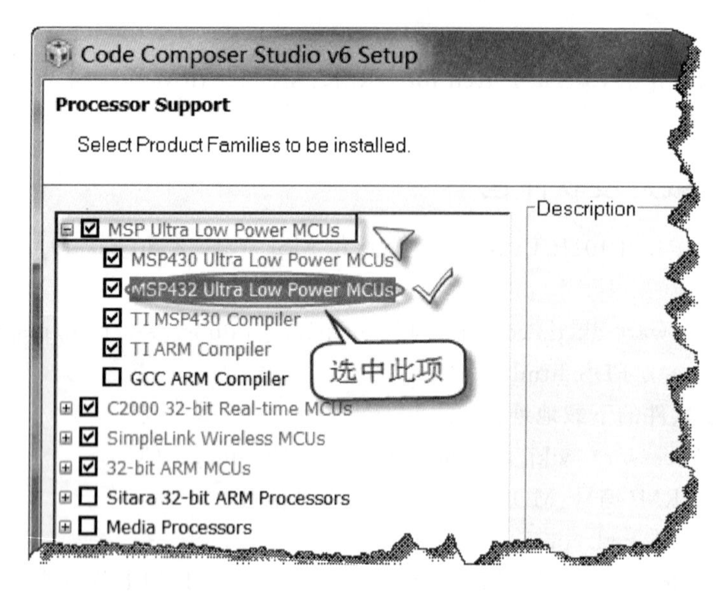

图1-2 安装 CCS 6.1 时需选中 MSP432 Ultra Low Power MCUs

(2) Keil for ARM 的安装步骤

在完成MDK515的安装后,需单击Pack Installer图标以添加MSP432芯片,其步骤如图1-3所示。其他步骤按提示进行,便可顺利完成Keil for ARM的安装。

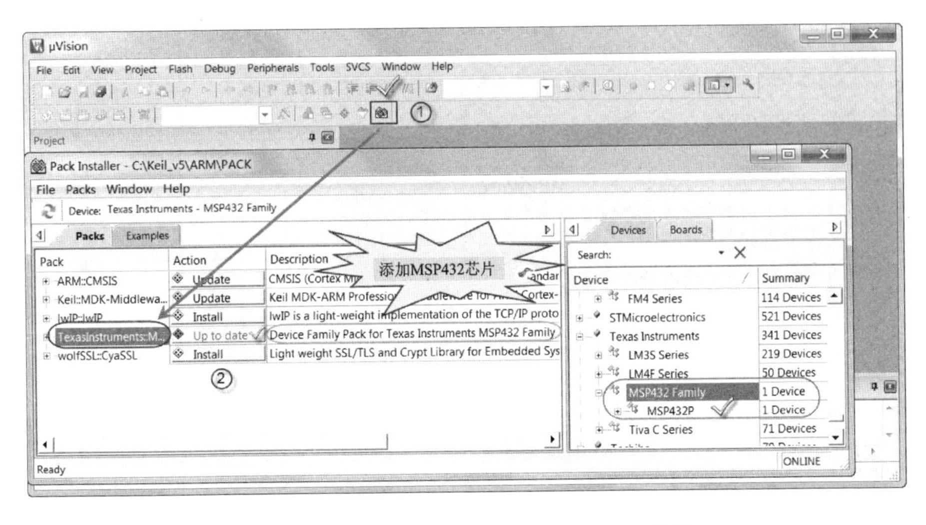

图1-3 为 Keil for ARM 添加 MSP432 芯片

(3) MSPWare 软件包的安装步骤

① 单击图标安装 MSPWare 软件包,如图 1-4 所示。

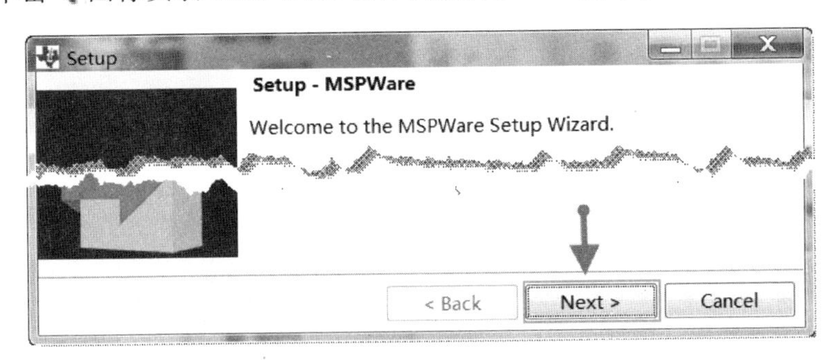

图1-4 安装 MSPWare 软件包

② 按默认路径安装,如图 1-5 所示。

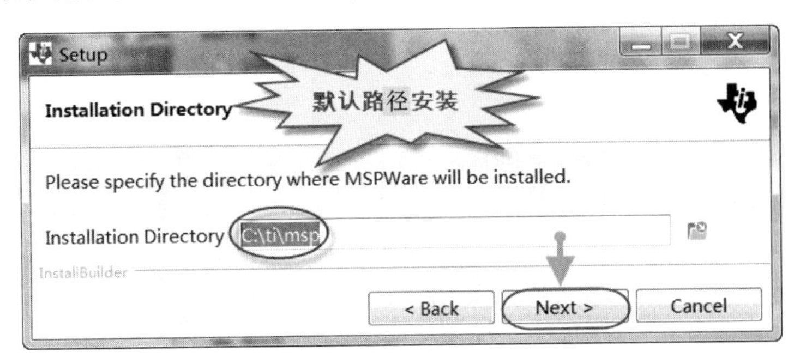

图1-5 按默认路径安装 MSPWare 软件包

③ 按提示完成 MSPWare 软件包的安装，如图 1-6 所示。

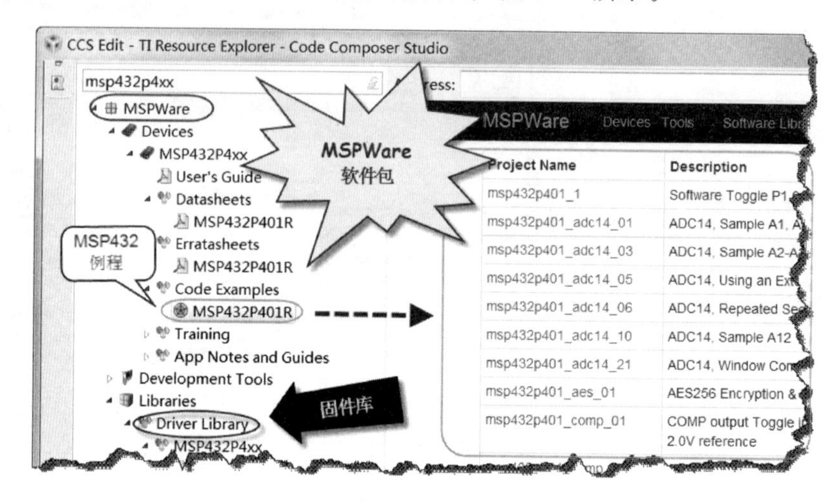

图 1-6 安装完成的 MSPWare 软件包

1.2 CCS 6.1 软件的使用简介

1.2.1 安装更新

在安装完成后初次使用 CCS 6.1 时需对其进行更新操作，方法如图 1-7 和图 1-8 所示。

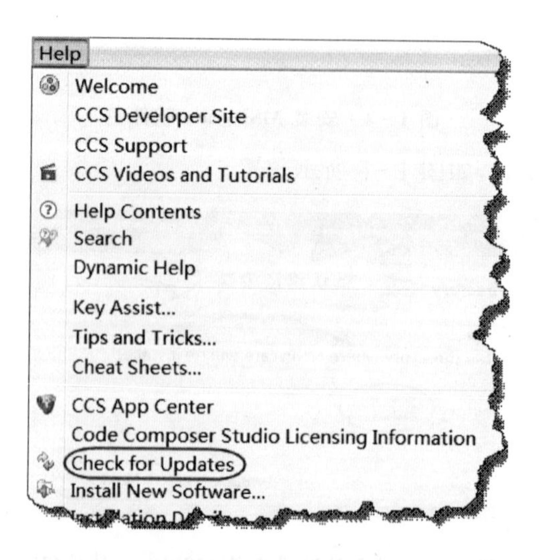

图 1-7 选择 Check for Updates 选项

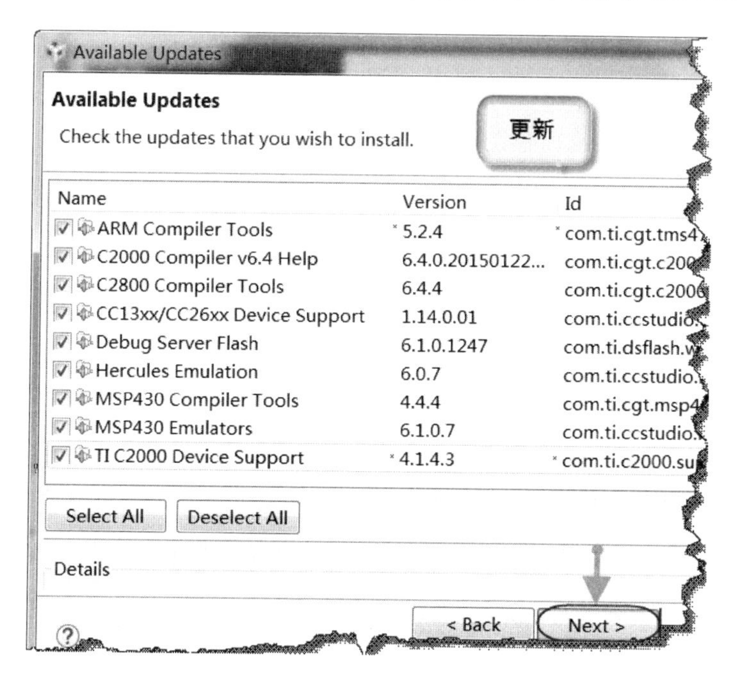

图 1-8　选中需要更新的部件，单击 Next 按钮进行更新操作

1.2.2　创建一个基于 MSP432 的工程

CCS 采用在一个工作区中来管理工程的方法。当用户第一次使用 CCS 时，会自动生成一个新的空白工作区。

(1) 在该工作区中创建一个工程(如 BlinkLED 工程)

在该工作区中创建一个工程的步骤：选择 File→New→CCS Project 菜单项，如图 1-9 和图 1-10 所示。

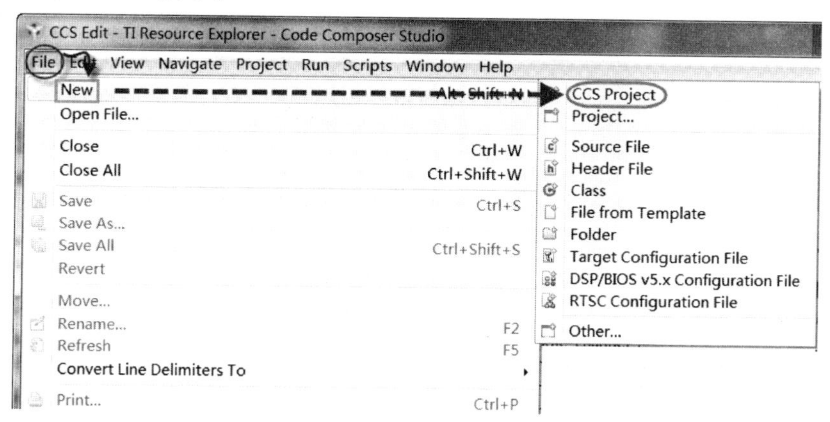

图 1-9　创建一个 CCS 工程的步骤(1)

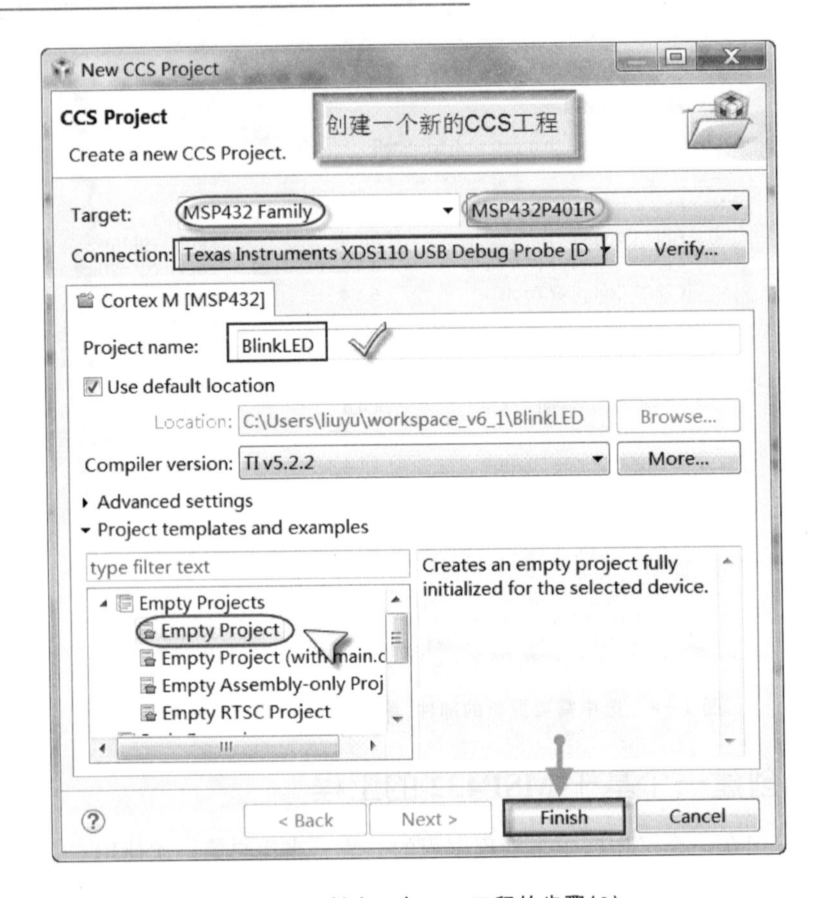

图 1-10　创建一个 CCS 工程的步骤(2)

(2) 硬件连线图

硬件连线图如图 1-11 所示。

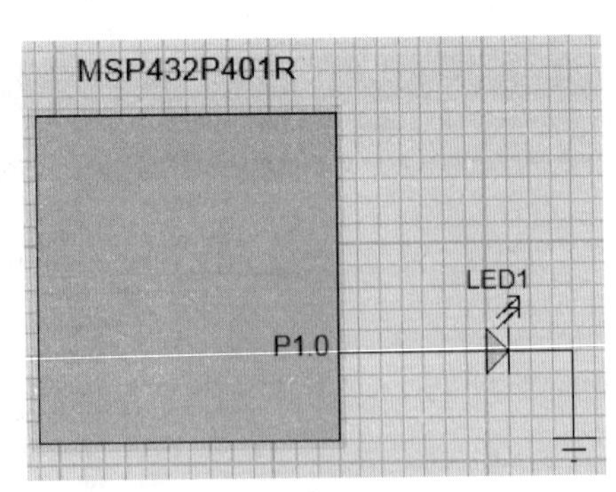

图 1-11　硬件连线图

(3) 添加P1.0口的LED闪烁灯程序

```
//*****************************************************************
// 文件名:BlinkLED.c
// 来源:TI例程
// 功能:通过在P1.0口做异或运算使P1.0的电平在0~1之间交替转换,从而使连接于
// 此的LED交替亮灭
// ACLK = 32.768 kHz, MCLK = SMCLK = default DCO~1 MHz
//*****************************************************************
#include "msp.h"
#include <stdint.h>

int main(void)
{
    volatile uint32_t i;
    WDTCTL = WDTPW | WDTHOLD;              //关看门狗
    P1DIR |= BIT0;                         //将P1.0设置为输出
    while (1)                              //连续循环
    {
        P1OUT ^= BIT0;                     //使P1.0口的LED闪烁
        for (i = 20000; i > 0; i--);       //延迟
    }
}
```

(4) 创建目标配置文件

① 选择File→New→Target Configuration File菜单项,如图1-12和图1-13所示。

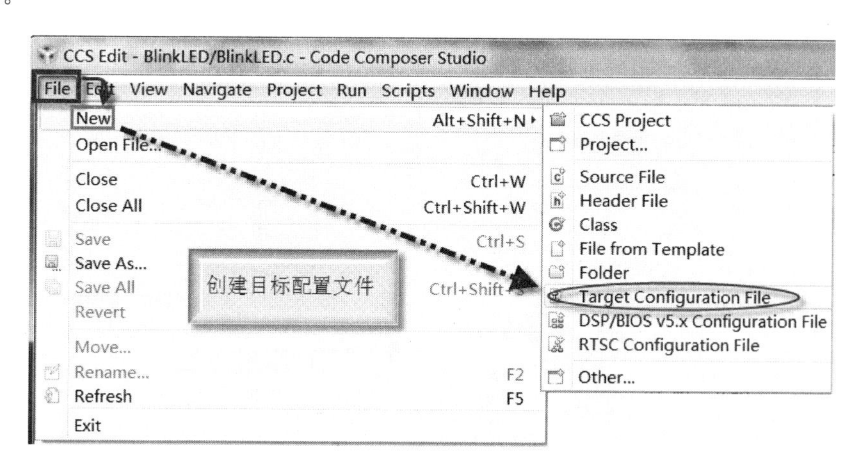

图1-12　创建一个新的目标配置文件

② 选择仿真器以及选中所使用的芯片,如图1-14所示。

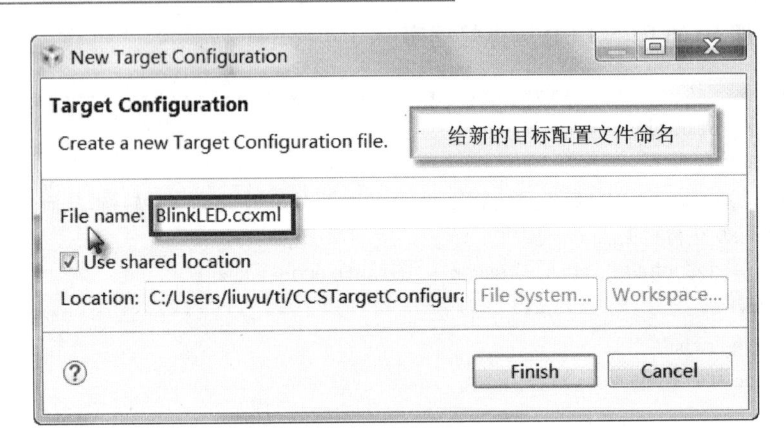

图1-13 给新的目标配置文件命名

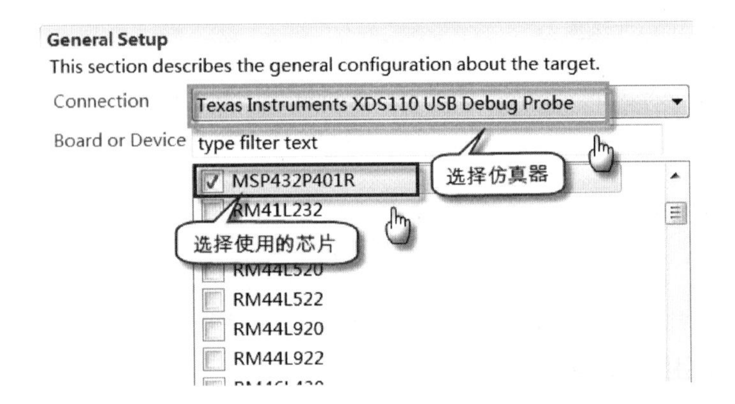

图1-14 选择在目标配置文件中使用的仿真器与芯片

③ 保存目标配置文件及测试与MSP432板卡的连接，如图1-15所示。

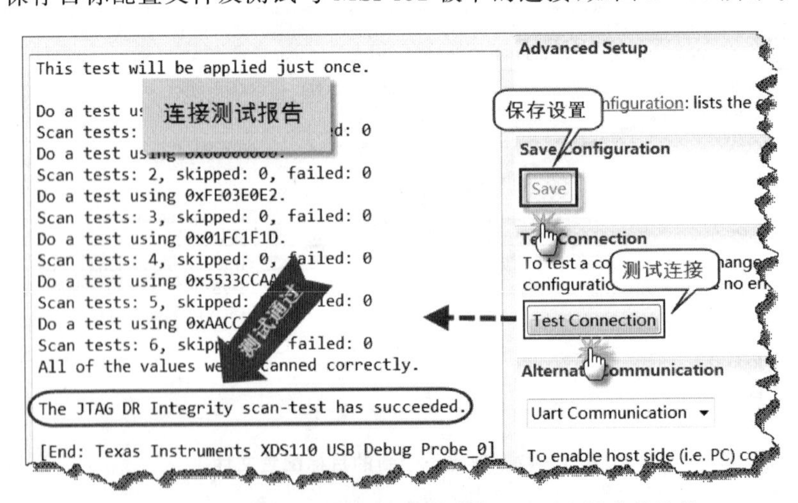

图1-15 保存目标配置文件及测试与MSP432板卡的连接

(5) 完整的工程

最后创建的完整工程如图1-16所示。

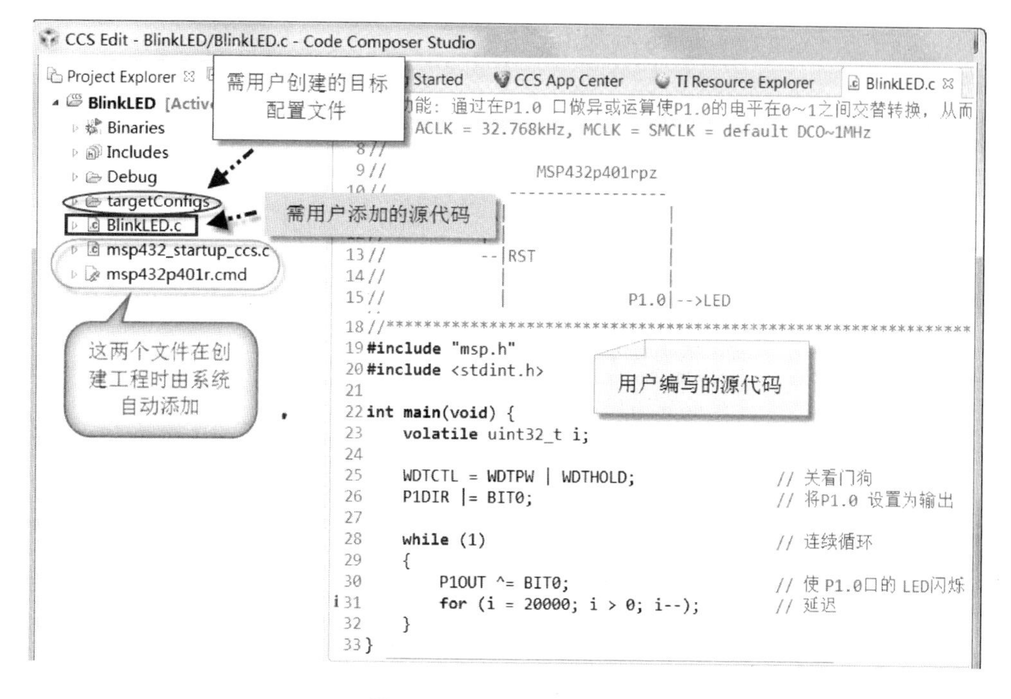

图1-16　创建的完整工程

(6) 工程的编译结果

单击工具栏上的 图标编译工程，其结果如图1-17所示。

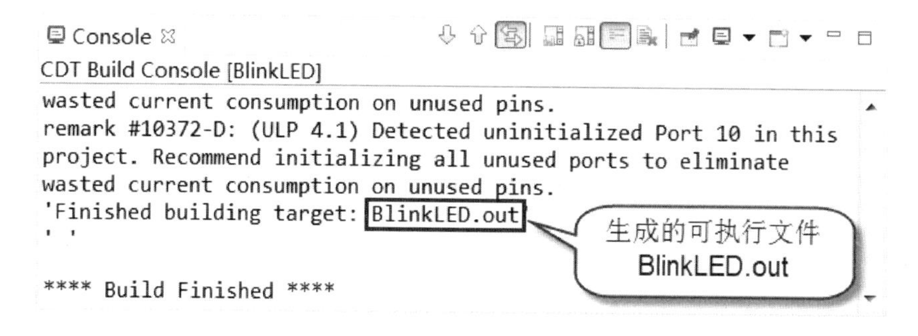

图1-17　工程的编译结果

(7) 下载与测试

① 调出目标配置文件(选择 View→Target Configurations 菜单项)，如图1-18所示。

② 右击目标配置文件 BlinkLED.ccxml，在弹出的快捷菜单中选择 Launch Selected Configuration 连接 XDS110 仿真器，如图1-19所示。

图1-18 打开目标配置文件

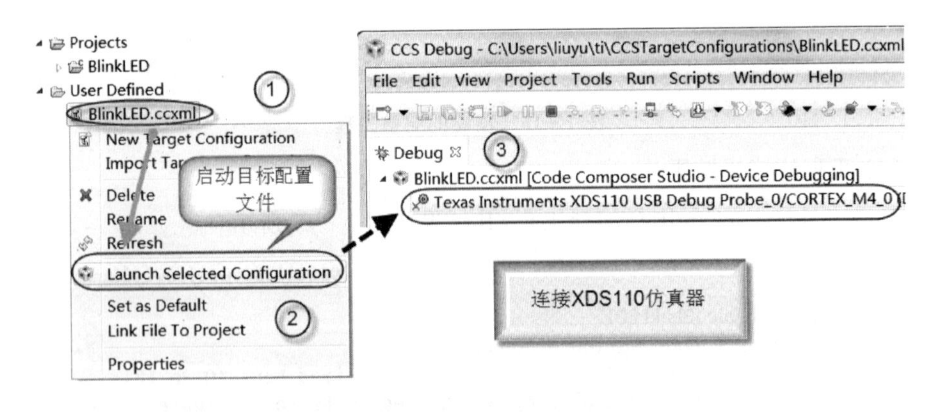

图1-19 连接XDS110仿真器

③ 单击工具栏上的 图标连接MSP-EXP432P401R LaunchPad开发板，然后单击工具栏上的.out文件加载图标，将编译生成的BlinkLED.out文件下载到MSP-EXP432P401R LaunchPad开发板中，如图1-20所示。

④ 单击工具栏上的运行图标，BlinkLED.out代码在MSP-EXP432P401R LaunchPad开发板中的运行结果如图1-21所示。

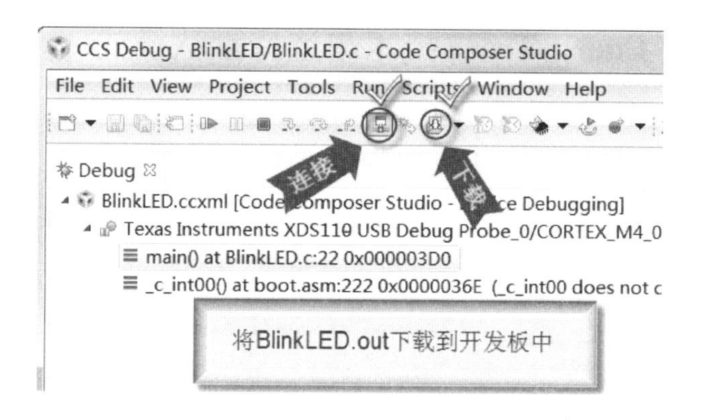

图1-20　将BlinkLED.out下载到MSP-EXP432P401R LaunchPad开发板中

图1-21　BlinkLED.out代码在MSP-EXP432P401R LaunchPad开发板中的测试结果

1.3　EnergyTrace技术

EnergyTrace技术是一种基于能量的代码分析工具，用于测量和显示应用程序的能量，并帮助优化应用程序以实现超低功耗。

注意： MSP432芯片内置EnergyTrace+[CPU状态]技术，可在用户程序代码执行时实时监测器件的许多内部状态。EnergyTrace+技术支持所选择的MSP432器件和调试器。

EnergyTrace模式(不带“+”)基于EnergyTrace技术，使能模拟能量测量以确定应用程序的能量消耗，但不关联内部设备的信息。在CCS中，EnergyTrace模式可用于所有MSP432器件选定的调试器。

1.3.1 使能 EnergyTrace 技术与选择默认模式

默认情况下，在 CCS 中 EnergyTrace 功能是禁用的，可通过选择 Window→Preferences→Code Composer Studio→Advanced Tools→EnergyTrace™ Technology 菜单项来打开 EnergyTrace 功能，其设置如图 1-22 所示。

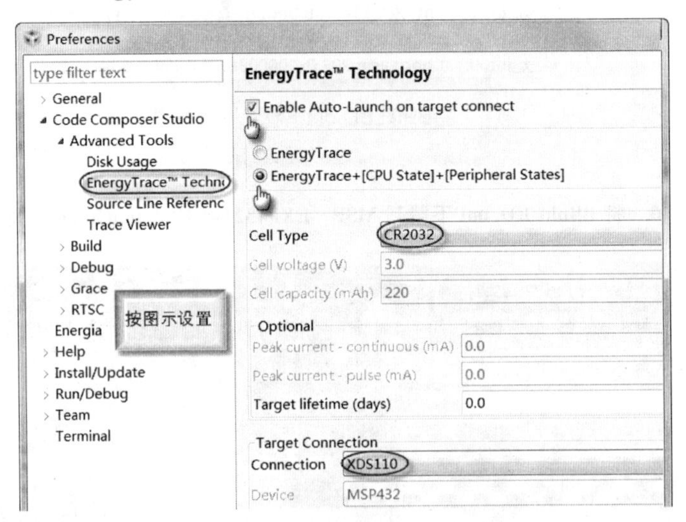

图 1-22 EnergyTrace 的设置

1.3.2 控制 EnergyTrace 技术

EnergyTrace 技术可使用剖析窗口中的图标进行控制(见图 1-23)，其功能描述如表 1-1 所列。

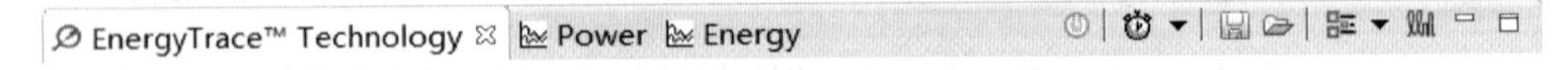

图 1-23 EnergyTrace 技术控制条

表 1-1 EnergyTrace 技术控制条的功能描述

图 标	功 能
(电源图标)	打开或关闭 EnergyTrace 技术。当关闭时，图标均变成灰色
(闹钟图标)	设置捕获时间：5 s、10 s、1 s、30 s、1 min 或 5 min。当设置时间到时，停止数据采集，但程序继续执行，直到按下调试控制窗口中的暂停按钮为止
(保存图标)	保存剖析工程
(打开图标)	加载以前保存的剖析文件以进行比较
(参数图标)	恢复图形或打开参数选项窗口
(切换图标)	EnergyTrace+与 EnergyTrace 模式的切换

1.3.3　EnergyTrace+模式

在调试支持内置 EnergyTrace+的设备时，EnergyTrace+模式将给出能源消耗和目标微控制器内部状态的信息。调试时将打开下列窗口：

◇ 剖析；

◇ 状态；

◇ 电源；

◇ 能量。

例如，对 BlinkLED 工程进行 EnergyTrace+测试时，其步骤如下：

① 单击工具栏上的 图标，将 BlinkLED. c 下载到 MSP－EXP432P401R LaunchPad 开发板中，然后单击剖析窗口中的 图标选中 EnergyTrace+模式（或按图 1－22 所示选中“Energy Trace +[CPU State]+[Peripheral States]”（EnergyTrace+模式）），如图 1－24 所示。

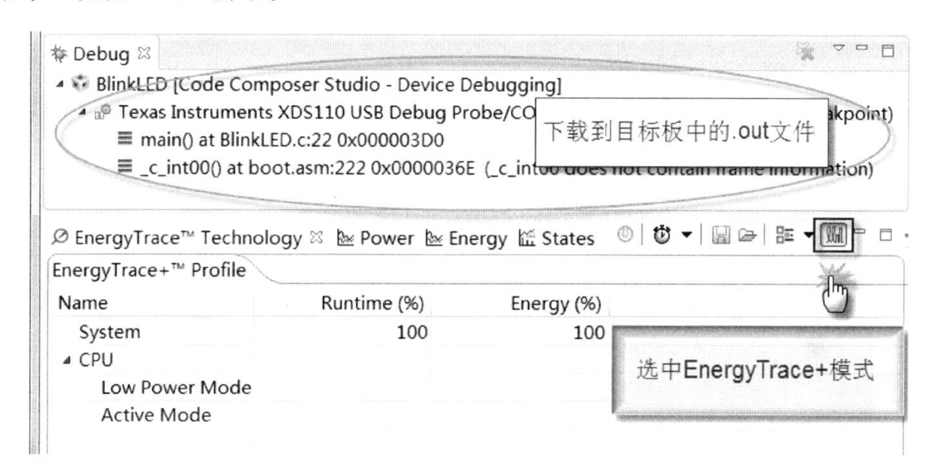

图 1－24　选中 EnergyTrace+模式

小窍门：上述将可执行. out 文件下载到开发板的方法，仅在第一次使用目标配置文件时使用，这种方法的缺点是：步骤比较多，不太方便。以后再使用相同的目标器件时，可单击工具栏上的 图标，直接将. out 文件下载到目标板中。

② 单击工具栏上的 图标启动 EnergyTrace+模式进行测试，其结果如图 1－25～图 1－28 所示。

从图 1－25 所示的剖析测试报告可以看出，BlinkLED 工程仅有激活模式，低功耗模式为 0。

从图 1－28 所示的状态测试结果可以看出，仅有激活模式的曲线，低功耗模式为 0，这与剖析的测试结果一致。

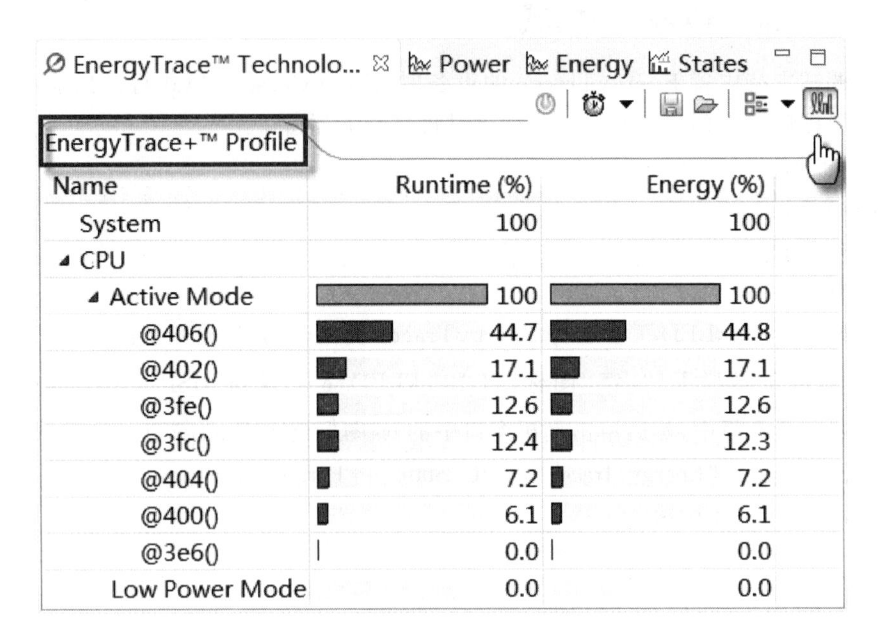

Name	Runtime (%)	Energy (%)
System	100	100
CPU		
Active Mode	100	100
@406()	44.7	44.8
@402()	17.1	17.1
@3fe()	12.6	12.6
@3fc()	12.4	12.3
@404()	7.2	7.2
@400()	6.1	6.1
@3e6()	0.0	0.0
Low Power Mode	0.0	0.0

图 1-25 EnergyTrace+剖析报告

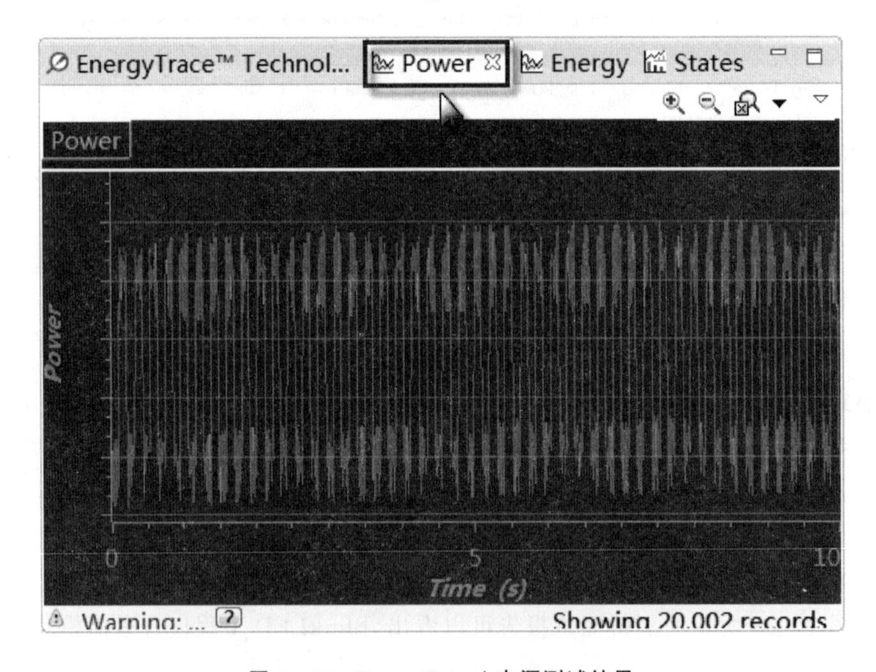

图 1-26 EnergyTrace+电源测试结果

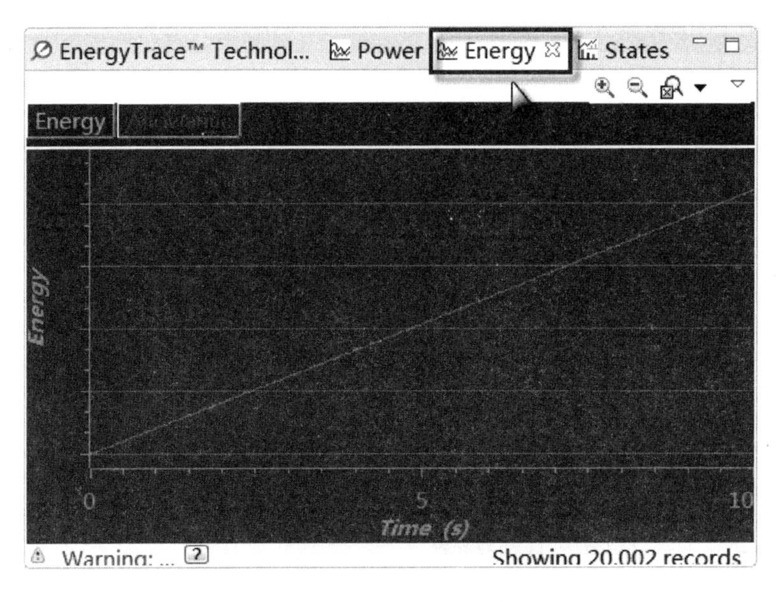

图 1-27 EnergyTrace+能量测试结果

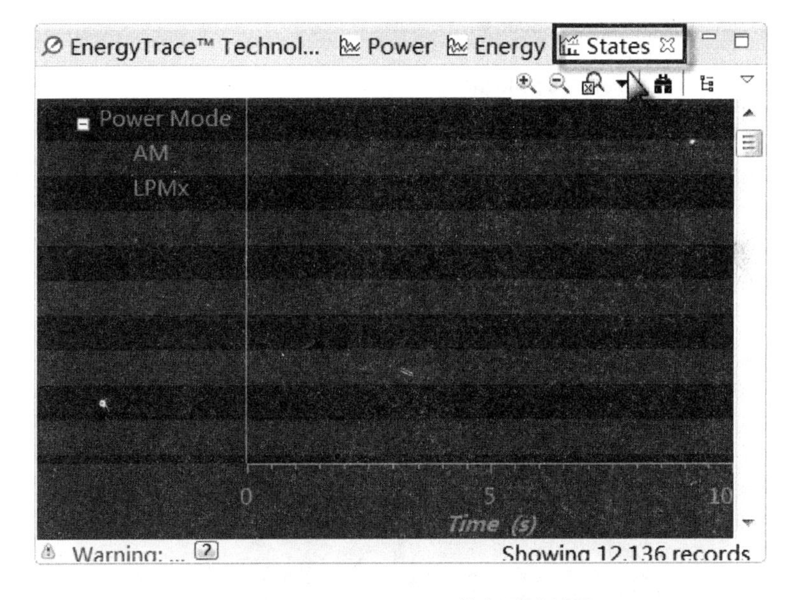

图 1-28 EnergyTrace+状态测试结果

1.3.4 EnergyTrace 模式

该模式允许对无内置 EnergyTrace+支持的 MSP432 微控制器使用独立能源测量功能。它也可以用于验证应用程序的能量消耗,而无须调试活动。单击剖析窗口中的图标选择 EnergyTrace 模式(或在图 1-22 中选择 EnergyTrace 模式),在调试会话启动时将打开以下窗口：

◇ 剖析；

◇ 电源；

◇ 能量。

对 BlinkLED 工程进行 EnergyTrace 测试，其测试结果如图 1-29～图 1-31 所示。

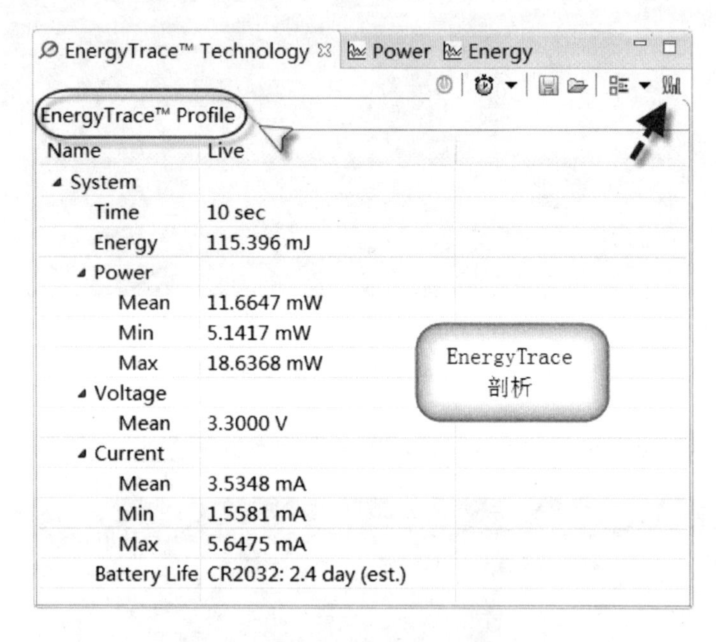

图 1-29　EnergyTrace 剖析报告

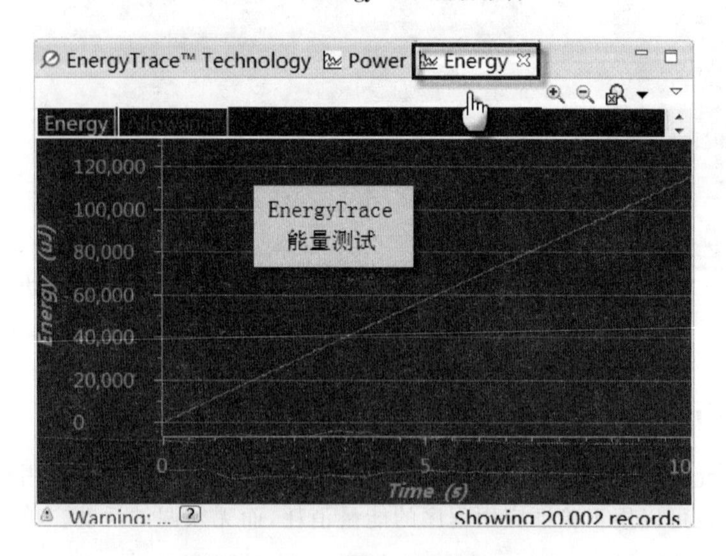

图 1-30　EnergyTrace 能量测试结果

从图1-29所示的EnergyTrace剖析报告可以看出,若采用CR2032纽扣电池供电,该程序可连续运行2.4天。

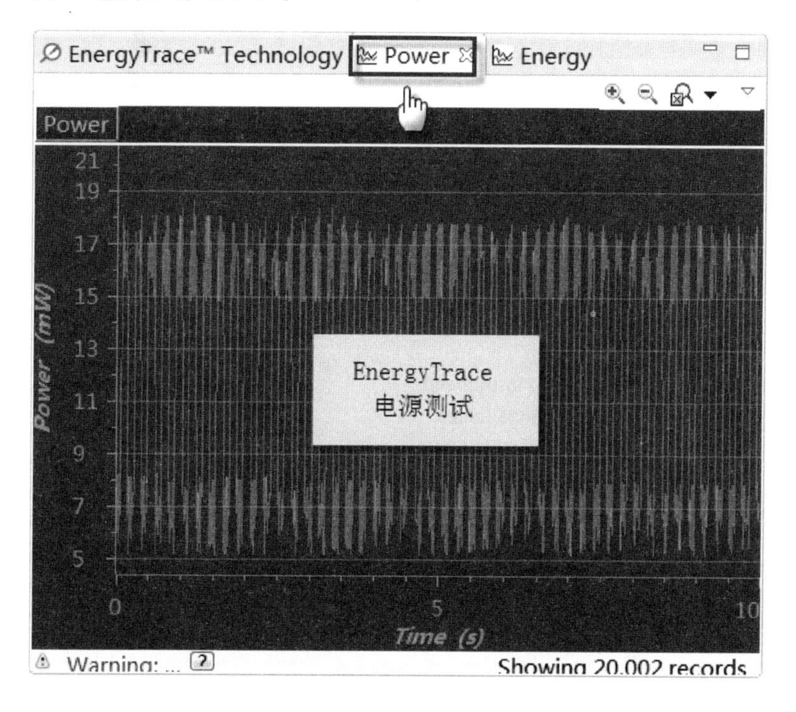

图1-31 EnergyTrace电源测试结果

1.4 Keil 5软件的使用简介

本节将利用BlinkLED工程来简要介绍Keil 5的使用方法,创建BlinkLED工程的步骤如下:

(1) 创建BlinkLED文件夹

在C:\ti\msp\MSPWare_2_30_00_49文件夹下创建一个My_projects文件夹(也可以根据用户的意愿在合适的位置创建My_projects文件夹),以保存用户自己创建的工程;然后在此创建BlinkLED文件夹保存BlinkLED工程。

(2) 创建BlinkLED工程

在BlinkLED文件夹下创建BlinkLED工程,其步骤如下:

① 选择Project→New uVision Project菜单项,在弹出的工程文件名文本框中输入BlinkLED,然后单击保存按钮,在弹出的选择器件窗口中选中MSP432P401R,如图1-32所示。

② 单击OK按钮,在弹出的Manage Run-Time Environment窗口中进行如图1-33所示的设置,然后单击OK按钮即可创建BlinkLED工程。

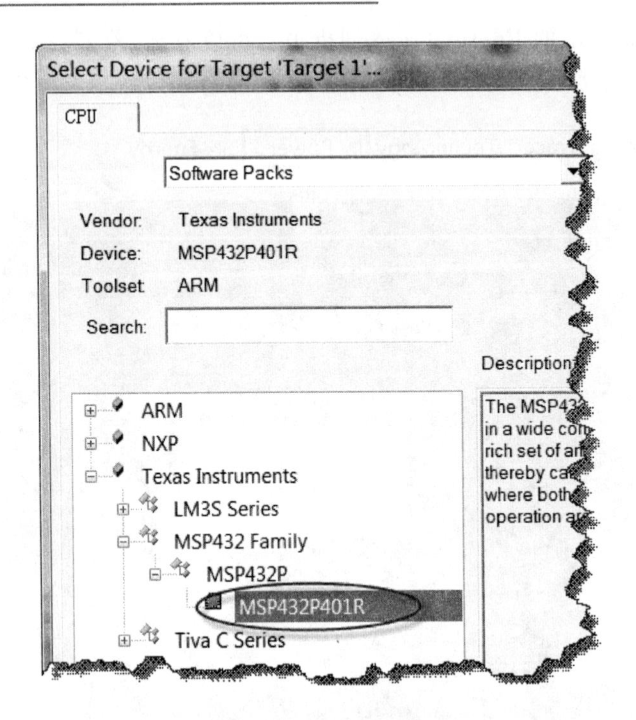

图1-32 选中MSP432P401R

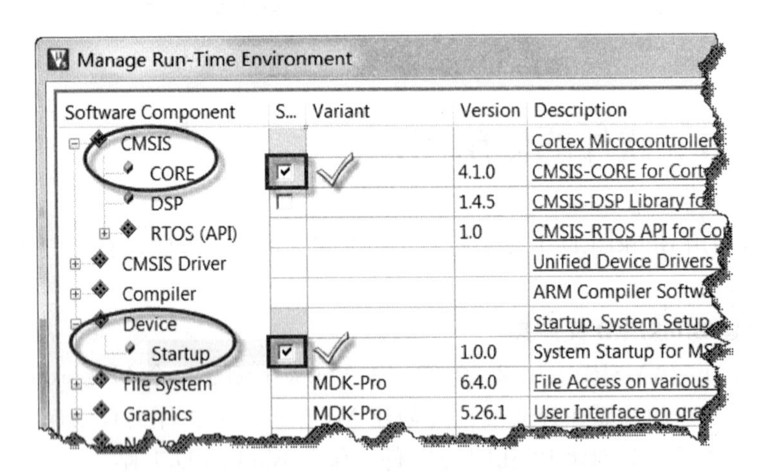

图1-33 选中Startup和CORE

③ 添加BlinkLED.c到工程中。

④ 在工程中添加dirverlib组,将MSPWare软件包中dirverlib文件夹下的.c和.h格式文件添加到dirverlib组中,如图1-34所示。

注意: BlinkLED工程并未用到msp432p4xx_driverlib.lib固件库函数。

⑤ 单击工具栏上的 图标,打开"Options for Target 'BlinkLED_MSP432P401R'"对话框,其中,"C/C++"和Debug选项卡的设置(其他可按默认设

置)如图1-35和图1-36所示。

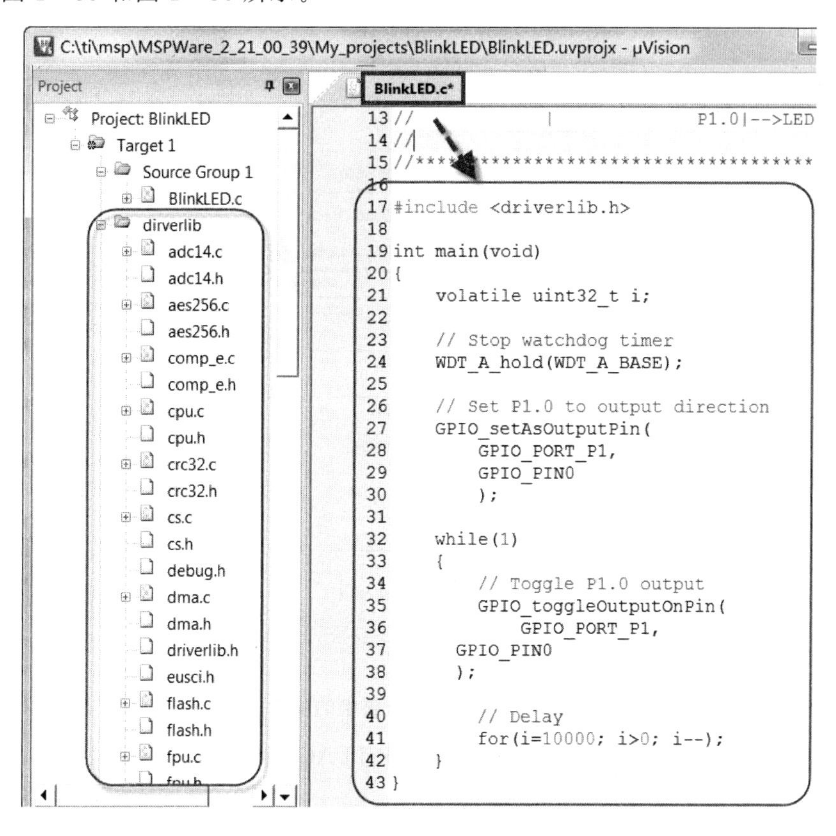

图1-34　创建的BlinkLED工程

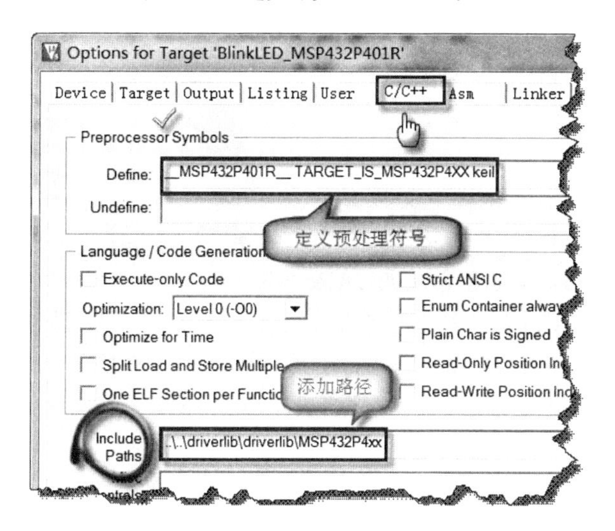

图1-35　"C/C++"选项卡的设置

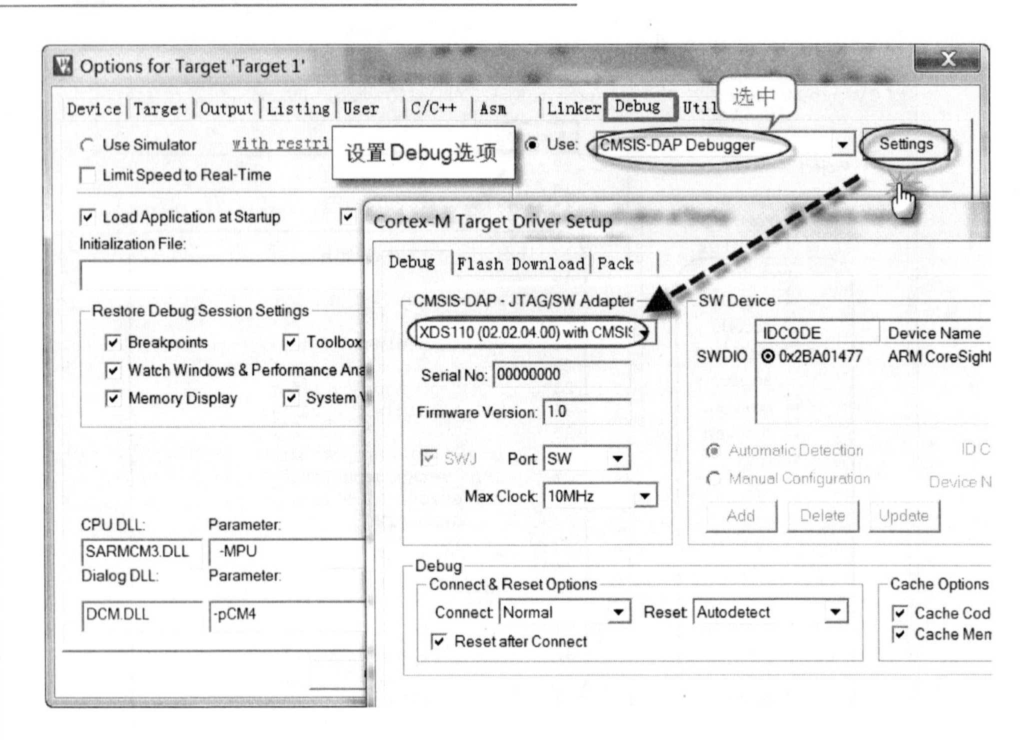

图 1-36　Debug 选项卡的设置

注意：如果未连接开发板，则 CMSIS-DAP-JTAG/SWAdapter 选项组为灰色。

⑥ 单击工具栏上的图标编译工程，生成 BlinkLED.axf 可执行文件。

⑦ 单击工具栏上的图标，将 BlinkLED.axf 下载到 MSP-EXP432P401R LaunchPad 开发板中测试，如图 1-37 所示。

图 1-37　编译与下载代码图示

说明：目前 Keil 5 软件还不支持 EnergyTrace 技术，如果读者不习惯使用 CCS 6.1 进行软件开发，可考虑使用 IAR 软件，其支持 EnergyTrace 技术。另外，或许是 TI 希望广大的 MSP430 用户能尽快地掌握 MSP432 家族的开发，其软件风格较多地保留了 MSP430 的风格，与常用的 Cortex-M4 书写格式有一定差别，这可能是一个优点，同时也是其不足之处。

考虑到既无 MSP432 开发板也无 MSP430 板卡的读者，为了使其大致了解 MSP432 的软件编程及测试过程，下面将扼要介绍基于 Proteus 8.3 的 MSP430 软件测试方法。

1.5 MSPWare 软件的使用简介

1.5.1 打开一个已存在的工作空间

例如,导入 C:\ti\msp\MSPWare_2_30_00_49\driverlib\examples\msp432p4xx 文件夹下固件库例程的工作空间,单击图标即可,如图 1-38 所示。

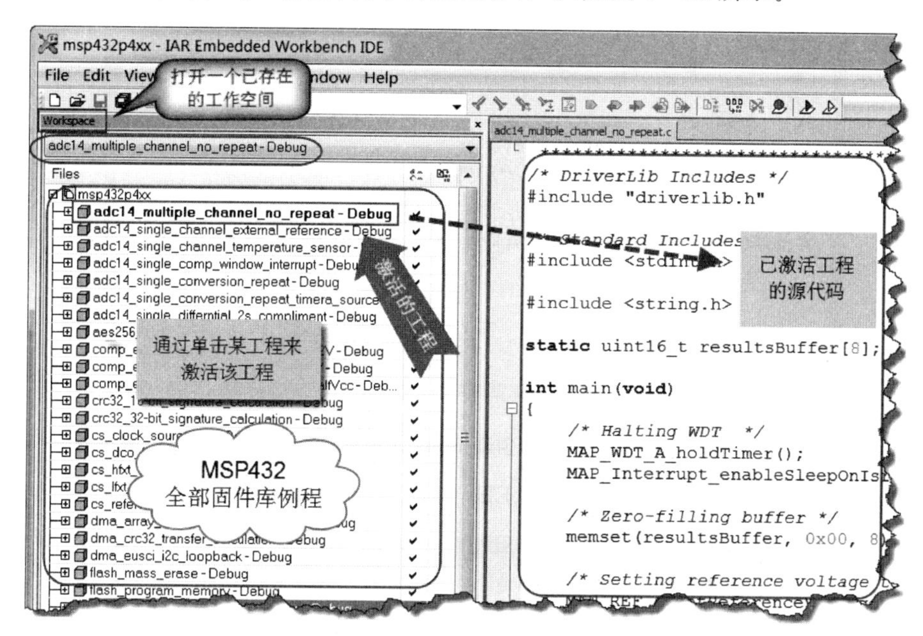

图 1-38 打开一个已存在的工作空间

1.5.2 创建 BlinkLED 工程

(1) 创建一个新的工作空间

创建一个新的工作空间(保存为 BlinkLED),如图 1-39 所示。

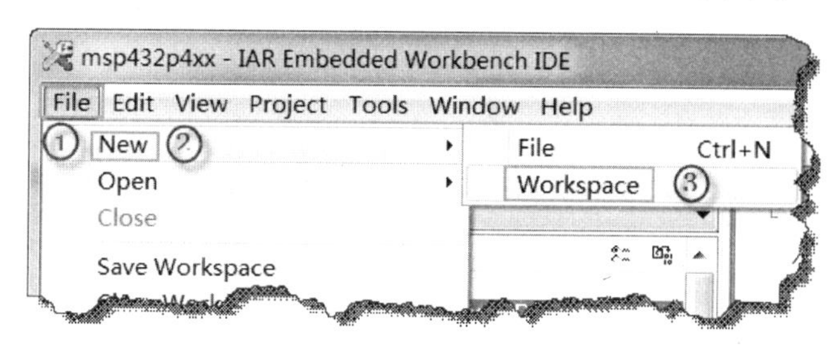

图 1-39 创建一个新的工作空间

(2) 创建一个新工程 BlinkLED

选择 Project→Create New Project 菜单项，在弹出的对话框中进行如图 1-40 所示的操作，创建 BlinkLED 工程。

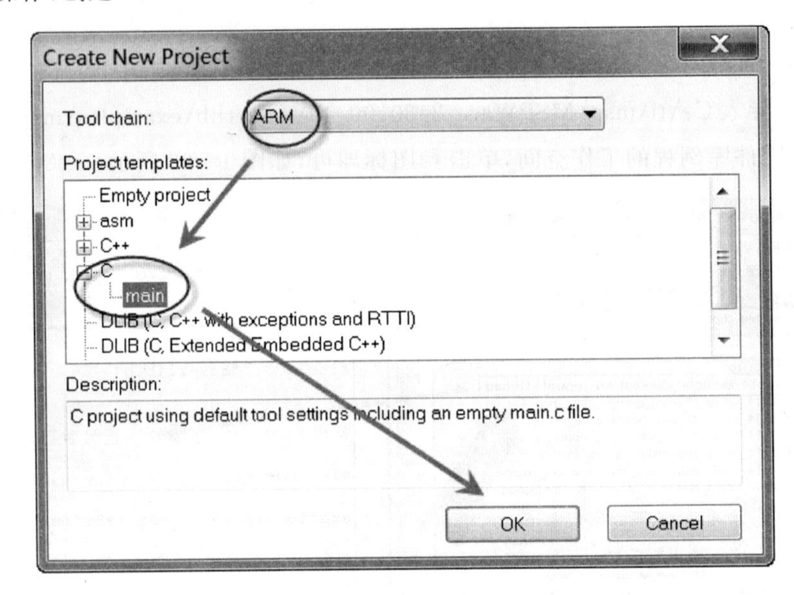

图 1-40 创建 BlinkLED 工程

① 保存工作空间并命名为 BlinkLED，如图 1-41 所示。

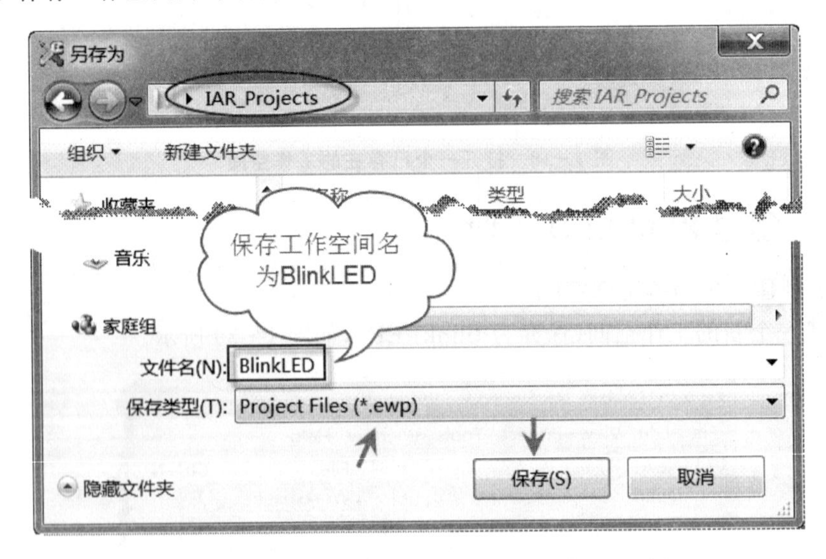

图 1-41 保存工作空间并命名为 BlinkLED

② 创建 BlinkLED 工程。

③ 选择 MSP432P401R 芯片，其操作步骤如图 1-42 所示。

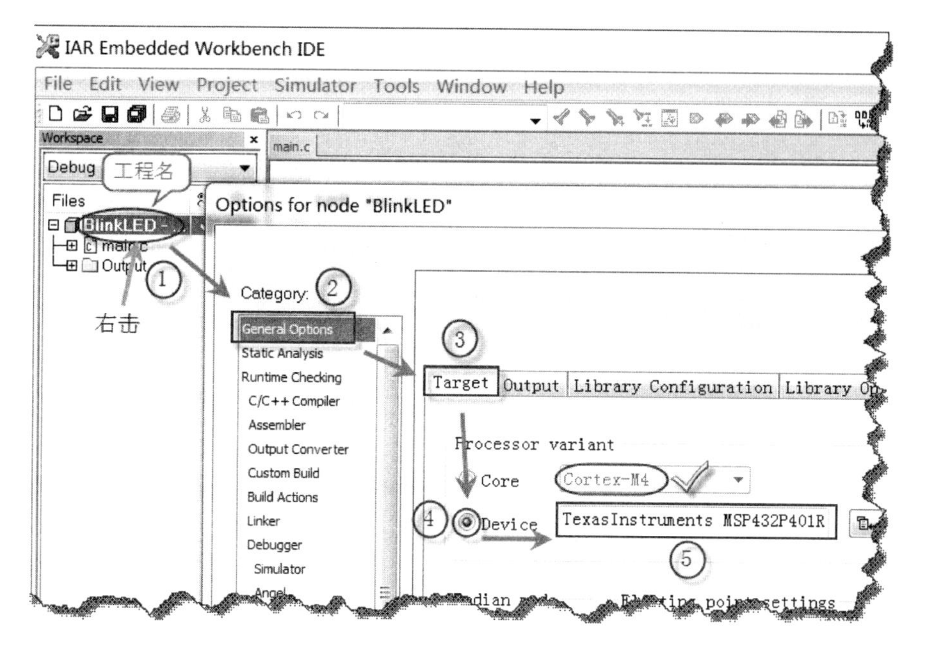

图 1 - 42　选择 MSP432P401R 芯片的步骤

④ 选择“C/C++Compiler”选项，然后设置 Preprocessor（预处理）选项卡，如图 1 - 43 所示。

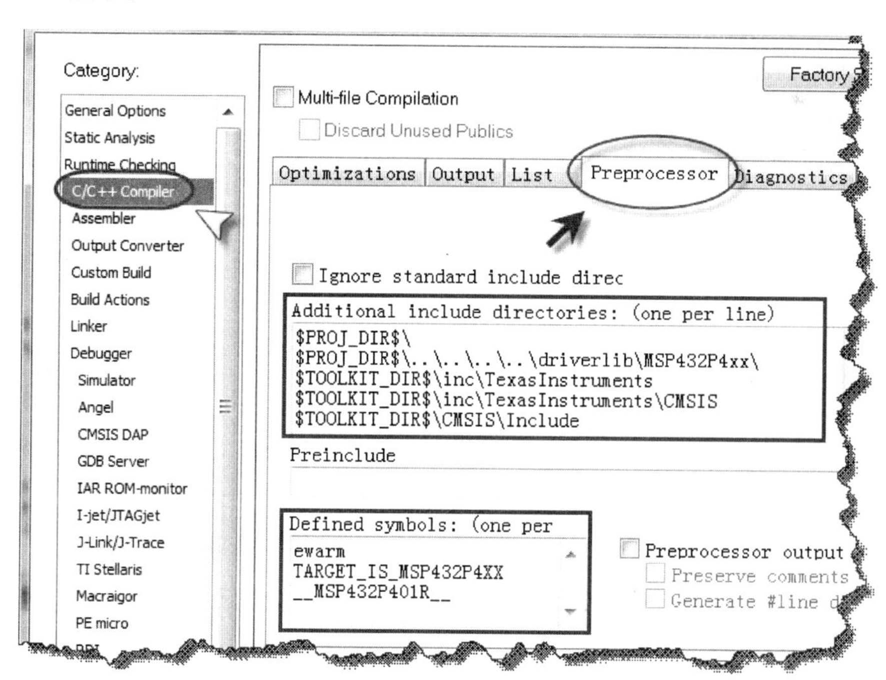

图 1 - 43　设置 Preprocessor 选项卡

⑤ 选择 Debugger 选项，然后设置相应的选项卡，如图 1-44～图 1-46 所示。

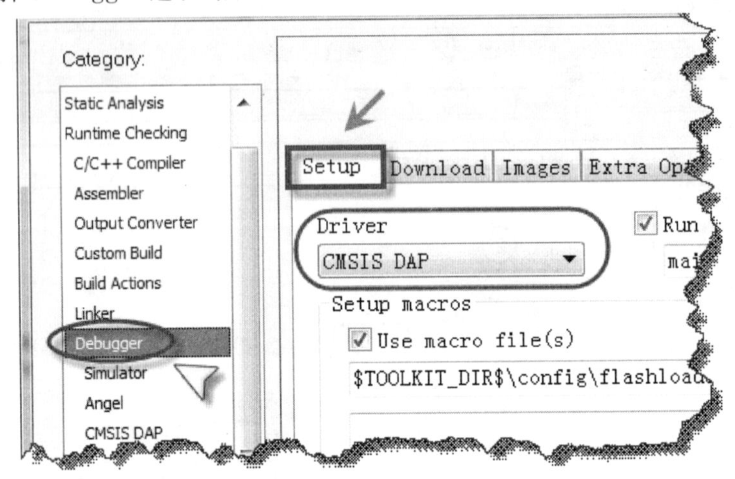

图 1-44 设置 Setup 选项卡

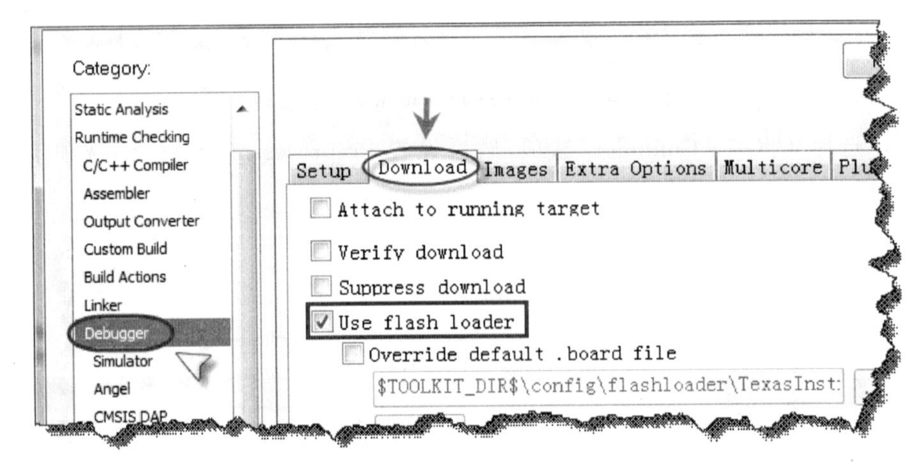

图 1-45 设置 Download(下载)选项卡

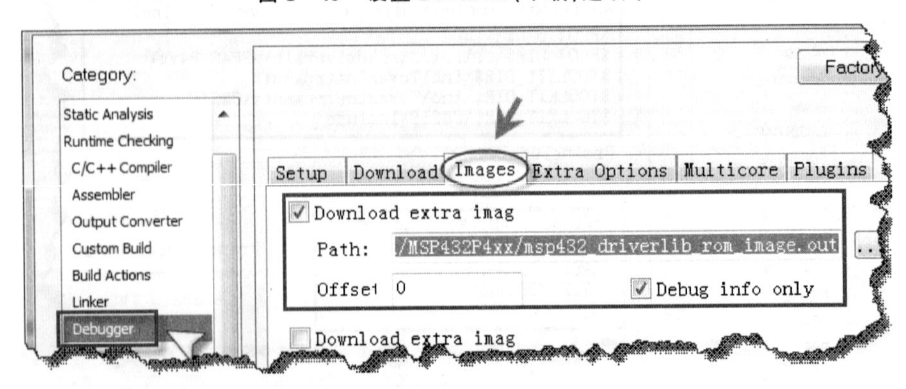

图 1-46 设置 Images(镜像)选项卡

⑥ IAR for ARM 的程序下载与调试同 Keil for ARM 类似，这里不再赘述。

⑦ 调整 IAR 软件代码字体的操作步骤：选择 Tools→Options 菜单项，然后如图 1-47 所示进行操作。

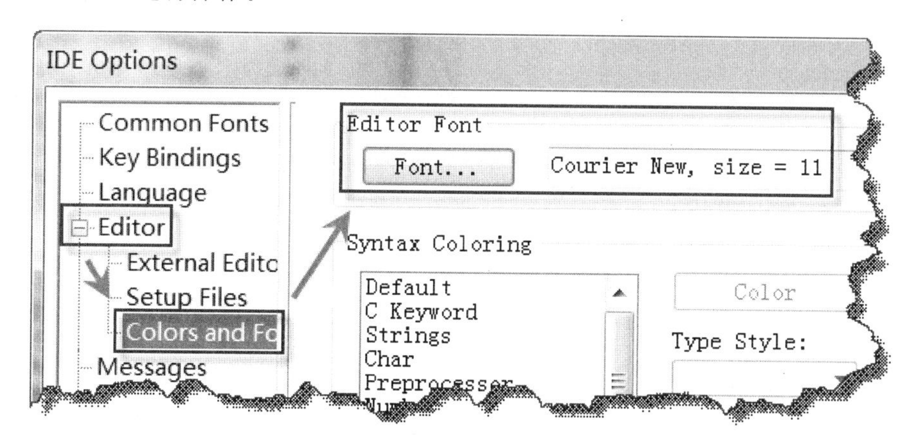

图 1-47　改变 IAR 软件代码字体大小的操作

1.5.3　在 Proteus 8.3 中测试 UART 工程

Proteus 8.3 支持 1xx 和 2xx 系列的 MSP430 芯片，仅从编程与测试方式来说，MSP430 与 MSP432 没有太大的不同。对于急于了解 MSP432 编程的用户来说，在既无 MSP432 也无 MSP430 板卡的情况下，选择 Proteus 来测试 MSP430 的程序不失为一种方法。下面将以一个闪烁灯程序来介绍这种测试方法。

(1) 测试 UART_printf.c 代码

```
//******************************************************************
//文件名:UART_printf.c
//来源:根据 TI 例程及相关网络内容改编
//功能描述:学习如何使用 Proteus 软件测试 MSP430 UART 程序
//******************************************************************
#include  < msp430.h >

typedef unsigned char uchar;
uchar * Txdata = "学习 MSP432P401R 基础 ";  //输出信息
void TransmitString(uchar * p);
void main(void)                          //主函数
{
    WDTCTL = WDTPW + WDTHOLD;            //关闭看门狗
    if (CALBC1_1MHZ == 0xFF)             //如果擦除校准常数
    {
        while(1);
    }
```

```
    DCOCTL = 0;                              //选择最低 DCOx 与 MODx
    BCSCTL1 = CALBC1_1MHZ;                   //设置 DCO
    DCOCTL = CALDCO_1MHZ;
    P3SEL = 0x30;                            //选择 P3.4 和 P3.5 为 USCI_A0 TXD/RXD
    UCA0CTL1 |= UCSSEL_2;                    //SMCLK
    UCA0BR0 = 104;                           //1 MHz 9 600;104(十进制) = 068(十六进制)
    UCA0BR1 = 0;                             //1 MHz 9 600
    UCA0MCTL = UCBRS0;                       // 调整 UCBRSx = 1
    UCA0CTL1 &= ~UCSWRST;                    // **初始化 USCI 状态机 **
    IE2 |= UCA0RXIE;                         //使能 USCI_A0 接收中断
    TransmitString(Txdata);                  //打印输出信息
    printf("\r\nProteus for MSP430\r\n");

}
//************************ 函数定义 **************************
//printf()重定向
int putchar(int c)
{
    if(c == '\n')
    {

        UCA0TXBUF = '\r';
        while (!(IFG2&UCA0TXIFG));          //判断发送缓冲器是否为空
    }
    UCA0TXBUF = c;
    while (!(IFG2&UCA0TXIFG));
    return c;
}
void TransmitString(uchar * p)
{
    while( * p != '\0')
    {
            while (!(IFG2&UCA0TXIFG));
            UCA0TXBUF = * p++ ;
    }

}
```

(2) 创建 UART_printf 工作空间与工程

选择 MSP430,如图 1-48 所示。其他过程请参考前文介绍。

(3) 基于 Proteus 测试 MSP430 代码的 IAR 软件的设置

① 选择 1xx 和 2xx 系列的 MSP430 芯片,这里选择 MSP430F249,如图 1-49 所示。

② 选择编译输出的格式为.hex,如图 1-50 所示。

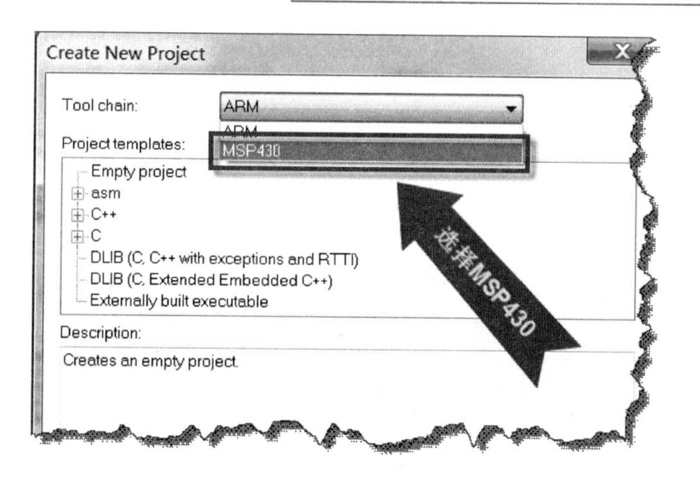

图 1－48　选择 MSP430

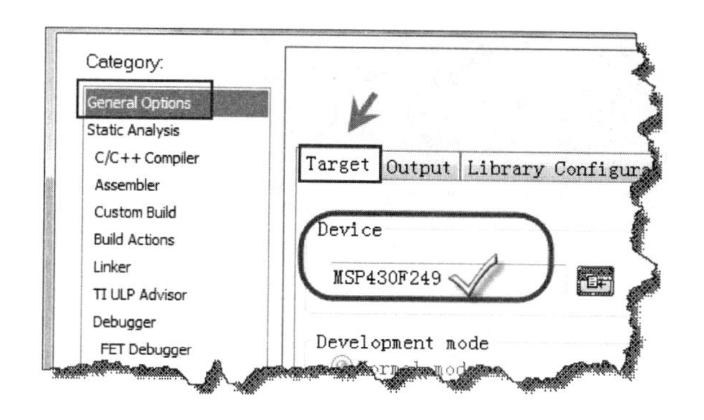

图 1－49　选择测试芯片 MSP430F249

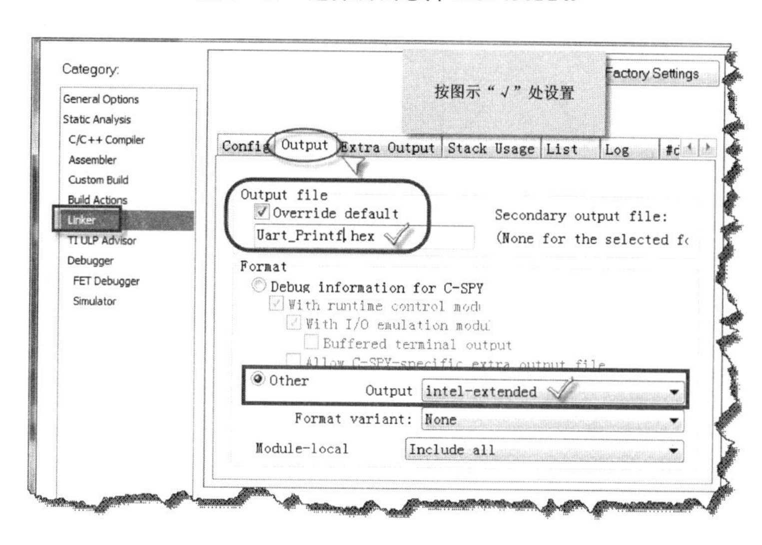

图 1－50　设置编译输出的格式

③ 选中 Other 单选按钮，在 Output 下拉列表框中选择 intel-extended，如图 1－50 所示。

(4) 测试结果

测试结果如图 1－51 所示。

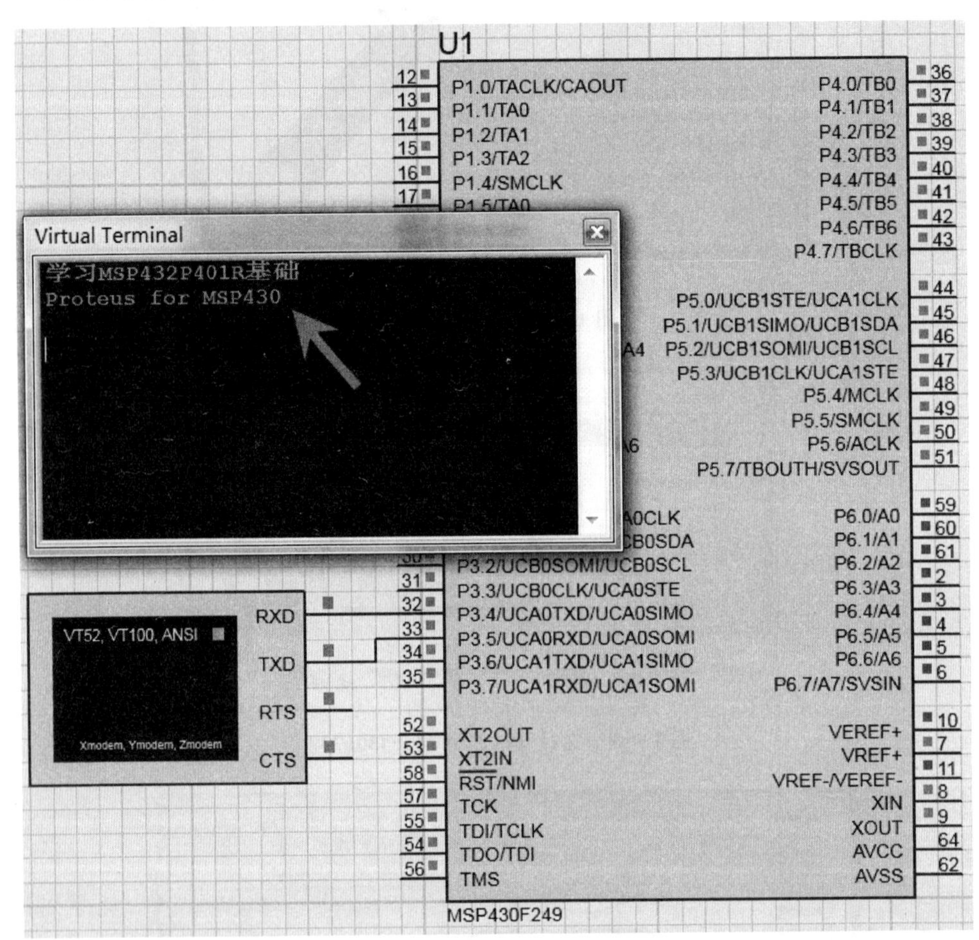

图 1－51 Uart_Printf 工程的测试结果

注意：做此代码测试需要安装 EW430－6303 软件，其他较旧版本的 IAR for MSP430 也可使用。建议读者安装该软件，目前网络中可用的 MSP430 资源绝大多数用 IAR 编写。

第 2 章

内核与开发板简介

本章将简要介绍 Cortex-M4F 内核、MSP432 MCU 以及 MSP - EXP432P401R LaunchPad 开发板，这是了解 MSP432P401R 芯片以及学习后续章节的基础。

本章主要内容：

◇ Cortex-M4F 内核；

◇ MSP432P401R 简介；

◇ MSP - EXP432P401R LauchPad 开发板。

2.1 Cortex-M4F 内核

2.1.1 Cortex-M4F 概述

(1) 系统级接口

Cortex-M4F 处理器采用 AMBA 技术来提供多接口，以实现高速、低延迟的存储器访问。内核支持非对齐的数据访问和原子操作，使得外设的控制、系统自旋锁和线程安全布尔数据处理得更快。Cortex-M4F 处理器包含一个存储器保护单元(MPU)，可提供精细的存储器控制，使应用程序可以实现安全特权级别以及基于各个任务的独立代码、数据和堆栈。

(2) 集成的可配置调试

Cortex-M4F 提供一个完整的硬件调试方案，通过一个传统的 JTAG 端口或者适合于微控制器和其他小封装设备的 2 脚串行线调试(SWD)端口来实现处理器和存储器的系统高度可观测性。

对于系统跟踪，Cortex-M4F 处理器集成了一个仪表跟踪宏单元(ITM)，其具有数据断点和分析单元，易于实现低成本的系统跟踪事件。串行线观测器(SWV)通过一个单引脚导出软件产生的信息、数据跟踪和分析信息的数据流。

嵌入式跟踪宏单元(ETM)提供了优异的指令跟踪能力，相比传统的跟踪单元，其跟踪范围更加精确，同时还提供了全指令跟踪功能。

Flash 修补和断点单元(FPB)提供了高达 8 个的可用于调试器的硬件断点比较器，并且 FPB 中的比较器还提供了在代码内存区多达 8 个字的重映射功能。FPB 允许存储在 Flash 存储器只读区中的应用程序拼接到片上 SRAM 或 Flash 存储器的另一个区域。当需要拼接时,通过编程 FPB 来重映射这组地址即可。在访问这些地址时,将重定位到 FPB 配置中指定的重映射表中。

(3) 跟踪端口的接口单元(TPIU)

TPIU 充当来自 ITM 的 Cortex-M4F 跟踪数据和片外跟踪端口分析器之间的桥接器,如图 2-1 所示。

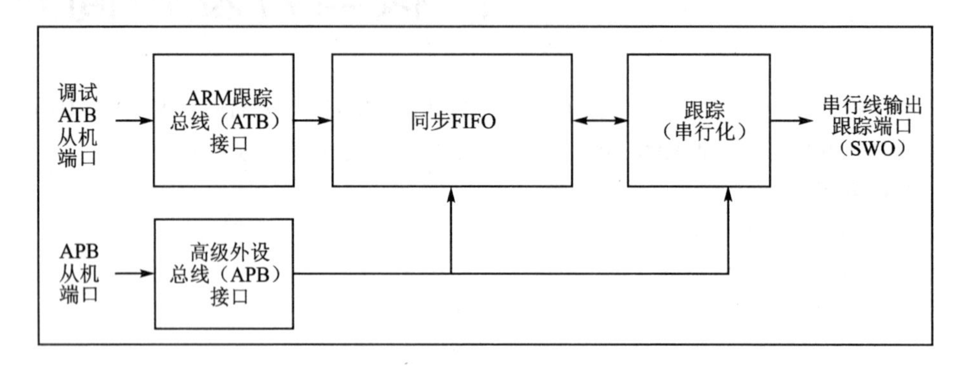

图 2-1 TPIU 框图

(4) Cortex-M4F 的系统组件

Cortex-M4F 的系统组件包括:

① SysTick:24 位递减定时器,可用于实时操作系统(RTOS)的节拍定时器,或者作为简单的计数器。

② 嵌套向量中断控制器(NVIC):内建的中断控制器,支持低延迟中断处理。

③ 系统控制模块(SCB):处理器的编程模型接口。它提供系统实现信息和系统控制,包括系统异常的配置、控制和报告。

④ 存储器保护单元(MPU):通过为不同的内存区定义内存属性来提高系统的稳定性。它提供多达 8 个不同区和 1 个可选的预定义的背景区。

⑤ 浮点运算单元(FPU):完全支持单精度的加、减、乘、除、乘加以及平方根操作,还可用于转换定点和浮点数据格式,并提供浮点常数指令。

2.1.2 Cortex-M4F 的主要特点

MSP432 内核采用一个 32 位的 Cortex-M4F 内核,具有 32 位的数据总线、32 位的寄存器组和 32 位的存储器接口。Cortex-M4F 处理器采用哈佛架构,可同时对指令和数据进行访问,使数据访问的操作不至于影响或干扰指令流水线。在整个的 Cortex-M4F 内核中具有多条总线和接口,并且每条总线和接口都可同时使用,以实现最佳的资源使用率。它提供了一个高性能、低成本的平台,可满足系统对降低存储、减少引脚数以及降低功耗三方面的要求。与此同时,它还提供出色的计算性能和优越的系统中断响应能力。其主要特点如下:

◇ 32位 Cortex-M4F 架构,针对小封装的嵌入式应用进行了优化。
◇ 具有优秀的处理性能与快速的中断处理能力。
◇ 提供混合的16/32位的 Thumb-2 指令集与32位 ARM 内核所期望的高性能,采用了更紧凑的内存方案。
  - 采用单周期乘法指令与硬件除法器;
  - 采用精确的位带操作,不仅最大限度地利用了存储器空间,而且还改善了对外设的控制;
  - 采用非对齐式数据访问,使数据更有效地保存到存储器中。
◇ 符合 IEEE754 的浮点运算单元(FPU)。
◇ 16位 SIMD 向量处理单元。
◇ 快速代码执行允许更低的处理器时钟,并且增加了休眠模式时间。
◇ 哈佛架构将数据(D-code)和指令(I-code)所使用的总线进行分离。
◇ 使用高效的处理器内核、系统和存储器。
◇ 具有硬件除法器和以快速数字信号处理为导向的乘加功能。
◇ 采用饱和算法处理信号。
◇ 对时间苛刻的应用提供可确定的、高性能的中断处理。
◇ 存储器保护单元为操作系统提供特权操作模式。
◇ 增强的系统调试提供全方位的断点和跟踪能力。
◇ 串行线调试和串行线跟踪减少调试和跟踪过程中需求的引脚数。
◇ 从 ARM7 处理器系列中移植过来,以获得更好的性能和更高的电源效率。
◇ 针对高达指定频率的单周期 Flash 存储器使用情况而设计。
◇ 集成多种休眠模式,使功耗更低。

2.1.3 Cortex-M4F 的结构框图

Cortex-M4F 采用三级流水线的哈佛架构,其带有高效的指令集和特别优化的设计,具有优异的能耗效率,并提供符合 IEEE754 单精度浮点型的计算单元,一系列单周期和 SIMD 乘法器与乘加功能,以及专用的硬件除法器等高端处理硬件。为了降低成本,Cortex-M4F 处理器采用了紧耦合的系统部件来减小处理器的尺寸,同时显著增强了中断处理能力和系统调试能力,并且高度集成了嵌入向量中断控制器。Cortex-M4F 内核采用基于 Thumb-2 技术的 Thumb 指令集,以确保高代码密度以及降低程序存储需求。Cortex-M4F 处理器采用现代32位架构和8/16位微处理器的高密度指令集,并且内核中拥有一个标准化的 Cortex-M 调试器模块、一个调试模块、一个仪表跟踪宏单元(ITM),以及包含 Cortex-M4F 的系统外设模块,例如 DMA 和 SysTick。Cortex-M4F 的结构框图如图2-2所示。

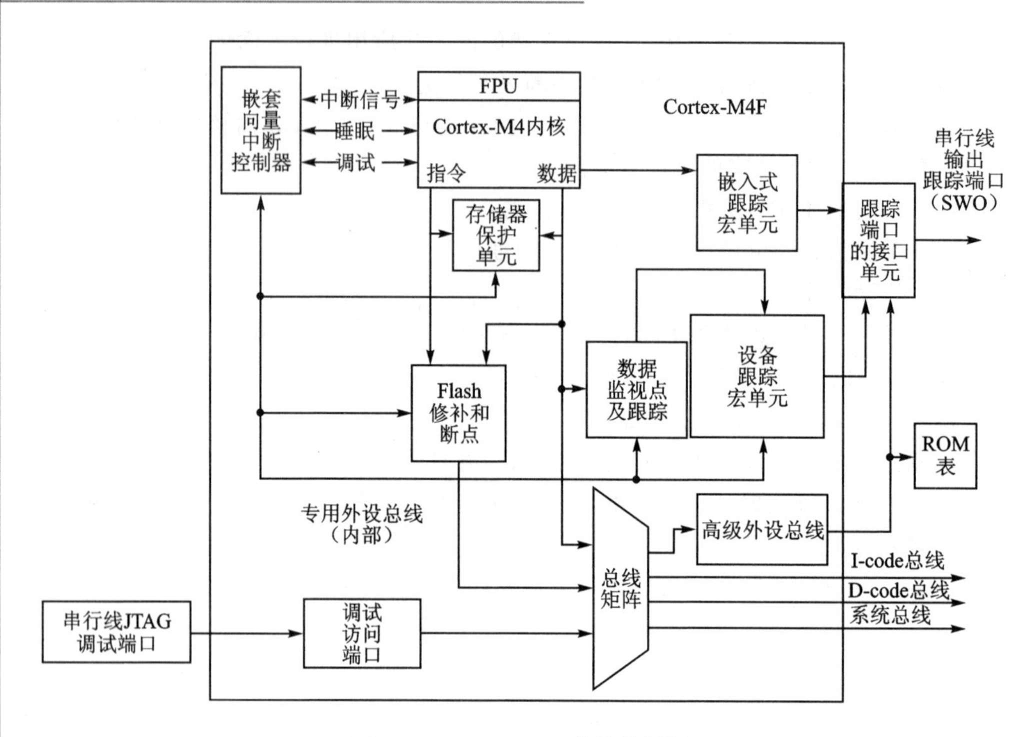

图 2-2 Cortex-M4F 的结构框图

2.1.4 编程模型

本小节将简要介绍 Cortex-M4F 的编程模型。

(1) Cortex-M4F 的工作模式

Cortex-M4F 具有两种工作模式：

① 线程模式：用于执行应用程序软件。在处理器复位后，将进入线程模式。

② 处理器模式：用于处理异常。在处理器完成异常的处理之后将返回到线程模式。

此外，Cortex-M4F 还具有两个权限级别，如下：

1) 无特权级

在该模式下，软件所受限制如下：

◇ 限制访问 MSR 和 MRS 指令，且不使用 CPS 指令；

◇ 不能访问系统定时器、嵌套向量中断控制器或者系统控制块；

◇ 限制对某些存储器和外设的访问。

2) 特权级

在该模式下，软件可以使用所有的指令和访问所有的资源。

在线程模式下，是在特权级执行还是在非特权级执行由控制寄存器决定。在处理模式下，软件执行总是在特权级下。在线程模式下，只有特权级软件可以通过写控制寄存器来改变软件的特权级别;非特权级软件可使用 SVC 指令来产生一个系统调用,把控制权转移到特权级软件。

(2) 堆　栈

Cortex-M4F 处理器使用向下生长的方式,即存储器中的堆栈指针指向最后入栈的项目。当 Cortex-M4F 处理器将新的项目压入堆栈时,先递减堆栈指针,再把新项目写入内存中。Cortex-M4F 处理器实现了两个堆栈:主堆栈和处理堆栈,每个堆栈的指针都包含于独立的寄存器中。在线程模式下,由控制寄存器决定处理器是使用主堆栈还是处理堆栈。在处理模式下,Cortex-M4F 总是使用主堆栈。

(3) 寄存器映射

Cortex-M4F 的寄存器组如图 2-3 所示,表 2-1 列出了 Cortex-M4F 的寄存器映射。

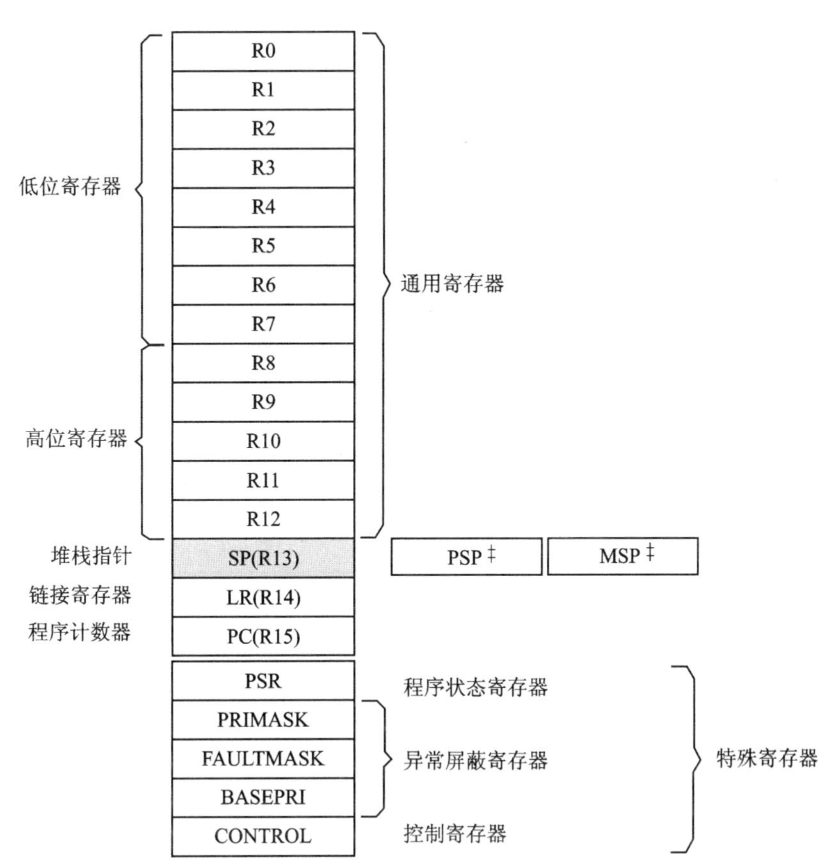

图 2-3　Cortex-M4F 的寄存器组

表 2-1 Cortex-M4F 的寄存器映射

偏移量	名 称	类 型	复 位	描 述
—	R0	R/W	—	Cortex 通用寄存器 0
—	R1	R/W	—	Cortex 通用寄存器 1
—	R2	R/W	—	Cortex 通用寄存器 2
—	R3	R/W	—	Cortex 通用寄存器 3
—	R4	R/W	—	Cortex 通用寄存器 4
—	R5	R/W	—	Cortex 通用寄存器 5
—	R6	R/W	—	Cortex 通用寄存器 6
—	R7	R/W	—	Cortex 通用寄存器 7
—	R8	R/W	—	Cortex 通用寄存器 8
—	R9	R/W	—	Cortex 通用寄存器 9
—	R10	R/W	—	Cortex 通用寄存器 10
—	R11	R/W	—	Cortex 通用寄存器 11
—	R12	R/W	—	Cortex 通用寄存器 12
—	SP	R/W	—	堆栈指针
—	LR	R/W	0xFFFF FFFF	链接寄存器
—	PC	R/W	—	程序计数器
—	PSR	R/W	0x0100 0000	程序状态寄存器
—	PRIMASK	R/W	0x0000 0000	优先级屏蔽寄存器
—	FAULTMASK	R/W	0x0000 0000	故障屏蔽寄存器
—	BASEPRI	R/W	0x0000 0000	基本优先级屏蔽寄存器
—	CONTROL	R/W	0x0000 0000	控制寄存器
—	FPSC	R/W	—	浮点状态控制

(4) 数据类型

Cortex-M4F 处理器支持 32 位字、16 位半字和 8 位字节，也可支持 64 位的数据传输指令，但所有指令和数据访问均须采用小端模式。

注意：为了压缩本书的篇幅，这里仅简要介绍上述几部分内容，需要全面了解 Cortex-M4F 内核的读者，可参考网络上相关的内容；若是需要更详细的描述，请阅读 TI 的技术文档——MSP432P4xx Family Technical Reference Manual（编号：slau356a）。其中，有些内容将在后面的章节中介绍。

2.2 MSP432P401R 简介

MSP432P401R 是基于 Cortex-M4 的超低功耗混合信号 32 位 MCU，集成了

MSP430低功耗DNA、混合信号特性和32位Cortex-M4 RISC引擎,包含模拟、定时和通信外设等多种功能,工作频率高达48 MHz的一款产品。其主要应用有:①工业与自动化(例如,家庭自动化、烟雾检测器、条码扫描仪);② 健康与健身(例如,手表、活动监视器、血糖仪);③计量(例如,电表和流量表);④消费类电子(例如,移动设备和传感器集线器)等。本节将扼要介绍MSP432P401R的主要特性及结构。

2.2.1 MSP432P401R的主要特性

◇ 内核。
- 32位Cortex-M4F CPU带有浮点运算单元(FPU)和存储器保护单元。
- 频率高达48 MHz。
- 性能测试:
  ✓ 1.196 DMIPS/MHz (Dhrystone 2.1);
  ✓ 3.41 CoreMark/MHz。
- 能耗测试:得分167.4 ULPBench。

◇ 内存。
- 高达256 KB的闪存主内存(在编程或擦除期间可同时读取和执行);
- 16 KB的闪存信息(Information)内存;
- 高达64 KB的SRAM(包括8 KB的备份内存);
- 保存MSPWare驱动程序库的32 KB ROM。

◇ 代码安全特性。
- JTAG和SWD Lock;
- IP保护(多达4个安全闪存区域,每个区域都配置起始地址和大小)。

◇ 工作特性。
- 宽泛的供电范围:1.62～3.7V;
- 温度范围(外界):－40～85 ℃。

◇ 超低功耗工作模式。
- 激活:90 μA/MHz;
- 低频激活:90 μA(128 kHz);
- LPM3(带RTC):850 nA;
- LPM3.5(带RTC):800 nA;
- LPM4.5:25 nA。

◇ 灵活的时钟特性。
- 可编程的内部DCO(高达48 MHz);
- 可支持32.768 kHz的低频晶振(LFXT);
- 可支持高达48 MHz的高频晶振(HFXT);
- 低频调整内部基准振荡器(REFO);

- 功耗非常低的低频内部振荡器(VLO);
- 模块振荡器(MODOSC);
- 系统振荡器(SYSOSC)。

◇ 增强的系统选项。
- 可编程的供电电压监控;
- 为更好地控制应用和调试的多类复位;
- 8通道DMA;
- 实时时钟(RTC)带日历和报警功能。

◇ 定时和控制。
- 多达4个16位定时器,并且每个定时器又多达5个捕获、比较和PWM功能;
- 两个32位定时器,每个均带有中断产生特性。

◇ 串行通信。
- 多达4个eUSCI_A模块:
  ✓ UART具有自动波特率检测特性;
  ✓ 红外编码和解码;
  ✓ SPI(高达16 Mbps)。
- 多达4个eUSCI_B模块:
- I²C(带有多个从机地址);
- SPI(高达16 Mbps)。

◇ 灵活的I/O特性。
- 超低漏电的I/O(±20 nA的最大值);
- 多达4个高驱动的I/O(具有20 mA的能力);
- 所有I/O都带有电容式触摸功能;
- 多达48个I/O,带有中断和唤醒功能;
- 多达24个I/O,带有端口映射功能;
- 8个I/O,带干扰过滤功能。

◇ 先进的低功耗模拟特性。
- 14位,1 MSPS SAR ADC;
- 内部电压基准10^{-5}/℃;
- 内部基准电压与10^{-5}/℃典型的稳定性;
- 两个模拟比较器。

◇ 加密和数据完整性加速器。
- 128、192或256位AES加密和解密加速器;
- 32位硬件CRC引擎。

◇ JTAG和调试支持。

- 支持 4 针 JTAG 和 2 针 SWD 调试接口；
- 支持串行线跟踪；
- 支持电源调试和应用性能分析。

2.2.2　MSP432P401R 的功能框图

MSP432P401R 的功能框图如图 2-4 所示。

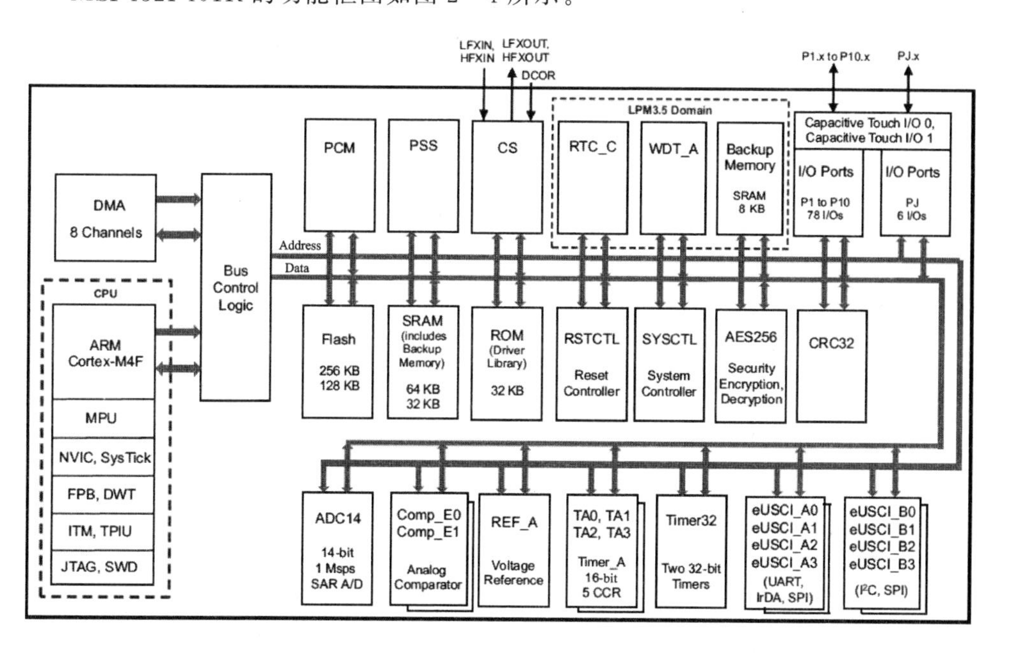

图 2-4　MSP432P401R 的功能框图

2.2.3　MSP432P401R 芯片的顶视图

MSP432P401R 芯片的顶视图如图 2-5 所示。

注意：① P2、P3 和 P7 端口上的第二数字功能是完全可映射；

② P1.0、P1.4、P1.5、P3.0、P3.4、P3.5、P6.6、P6.7 八个数字 I/O 具有毛刺滤波功能；

③ UART BSL 引脚：为 P1.2(BSLRXD)与 P1.3(BSLTXD)；

④ SPI BSL 引脚：为 P1.4(BSLSTE)、P1.5(BSLCLK)、P1.6(BSLSIMO)和 P1.7(BSLSOMI)；

⑤ I^2C BSL 引脚：为 P3.6(BSLSDA)和 P3.7(BSLSCL)。

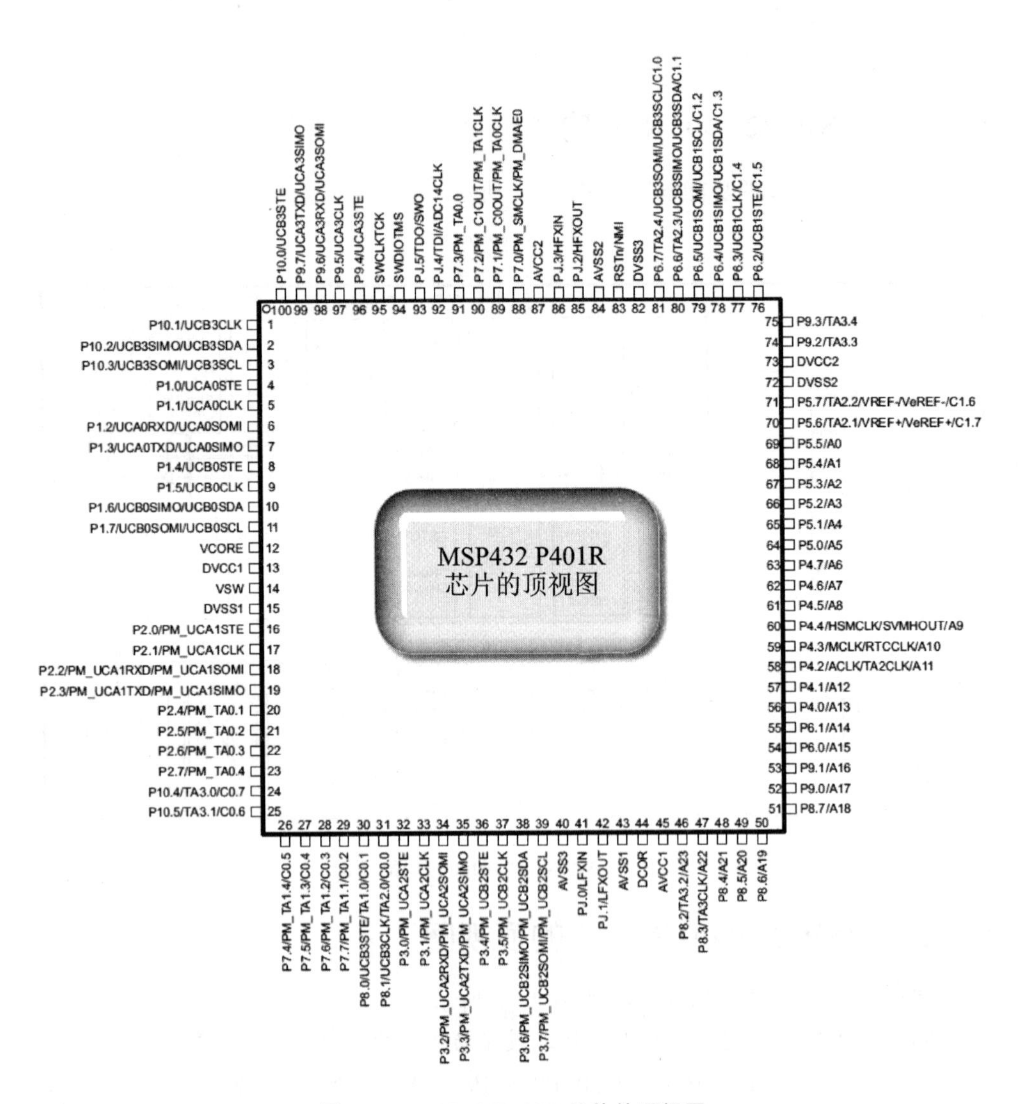

图 2-5　MSP432P401R 芯片的顶视图

2.2.4　MSP432P401R 的引脚信号定义

MSP432P401R 的引脚信号定义如表 2-2 所列。

表 2-2　MSP432P401R 的引脚信号描述

终端				I/O[1]	描述
名称	NO.				
	PZ	ZXH	RGC		
P10.1/ UCB3CLK	1	N/A[2]	N/A	I/O	通用数字 I/O: 时钟信号输入——eUSCI_B3 SPI 从机模式; 时钟信号输出——eUSCI_B3 SPI 主机模式
P10.2/ UCB3SIMO/ UCB3SDA	2	N/A	N/A	I/O	通用数字 I/O: 从机输入/主机输出——eUSCI_B3 SPI 模式; I^2C 数据——eUSCI_B3 I^2C 模式
P10.3/ UCB3SOMI/ UCB3SCL	3	N/A	N/A	I/O	通用数字 I/O: 从机输出/主机输入——eUSCI_B3 SPI 模式; I^2C 时钟——eUSCI_B3 I^2C 模式
P1.0/ UCA0STE	4	A1	1	I/O	通用数字 I/O 具有端口中断、唤醒和干扰滤波功能: 从机传输使能——eUSCI_A0 SPI 模式
P1.1/ UCA0CLK	5	B1	2	I/O	通用数字 I/O 具有端口中断和唤醒功能: 时钟信号输入——eUSCI_A0 SPI 从机模式; 时钟信号输出——eUSCI_A0 SPI 主机模式
P1.2/ UCA0RXD/ UCA0SOMI	6	C4	3	I/O	通用数字 I/O 具有端口中断和唤醒功能: 接收数据——eUSCI_A0 UART 模式; 从机输出/主机输入——eUSCI_A0 SPI 模式
P1.3/ UCA0TXD/ UCA0SIMO	7	D4	4	I/O	通用数字 I/O 具有端口中断和唤醒功能: 传输数据——eUSCI_A0 UART 模式; 从机输入/主机输出——eUSCI_A0 SPI 模式
P1.4/ UCB0STE	8	D3	5	I/O	通用数字 I/O 具有端口中断、唤醒和干扰滤波功能: 从机传输使能——eUSCI_B0 SPI 模式
P1.5/ UCB0CLK	9	C1	6	I/O	通用数字 I/O 具有端口中断、唤醒和干扰滤波功能: 时钟信号输入——eUSCI_B0 SPI 从机模式; 时钟信号输出——eUSCI_B0 SPI 主机模式
P1.6/ UCB0SIMO/ UCB0SDA	10	D1	7	I/O	通用数字 I/O 具有端口中断和唤醒功能: 从机输入/主机输出——eUSCI_B0 SPI 模式; I^2C 数据——eUSCI_B0 I^2C 模式
P1.7/ UCB0SOMI/ UCB0SCL	11	E1	8	I/O	通用数字 I/O 具有端口中断和唤醒功能: 从机输出/主机输入——eUSCI_B0 SPI 模式; I^2C 时钟——eUSCI_B0 I^2C 模式

续表 2-2

终端				I/O(1)	描述
名称	NO.				
	PZ	ZXH	RGC		
VCORE(3)	12	C2	9	—	核电源稳压(仅用于内部,无外部电流加载)
DVCC1	13	D2	10	—	数字电源
VSW	14	E2	11	—	DC/DC 转换器的开关输出
DVSS1	15	F2	12	—	数字地
P2.0/ PM_UCA1STE	16	E4	13	I/O	通用数字 I/O 具有端口中断和唤醒功能: 从机传输使能——eUSCI_A1 SPI 模式
P2.1/ PM_UCA1CLK	17	F1	14	I/O	通用数字 I/O 具有端口中断和唤醒功能: 时钟信号输入——eUSCI_A1 SPI 从机模式; 时钟信号输出——eUSCI_A1 SPI 主机模式
P2.2/ PM_UCA1RXD/ PM_UCA1SOMI	18	E3	15	I/O	通用数字 I/O 具有端口中断和唤醒功能: 接收数据——eUSCI_A1 UART 模式; 从机输出/主机输入——eUSCI_A1 SPI 模式
P2.3/ PM_UCA1TXD/ PM_UCA1SIMO	19	F4	16	I/O	通用数字 I/O 具有端口中断和唤醒功能: 传输数据——eUSCI_A1 UART 模式; 从机输入/主机输出——eUSCI_A1 SPI 模式
P2.4/ PM_TA0.1	20	F3	N/A	I/O	通用数字 I/O 具有端口中断和唤醒功能: TA0 CCR1 捕获: CCI1A 输入;比较: 输出 1
P2.5/ PM_TA0.2	21	G1	N/A	I/O	通用数字 I/O 具有端口中断和唤醒功能: TA0 CCR2 捕获: CCI2A 输入;比较: 输出 2
P2.6/ PM_TA0.3	22	G2	N/A	I/O	通用数字 I/O 具有端口中断和唤醒功能: TA0 CCR3 捕获: CCI3A 输入;比较: 输出 3
P2.7/ PM_TA0.4	23	H1	N/A	I/O	通用数字 I/O 具有端口中断和唤醒功能: TA0 CCR4 捕获: CCI4A 输入;比较: 输出 4
P10.4/ TA3.0/ C0.7	24	N/A	N/A	I/O	通用数字 I/O: TA3 CCR0 捕获: CCI0A 输入;比较: 输出 0; Comparator_E0 输入 7
P10.5/ TA3.1/ C0.6	25	N/A	N/A	I/O	通用数字 I/O: TA3 CCR1 捕获: CCI1A 输入;比较: 输出 1; Comparator_E0 输入 6

续表 2-2

终端				I/O(1)	描述
名称	NO.				
	PZ	ZXH	RGC		
P7.4/ PM_TA1.4/ C0.5	26	J1	N/A	I/O	通用数字 I/O： TA1 CCR4 捕获：CCI4A 输入；比较：输出 4； Comparator_E0 输入 5
P7.5/ PM_TA1.3/ C0.4	27	H2	N/A	I/O	通用数字 I/O： TA1 CCR3 捕获：CCI3A 输入；比较：输出 3； Comparator_E0 输入 4
P7.6/ PM_TA1.2/ C0.3	28	J2	N/A	I/O	通用数字 I/O： TA1 CCR2 捕获：CCI2A 输入；比较：输出 2； Comparator_E0 输入 3
P7.7/ PM_TA1.1/ C0.2	29	G3	N/A	I/O	通用数字 I/O： TA1 CCR1 捕获：CCI1A 输入；比较：输出 1； Comparator_E0 输入 2
P8.0/ UCB3STE/ TA1.0/ C0.1	30	H3	17	I/O	通用数字 I/O： 从机传输使能——eUSCI_B3 SPI 模式； TA1 CCR0 捕获：CCI0A 输入；比较：输出 0； Comparator_E0 输入 1
P8.1/ UCB3CLK/ TA2.0/ C0.0	31	G4	18	I/O	通用数字 I/O： 时钟信号输入——eUSCI_B3 SPI 从机模式； 时钟信号输出——eUSCI_B3 SPI 主机模式； TA2 CCR0 捕获：CCI0A 输入；比较：输出 0； Comparator_E0 输入 0
P3.0/ PM_UCA2STE	32	J3	19	I/O	通用数字 I/O 具有端口中断、唤醒和干扰滤波功能： 从机传输使能——eUSCI_A2 SPI 模式
P3.1/ PM_UCA2CLK	33	H4	20	I/O	通用数字 I/O 具有端口中断和唤醒功能： 时钟信号输入——eUSCI_A2 SPI 从机模式； 时钟信号输出——eUSCI_A2 SPI 主机模式
P3.2/ PM_UCA2RXD/ PM_UCA2SOMI	34	G5	21	I/O	通用数字 I/O 具有端口中断和唤醒功能： 接收数据——eUSCI_A2 UART 模式； 从机输出/主机输入——eUSCI_A2 SPI 模式

续表 2-2

终端				I/O(1)	描述
名称	NO.				
	PZ	ZXH	RGC		
P3.3/ PM_UCA2TXD/ PM_UCA2SIMO	35	J4	22	I/O	通用数字I/O具有端口中断和唤醒功能： 传输数据——eUSCI_A2 UART模式； 从机输入/主机输出——eUSCI_A2 SPI模式
P3.4/ PM_UCB2STE	36	H5	23	I/O	通用数字I/O具有端口中断、唤醒和干扰滤波功能： 从机传输使能——eUSCI_B2 SPI模式
P3.5/ PM_UCB2CLK	37	G6	24	I/O	通用数字I/O具有端口中断、唤醒和干扰滤波功能： 时钟信号输入——eUSCI_B2 SPI从机模式； 时钟信号输出——eUSCI_B2 SPI主机模式
P3.6/ PM_UCB2SIMO/ PM_UCB2SDA	38	J5	25	I/O	通用数字I/O具有端口中断和唤醒功能： 从机输入/主机输出——eUSCI_B2 SPI模式； I^2C数据——eUSCI_B2 I^2C模式
P3.7/ PM_UCB2SOMI/ PM_UCB2SCL	39	H6	26	I/O	通用数字I/O具有端口中断和唤醒功能： 从机输出/主机输入——eUSCI_B2 SPI模式； I^2C时钟——eUSCI_B2 I^2C模式
AVSS3	40	E5	27		模拟地
PJ.0/ LFXIN	41	J6	28	I/O	通用数字I/O： 低频晶体振荡器LFXT的输入
PJ.1/ LFXOUT	42	J7	29	I/O	通用数字I/O： 低频晶体振荡器LFXT的输出
AVSS1	43	F5	30	—	模拟地
DCOR	44	J8	31	—	DCO外部电阻引脚
AVCC1	45	F6	32	—	模拟电源
P8.2/ TA3.2/ A23	46	N/A	N/A	I/O	通用数字I/O： TA3 CCR2捕获：CCI2A输入；比较：输出2； ADC模拟输入A23
P8.3/ TA3CLK/ A22	47	N/A	N/A	I/O	通用数字I/O： TA3输入时钟； ADC模拟输入A22
P8.4/ A21	48	N/A	N/A	I/O	通用数字I/O： ADC模拟输入A21

续表 2-2

终端				I/O(1)	描述
名称	NO.				
	PZ	ZXH	RGC		
P8.5/ A20	49	N/A	N/A	I/O	通用数字 I/O； ADC 模拟输入 A20
P8.6/ A19	50	N/A	N/A	I/O	通用数字 I/O； ADC 模拟输入 A19
P8.7/ A18	51	N/A	N/A	I/O	通用数字 I/O； ADC 模拟输入 A18
P9.0/ A17	52	N/A	N/A	I/O	通用数字 I/O； ADC 模拟输入 A17
P9.1/ A16	53	N/A	N/A	I/O	通用数字 I/O； ADC 模拟输入 A16
P6.0/ A15	54	J9	N/A	I/O	通用数字 I/O 具有端口中断和唤醒功能； ADC 模拟输入 A15
P6.1/ A14	55	H7	N/A	I/O	通用数字 I/O 具有端口中断和唤醒功能； ADC 模拟输入 A14
P4.0/ A13	56	H9	N/A	I/O	通用数字 I/O 具有端口中断和唤醒功能； ADC 模拟输入 A13
P4.1/ A12	57	H8	N/A	I/O	通用数字 I/O 具有端口中断和唤醒功能； ADC 模拟输入 A12
P4.2/ ACLK/ TA2CLK/ A11	58	G7	33	I/O	通用数字 I/O 具有端口中断和唤醒功能； ACLK 时钟输出； TA2 时钟输入； ADC 模拟输入 A11
P4.3/ MCLK/ RTCCLK/ A10	59	G8	34	I/O	通用数字 I/O 具有端口中断和唤醒功能； MCLK 时钟输出； RTC_C 时钟输出； ADC 模拟输入 A10
P4.4/ HSMCLK/ SVMHOUT/ A9	60	G9	35	I/O	通用数字 I/O 具有端口中断和唤醒功能； HSMCLK 时钟输出； SVMH 输出； ADC 模拟输入 A9

续表 2-2

终端				I/O[1]	描述
名称	NO.				
	PZ	ZXH	RGC		
P4.5/ A8	61	F7	36	I/O	通用数字 I/O 具有端口中断和唤醒功能； ADC 模拟输入 A8
P4.6/ A7	62	F8	37	I/O	通用数字 I/O 具有端口中断和唤醒功能； ADC 模拟输入 A7
P4.7/ A6	63	F9	38	I/O	通用数字 I/O 具有端口中断和唤醒功能； ADC 模拟输入 A6
P5.0/ A5	64	E7	39	I/O	通用数字 I/O 具有端口中断和唤醒功能； ADC 模拟输入 A5
P5.1/ A4	65	E8	40	I/O	通用数字 I/O 具有端口中断和唤醒功能； ADC 模拟输入 A4
P5.2/ A3	66	E9	41	I/O	通用数字 I/O 具有端口中断和唤醒功能； ADC 模拟输入 A3
P5.3/ A2	67	D7	42	I/O	通用数字 I/O 具有端口中断和唤醒功能； ADC 模拟输入 A2
P5.4/ A1	68	D8	43	I/O	通用数字 I/O 具有端口中断和唤醒功能； ADC 模拟输入 A1
P5.5/ A0	69	C8	44	I/O	通用数字 I/O 具有端口中断和唤醒功能； ADC 模拟输入 A0
P5.6/ TA2.1/ VREF+/ VeREF+/ C1.7	70	D9	45	I/O	通用数字 I/O 具有端口中断和唤醒功能； TA2 CCR1 捕获；CCI1A 输入；比较：输出 1； 内部共享参考电压的正端； ADC 外部参考电压的正端； Comparator_E1 输入 7
P5.7/ TA2.2/ VREF-/ VeREF-/ C1.6	71	C9	46	I/O	通用数字 I/O 具有端口中断和唤醒功能； TA2 CCR2 捕获；CCI2A 输入；比较：输出 2； 内部共享参考电压的负端； ADC 外部参考电压的负端(建议连接到开发板的地端)； Comparator_E1 输入 6
DVSS2	72	E6	47		数字地
DVCC2	73	C6	48		数字电源

续表 2-2

终端				I/O[1]	描述
名称	NO.				
	PZ	ZXH	RGC		
P9.2/ TA3.3	74	N/A	N/A	I/O	通用数字 I/O: TA3 CCR3 捕获: CCI3A 输入;比较: 输出 3
P9.3/ TA3.4	75	N/A	N/A	I/O	通用数字 I/O: TA3 CCR4 捕获: CCI4A 输入;比较: 输出 4
P6.2/ UCB1STE/ C1.5	76	A9	N/A	I/O	通用数字 I/O 具有端口中断和唤醒功能: 从机传输使能——eUSCI_B1 SPI 模式; Comparator_E1 输入 5
P6.3/ UCB1CLK/ C1.4	77	B9	N/A	I/O	通用数字 I/O 具有端口中断和唤醒功能: 时钟信号输入——eUSCI_B1 SPI 从机模式; 时钟信号输出——eUSCI_B1 SPI 主机模式; Comparator_E1 输入 4
P6.4/ UCB1SIMO/ UCB1SDA/ C1.3	78	A8	N/A	I/O	通用数字 I/O 具有端口中断和唤醒功能: 从机输入/主机输出——eUSCI_B1 SPI 模式; I^2C 数据——eUSCI_B1 I^2C 模式; Comparator_E1 输入 3
P6.5/ UCB1SOMI/ UCB1SCL/ C1.2	79	A7	N/A	I/O	通用数字 I/O 具有端口中断和唤醒功能: 从机输出/主机输入——eUSCI_B1 SPI 模式; I^2C 时钟——eUSCI_B1 I^2C 模式; Comparator_E1 输入 2
P6.6/ TA2.3/ UCB3SIMO/ UCB3SDA/ C1.1	80	B8	49	I/O	通用数字 I/O 具有端口中断、唤醒和干扰滤波功能: TA2 CCR3 捕获:CCI3A 输入;比较:输出 3; 从机输入/主机输出——eUSCI_B3 SPI 模式; I^2C 数据——eUSCI_B3 I^2C 模式; Comparator_E1 输入 1
P6.7/ TA2.4/ UCB3SOMI/ UCB3SCL/ C1.0	81	B7	50	I/O	通用数字 I/O 具有端口中断、唤醒和干扰滤波功能: TA2 CCR4 捕获:CCI4A 输入;比较:输出 4; 从机输出/主机输入——eUSCI_B3 SPI 模式; I^2C 时钟——eUSCI_B3 I^2C 模式; Comparator_E1 输入 0
DVSS3	82	C7	51		数字地

续表 2-2

终端				I/O(1)	描述
名称	NO.				
	PZ	ZXH	RGC		
RSTn/ NMI	83	B6	52	I	外部复位(Active Low): 外部不可屏蔽中断
AVSS2	84	D6	53		模拟地
PJ.2/ HFXOUT	85	A6	54	I/O	通用数字 I/O: 高频晶体振荡器 HFXT 的输出
PJ.3/ HFXIN	86	A5	55	I/O	通用数字 I/O: 高频晶体振荡器 HFXT 的输入
AVCC2	87	D5	56	—	模拟电源
P7.0/ PM_SMCLK/ PM_DMAE0	88	B5	57	I/O	通用数字 I/O: SMCLK 时钟输出; DMA 外部触发输入
P7.1/ PM_C0OUT/ PM_TA0CLK	89	C5	58	I/O	通用数字 I/O: Comparator_E0 输出; TA0 时钟输入
P7.2/ PM_C1OUT/ PM_TA1CLK	90	B4	59	I/O	通用数字 I/O 时钟输入: Comparator_E1 输出; TA1 时钟输入
P7.3/ PM_TA0.0	91	A4	60	I/O	通用数字 I/O: TA0 CCR0 捕获:CCI0A 输入;比较:输出 0
PJ.4/ TDI/ ADC14CLK	92	B3	61	I/O	通用数字 I/O: JTAG 测试数据输入; ADC14 时钟输出
PJ.5/ TDO/ SWO	93	A3	62	I/O	G 通用数字 I/O: JTAG 测试数据输出; 串行线跟踪输出
SWDIOTMS	94	B2	63	I/O	串行线数据输入/输出(SWDIO)/JTAG 测试模式选择(TMS)
SWCLKTCK	95	A2	64	I	串行线时钟输入(SWCLK)/JTAG 时钟输入(TCK)
P9.4/ UCA3STE	96	N/A	N/A	I/O	通用数字 I/O: 从机传输使能——eUSCI_A3 SPI 模式

续表 2-2

终端				I/O(1)	描述
名称	NO.				
	PZ	ZXH	RGC		
P9.5/ UCA3CLK	97	N/A	N/A	I/O	通用数字 I/O; 时钟信号输入——eUSCI_A3 SPI 从机模式; 时钟信号输出——eUSCI_A3 SPI 主机模式
P9.6/ UCA3RXD/ UCA3SOMI	98	N/A	N/A	I/O	通用数字 I/O; 接收数据——eUSCI_A3 UART 模式; 从机输出/主机输入——eUSCI_A3 SPI 模式
P9.7/ UCA3TXD/ UCA3SIMO	99	N/A	N/A	I/O	通用数字 I/O; 传输数据——eUSCI_A3 UART 模式; 从机输入/主机输出——eUSCI_A3 SPI 模式
P10.0/ UCB3STE	100	N/A	N/A	I/O	通用数字 I/O; 从机传输使能——eUSCI_B3 SPI 模式
QFN Pad	N/A	N/A	Pad	—	QFN 封装散热焊盘,建议连接到 VSS 地端

注:(1) I=Input,O=Output; (2) N/A=未连接; (3) VCORE=内核电压。

2.3 MSP-EXP432P401R LaunchPad 开发板简介

MSP-EXP432P401R LaunchPad 开发板用于开发低功耗与高性能的 32 位 Cortex-M4F,其包括板载仿真器与能耗测量等。本节将简要介绍该开发板的特点及相关内容。

开发板的主要特点如下:

◇ 采用低功耗与高性能的 Cortex-M4F MSP432P401R 处理器;

◇ 具有 40 个引脚的 LaunchPad 标准插座/排针,便于扩展及 BoosterPack 生态系统的开发;

◇ 板载 XDS110-ET 仿真器,支持 EnergyTrace+技术和 UART;

◇ 具有用于与用户交互的双按钮和双 LED 指示灯;

◇ 支持 USB 转串口,便于与计算机连接。

2.3.1 MSP-EXP432P401R LaunchPad 开发板的轮廓图与结构框图

MSP-EXP432P401R LaunchPad 开发板的轮廓图如图 2-6 所示。MSP-EXP432P401R LaunchPad 开发板的结构框图如图 2-7 所示。

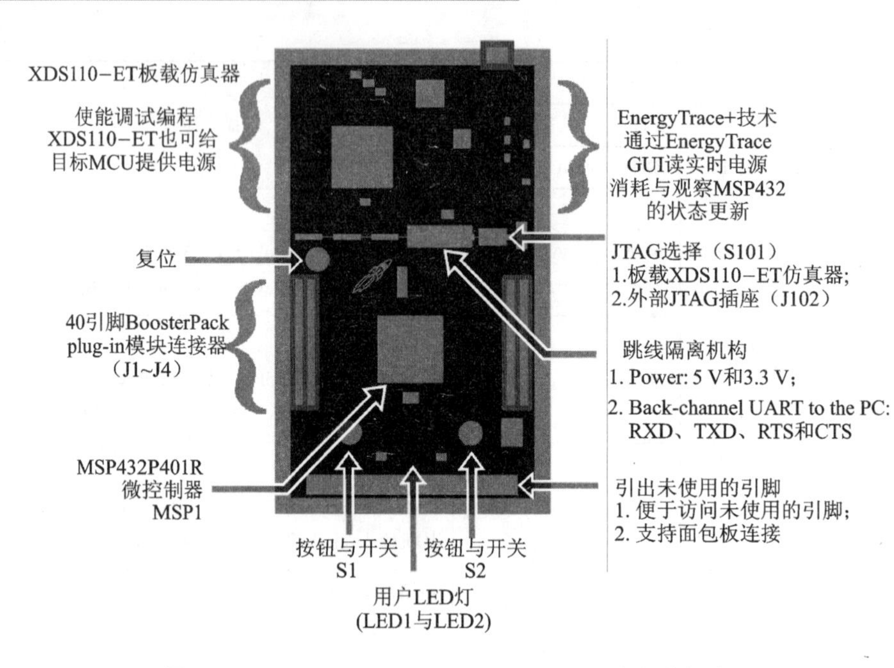

图 2-6　MSP-EXP432P401R LaunchPad 开发板的轮廓图

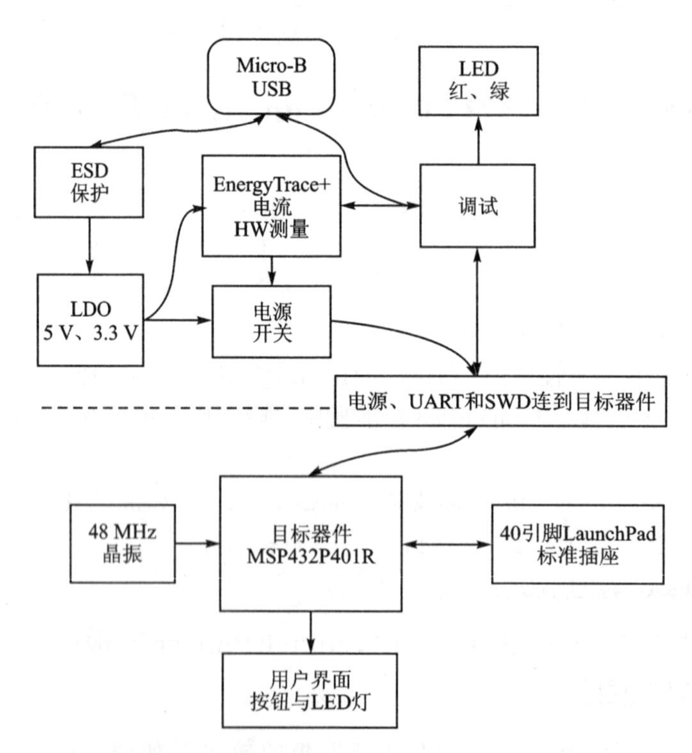

图 2-7　MSP-EXP432P401R LaunchPad 开发板的结构框图

MSP-EXP432P401R LaunchPad 开发板 J1～J4/BoosterPack 标准插座的信号定义如图 2-8 和图 2-9 所示。

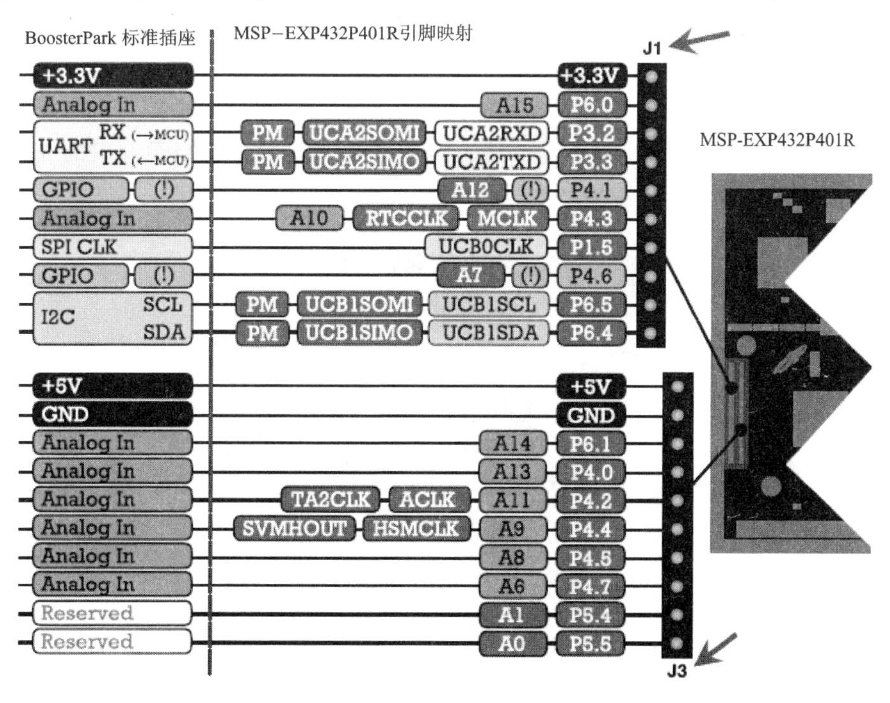

图 2-8 板载 J1 和 J3(或 BoosterPack 标准插座)的信号定义

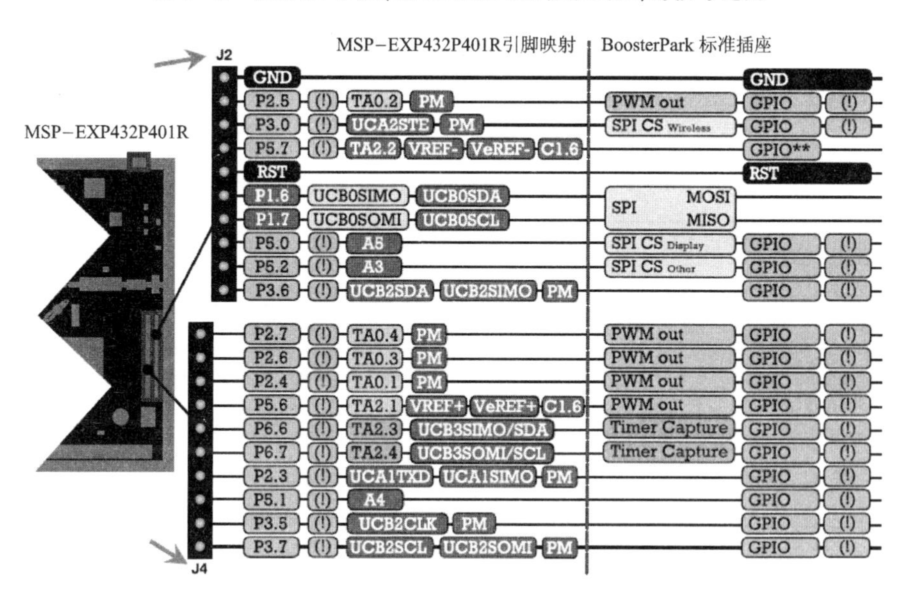

图 2-9 板载 J2 和 J4(或 BoosterPack 标准插座)的信号定义

2.3.2 板载XDS110-ET仿真器

为了兼顾使用与成本效益，TI的MSP-EXP432P401R LaunchPad评估套件集成了板载XDS110-ET仿真器，使用户节约了昂贵的编程器费用。它的优点是：简单、成本低，支持几乎所有TI ARM器件的衍生品，并且通过板上的J103 JTAG引出插座，可将XDS110-ET作为一个单独的仿真器，用于调试用户自己开发的MSP432项目。XDS110-ET仿真器如图2-10所示。

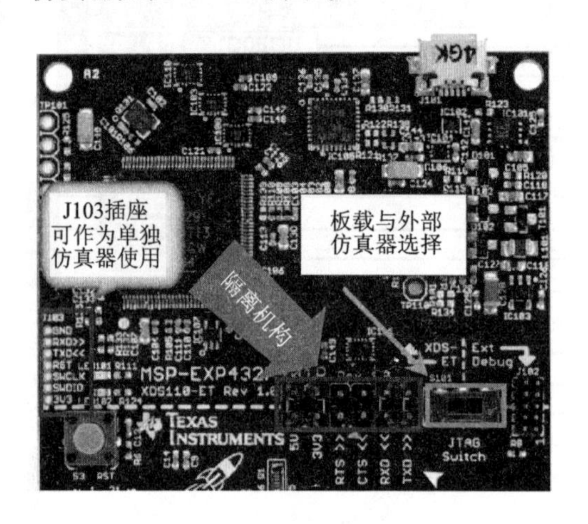

图2-10 XDS110-ET仿真器

隔离机构

隔离机构由开关S101和一组跳线开关构成（实物见图2-10），用于连接/断开XDS110-ET（包括外部仿真器）与目标MCU MSP432P401R，其信号定义如表2-3所列，隔离机构的示意图如图2-11所示。

表2-3 隔离机构的信号定义

信　号	隔离类型	描　述
5 V	跳线	5 V电源，VBUS来自USB
3.3 V	跳线	3.3 V电源，由VBUS经LDO调整得到
RTS≫	跳线*	Backchannel UART：准备发送（Ready-To-Send），用于硬件流控制，箭头指示信号的方向
CTS≪	跳线*	Backchannel UART：清除发送（Clear-To-Send），用于硬件流控制，箭头指示信号的方向
RXD≪	跳线	Backchannel UART：目标MCU通过该信号接收数据，箭头指示信号的方向

续表 2-3

信　号	隔离类型	描　述
TXD≫	跳线	Backchannel UART：目标 MCU 通过该信号发送数据，箭头指示信号的方向
RST	开关 S101	MCU 复位信号(低电平有效)
TCK_SWCLK	开关 S101	串行线时钟输入(SWCLK) / JTAG 时钟输入(TCK)
TMS_SWDIO	开关 S101	串行线数据输入/输出(SWDIO) / JTAG 测试模式选择(TMS)
TDO_SWO	开关 S101	串行线跟踪输出(SWO) / JTAG 跟踪输出(TWO) (PJ.5)
TDI	开关* S101	JTAG 测试数据输入(PJ.4)

注：跳线*，对应的信号在默认情况下不用设置跳线；开关*，对应的信号不通过 IC111，而由 S101 控制。

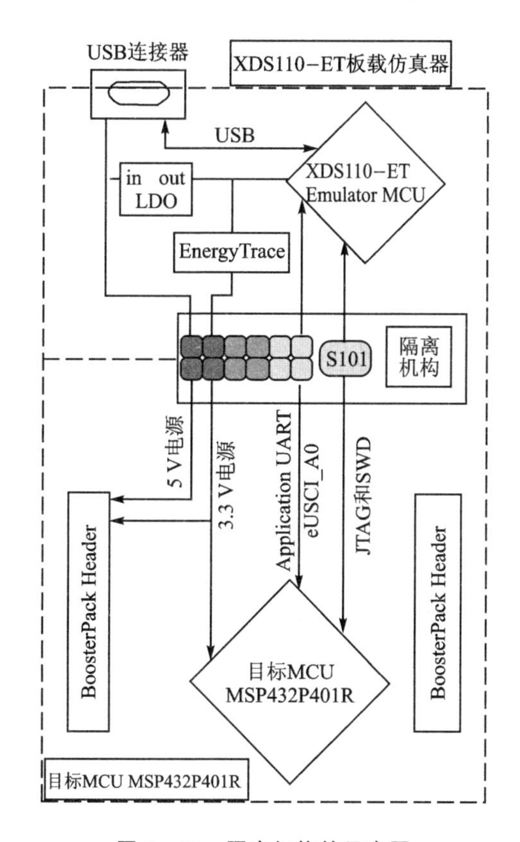

图 2-11　隔离机构的示意图

注意：本节仅扼要介绍了 MSP-EXP432P401R LaunchPad 开发板的概况，详细的内容请读者仔细阅读 TI 的 MSP-EXP432P401R LaunchPad Evaluation Kit 用户手册(编号：SLAU597)。

第3章

时钟系统模块

时钟系统(Clock System,CS)模块可以为 MSP432P401R 提供各种所需的时钟信号,它是 MSP432P401R 的关键部件之一。本章将简要介绍 MSP432P401R 中所需的时钟系统及其结构特点与运行机制,讨论时钟系统模块固件库的功能及其编程与调试方法。其中,时钟系统模块固件库函数包含在 driverlib/cs. c 中,driverlib/cs. h 包含了该库函数的所有定义。

本章的主要内容:

◇ 时钟系统模块简介;

◇ 时钟系统模块固件库;

◇ 例程。

3.1 时钟系统模块简介

时钟系统模块支持低成本与低功耗。为了实现无任何外部元件的操作,可在全软件控制下,用一个或两个外部晶振或外部振荡器来配置时钟系统模块。

时钟系统模块的时钟源包括:

◇ LFXTCLK:低频振荡器(LFXT)可以与低频 32 768 Hz 的手表晶振、标准晶振、振荡器,或外部 32 768 Hz 或以下范围的外部时钟源一起使用。在旁路模式下,LFXTCLK 由外部 32 768 Hz 或更低的方波信号驱动。

◇ VLOCLK:内部超低功耗低频振荡器(VLO),10 kHz 为其典型频率。

◇ DCOCLK:内部数控振荡器(DCO),频率可选。

◇ REFOCLK:内部低功耗低频振荡器(REFO),带可选择的典型频率32.768 kHz 和 128 kHz。

◇ MODCLK:其典型频率为 24 MHz。

◇ HFXTCLK:高频振荡器(HFXT),可与标准晶振或 1~48 MHz 的振荡器一起使用。在旁路模式下,HFXTCLK 由外部方波信号驱动。

◇ SYSOSC:系统振荡器,其典型频率为 5 MHz。

时钟系统模块可提供 5 种基本系统时钟信号:

◇ ACLK:辅助时钟。ACLK 可由软件选择来作为 LFXTCLK、VLOCLK 或

REFOCLK;可由1、2、4、8、16、32、64或128分频得到;可由软件选择各自的外设模块。ACLK由操作的最大频率128 kHz限制。

◇ MCLK:主时钟。MCLK可由软件选择来作为LFXTCLK、VLOCLK、REFOCLK、DCOCLK、MODCLK或HFXTCLK;可由1、2、4、8、16、32、64或128分频得到。MCLK用于CPU和外设模块的接口,也可以直接用于一些外设模块。

◇ HSMCLK:子系统时钟。HSMCLK可由软件选择来作为LFXTCLK、VLOCLK、REFOCLK、DCOCLK、MODCLK或HFXTCLK;可由1、2、4、8、16、32、64或128分频得到;可由软件选择各自的外设模块。

◇ SMCLK:低速子系统时钟。SMCLK使用HSMCLK时钟源来选择它的时钟源;可单独从HSMCLK由1、2、4、8、16、32、64或128分频得到;受HSMCLK最大额定频率一半的限制;可由软件选择各自的外设模块。

◇ BCLK:低速备份域时钟。BCLK可由软件选择来作为LFXTCLK和REFOCLK;受32 kHz最大频率的限制。

MSP432P401R时钟系统的模块框图如图3-1所示。

3.2 时钟系统的操作

在系统复位后,器件进入活动模式0(AM0_LDO)。在AM0_LDO模式下,时钟系统模块的默认配置如下:

◇ 对于包含LFXT的器件:
  - 选择LFXT晶振作为LFXTCLK的时钟源;
  - ACLK选择LFXTCLK(SELAx=0)且ACLK不分频(DIVAx=0);
  - BCLK选择LFXTCLK(SELB=0);
  - LFXT保持禁用,晶振引脚(LFXIN、LFXOUT)与通用I/O端口共用。

◇ 对于不包含LFXT的器件:
  - ACLK选择REFOCLK(SELAx= 0或2)且ACLK不分频(DIVAx= 0);
  - BCLK选择REFOCLK(SELB= 1);
  - 使能REFO。

◇ 对于包含HFXT的器件:HFXIN和HFXOUT引脚被设置为通用I/O,而HFXT被禁用。

◇ MCLK、HSMCLK和SMCLK(SELMx=SELSx=3)可选择DCO作为时钟源,并且每个系统时钟不分频(DIVMx=DIVSx=DIVHSx=0)。

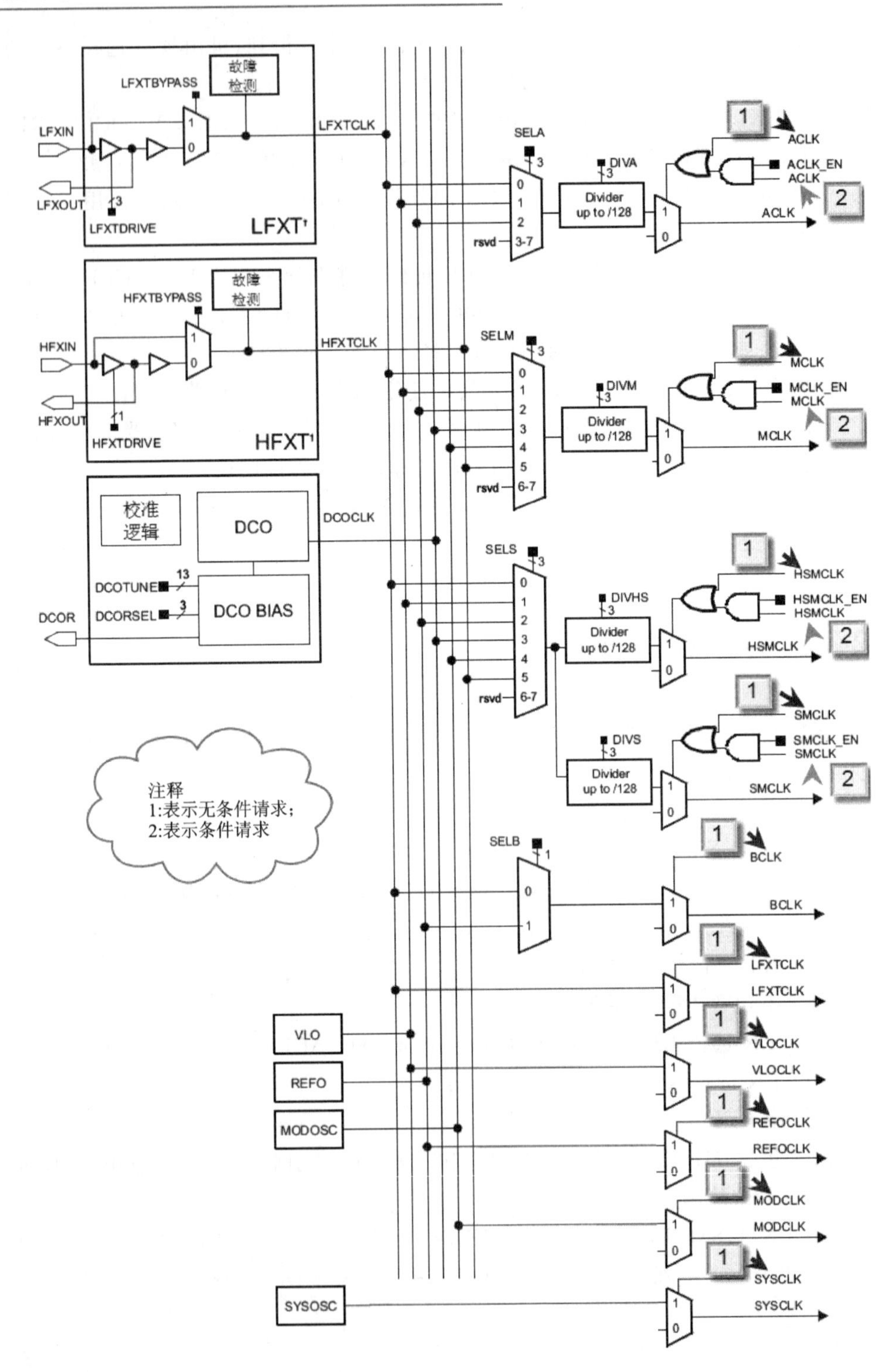

图 3-1 MSP432P401R 时钟系统的模块框图

1. 低功耗应用时钟系统模块的特性

低功耗应用时钟系统模块的特性如下：

◇ 低时钟频率用于节约能源和定时；

◇ 高时钟频率应对快速时间响应与快速突发处理的能力；

◇ 在工作温度和电源电压上的时钟稳定；

◇ 更少的时钟精度约束要求与低成本应用。

2. LFXT 振荡器

LFXT 振荡器采用 32768 Hz 的手表晶振来支持极小电流消耗。手表晶振应连接到 XIN 和 XOUT 上，并且还需在两端添加外部电容，电容的大小由晶振或振荡器的参数决定。LFXT 可通过选择适当的 LFXTDRIVE 设置来支持不同的晶振或谐振器。

LFXT 引脚与通用 I/O 端口共用。上电时，默认为 LFXT 晶振操作。此时，将保持 LFXT 禁用，直到与 LFXT 共用的端口配置为 LFXT 操作为止。共用 I/O 端口的配置由与 LFXIN 和 LFXTBYPASS 位关联的 PSEL 位决定。通过设置 PSEL 位使 LFXIN 和 LFXOUT 端口配置为 LFXT 操作。如果 LFXTBYPASS 位置位，LFXT 将配置为旁路模式，此时，将关闭与 LFXT 关联的振荡器。在旁路模式下，LFXIN 可接收外部的方波时钟输入信号，并且 LFXOUT 被配置成通用 I/O 端口，而与 LFXOUT 相关的 PSEL 位无效。如果清除与 LFXIN 相关的 PSEL 位，那么 LFXIN 与 LFXOUT 都将被配置成通用 I/O 端口，而 LFXT 被禁用。

满足下列任一条件将使能 LFXT：

◇ 对于任何活动模式或 LPM0 模式：
  - LFXT_EN=1；
  - LFXT 为 ACLK 的时钟源(SELAx=0)；
  - LFXT 为 BCLK 的时钟源(SELBx=0)；
  - LFXT 为 MCLK 的时钟源(SELMx=0)；
  - LFXT 为 HSMCLK 的时钟源(SELSx=0)；
  - LFXT 为 SMCLK 的时钟源(SELSx=0)；
  - 在 AM 或 SL 模式中，LFXTCLK 是可用模块的直接时钟源，并且任何 LFXTCLK 的无条件请求都有效。

◇ 对于 LPM3 模式或 LPM3.5 模式：
  - LFXT_EN=1；
  - LFXT 为 BCLK 的时钟源(SELB=0)；
  - 在 LPM3/LPM3.5 模式中，LFXTCLK 是可用模块的直接时钟源。

◇ 对于 LPM4.5 模式：LFXT 关闭，在该模式下无须理会 LFXT_EN 位。

3. HFXT 振荡器

HFXT 振荡器可与标准晶振或谐振器工作在 1～48 MHz 的频率范围。HFXT-DRIVE 位用于选择 HFXT 的驱动能力。在晶振或旁路模式中，HFXTFREQ 位必须按表 3-1 所列设置适当的频率操作范围。

表 3-1 HFXTFREQ 的设置

HFXT 频率范围/MHz	HFXTFREQ[2:0]	HFXT 频率范围/MHz	HFXTFREQ[2:0]
1～4	000	24～32	100
4～8	001	32～40	101
8～16	010	40～48	110
16～24	011	—	—

满足下列任一条件将使能 HFXT：

◇ 对于活动模式(AM_LDO_VCOREx 和 AM_DCDC_VCOREx)或 LPM0 模式(LPM0_LDO_VCOREx 和 LPM0_DCDC_VCOREx)：
  - HFXT_EN=1；
  - HFXT 为 MCLK 的时钟源(SELMx=5)；
  - HFXT 为 HSMCLK 的时钟源(SELSx=5)；
  - HFXT 为 SMCLK 的时钟源(SELSx=5)。

◇ 对于活动模式(AM_LF_VCOREx)或 LPM0 模式(LPM0_LF_VCOREx)：HFXT 不可用并且禁用，HFXT_EN 无效。

◇ 对于 LPM3、LPM4、LPM3.5 或 LPM4.5 模式：HFXT 不可用并且禁用，HFXT_EN 无效。

4. 内部超低功耗低频振荡器

内部超低功耗低频振荡器(VLO)不需要晶振就能提供 10 kHz 的典型频率。VLO 为不需要精确晶振时基的应用提供了一种低成本的超低功耗时钟源。为了节省电能，VLO 一般是关闭的，仅在需要时才将其打开。

满足下列任一条件将使能 VLO：

◇ 对于任何活动模式或 LPM0 模式：
  - VLO_EN=1；
  - VLO 为 ACLK 的时钟源(SELAx=1)；
  - VLO 为 MCLK 的时钟源(SELMx=1)；
  - VLO 为 HSMCLK 的时钟源(SELSx=1)；
  - VLO 为 SMCLK 的时钟源(SELSx=1)。

在活动模式或 LPM0 模式下，VLOCLK 为任何可用模块的直接时钟源，并且 VLOCLK 无条件请求有效。

◇ 对于 LPM3 模式或 LPM3.5 模式：
- VLO_EN=1；
- 在 LPM3/LPM3.5 模式下，VLOCLK 为任何可用模块的直接时钟源。

◇ 对于 LPM4.5 模式：在该模式下 VLO 关闭，VLO_EN 位无影响。

5. 内部低功耗低频振荡器

内部低功耗低频振荡器(REFO)不需要晶振就能提供 32.768 kHz 的典型频率。REFO 为不需要精确晶振时基的应用提供了一种低成本与超低功耗的时钟源，但也不是什么振荡器都可以获得比 VLO 更高的精度。

满足下列任一条件将使能 REFO：

◇ 对于活动模式或 LPM0 模式：
- REFO_EN=1；
- REFO 为 ACLK 的时钟源(SELAx=2)；
- REFO 为 BCLK 的时钟源(SELBx=1)；
- REFO 为 MCLK 的时钟源(SELMx=2)；
- REFO 为 HSMCLK 的时钟源(SELSx=2)；
- REFO 为 SMCLK 的时钟源(SELSx=2)；
- 在活动模式或 LPM0 模式下，REFOCLK 为任何可用模块的直接时钟源，并且任何 REFOCLK 无条件请求都有效；
- LFXTCLK 为 ACLK 的时钟源(SELAx=0)，并且 LFXTIFG 位置位；
- LFXTCLK 为 BCLK 的时钟源(SELBx=0)，并且 LFXTIFG 位置位；
- LFXTCLK 为 MCLK 的时钟源(SELMx=0)，并且 LFXTIFG 位置位；
- LFXTCLK 为 HSMCLK 的时钟源(SELSx=0)，并且 LFXTIFG 位置位；
- LFXTCLK 为 SMCLK 的时钟源(SELSx=0)，并且 LFXTIFG 位置位。

◇ 对于 LPM3 模式或 LPM3.5 模式：
- REFO_EN=1；
- REFO 为 BCLK 的时钟源(SELBx=1)；
- 在 LPM3/LPM3.5 模式下，REFOCLK 是任何可用模块的直接时钟源。

◇ 对于 LPM4.5 模式：在该模式下 REFO 关闭，REFO_EN 位无效。

REFO 支持两种操作频率，即 32.768 kHz(默认)和 128 kHz。这由 REFOFSEL 位选择。当设置 REFOFSEL=1 时，可作为低频活动模式(AM_LF_VCOREx)和低频 LPM0 模式(LPM0_LF_VCOREx)的低功耗时钟源。当 REFO 为 BCLK 的时钟源时，其总会提供一个 32.768 kHz 的时钟源给 BCLK。

6. 模块振荡器

时钟系统还包括一个模块振荡器(MODOSC)，它可作为 MCLK、HSMCLK 和 SMCLK 的时钟源，也可以被系统中的其他模块直接使用。为了节省电能，MODO-

SC一般是关闭的，仅在需要时才将其打开。

满足下列任一条件将使能MODOSC：

◇ 对于活动模式（AM_LDO_VCOREx和AM_DCDC_VCOREx）或LPM0模式（LPM0_LDO_VCOREx和LPM0_DCDC_VCOREx）：
 - MODOSC_EN=1；
 - MODOSC为MCLK的时钟源（SELMx=4）；
 - MODOSC为HSMCLK的时钟源（SELSx=4）；
 - MODOSC为SMCLK的时钟源（SELSx=4）；
 - 在活动模式或LPM0模式下，MODOSC为任何可用模块的直接时钟源，并且MODOSC无条件请求有效。

◇ 对于LPM3、LPM4、LPM3.5或LPM4.5模式：MODOSC不可用和禁用，MODOSC_EN无效。

7. 系统振荡器

在系统中的某些模块需要一个用于通用定时的嵌入式振荡器，但不需要严格的精度和MODOSC的启动要求。为了节省电能，系统振荡器（SYSOSC）一般是关闭的，仅在需要时才将SYSOSC打开。

SYSOSC被系统用于以下几个方面：

◇ 内存控制器（闪存/SRAM）状态机的时钟；
◇ 对于HFXT的故障保护时钟源；
◇ 电源控制管理器（PCM）和电源系统（PSS）的状态机时钟；
◇ 用于支持SMBus的eUSCI模块的时钟超时特性。

8. 内部数控振荡器

内部数控振荡器（DCO）是一个内置的数字控制振荡器，包括6段频率范围（见图3-2和表3-2），并且工厂对每段频率范围内的中心频率都进行了校准。每段频率范围可通过DCORSEL位来选择；使用DCOTUNE位，应用程序可以在选择的范围内以0.1%标称步长，上下调整与校准DCO的中心频率；每段范围都与邻近范围重叠，从而得到了在应用程序中使用的连续频率范围。DCO可以用作MCLK、HSMCLK或SMCLK的时钟源。采用内部电阻DCO的精度经过校准为±2.65%；而采用外接电阻（91×(1+0.1%)kΩ）精度可达到±0.4%。

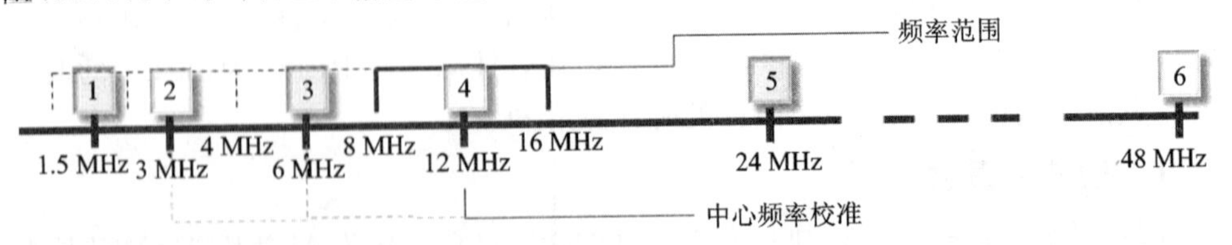

图3-2 DCO的6段频率范围及中心频率

表 3-2　DCO 的 6 段频率范围

参　数	测试条件	最小值	最大值	单　位
f_{RSEL0}(DCO 的频率范围 0)	DCORSEL =0	0.98	2.26	MHz
f_{RSEL1}(DCO 的频率范围 1)	DCORSEL =1	1.96	4.51	MHz
f_{RSEL2}(DCO 的频率范围 2)	DCORSEL =2	3.92	9.02	MHz
f_{RSEL3}(DCO 的频率范围 3)	DCORSEL =3	7.84	18.04	MHz
f_{RSEL4}(DCO 的频率范围 4)	DCORSEL =4	15.68	36.07	MHz
f_{RSEL5}(DCO 的频率范围 5)	DCORSEL =5	31.36	52	MHz

满足下列任一条件将使能 DCO：

◇ 对于活动模式(AM_LDO_VCOREx 和 AM_DCDC_VCOREx)或 LPM0 模式(LPM0_LDO_VCOREx 和 LPM0_DCDC_VCOREx)：
  - DCO_EN=1；
  - DCO 为 MCLK 的时钟源(SELMx=3)；
  - DCO 为 HSMCLK 的时钟源(SELSx=3)；
  - DCO 为 SMCLK 的时钟源(SELSx=3)。

◇ 对于 LPM3 、LPM4、LPM3.5 或 LPM4.5 模式：DCO 不可用和禁用，而 DCO_EN 无效。

3.3　时钟系统模块的寄存器

本节仅给出用于时钟系统模块的寄存器列表，如表 3-3 所列。其详细的功能介绍请参考 TI 的官方技术文档(编号：slau356a)。

表 3-3　时钟系统模块的寄存器

缩　写	寄存器名称	类　型	访　问	复　位
CSKEY	钥匙(KEY)寄存器	R/W	字	0000A596h
CSCTL0	控制 0 寄存器	R/W	字	00010000h
CSCTL1	控制 1 寄存器	R/W	字	00000033h
CSCTL2	控制 2 寄存器	R/W	字	00070007h
CSCTL3	控制 3 寄存器	R/W	字	000000BBh
CSCLKEN	时钟使能寄存器	R/W	字	0000000Fh
CSSTAT	状态寄存器	R	字	00000003h
CSIE	中断使能寄存器	R/W	字	00000000h
CSIFG	中断标志寄存器	R	字	00000001h
CSCLRIFG	清除中断标志寄存器	W	字	00000000h
CSSETIFG	设置中断标志寄存器	W	字	00000000h
CSDCOERCAL	DCO 外部电阻校准寄存器	R/W	字	02000000h

3.4 时钟系统模块的固件库函数

时钟系统模块的驱动库为用户提供了全面配置和控制 MSP432 时钟系统各个方面的能力，其包含了初始化和维护 MCLK、ACLK、HSMCLK、SMCLK 和 BCLK 的时钟系统。此外，固件库函数即所谓的 API 函数还将配置连接的晶体振荡器以及配置/控制 DCO 和参考振荡器。时钟系统模块的固件库函数如表 3-4 所列，函数的功能说明请参阅 TI 数据手册。

表 3-4 时钟系统模块的固件库函数列表

编 号	函 数
1	Void CS_clearInterruptFlag(uint32_t flags)
2	void CS_disableClockRequest(uint32_t selectClock)
3	void CS_disableDCOExternalResistor(void)
4	void CS_disableFaultCounter(uint_fast8_t counterSelect)
5	void CS_disableInterrupt(uint32_t flags)
6	void CS_enableClockRequest(uint32_t selectClock)
7	void CS_enableDCOExternalResistor(void)
8	void CS_enableFaultCounter(uint_fast8_t counterSelect)
9	void CS_enableInterrupt(uint32_t flags)
10	uint32_t CS_getACLK(void)
11	uint32_t CS_getBCLK(void)
12	uint32_t CS_getDCOFrequency(void)
13	uint32_t CS_getEnabledInterruptStatus(void)
14	uint32_t CS_getHSMCLK(void)
15	uint32_t CS_getInterruptStatus(void)
16	uint32_t CS_getMCLK(void)
17	uint32_t CS_getSMCLK(void)
18	void CS_initClockSignal(uint32_t selectedClockSignal, uint32_t clockSource, uint32_t clockSourceDivider)
19	void CS_registerInterrupt(void(_intHandler)(void))
20	void CS_resetFaultCounter(uint_fast8_t counterSelect)
21	void CS_setDCOCenteredFrequency(uint32_t dcoFreq)
22	void CS_setDCOExternalResistorCalibration(uint_fast8_t uiCalData)
23	void CS_setDCOFrequency(uint32_t dcoFrequency)

续表 3-4

编 号	函 数
24	void CS_setExternalClockSourceFrequency(uint32_t lfxt_XT_CLK_frequency, uint32_t hfxt_XT_CLK_frequency)
25	void CS_setReferenceOscillatorFrequency(uint8_t referenceFrequency)
26	void CS_startFaultCounter(uint_fast8_t counterSelect, uint_fast8_t countValue)
27	void CS_startHFXT(bool bypassMode)
28	void CS_startHFXTWithTimeout(bool bypassMode, uint32_t t imeout)
29	void CS_startLFXT(uint32_t xtDrive)
30	void CS_startLFXTWithTimeout(uint32_t xtDrive, uint32_t timeout)
31	void CS_tuneDCOFrequency(int16_t tuneParameter)
32	void CS_unregisterInterrupt(void)

说明:表 3-4 中的“编号”并无实际意义,只是方便读者了解这部分使用了几个库函数,后面章节中的此类“编号”意义相同,不再提示。

3.5 例 程

本节将以 TI 提供的例程为例来介绍时钟系统模块固件库的编程与测试方法。

(1) DCO 频率轮换程序的测试接线图

DCO 频率轮换程序的测试接线图如图 3-3 所示。

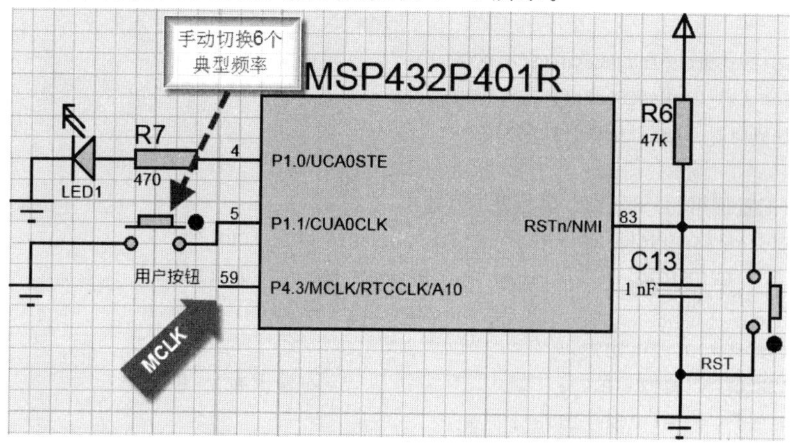

图 3-3 DCO 频率轮换程序的测试接线图

说明:图3-3中的元件编号和参数大小和原电路图一致,后续各章不再提示。

(2) DCO_clocksystem.c 程序介绍

```
/*************************************************************
* 文件名:DCO_clocksystem.c
* 来源:TI 例程
* 功能:尝试不同的 MSP432 DCO 时钟频率
*  - 在活动模式下,让不同的 DCO 时钟频率循环切换
*  - 配置系统定时器(SysTick)的时间间隔用于唤醒和切换 LED P1.0 的输出
*  - 用不同的 LED 切换速率来指示 DCO 时钟频率的变化
*  -采用基于 MSP432 的固件库的编程模式。
*************************************************************/
#include "msp432.h"
#include "driverlib.h"

/*定义变量*/
uint32_tbuttonPushed = 0, blink = 0, jj=0;
volatile uint32_ti;

/*定义6段频率中的典型频率数组,见图3-2*/
uint32_tfrequencyCycle[6] = { CS_DCO_FREQUENCY_1_5, CS_DCO_FREQUENCY_3,
                              CS_DCO_FREQUENCY_6, CS_DCO_FREQUENCY_12,
                              CS_DCO_FREQUENCY_24, CS_DCO_FREQUENCY_48 };

int main(void)
{
    volatile uint32_tii, curFrequency;
    WDT_A_holdTimer();                          //保持看门狗定时器

    PCM_setCoreVoltageLevel(PCM_VCORE1);
    FlashCtl_setWaitState(FLASH_BANK0, 2);
    FlashCtl_setWaitState(FLASH_BANK1, 2);

    //配置使用的外设引脚/晶振及 LED 输出
    GPIO_setAsPeripheralModuleFunctionOutputPin(GPIO_PORT_P4,
          GPIO_PIN2 | GPIO_PIN3, GPIO_PRIMARY_MODULE_FUNCTION);

    P4DIR |= BIT2 | BIT3;
    P4SEL0 |= BIT2 | BIT3;                      //输出 ACLK 和 MCLK
    P4SEL1 &= ~(BIT2 | BIT3);
    P1DIR |= BIT0;
```

```
//配置 P1.0 作为输出
GPIO_setAsOutputPin(GPIO_PORT_P1, GPIO_PIN0);

//配置 P1.1 作为输入并使能中断
GPIO_setAsInputPinWithPullUpResistor(GPIO_PORT_P1, GPIO_PIN1);

GPIO_clearInterruptFlag(GPIO_PORT_P1, GPIO_PIN1);
GPIO_enableInterrupt(GPIO_PORT_P1, GPIO_PIN1);
GPIO_interruptEdgeSelect(GPIO_PORT_P1, GPIO_PIN1,
                         GPIO_HIGH_TO_LOW_TRANSITION);
Interrupt_enableInterrupt(INT_PORT1);

SysTick_enableModule();
SysTick_setPeriod(1500000);              //1.5 MHz,每秒产生一次中断
SysTick_enableInterrupt();

Interrupt_enableMaster();
curFrequency = 0;

/*初始化 MCLK 使其从 DCO 开始运行不分频*/

CS_initClockSignal(CS_MCLK, CS_DCOCLK_SELECT, CS_CLOCK_DIVIDER_1);

/*从 frequencyCycle 数组中选择#0 元素来设置校准 DCO 的中心频率
换言之,就是选择 frequencyCycle[0] */

//提示#1:frequencyCycle 为不同 DCO 频率范围的数组
//提示#2:API 用于设置 DCO 来校准中心频率,被称为 ×××××××× 当前的频率范围
CS_setDCOCenteredFrequency (frequencyCycle[0]);

while(1)
{
    /* 使不同 DCO 的频率轮转 */
    if(buttonPushed)
    {
        buttonPushed = 0;

        /*从 frequencyCycle 数组中选择#curFrequency 来设置 DCO 的中心频率 */
        CS_setDCOCenteredFrequency(frequencyCycle[curFrequency]);
        if(++curFrequency==6)
          curFrequency = 0;
```

```
                GPIO_enableInterrupt(GPIO_PORT_P1, GPIO_PIN1);

            }

            __no_operation();
        }
    }

/* 端口 1 的中断服务程序 */
void Port1IsrHandler(void)
{
    uint32_tstatus;

    status = GPIO_getEnabledInterruptStatus(GPIO_PORT_P1);
    GPIO_clearInterruptFlag(GPIO_PORT_P1, status);
    //暂时禁止中断
    GPIO_disableInterrupt(GPIO_PORT_P1, GPIO_PIN1);
    /* 切换 LED 输出 */
    buttonPushed = 1;
    /* 从 GPIO 中断唤醒 */
    Interrupt_disableSleepOnIsrExit();
}

/* 系统时钟的中断服务程序 */
void SysTickIsrHandler(void)
{
    GPIO_toggleOutputOnPin(GPIO_PORT_P1, GPIO_PIN0);
}
```

(3) 创建 DCO_clocksystem 工程

① 选择 Project→NEW CCS Project 菜单项,在弹出的 New CCS Project 对话框中进行如图 3-4 所示的设置,单击 Finish 按钮。

② 添加 DCO_clocksystem.c 文件到工程中,创建的 DCO_clocksystem 工程如图 3-5 所示。

(4) 编　译

① 单击工具栏上的图标,编译 DCO_clocksystem 工程,其编译结果如图 3-6 所示。

② 关闭默认的所有低功耗编译选项,如图 3-7 所示。

(5) 调试与测试

① 对经过上述修正的工程重新编译并单击工具栏上的图标,将编译生成的

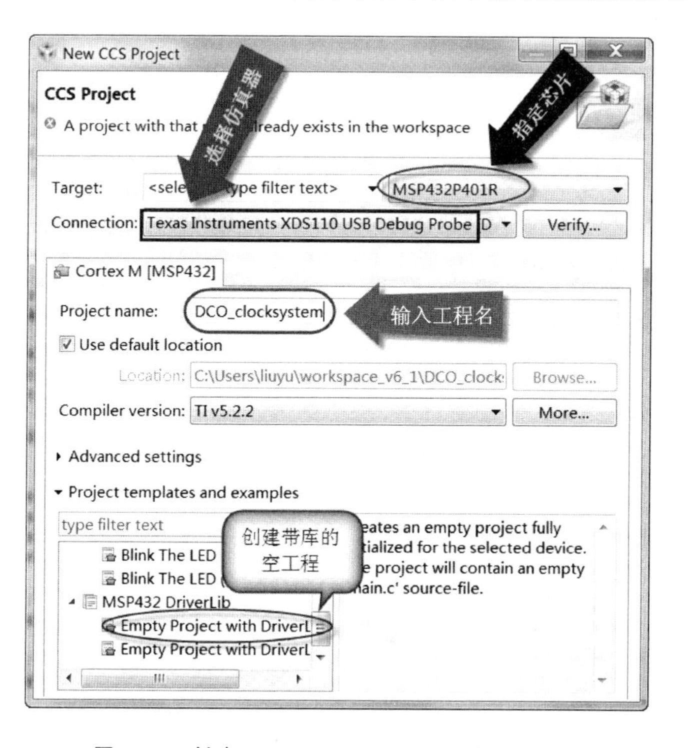

图 3－4　创建 DCO_clocksystem 工程的相关设置

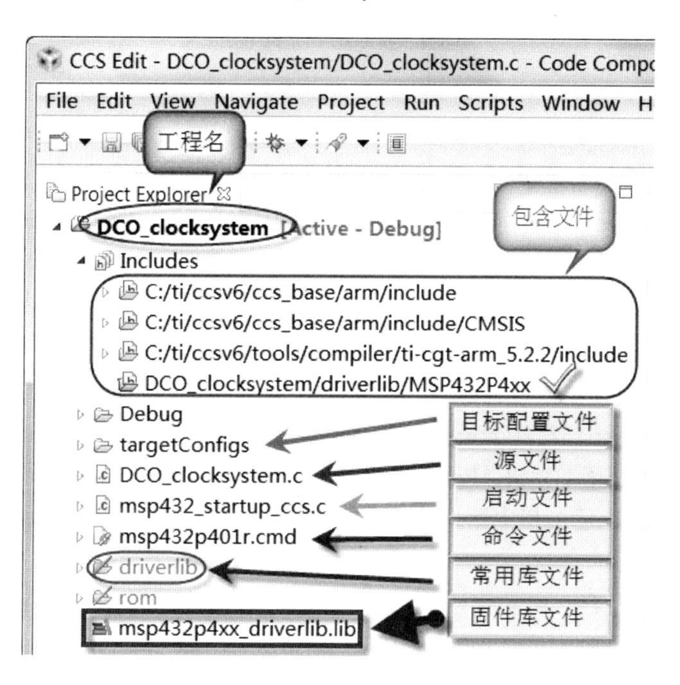

图 3－5　创建的 DCO_clocksystem 工程

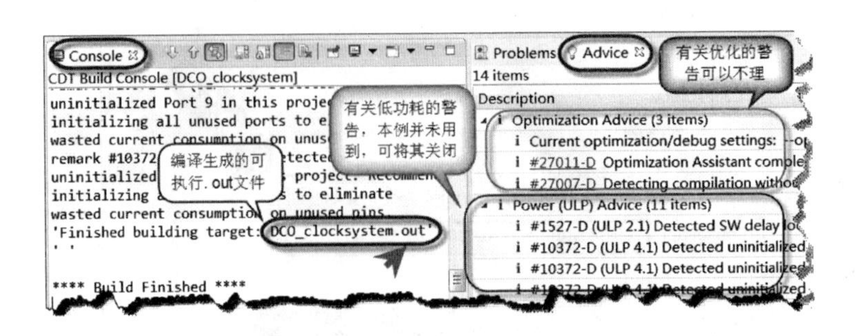

图3-6 DCO_clocksystem工程的编译结果

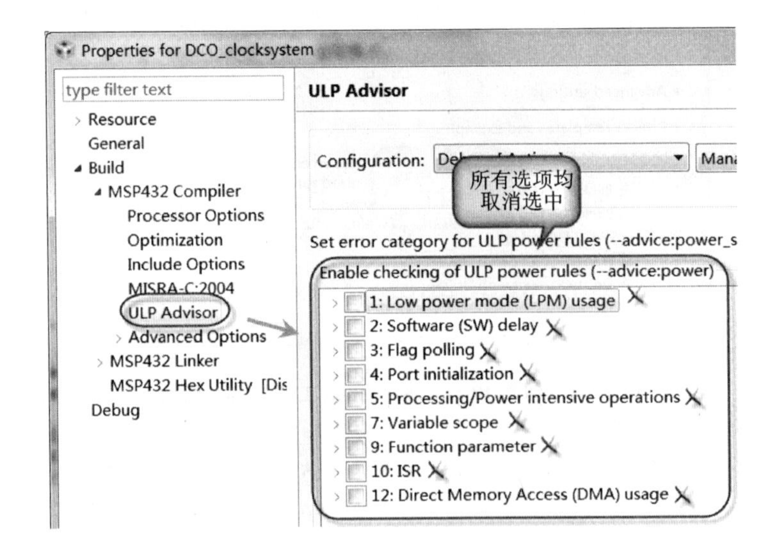

图3-7 关闭默认的所有低功耗编译选项

DCO_clocksystem.out文件下载到MSP-EXP432P401R LaunchPad开发板中运行，可以看到LED1能被点亮，但并不闪烁，按用户按钮S1也不起作用。

② 故障分析：LED1一直亮着，可推断出P1.0端口一直为高电平，如图3-3所示。这说明DCO_clocksystem.c代码中对P1.0端口的控制代码并未得到运行，即代码中的中断处理程序没有被执行。产生错误的原因是代码中的两段中断处理程序并未在启动代码msp432_startup_ccs.c中声明，在其中断向量表也未得到表述。

③ 将中断处理函数(ISR)Port1IsrHandler和SysTickIsrHandler在启动代码中声明为外部函数，并且在其中断向量表的相应位置添加这两个函数，如图3-8(a)~(b)所示。

④ 根据上述内容对启动代码进行修正，然后对整个工程进行重新编译，并将编译生成的DCO_clocksystem.out文件下载到MSP-EXP432P401R LaunchPad开发板中重新测试。这时可观察到LED1在不断地闪烁，但闪烁速度较慢，说明这时的中断处理程序得到了执行。

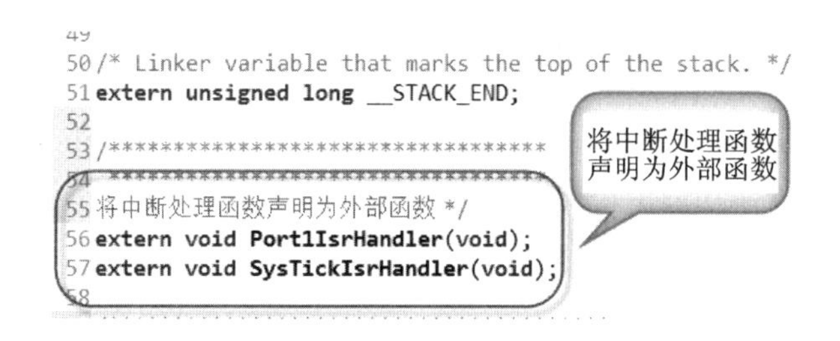

(a) 声明中断处理函数为外部函数

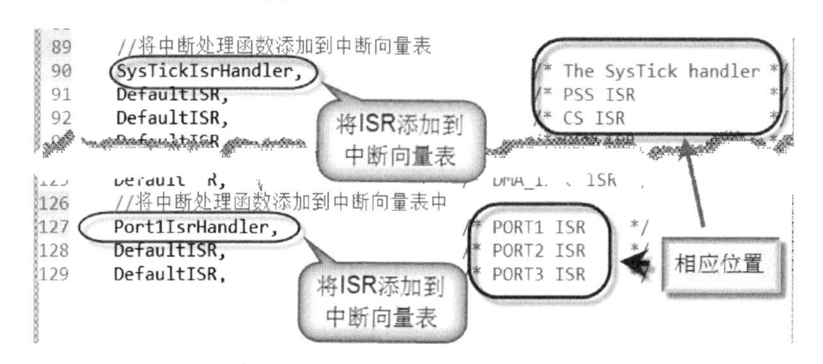

(b) 将中断处理函数添加到中断向量表中的相应位置

图3-8 对中断处理函数Port1IsrHandler和SysTickIsrHandler的设置

这时按下用户按钮S1,可观察到LED1的闪烁速度在加快,每按一次用户按钮S1,闪烁速度就会发生一次变化,即闪烁速度在不断加快。当用户按钮S1被按下第5次后LED1又回到了初始闪烁状态,如果继续按用户按钮S1将重复上次的过程。

这说明每按一次用户按钮S1,DCO的频率将发生一次变化,并在设定的6个频率间不停地切换,这就验证了程序代码功能的正确性。同时,在EnergyTrace+技术的剖析图(见图3-9)中可以看到,本例程并未涉及低功耗的问题,这就是前面为什

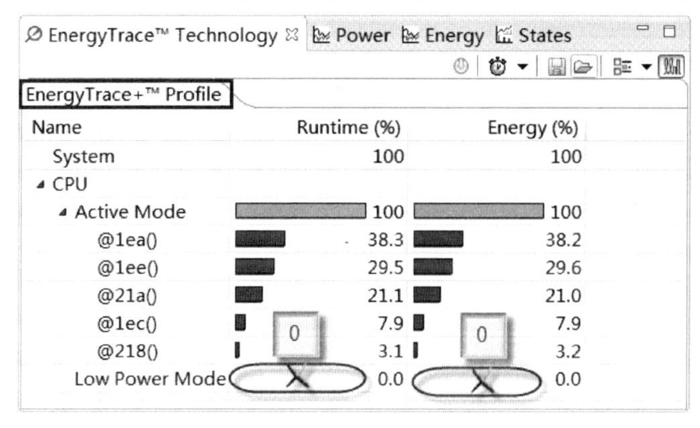

图3-9 低功耗的能耗为0

么要关闭编译选项中与低功耗有关的内容(见图 3-7),否则在编译时会出现大量无关的警告,会扰乱在代码中查找真正的错误。

综上所述,如果代码中包含 ISR,切记下列两个步骤,否则 ISR 将不被执行。

① 将 ISR 在启动代码中声明为外部函数;

② 将 ISR 添加到启动代码中断向量表的相应位置(何为相应位置?请见图 3-8(b))。

第4章

数字 I/O 端口

MSP432 具有丰富的端口资源，使其不仅可以直接用于 MSP432 的输入/输出，而且还可以为 MSP432 的应用提供必需的控制信号。其中，数字 I/O(Input/Output)端口是 MSP432 中最基本、最重要的外设模块之一。本章将简要介绍片上数字 I/O 端口的工作机制、操作及其固件库函数的使用与测试方法。其中，GPIO 固件库函数包含在 driverlib/gpio.c 中，driverlib/gpio.h 包含了该库函数的所有定义。

本章主要内容：

◇ 数字 I/O 端口简介；

◇ 数字 I/O 端口的固件库函数；

◇ 例程。

4.1 数字 I/O 端口简介

数字 I/O 端口的主要特性如下：

◇ 可单独编程的 I/O 引脚；

◇ 可任意组合的输入或输出；

◇ 可单独配置的端口中断(仅适用于某些端口)；

◇ 独立的输入与输出数据寄存器；

◇ 可独立配置的上拉或下拉电阻；

◇ 具有从超低功耗模式唤醒的能力(仅适用于某些端口)；

◇ 可独立配置的高驱动 I/O(仅适用于某些 I/O 引脚)。

该系列的器件可以提供多达 11 个数字的 I/O 端口(P1～P10 与 PJ)。大多数的端口包含 8 个引脚，但有些端口可能会少于 8 个引脚(具体端口请查阅 TI 数据手册)。每个 I/O 引脚均可单独配置为输入或输出，可单独进行读/写操作，以及可单独配置内部上拉或下拉电阻。某些端口具有中断和从超低功耗模式唤醒的功能。

每个中断都可以单独使能，并可配置成在输入信号的上升沿或下降沿触发中断。所有中断将送入一个编码的中断向量寄存器中，允许应用程序确定哪个端口的引脚发生了事件。各个端口可用字节宽端口或组合成半字宽端口的形式访问。端口 P1/P2、P3/P4、P5/P6、P7/P8 等分别与名称 PA、PB、PC、PD 等关联。几乎所有端口寄存器都以这种命名约定来处理，但也有例外，例如中断向量寄存器，对于端口 P1 和 P2 的中断必须通过 P1IV 和 P2IV 来处理，因为 PAIV 不存在。

在对 PA 进行半字写入操作时，所有 16 位数均被写入端口。在采用字节操作时，对端口 PA 的低字节写入时高字节保持不变，反之亦然。在对引脚数少于最大可能位数的端口进行写操作时，可忽略未使用到的位。对端口 PB、PC、PD、PE 和 PF 的操作与端口 PA 类似，此处不再赘述。

在采用半字操作读取端口 PA 时，所有 16 位数将被转移到目的地。在采用字节操作读取端口 PA(P1 或 P2)的高字节或低字节并将其保存到存储器时，将导致仅相应的高字节或者低字节能转移到目的地。从小于端口最大位数的端口读取数据时，其未使用的位读数为零(PJ 端口类似)。

4.2 数字I/O端口的操作

1. 输入寄存器 PxIN

当引脚的功能配置为 I/O 端口时，PxIN 寄存器中的每一位都将反映相应 I/O 引脚的输入信号值，且这些寄存器为只读。

◇ 位=0：输入为低；

◇ 位=1：输入为高。

注意：在试图激活写操作时，进行只读寄存器写操作会增大电流消耗。

2. 输出寄存器 PxOUT

当引脚的功能配置为 I/O 端口且方向为输出时，PxOUT 寄存器中的每一位将对应相应引脚的输出值。

◇ 位=0：输出为低；

◇ 位=1：输出为高。

若将引脚功能配置为 I/O 端口且方向为输入，在使能上拉或下拉电阻时，则 PxOUT 寄存器中的相应位用于选择上拉或下拉电阻。

◇ 位=0：下拉；

◇ 位=1：上拉。

3. 方向寄存器 PxDIR

当引脚的功能被配置为 I/O 端口时，PxDIR 寄存器中的每一位都将反映相应 I/O 引脚的方向。当引脚的功能被配置为外设功能时，大多数情况下 PxDIR 寄存器也可以控制 I/O 端口的方向。但是，对于引脚的功能被设置为外设功能的情况，PxDIR 寄存器的每一位都必须按外设功能的要求进行设置。而对于某些第二功能，比如 eUSCI，I/O 端口的方向则由第二功能本身决定，而不是由 PxDIR 寄存器控制。

◇ 位=0：引脚为输入方向；

◇ 位=1:引脚为输出方向。

4. 上拉或下拉电阻使能寄存器 PxREN

PxREN 寄存器中的每一位都用于使能或者禁用相应 I/O 引脚的上拉或下拉电阻。PxREN 寄存器中的相应位用于选择上拉或下拉电阻。

◇ 位=0:禁用上拉/下拉电阻;

◇ 位=1:使能上拉/下拉电阻。

5. 驱动强度选择寄存器 PxDS

I/O 有两种类型:一种为常规的驱动强度,另一种为高驱动强度。大多数的 I/O 具有常规驱动强度,而一些选定的 I/O 具有高驱动强度。PxDS 寄存器用于选择具有高驱动 I/O 的驱动强度。

◇ 位=0:具有高驱动强度的 I/O 被配置成常规驱动强度;

◇ 位=1:具有高驱动强度的 I/O 被配置成高驱动强度。

PxDS 寄存器对仅具有常规驱动强度的 I/O 无效。

6. 功能选择寄存器 PxSEL0 和 PxSEL1

每个端口引脚可使用两个位来选择引脚功能:I/O 功能或 3 个可能的外设模块功能中的一个,如表 4-1 所列。

PxSEL 位用于选择引脚功能:I/O 功能或者外设模块功能。

◇ 位=0:选中通用 I/O 功能;

◇ 位=1:选中通用外设模块功能。

7. 端口中断

在一个特定端口中断优先级的所有 Px 中断标志中,PxIFG.0 最高。使能最高优先级中断将会在 P1IV 寄存器中产生一个中断号,该序号用于评估或将其添加到程序计数器中,以便自动进入恰当的程序之中。禁止 Px 的中断不会影响 PxIV 的值,另外,PxIV 寄存器仅可半字访问。

PxIFG 寄存器的每一位都是其相应 I/O 引脚的中断标志,并且当所选择的输入信号沿出现在引脚上时,中断标志将被置位。若 PxIE 寄存器的相应位置位,则所有 PxIFG 寄存器的中断标志将发出一个中断请求。此外,也可以通过使用软件将 PxIFG 寄存器的中断标志置位的方法来启动中断。

◇ 位=0:无中断挂起;

◇ 位=1:中断挂起。

(1) 中断边沿选择寄存器 PxIES

PxIES 寄存器的每一位选择都对应着 I/O 引脚的中断边沿。

◇ 位=0:PxIFG 标志设置为由低电平→高电平的转换;

◇ 位=1:PxIFG 标志设置为由高电平→低电平的转换。

注意:写 PxIES 时,其每个对应的 I/O 都可引起相应的中断标志置位,如表 4-2

所列。

表4-1　引脚功能的选择

PxSEL1	PxSEL0	引脚功能
0	0	选中通用I/O功能
0	1	选中主外设模块功能
1	0	选中第二外设模块功能
1	1	选中第三外设模块功能

表4-2　可能引起PxIFG置位的条件

PxIES	PxIN	PxIFG
0→1	0	可能置位
0→1	1	无变化
1→0	0	无变化
1→0	1	可能置位

(2) 中断使能寄存器PxIE

PxIE寄存器的每一位使能都对应着PxIFG的中断标志。

◇ 位=0:禁用中断;

◇ 位=1:使能中断。

4.3　数字I/O寄存器

1. PxIV寄存器

端口x的中断向量寄存器(x=1,2,3,4,5,6,7,8,9或10)的结构如图4-1所示,其功能描述如表4-3所列。

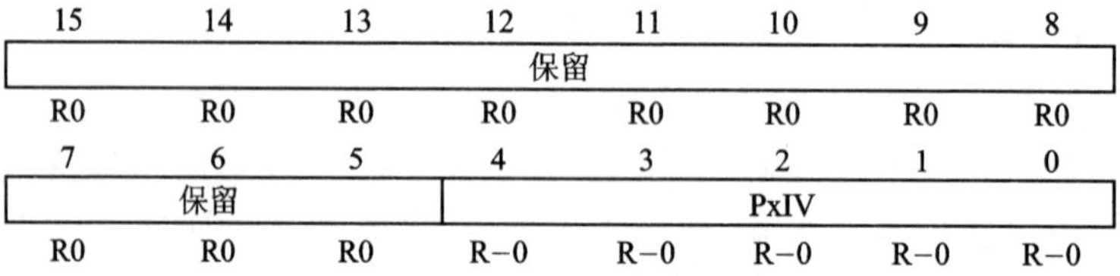

15	14	13	12	11	10	9	8
保留							
R0	R0	R0	R0	R0	R0	R0	R0
7	6	5	4	3	2	1	0
保留			PxIV				
R0	R0	R0	R-0	R-0	R-0	R-0	R-0

图4-1　PxIV寄存器的结构

2. PxIN寄存器

端口x的输入寄存器(x=1,2,3,4,5,6,7,8,9,10或J)的结构如图4-2所示,其功能描述如表4-4所列。

3. PxOUT寄存器

端口x的输出寄存器(x=1,2,3,4,5,6,7,8,9,10或J)的结构如图4-3所示,其功能描述如表4-5所列。

表4-3　PxIV寄存器的功能描述

位	字　段	类　型	复　位	功能描述
15～5	保留	R	0h	保留，读回0h
4～0	PxIV	R	0h	端口x中断向量值。 00h＝无中断挂起。 02h＝中断源：端口x.0中断；中断标志：PxIFG.0；中断优先级：最高。 04h＝中断源：端口x.1中断；中断标志：PxIFG.1。 06h＝中断源：端口x.2中断；中断标志：PxIFG.2。 08h＝中断源：端口x.3中断；中断标志：PxIFG.3。 0Ah＝中断源：端口x.4中断；中断标志：PxIFG.4。 0Ch＝中断源：端口x.5中断；中断标志：PxIFG.5。 0Eh＝中断源：端口x.6中断；中断标志：PxIFG.6。 10h＝中断源：端口x.7中断；中断标志：PxIFG.7；中断优先级：最低

7	6	5	4	3	2	1	0
PxIN							
R	R	R	R	R	R	R	R

图4-2　PxIN寄存器的结构

表4-4　PxIN寄存器的功能描述

位	字　段	类　型	复　位	功能描述
7～0	PxIN	R	未定义	端口x输入。 0b＝低电平； 1b＝高电平

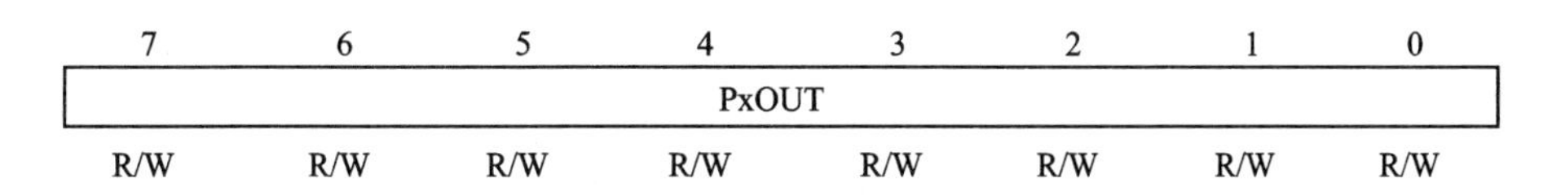

图4-3　PxOUT寄存器的结构

4. PxDIR寄存器

端口x的方向寄存器（x＝1，2，3，4，5，6，7，8，9，10或J）的结构如图4-4所示，其功能描述如表4-6所列。

表 4-5 PxOUT 寄存器的功能描述

位	字 段	类 型	复 位	功能描述
7～0	PxOUT	R/W	未定义	端口 x 输出。 I/O 配置为输出模式： 0b=低电平； 1b=高电平。 I/O 配置为输入模式且使能上拉/下拉电阻： 0b=下拉； 1b=上拉

7	6	5	4	3	2	1	0
PxDIR							
R/W-0	R/W-0	R/W-0	R/W-0	R/W-0	R/W-0	R/W-0	R/W-0

图 4-4 PxDIR 寄存器的结构

表 4-6 PxDIR 寄存器的功能描述

位	字 段	类 型	复 位	功能描述
7～0	PxDIR	R/W	0h	端口 x 方向。 0b=输入； 1b=输出

5. PxREN 寄存器

端口 x 的上拉或下拉电阻使能寄存器(x=1,2,3,4,5,6,7,8,9,10 或 J)的结构如图 4-5 所示，其功能描述如表 4-7 所列。

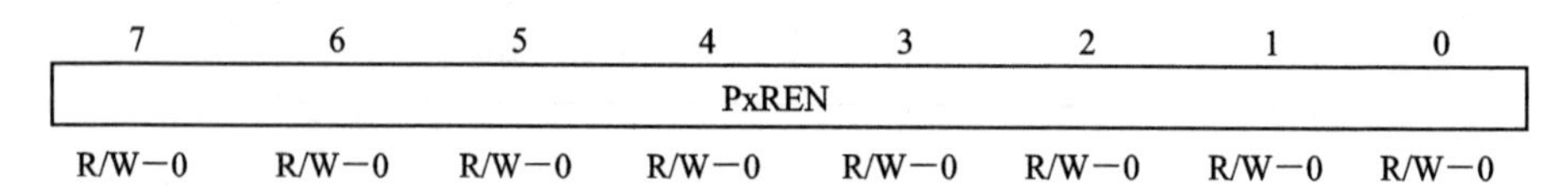

图 4-5 PxREN 寄存器的结构

表 4-7 PxREN 寄存器的功能描述

位	字 段	类 型	复 位	功能描述
7～0	PxREN	R/W	0h	端口 x 的上拉或下拉电阻使能。当端口配置为输入时，该位使能或禁用上拉/下拉电阻。 0b=禁用上拉/下拉电阻； 1b=使能上拉/下拉电阻

6. PxDS寄存器

端口x的驱动强度选择寄存器(x=1,2,3,4,5,6,7,8,9,10或J)的结构如图4-6所示,其功能描述如表4-8所列。

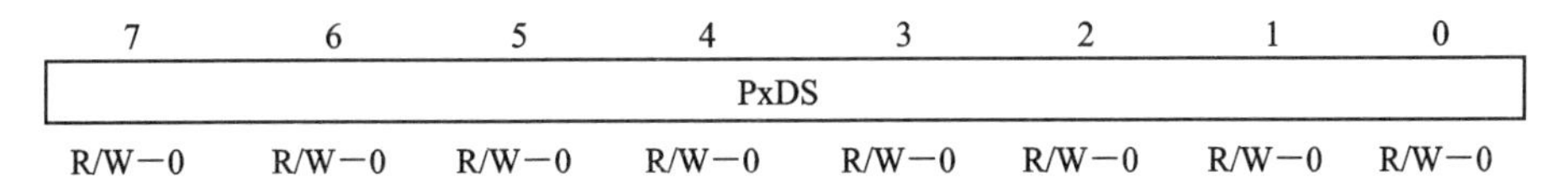

图4-6　PxDS寄存器的结构

表4-8　PxDS寄存器的功能描述

位	字　段	类　型	复　位	功能描述
7~0	PxDS	R/W	0h	端口x驱动强度选择(仅用于具有高驱动强度的I/O)。 0b=常规驱动强度; 1b=高驱动强度

7. PxSEL0寄存器

端口x的功能选择寄存器0(x=1,2,3,4,5,6,7,8,9,10或J)的结构如图4-7所示,其功能描述如表4-9所列。

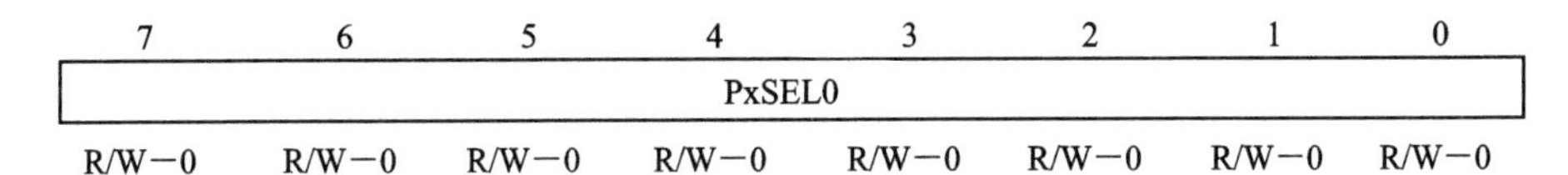

图4-7　PxSEL0寄存器的结构

表4-9　PxSEL0寄存器的功能描述

位	字　段	类　型	复　位	功能描述
7~0	PxSEL0	R/W	0h	端口的功能选择。 每一位对应端口x的一个通道。可将Px-SEL1和PxSEL0的每一位值结合来指定功能,例如,如果P1SEL1.5=1,P1SEL0.5=0,则第二模块的功能选择P1.5。PxSEL1每个值的定义(见表4-10)

8. PxSEL1寄存器

端口x的功能选择寄存器1(x=1,2,3,4,5,6,7,8,9,10或J)的结构如图4-8所示,其功能描述如表4-10所列。

7	6	5	4	3	2	1	0
PxSEL1							
R/W—0	R/W—0	R/W—0	R/W—0	R/W—0	R/W—0	R/W—0	R/W—0

图 4-8　PxSEL1 寄存器的结构

表 4-10　PxSEL1 寄存器的功能描述

位	字　段	类　型	复　位	功能描述
7～0	PxSEL1	R/W	0h	端口的功能选择。 每一位对应端口 x 的一个通道。可将 PxSEL1 和 PxSEL0 的每一位值结合来指定功能，例如，如果 P1SEL1.5＝1，P1SEL0.5＝0，则第二模块的功能选择 P1.5。 00b＝选择 I/O 功能； 01b＝选择主模块功能； 10b＝选择第二模块功能； 11b＝选择第三模块功能

9. PxSELC 寄存器

端口 x 的补充选择寄存器(x＝1，2，3，4，5，6，7，8，9，10 或 J)的结构如图 4-9 所示，其功能描述如表 4-11 所列。

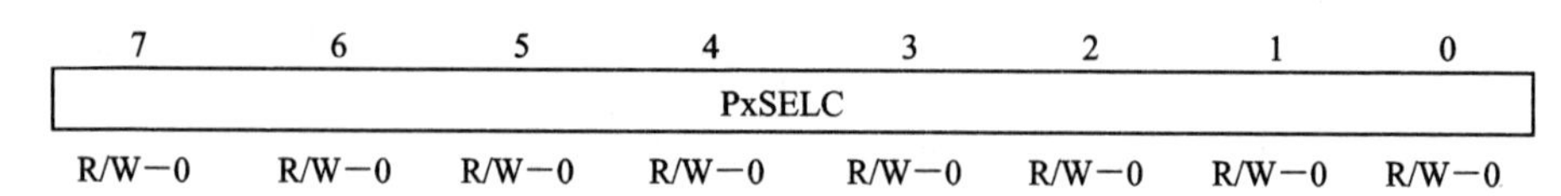

图 4-9　PxSELC 寄存器的结构

表 4-11　PxSELC 寄存器的功能描述

位	字　段	类　型	复　位	功能描述
7～0	PxSELC	R/W	0h	端口选择补充。 置位 PxSELC 寄存器中的每一位可补充 PxSEL1 和 PxSEL0 寄存器中各自对应的位，即对于在 PxSELC 寄存器中置位的每一位，在 PxSEL1 和 PxSEL0 寄存器中对应的位都将被同时改变。总是读出 0

10. PxIES 寄存器

端口 x 的中断边沿选择寄存器(x＝1，2，3，4，5，6，7，8，9，10 或 J)的结构如图 4-10 所示，其功能描述如表 4-12 所列。

7	6	5	4	3	2	1	0
PxIES							
R/W	R/W	R/W	R/W	R/W	R/W	R/W	R/W

图 4-10　PxIES 寄存器的结构

表 4-12　PxIES 寄存器的功能描述

位	字　段	类　型	复　位	功能描述
7～0	PxIES	R/W	0h	端口 x 的中断边沿选择。 0b=上升沿↑； 1b=下降沿↓

11. PxIE 寄存器

端口 x 的中断使能寄存器(x=1,2,3,4,5,6,7,8,9,10 或 J)的结构如图 4-11 所示,其功能描述如表 4-13 所列。

7	6	5	4	3	2	1	0
PxIE							
R/W-0	R/W-0	R/W-0	R/W-0	R/W-0	R/W-0	R/W-0	R/W-0

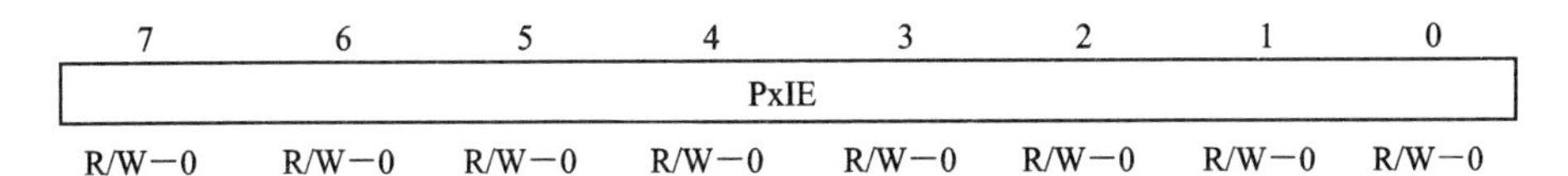

图 4-11　PxIE 寄存器的结构

表 4-13　PxIE 寄存器的功能描述

位	字　段	类　型	复　位	功能描述
7～0	PxIE	R/W	0h	端口 x 中断使能。 0b= 禁用端口中断； 1b=使能端口中断

12. PxIFG 寄存器

端口 x 的中断标志寄存器(x=1,2,3,4,5,6,7,8,9,10 或 J)的结构如图 4-12 所示,其功能描述如表 4-14 所列。

7	6	5	4	3	2	1	0
PxIFG							
R/W-0	R/W-0	R/W-0	R/W-0	R/W-0	R/W-0	R/W-0	R/W-0

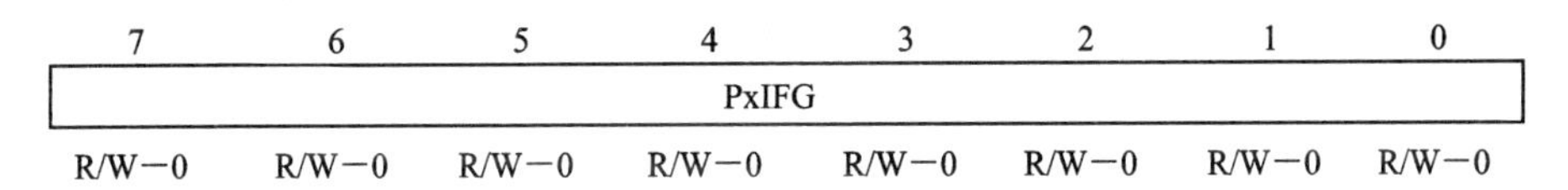

图 4-12　PxIFG 寄存器的结构

表4-14 PxIFG寄存器的功能描述

位	字段	类型	复位	功能描述
7～0	PxIFG	R/W	0h	端口x中断标志。 0b=无中断挂起； 1b=中断挂起

4.4 数字I/O的固件库函数

数字I/O的固件库(即所谓的API)提供了一组使用MSPWare GPIO模块的函数。API可用于设置和使用输入/输出引脚,设置带或不带中断以及所访问引脚的值等。数字I/O的固件库函数如表4-15所列,较详细的函数功能说明请参阅TI数据手册。

表4-15 数字I/O的固件库函数

编号	函数
1	void GPIO_clearInterruptFlag(uint_fast8_t selectedPort, uint_fast16_t selectedPins)
2	void GPIO_disableInterrupt(uint_fast8_t selectedPort, uint_fast16_t selectedPins)
3	void GPIO_enableInterrupt(uint_fast8_t selectedPort, uint_fast16_t selectedPins)
4	uint_fast16_t GPIO_getEnabledInterruptStatus(uint_fast8_t selectedPort)
5	uint8_t GPIO_getInputPinValue(uint_fast8_t selectedPort, uint_fast16_t selectedPins)
6	uint_fast16_t GPIO_getInterruptStatus(uint_fast8_t selectedPort, uint_fast16_t selectedPins)
7	Void GPIO_interruptEdgeSelect(uint_fast8_t selectedPort, uint_fast16_t selectedPins, uint_fast8_t edgeSelect)
8	void GPIO_registerInterrupt(uint_fast8_t selectedPort, void(_intHandler)(void))
9	void GPIO_setAsInputPin(uint_fast8_t selectedPort, uint_fast16_t selectedPins)
10	void GPIO_setAsInputPinWithPullDownResistor(uint_fast8_t selectedPort, uint_fast16_t selectedPins)

续表 4 - 15

编　号	函　数
11	void GPIO_setAsInputPinWithPullUpResistor(uint_fast8_t selectedPort, uint_fast16_t selectedPins)
12	void GPIO_setAsOutputPin(uint_fast8_t selectedPort, uint_fast16_t selectedPins)
13	void GPIO_setAsPeripheralModuleFunctionInputPin(uint_fast8_t selectedPort, uint_fast16_t selectedPins, uint_fast8_t mode)
14	void GPIO_setAsPeripheralModuleFunctionOutputPin(uint_fast8_t selectedPort, uint_fast16_t selectedPins, uint_fast8_t mode)
15	void GPIO_setDriveStrengthHigh(uint_fast8_t selectedPort, uint_fast8_t selectedPins)
16	void GPIO_setDriveStrengthLow(uint_fast8_t selectedPort, uint_fast8_t selectedPins)
17	void GPIO_setOutputHighOnPin(uint_fast8_t selectedPort, uint_fast16_t selectedPins)
18	void GPIO_setOutputLowOnPin(uint_fast8_t selectedPort, uint_fast16_t selectedPins)
19	void GPIO_toggleOutputOnPin(uint_fast8_t selectedPort, uint_fast16_t selectedPins)
20	void GPIO_unregisterInterrupt(uint_fast8_t selectedPort)

4.5　例　程

本节将以相同功能的两段程序为例来比较基于寄存器编程与基于固件库编程的难易程度，介绍数字 I/O 固件库的使用方法，并且为没有 MSP432 开发板的读者介绍基于 Proteus 8.3 的该程序的测试方法。

4.5.1　基于寄存器的流水灯程序

(1) 实现流水灯程序的硬件电路

实现流水灯程序的硬件电路如图 4 - 13 所示。

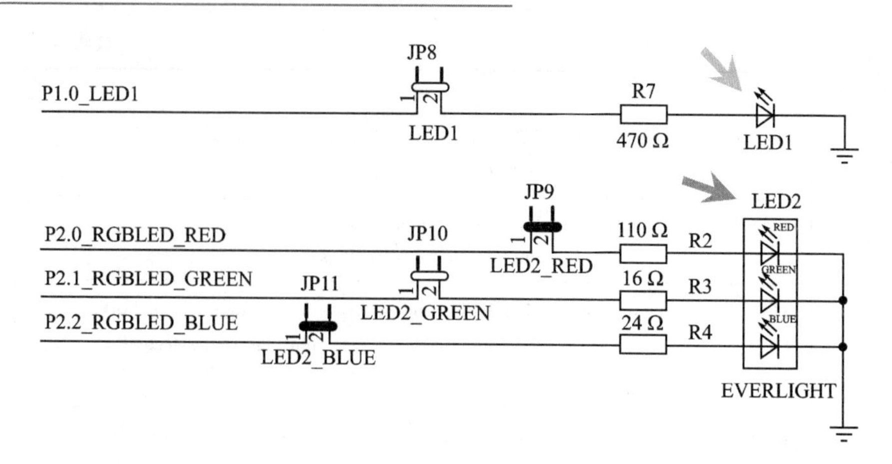

图 4-13　MSP-EXP432P401R LaunchPad 开发板载 LED1 与 LED2 的接线图

(2) 流水灯程序 4LED_Reg.c

```
//*********************************************************************
//文件名:4LED_Reg.c
//来源:根据 TI 例程及相关网络内容改编
//功能:循环点亮 MSP-EXP432P401R LaunchPad 开发板上的 LED1 与 LED2(复合 3 只 LED)
//4 只 LED,使其形成流水灯效果
//*********************************************************************
#include "msp.h"

/* 包含标准输入/输出 */
#include <stdint.h>

void main(void)
{
    volatile uint32_t i;
    WDTCTL = WDTPW | WDTHOLD;            //关闭看门狗定时器
    P1DIR |= BIT0;                       //将 P1.0 设置为输出
    P2DIR |= BIT0|BIT1|BIT2;

    while(1)                             //无限循环
    {
        P1OUT = BIT0;                    //点亮 LED1
        P2OUT = 0X00;
        for(i = 200000; i > 0; i--);     //延时

        P1OUT &= ~BIT0;
        P2OUT = BIT0;                    //点亮 LED2(红)
```

```
        for(i = 200000; i > 0; i--);      //延时

        P1OUT &= ~BIT0;
        P2OUT = BIT1;                     //点亮 LED2(绿)
        for(i = 200000; i > 0; i--);      //延时

        P1OUT &= ~BIT0;
        P2OUT = BIT2;                     //点亮 LED2(蓝)
        for(i = 200000; i > 0; i--);      //延时

    }

}
```

(3) 创建基于寄存器的流水灯 4LED_Reg 工程

① 选择 Project→NEW CCS Project 菜单项，在弹出的 New CCS Project 对话框中进行如图 4-14 所示的设置，单击 Finish 按钮。

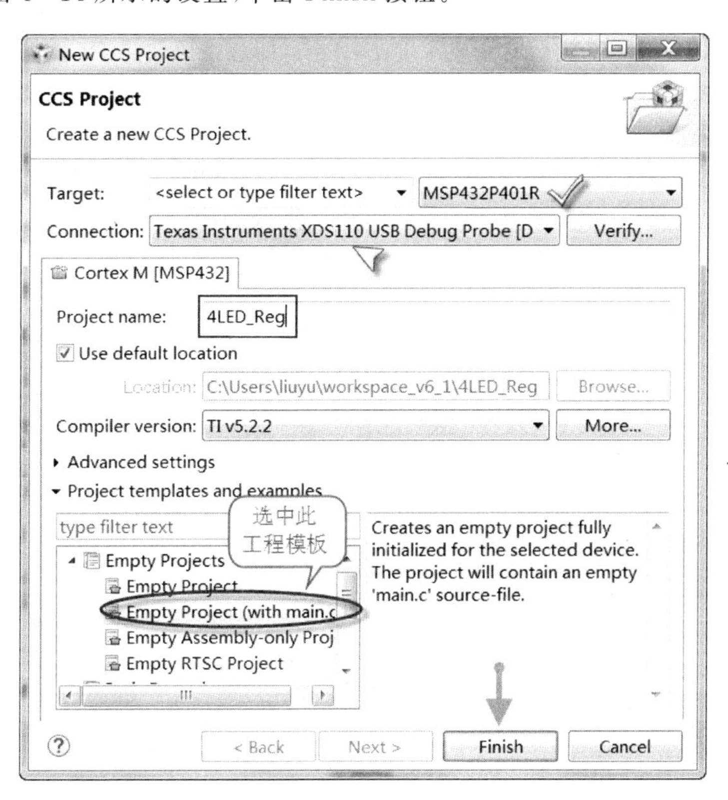

图 4-14　创建 4LED_Reg 工程的相关设置

② 将 4LED_Reg.c 文件添加到工程中，完成 4LED_Reg 工程的创建。

(4) 调试与测试

① 将代码下载到 MSP－EXP432P401R LaunchPad 开发板中：单击工具栏上的图标，将编译得到的 4LED_Reg. out 文件下载到 MSP－EXP432P401R LaunchPad 开发板中，如图 4－15 所示。

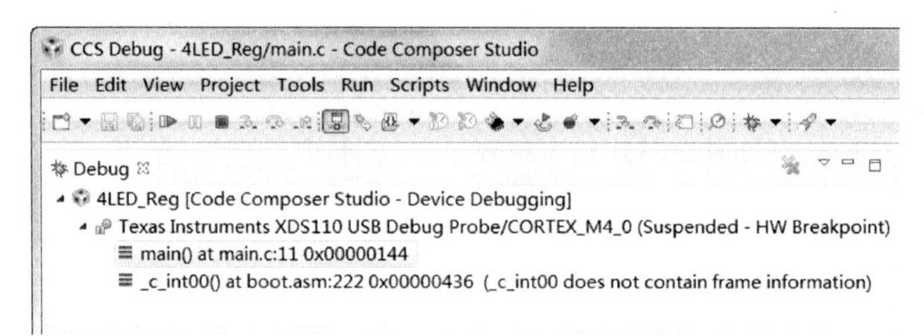

图 4－15　将 4LED_Reg. out 文件下载到 MSP－EXP432P401R LaunchPad 开发板中

② 单步调试：单击图 4－15 中的图标让程序单步执行，语句“P1DIR ｜＝BIT0;”执行前后 P1DIR 寄存器的值如图 4－16 所示。从图 4－16 中可以看到，该条语句执行前 P1DIR＝0，执行后变成了 P1DIR＝1，即该条语句将 P1.0 端口设置为输出端口。

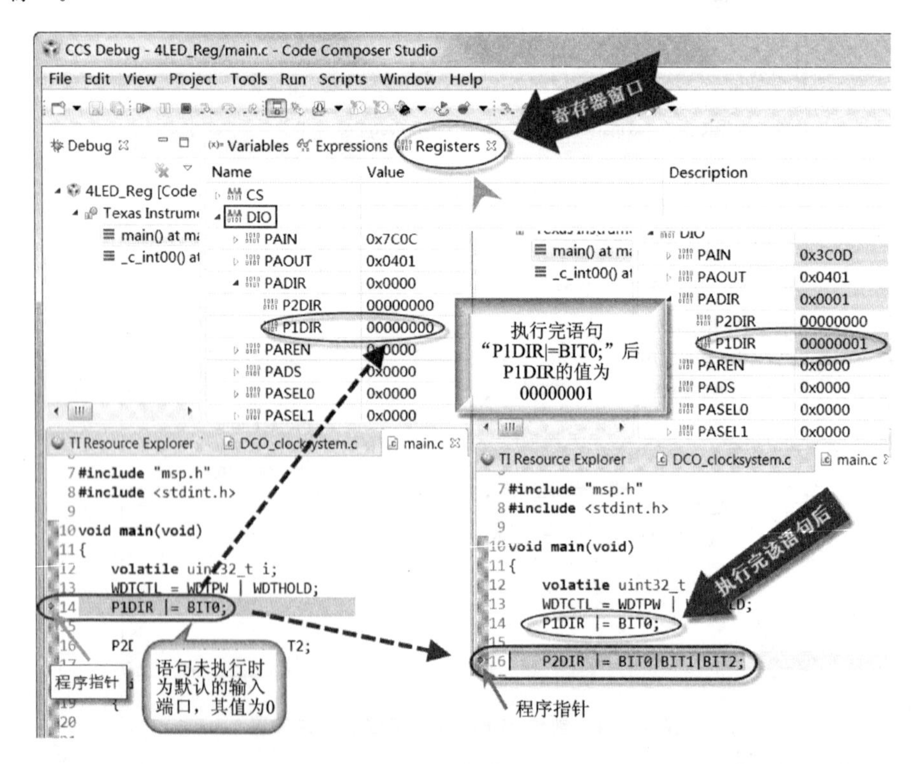

图 4－16　“P1DIR ｜＝BIT0;”语句执行前后，在寄存器窗口中观察到的 P1DIR 值

继续单击图标单步执行程序，当执行完语句"P1OUT＝BIT0;"时可以观察到，MSP-EXP432P401R LaunchPad开发板中的LED1被点亮，再单击一次图标可以在变量窗口中观察到"i＝19999,19998"继续单击图标可以看到i的值在递减。在调试时经常会遇到循环语句，对于循环次数较多的语句，若要手动单步执行，则既是个体力活，也没有必要。那么怎样才能跳出循环呢？这时可在循环语句（比如，"for (i = 200000; i > 0; i--);"语句）的下一条语句"P1OUT &＝～BIT0;"前放置一个断点，就可以跳过单步执行循环语句的操作，如图4-17所示；同时，在变量窗口中可以观察到i=0，说明循环语句"for (i = 200000; i>0; i--);"已经执行完毕。继续单击图标会分别点亮LED2（红、绿、蓝），此时注意寄存器窗口中P1OUT/P2OUT寄存器值的变化与LED1和LED2的关系。

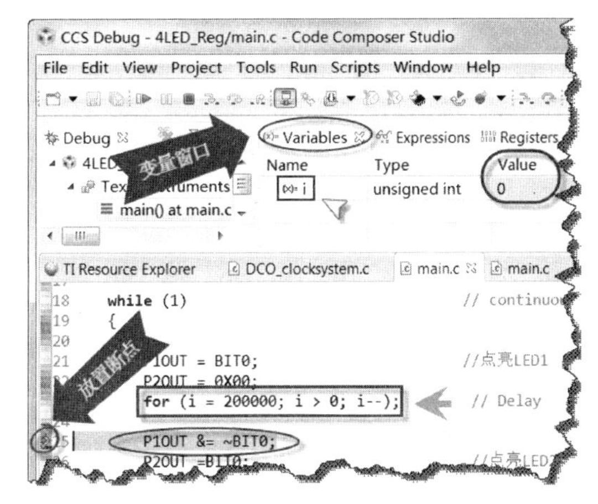

图4-17　设置断点跳过循环语句的单步执行

4.5.2　基于固件库的流水灯程序

本小节仅给出基于固件库的流水灯程序4LED_Lib.c，需要注意的是，在创建4LED_Lib工程时，最好选择带库的工程模板，这样可免去后期添加库路径的麻烦，如图4-18所示。

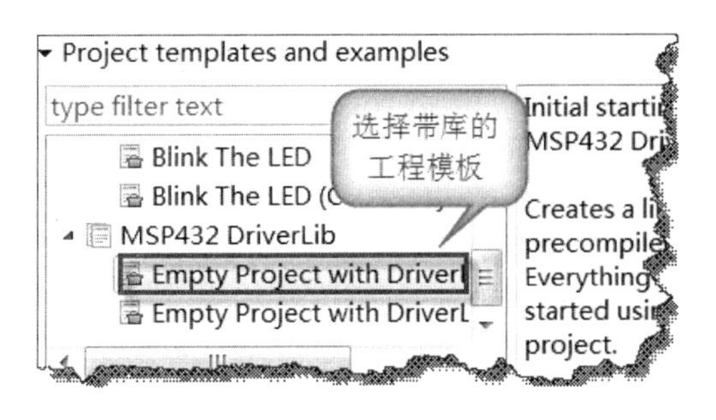

图4-18　选择带库的工程模板

(1) 4LED_Lib.c程序

```
//*****************************************************************
//文件名:4LED_Lib.c
//来源:由实验室改编
//功能:循环点亮MSP-EXP432P401R LaunchPad开发板上的LED1与LED2(复合3只LED)
//4只LED,使其形成流水灯效果
//**************************************************************
#include "driverlib.h"

/* Standard Includes */
#include <stdint.h>
#include <stdbool.h>

int main(void)
{
    volatile uint32_t i;

    /*关闭看门狗定时器*/
    WDT_A_holdTimer();

    /*将P1.0设置为输出*/
    GPIO_setAsOutputPin(GPIO_PORT_P1, GPIO_PIN0);

    /*将P2.0、P2.1、P2.2设置为输出*/
    GPIO_setAsOutputPin(GPIO_PORT_P2, GPIO_PIN0|GPIO_PIN1|GPIO_PIN2);

    while(1)                                        //无限循环
    {

        //使P1.0输出高电平
        GPIO_setOutputHighOnPin (GPIO_PORT_P1, GPIO_PIN0);

        //使P2.0、P2.1、P2.2输出低电平
        GPIO_setOutputLowOnPin (GPIO_PORT_P2,GPIO_PIN0|GPIO_PIN1| GPIO_PIN2);
        for(i = 200000; i > 0; i--);                //延时

        //使P2.0输出高电平,其他为低电平
        GPIO_setOutputHighOnPin (GPIO_PORT_P2, GPIO_PIN0);
        GPIO_setOutputLowOnPin (GPIO_PORT_P1, GPIO_PIN0);
        GPIO_setOutputLowOnPin (GPIO_PORT_P2, GPIO_PIN1|GPIO_PIN2);
        for(i = 200000; i > 0; i--);                //延时
```

```
        //使 P2.1 输出高电平,其他为低电平
        GPIO_setOutputHighOnPin (GPIO_PORT_P2, GPIO_PIN1);
        GPIO_setOutputLowOnPin (GPIO_PORT_P1, GPIO_PIN0);
        GPIO_setOutputLowOnPin (GPIO_PORT_P2, GPIO_PIN0|GPIO_PIN2);
        for(i = 200000; i > 0; i--);              //延时

        //使 P2.2 输出高电平,其他为低电平
        GPIO_setOutputHighOnPin (GPIO_PORT_P2, GPIO_PIN2);
        GPIO_setOutputLowOnPin (GPIO_PORT_P1, GPIO_PIN0);
        GPIO_setOutputLowOnPin (GPIO_PORT_P2, GPIO_PIN0|GPIO_PIN1);
        for(i = 200000; i > 0; i--);              //延时

    }
}
```

(2) 调试与测试

请读者参考 4.5.1 小节中的单步调试方法来完成本例的调试。

4.5.3 基于 Proteus 8.3 的流水灯程序测试

① 创建 MSP430 工程,如图 4-19 所示。

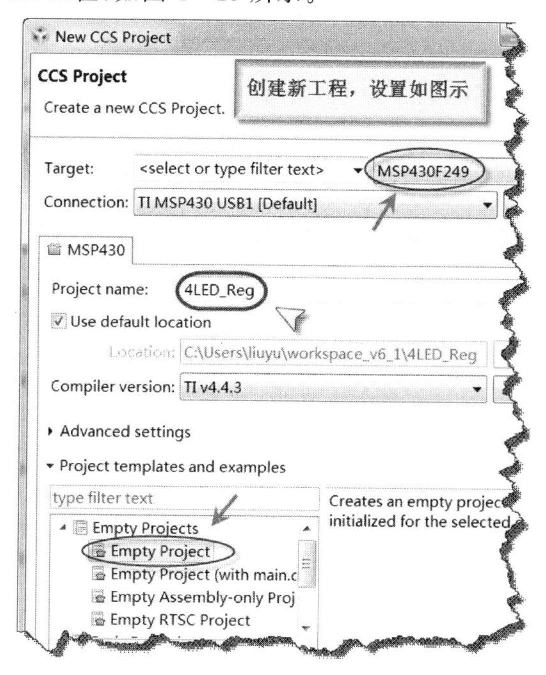

图 4-19　创建 MSP430 工程

② 修改编译生成文件,如图4-20所示。

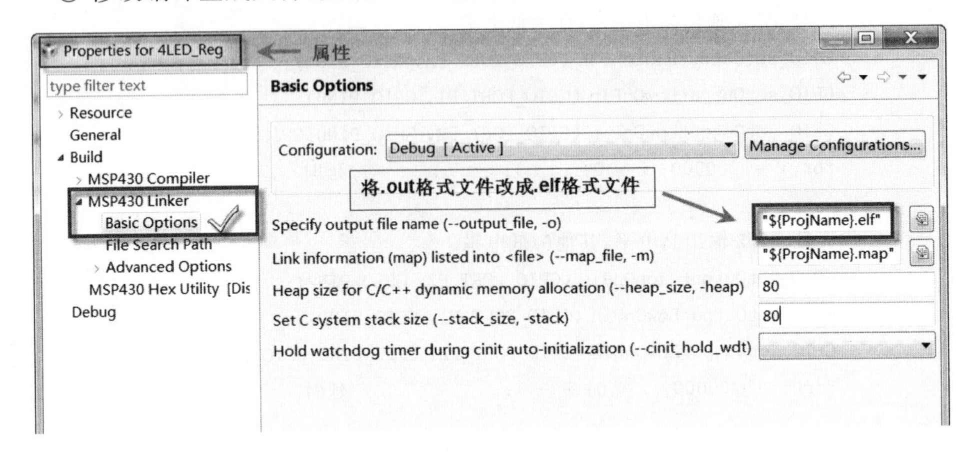

图4-20 将编译生成的可执行文件改为.elf格式文件

③ 编译4LED_Reg工程,生成4LED_Reg.elf文件,如图4-21所示。

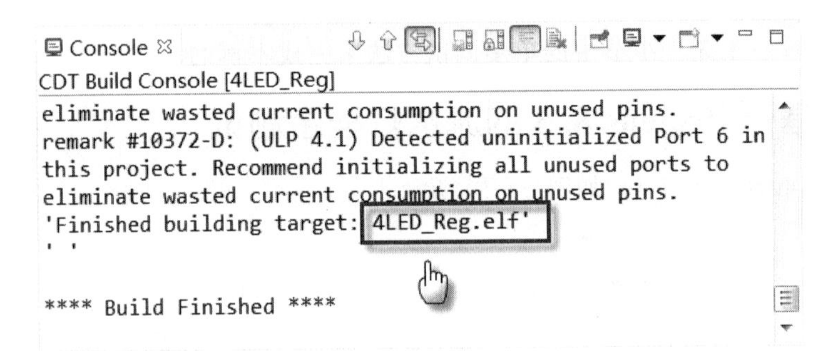

图4-21 编译后生成的.elf格式文件

④ 4流水灯程序在Proteus 8.3中的测试结果如图4-22所示。

注意:从图4-22的测试结果来看,在虚拟硬件平台Proteus 8.3中的LED流水速度明显比在MSP-EXP432P401R LaunchPad开发板中的慢很多,这是由于Proteus 8.3只是模拟真实硬件而造成的。这时可以把程序中的延迟时间从200 000个cycle缩减到20 000个cycle,重新编译程序,然后再重新对4流水灯程序进行测试。此时可以看到,LED的流水速度与在MSP-EXP432P401R LaunchPad开发板中运行的结果基本相似。

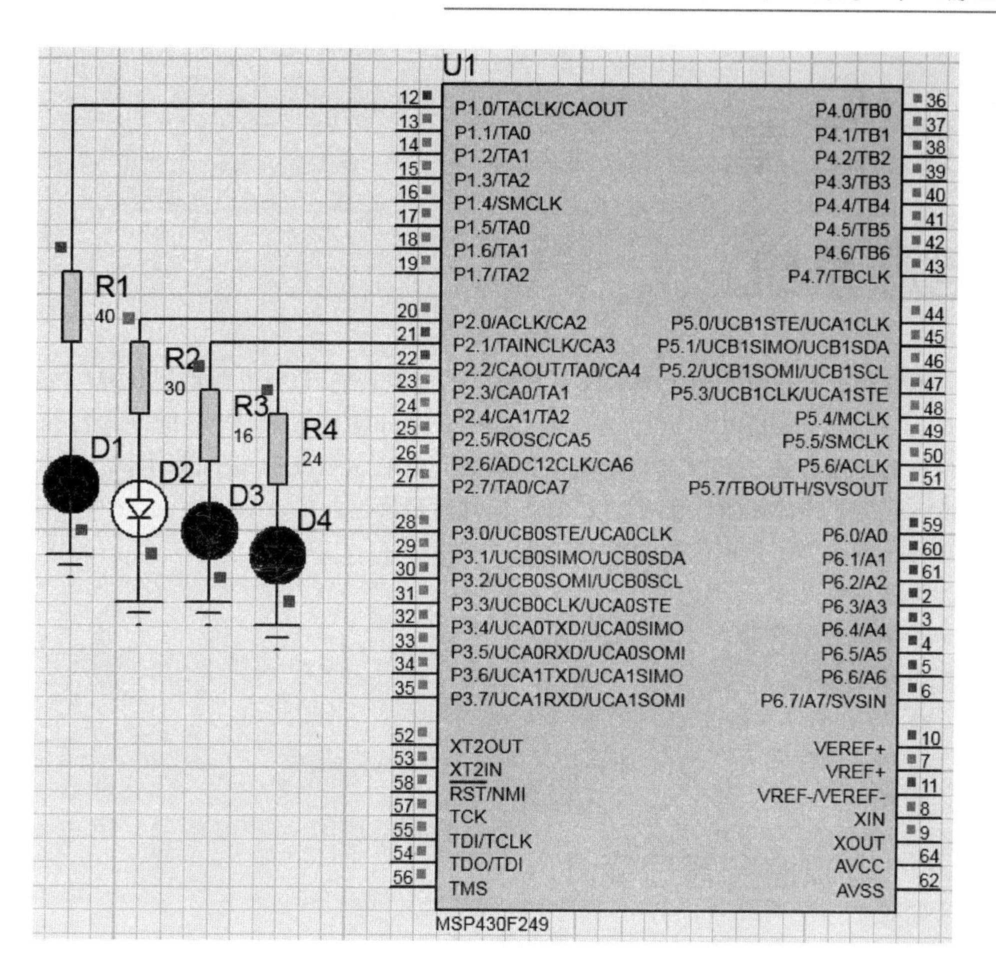

图4-22　4流水灯程序在Proteus 8.3中的测试结果

第5章

电源系统

本章将扼要介绍 MSP432P4xx 系列器件的电源系统，包括电源控制管理(Power Control Manager，PCM)和供电系统(Power Supply System，PSS)的基本特性及固件库的使用方法。其中：PCM 固件库函数包含在 driverlib/pcm. c 中，driverlib/pcm. h 包含了该库函数的所有定义；PSS 固件库函数包含在 driverlib/pss. c 中，driverlib/pss. h 包含了该库函数的所有定义。

本章主要内容：

◇ 电源控制管理；

◇ 供电系统；

◇ PCM 固件库函数；

◇ PSS 固件库函数；

◇ 例程。

5.1 电源控制管理简介

MSP432P4xx 系列器件支持多种功率模式，允许对给定的应用方案进行功率优化。动态改变功率模式可涵盖许多应用中不同的功率分布要求。电源控制管理负责管理来自系统不同区域的功率请求和处理受控方式的请求。由于电源控制管理使用来自系统的所有信息，所以可能会影响功率需求，可根据需要调整功率(如果可能的话)。时钟系统(CS)和供电系统的设置是控制器件的电源设置的两个基本单元和器件电源消耗。

5.1.1 电源控制管理概述

决定设备功率模式设置的因素有：来自时钟系统的设置和供电系统的设置，这些已存在的条件。在系统的现有条件下，可能不会安全地输入功率模式请求，而 PCM 是一个直接根据功率请求设置，或间接根据系统中其他请求的自动功率调节的子系统。PCM 为 PSS 与 CS 模块之间的主要接口，如图 5－1 所示。

PCM 是根据事件响应的，最常见的事件如下：

◇ PCM 控制寄存器 0(PCMCTL0)；

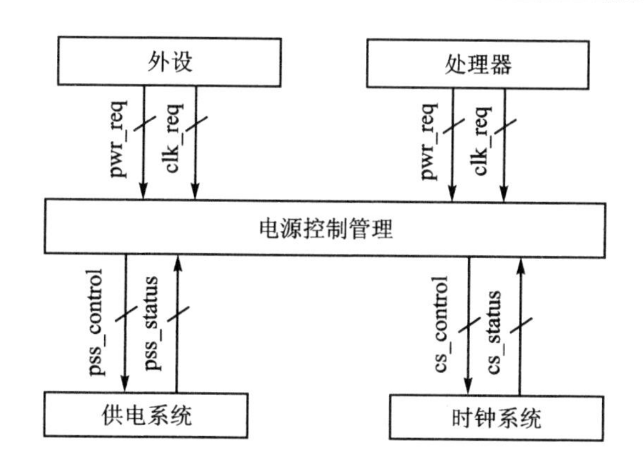

图 5-1　电源控制管理的互动示意图

◇ 中断和唤醒事件；

◇ 复位事件；

◇ 调试事件。

5.1.2　电源控制管理的低功耗模式

MSP432 包含多种灵活的功耗模式，其中继承了一些可在 MSP430 上看到的功耗模式，包括活动模式、LPM0 模式、LPM1 模式、LPM3 模式、LPM4 模式、LPM3.5 模式和 LMP4.5 等模式。另外，MSP432 家族增加了两个新的低功耗模式，即低频活动模式和低频 LPM0 模式。

在活动模式下，可根据系统的需求，使用不同的内核电压或低功耗。在 0～24 MHz之间运行时，可采用 VCORE0 作为内核电压，此时既可以使用 LDO 也可以使用 DC/DC 作为稳压器。但是，为了实现在较高频率下的高性能，比如在 24～48 MHz之间时，强烈推荐使用 DC/DC 作为稳压器。在使用 LDO 时，电流消耗约为 166 μAh，但在活动模式下的电流消耗却约为 100 mAh。

低频活动模式属于特殊模式，在该模式下系统中的所有部分都处于活动状态，包括 CPU(但 CLK 小于 120 kHz)。此时，整个系统的电流消耗仅为 70 μAh 或更少。

LPM0 模式与 MSP430 的 LPM0 模式类似，在该模式下，除 CPU 和 MCLK 外，其他所有外设和时钟均处于活动状态。在该模式下，电流消耗为 65～100 μA/MHz，其值取决于所使用的稳压器。

LPM3 和 LPM4 也与 MSP430 中见过的低功耗模式类似，在这些模式下，系统的所有部件均须运行在 32 kHz 以下。在这些模式下，CPU 关闭，但 SRAM 保留，RTC 看门狗和 GPIO 可用，并且这些部件均可作为候选的唤醒源以唤醒器件，使其进入活动模式。在 LPM3 模式下，MSP432 的功耗约为 850 nA。

最后但也是最重要的模式为：LPM3.5 与 LPM4.5，它们同样类似于 MSP430 中对应的模式。在这些模式中，整个系统均处于关闭状态。在 LPM3.5 模式下，

SRAM仍可保留，但内核逻辑和其他所有部件均被关闭，必须由RTC来跟踪时间；可使用RTC中断，或采用端口引脚中断来唤醒器件；也可使用复位或GPIO端口使器件恢复到活动状态，如表5-1所列。

表5-1 MSP432的低功耗模式

MSP432	工业/ARM描述	注释
活动模式	活动模式	CPU和外设可用
低频活动模式	低功耗运行	CPU和外设CLK小于128 kHz均可用
LPM0模式	睡眠模式	外设可用，CPU关闭
低频LPM0模式	—	睡眠＋CLK<128 kHz
LPM3模式	深度睡眠(ARM)；待机，支持RAM和RTC	A/BCLK、小于32 kHz、RTC、WDT、GPIO可用
LPM4模式	待机，支持RAM	时钟关闭，仅GPIO可用
LPM3.5模式	关闭	RTC可用，无RAM
LPM4.5模式	关闭	关闭

5.1.3 功耗模式切换

几种功率模式可在应用程序的控制下进行切换，允许以优化功率性能来权衡各种使用的配置文件。不同功率模式的高层切换如图5-2所示。电源模式切换的细节描述，如图5-3～图5-6所示。

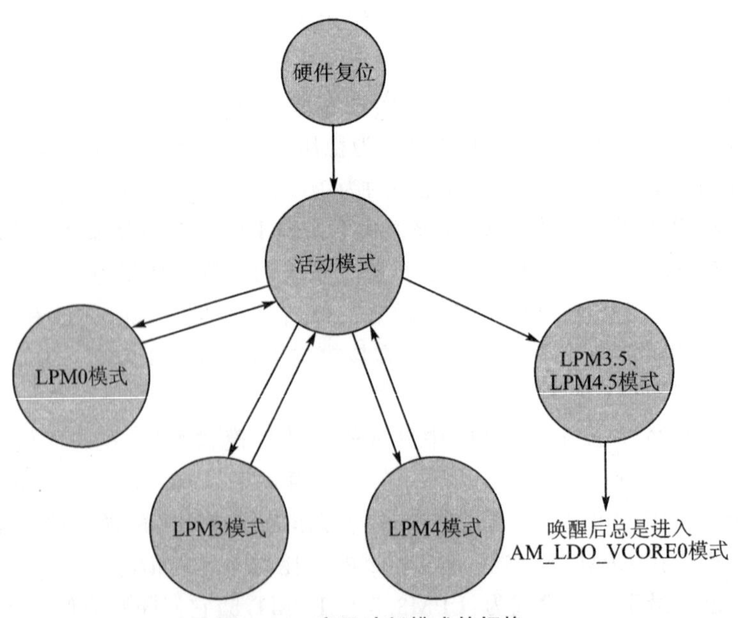

图5-2 高层功耗模式的切换

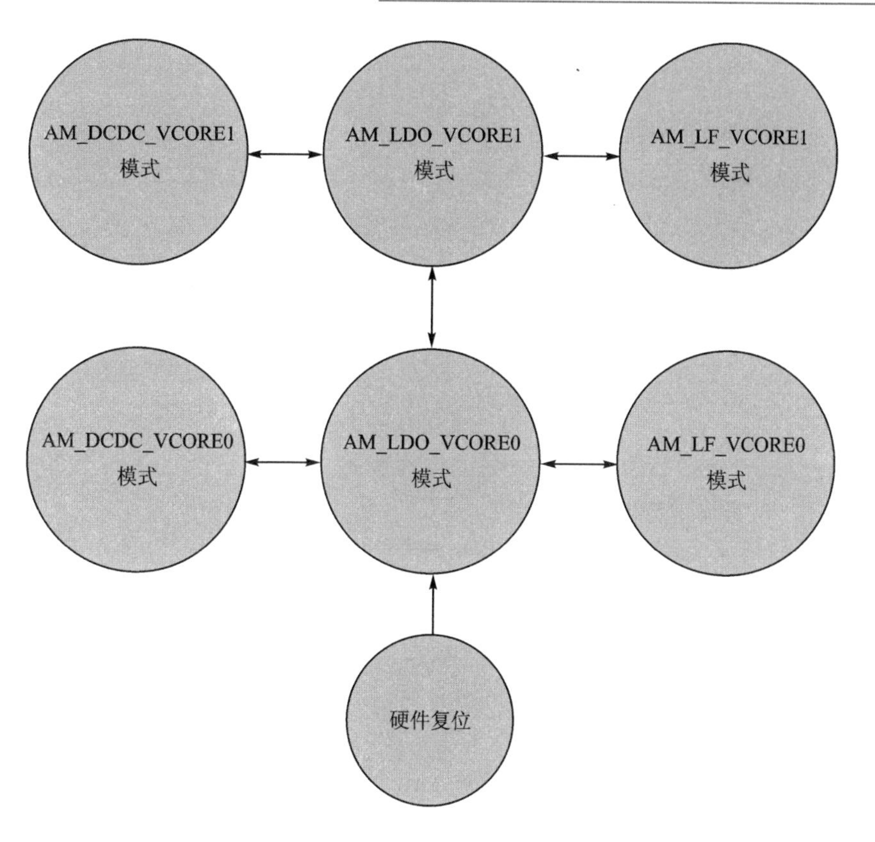

图 5-3 有效活动模式切换

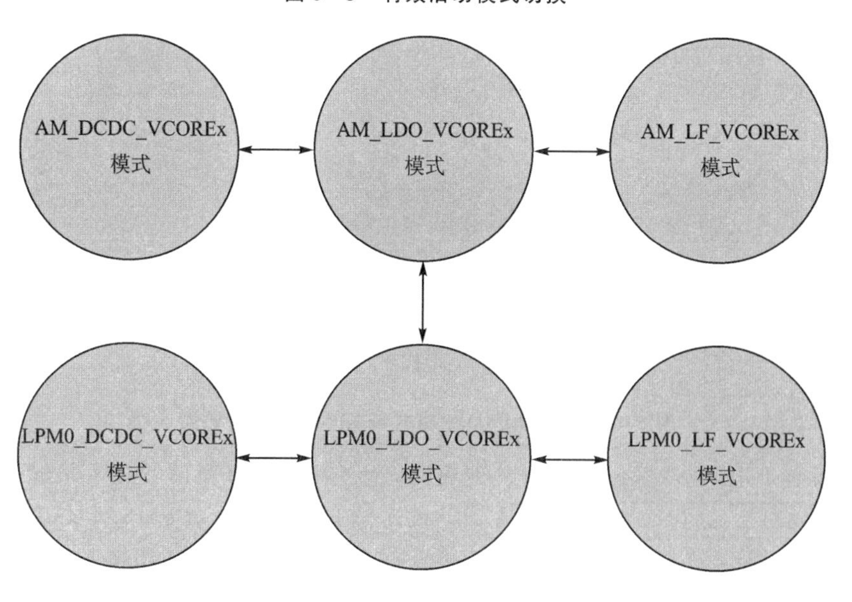

图 5-4 有效 LPM0 模式切换

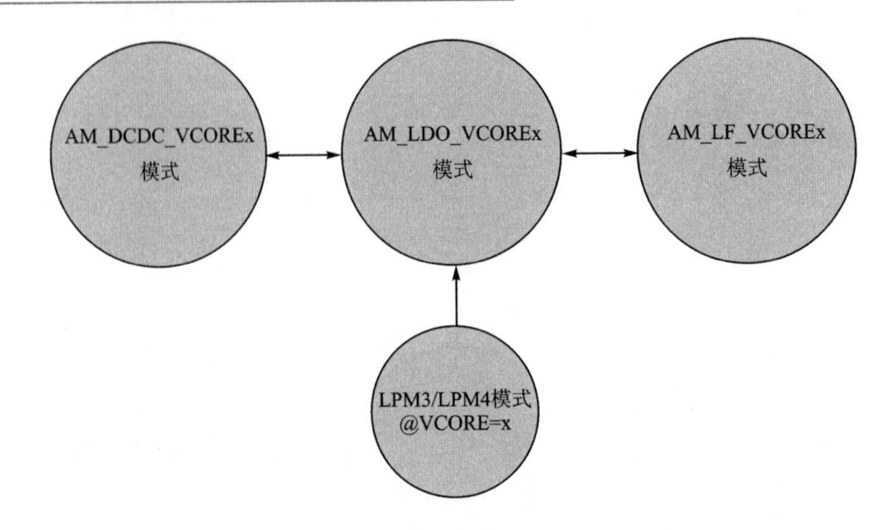

图 5-5 有效 LPM3 模式和 LPM4 模式切换

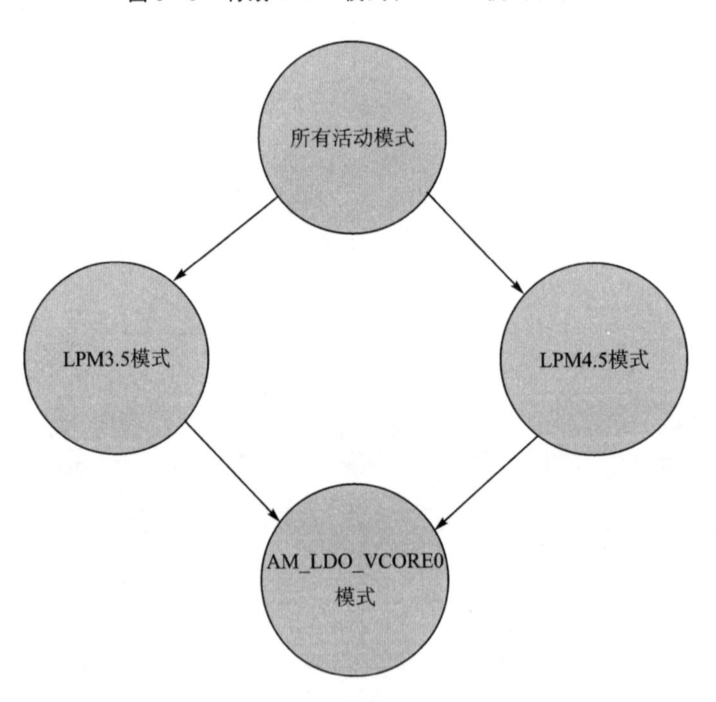

图 5-6 有效 LPM3.5 模式和 LPM4.5 模式切换

在系统上电、硬件复位或任何其他更高级复位时，均可使设备进入 AM_LDO_VCORE0 模式。通过应用编程，可在活动模式与 LPM0 模式、LPM3 模式、LPM4 模式、LPM3.5 模式和 LPM4.5 模式等不同的低功率模式之间相互切换。根据定义的唤醒事件，使设备从进入的特定低功耗模式返回到活动模式。而只有在 LPM3.5 模式和 LPM4.5 模式下，设备唤醒后才总是进入 AM_LDO_VCORE0 模式。

注意：这里仅给出高层功耗模式的切换说明，其他功耗模式的切换请读者阅读TI的技术手册。

5.1.4 电源控制管理寄存器

PCM寄存器如表5-2所列。

表5-2 PCM寄存器

寄存器名称	缩　写	类　型	复　位
控制寄存器0	PCMCTL0	R/W	A5960000h
控制寄存器1	PCMCTL1	R/W	A5960000h
中断使能寄存器	PCMIE	R/W	00000000h
中断标志寄存器	PCMIFG	R	00000000h
清除中断标志寄存器	PCMCLRIFG	W	00000000h

5.1.5 软件与支持

MSP432为MSP与Cortex-M架构的完美结合，因此可以使用这两种架构相同的睡眠和唤醒机制来唤醒器件，或使器件进入睡眠状态。既可使用Cortex-M的CMSIS指令，也可以使用MSP内在约定(如GoTo LPM0或GoTo LPM3)，切换到低功耗模式。除此之外，TI还提供了一组固件库函数，以方便模式之间的切换。

MSP432的软件及内在支持包括：

◇ 融合了Cortex-M的睡眠和中断机制。

◇ 采用Cortex-M CMSIS指令进入LPM0睡眠模式：__wfi()。

◇ 使用CMSIS与MSP-DNA进入LPM3/深度睡眠：__deep_sleep()。

◇ 调用固件库函数：

- PCM_setPowerState()(所有状态之间的切换)；
- PCM_shutdownDevice(PCM_LPM45)；
- PCM_gotoLPM0()；
- PCM_gotoLPM3()；
- PSS_enableHighSide()；
- PSS_setHighSidePerformanceMode()。

5.2 供电系统简介

本节将扼要介绍PSS模块的操作。

1. PSS模块的特性

PSS的主要特性如下：

◇ 较大的供电范围：1.62～3.7 V，1.65 V的启动电压。

◇ 通过VCCDET检测电源的开/关状态。

◇ 为设备产生的核电压(VCORE)：
- 1.2 V：1～24 MHz；
- 1.4 V：1～48 MHz。

◇ 电源电压(VCC)的管理和监控(SVSMH)：在超低功耗LPM3/4/x.5模式下，将以低性能模式工作。

◇ 供电电压(VCORE)的监控(SVSL)。

◇ 通过复位控制寄存器来获取软件访问掉电指标。

◇ 两个内置稳压器：
- LDO：默认稳压器；
- DC/DC：第二稳压器，用于获取更高的工作频率以及提升工作性能。

◇ 固件库(驱动库)协助电源的迁移和配置。

2. PSS的模块框图

PSS的模块框图如图5-7所示。

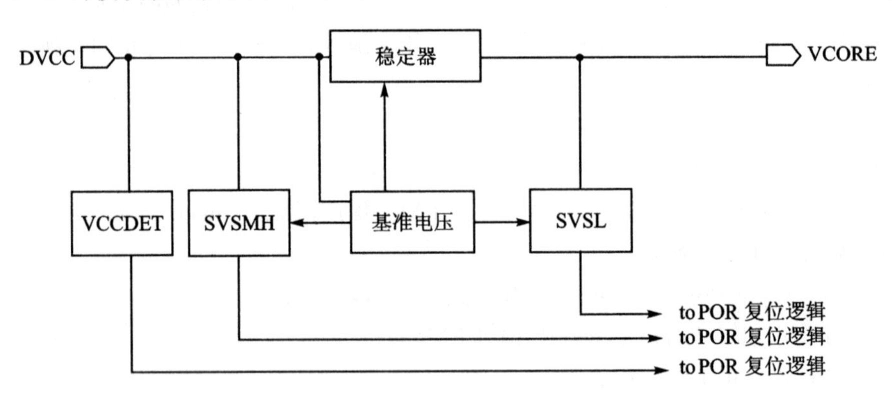

图5-7 PSS的模块框图

3. PSS的运行条件

虽然MSP432P401R可在1.62～3.7 V的电压范围内运行，但是开启电压必须大于1.65 V；只有当电源电压大于1.71 V时，才能同时进行Flash访问以及电源电压的管理和监控；仅当电压大于2 V时方可启动DC/DC稳压器，如图5-8所示。

4. LDO与DC/DC稳压器

MSP432P401R包含两种内部电压稳压器：LDO和DC/DC。

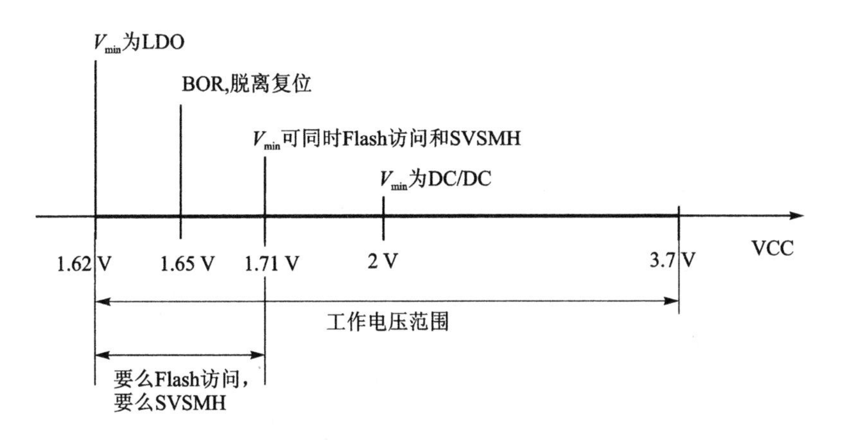

图 5-8 PSS 的运行条件

(1) LDO

在默认条件下,开启时总是选择 LDO 稳压器。LDO 是一种最通用的稳压器,因为它可以在 1.62～3.7 V 电压范围内运行。LDO 可用于所有的低功耗模式和活动模式,它具有非常灵活的可扩展性,可根据正在使用的低功耗模式来产生不同的输出负载。LDO 还支持快速开关操作,当应用需要在活动模式与低功耗模式之间频繁切换时,就变得非常方便。

(2) DC/DC

DC/DC 稳压器作为第二稳压器需外接一个电感,因此在系统中需要考虑额外成本。DC/DC 的电压范围相对缩小,仅限于 2～3.7 V,因此,它在工作电压范围方面存在缺陷,但它在效率方面表现突出,对高速和高负载操作进行了高度优化。DC/DC需要较长的时间从 LDO 来打开和关闭。在 VCC 降至 2 V 以下时,DC/DC 将自动打开失效安全切换模式,并返回到 LDO,而一旦 VCC 再次超过 2 V,将自动切换到 DC/DC,如图 5-9 所示。

DC/DC 只适用于 LPM0 模式与活动模式。

5. PSS 寄存器

PSS 寄存器如表 5-3 所列。

表 5-3 PSS 寄存器

偏移量	缩 写	寄存器名称
00h	PSSKEY	Key 寄存器
04h	PSSCTL0	控制寄存器 0
34h	PSSIE	中断使能寄存器
38h	PSSIFG	中断标志寄存器
3Ch	PSSCLRIFG	清除中断标志寄存器

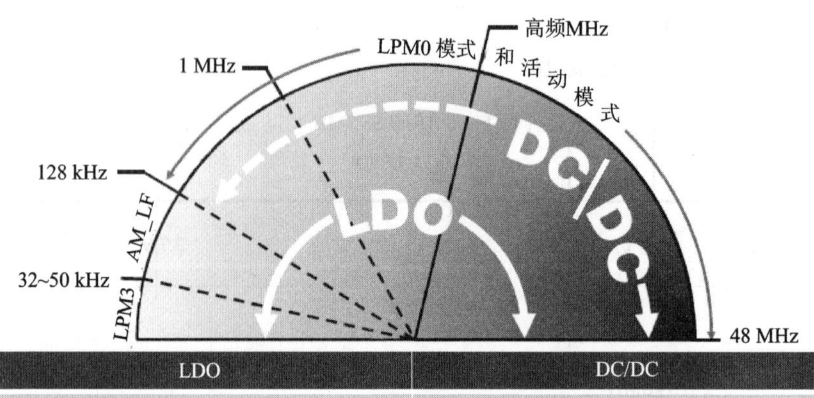

LDO	DC/DC
开启时的默认稳压器	DC/DC稳压器需外接电感
工作电压范围为1.62~3.7 V	工作电压范围为2.0~3.7 V
所有功耗模式均可使用	可在LPM0模式和活动模式中使用
低功耗模式中灵活的可扩展输出负载	高效、优化的高速/高负载操作
快速的开/关切换	慢速的开/关/失效安全切换到LDO

图 5-9 LDO 与 DC/DC 稳压器的基本特点

5.3 电源控制管理和供电系统的固件库函数

本节仅给出 PCM 和 PSS 的固件库函数列表，详细的函数功能说明请参阅 TI 数据手册。

1. PCM 的固件库函数

PCM 的固件库函数用于简化功率状态的管理以及智能化的功耗状态切换，PCM 的固件库函数如表 5-4 所列。

表 5-4 PCM 的固件库函数

编 号	函 数
1	void PCM_clearInterruptFlag(uint32_t flags)
2	void PCM_disableInterrupt(uint32_t flags)
3	void PCM_disableRudeMode(void)
4	void PCM_enableInterrupt(uint32_t flags)
5	void PCM_enableRudeMode(void)
6	uint8_t PCM_getCoreVoltageLevel(void)
7	uint32_t PCM_getEnabledInterruptStatus(void)
8	uint32_t PCM_getInterruptStatus(void)

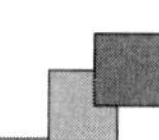

续表 5-4

编号	函数
9	uint8_t PCM_getPowerMode(void)
10	uint8_t PCM_getPowerState(void)
11	bool PCM_gotoLPM0(void)
12	bool PCM_gotoLPM0InterruptSafe(void)
13	bool PCM_gotoLPM3(void)
14	bool PCM_gotoLPM3InterruptSafe(void)
15	void PCM_registerInterrupt(void(_intHandler)(void))
16	bool PCM_setCoreVoltageLevel(uint_fast8_t voltageLevel)
17	bool PCM_setCoreVoltageLevelWithTimeout(uint_fast8_t voltageLevel, uint32_t timeOut)
18	bool PCM_setPowerMode(uint_fast8_t powerMode)
19	bool PCM_setPowerModeWithTimeout(uint_fast8_t powerMode, uint32_t timeOut)
20	bool PCM_setPowerState(uint_fast8_t powerState)
21	bool PCM_setPowerStateWithTimeout(uint_fast8_t powerState, uint32_t timeout)
22	bool PCM_shutdownDevice(uint32_t shutdownMode)
23	void PCM_unregisterInterrupt(void)

2. PSS 的固件库函数

PSS 的固件库函数如表 5-5 所列。

表 5-5 PSS 的固件库函数列表

编号	函数
1	void PSS_clearInterruptFlag(void)
2	void PSS_disableHighSide(void)
3	void PSS_disableHighSideMonitor(void)
4	void PSS_disableHighSidePinToggle(void)
5	void PSS_disableInterrupt(void)
6	void PSS_disableLowSide(void)
7	void PSS_enableHighSide(void)
8	void PSS_enableHighSideMonitor(void)
9	void PSS_enableHighSidePinToggle(bool activeLow)
10	void PSS_enableInterrupt(void)

续表 5-5

编号	函数
11	void PSS_enableLowSide(void)
12	uint_fast8_t PSS_getHighSidePerformanceMode(void)
13	uint32_t PSS_getInterruptStatus(void)
14	uint_fast8_t PSS_getLowSidePerformanceMode(void)
15	void PSS_registerInterrupt(void(_intHandler)(void))
16	void PSS_setHighSidePerformanceMode(uint_fast8_t powerMode)
17	void PSS_setHighSideVoltageTrigger(uint_fast8_t triggerVoltage)
18	void PSS_setLowSidePerformanceMode(uint_fast8_t ui8PowerMode)
19	void PSS_unregisterInterrupt(void)

5.4 例 程

本节将以TI提供的例程为例来介绍PCM和PSS固件库函数的使用方法。

1. PCM例程

(1) 硬件连线图

PCM例程的硬件连线图如图5-10所示。

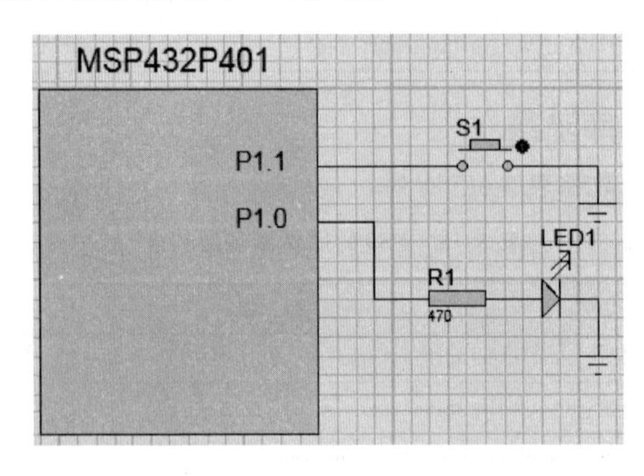

图5-10 PCM例程的硬件连线图

(2) pcm_go_to_lpm3.c程序介绍

```
/*********************************************************************
* 文件名:pcm_go_to_lpm3.c
*来源:TI例程
*功能描述:在这个简单的例程中,演示使用PCM固件库函数进入LPM3
*将MSP432配置为GPIO中断(当用户按下按钮S1时会唤醒MSP432P401),然后使用PCM的固
```

```
* 件库函数(PCM_gotoLPM3)使 MSP432P401R 进入 LPM3 模式
******************************************************************/
/ * DriverLib Includes * /
# include "driverlib.h"

/ * Standard Includes * /
# include <stdint.h >

# include <stdbool.h >

int main(void)
{
    / * 关闭看门狗定时器 * /
    MAP_WDT_A_holdTimer();

    / * 将 P1.0 端口配置为输出,将 P1.1(按钮 S1)端口配置为输入 * /
    MAP_GPIO_setAsOutputPin(GPIO_PORT_P1, GPIO_PIN0);

    / * 将 P1.1(按钮 S1)端口配置为输入并使能中断 * /
    MAP_GPIO_setAsInputPinWithPullUpResistor(GPIO_PORT_P1, GPIO_PIN1);
    MAP_GPIO_clearInterruptFlag(GPIO_PORT_P1, GPIO_PIN1);
    MAP_GPIO_enableInterrupt(GPIO_PORT_P1, GPIO_PIN1);
    MAP_Interrupt_enableInterrupt(INT_PORT1);
    MAP_Interrupt_enableSleepOnIsrExit();

    / * 使能主中断 * /
    MAP_Interrupt_enableMaster();

    / * 进入 LPM3 模式 * /
    while(1)
    {
        MAP_PCM_gotoLPM3();
    }
}

/ * GPIO 中断服务程序 * /
void gpio_isr(void)
{
    uint32_tstatus;

    status = MAP_GPIO_getEnabledInterruptStatus(GPIO_PORT_P1);
    MAP_GPIO_clearInterruptFlag(GPIO_PORT_P1, status);
```

```
    /* 反转 LED */
    if(status & GPIO_PIN1)
    {
        MAP_GPIO_toggleOutputOnPin(GPIO_PORT_P1, GPIO_PIN0);
    }


}
```

(3) 调试与测试

当按下按钮 S1(P1.1)时可点亮/熄灭 LED，即验证了可使程序从 LPM3 模式中唤醒，也就是程序能够进入 LPM3 模式。详细的测试方法和解释请参考第 10 章的“例程”部分。

2. PSS 例程

(1) 硬件连线图

PSS 例程的硬件连线图如图 5-11 所示。

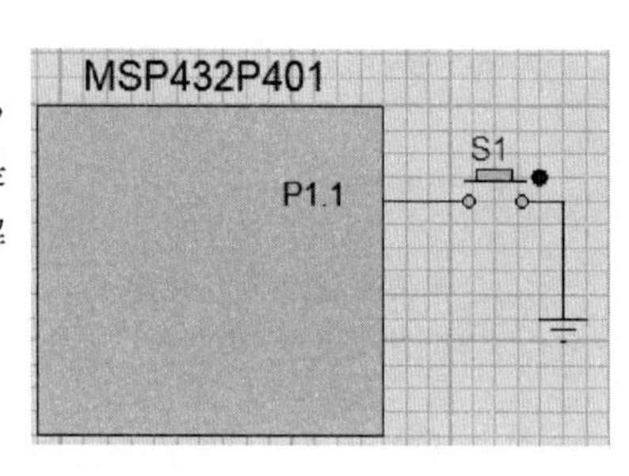

图 5-11 PSS 例程的硬件连线图

(2) pss_high_enable_disable.c 程序介绍


```
/****************************************************************
 *  文件名:pss_high_enable_disable.c
 * 来源:TI 例程
 * 功能描述: 该例程演示如何禁用/使能 MSP432P401 中的 PSS 模块在高电平侧
 * (High-side)监控,如图 5-12 所示。此外,具有对功率消耗变化进行监控使能/禁用的
 * 检测功能首先,禁用高电平侧监控,然后让 MSP432P401 进入 LPM3(DSL)
 * 可将万用表的电流挡串联到目标板的电源(VCC)引脚来检测电流
 * 一旦按下按钮 S1(P1.1),将使能高电平侧监控,使 MSP432P401 返回到 DSL
 * 若发生这种情况,当高电平侧监控禁用时,会使功率消耗相对较高
 *
```

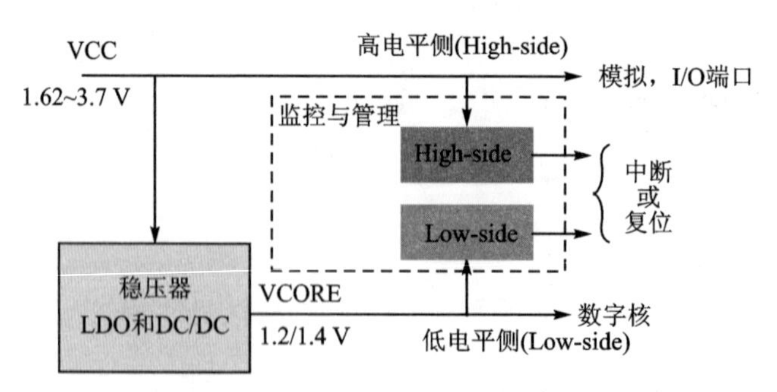

图 5-12 高/低电平侧监控示意图

```
*****************************************************************/
/* DriverLib Includes */
#include "driverlib.h"
```

```
/* Standard Includes */
#include <stdint.h>

#include <stdbool.h>

void configurePorts(void);

int main(void)
{
    /* 禁用主中断并关闭看门狗定时器 */
    MAP_WDT_A_holdTimer();

    /* 禁止高电平侧监控/管理，以减少电能消耗
     */
    MAP_PSS_disableHighSide();

    /* 将 MCLK 设置为 REFO = 128 kHz 并变为低频模式 */
    MAP_CS_setReferenceOscillatorFrequency(CS_REFO_128KHZ);
    MAP_CS_initClockSignal(CS_MCLK, CS_REFOCLK_SELECT, CS_CLOCK_DIVIDER_1);
    MAP_PCM_setPowerMode(PCM_LF_MODE);

    /* 将端口配置为在超低功耗下运行 */
    configurePorts();

    /*  设置准备中断和使能中断的 GPIO 引脚  */
    MAP_GPIO_setAsInputPinWithPullUpResistor(GPIO_PORT_P1, GPIO_PIN1);
    MAP_GPIO_clearInterruptFlag(GPIO_PORT_P1, GPIO_PIN1);
    MAP_GPIO_enableInterrupt(GPIO_PORT_P1, GPIO_PIN1);
    MAP_Interrupt_enableInterrupt(INT_PORT1);
    MAP_Interrupt_enableMaster();

    /*  LPM3 模式展示低功耗的电流使用情况  */
    while(1)
    {
        MAP_PCM_gotoLPM3();
    }
}

void configurePorts(void)
{
    MAP_GPIO_setOutputLowOnPin(GPIO_PORT_P1, PIN_ALL8);
    MAP_GPIO_setAsInputPinWithPullDownResistor(GPIO_PORT_P1, PIN_ALL8);
```

```
    MAP_GPIO_setOutputLowOnPin(GPIO_PORT_P2, PIN_ALL8);
    MAP_GPIO_setAsInputPinWithPullDownResistor(GPIO_PORT_P2, PIN_ALL8);
    MAP_GPIO_setOutputLowOnPin(GPIO_PORT_P3, PIN_ALL8);
    MAP_GPIO_setAsInputPinWithPullDownResistor(GPIO_PORT_P3, PIN_ALL8);
    MAP_GPIO_setOutputLowOnPin(GPIO_PORT_P4, PIN_ALL8);
    MAP_GPIO_setAsInputPinWithPullDownResistor(GPIO_PORT_P4, PIN_ALL8);
    MAP_GPIO_setOutputLowOnPin(GPIO_PORT_P5, PIN_ALL8);
    MAP_GPIO_setAsInputPinWithPullDownResistor(GPIO_PORT_P5, PIN_ALL8);
    MAP_GPIO_setOutputLowOnPin(GPIO_PORT_P6, PIN_ALL8);
    MAP_GPIO_setAsInputPinWithPullDownResistor(GPIO_PORT_P6, PIN_ALL8);
    MAP_GPIO_setOutputLowOnPin(GPIO_PORT_P7, PIN_ALL8);
    MAP_GPIO_setAsInputPinWithPullDownResistor(GPIO_PORT_P7, PIN_ALL8);
    MAP_GPIO_setOutputLowOnPin(GPIO_PORT_P8, PIN_ALL8);
    MAP_GPIO_setAsInputPinWithPullDownResistor(GPIO_PORT_P8, PIN_ALL8);
    MAP_GPIO_setOutputLowOnPin(GPIO_PORT_P9, PIN_ALL8);
    MAP_GPIO_setAsInputPinWithPullDownResistor(GPIO_PORT_P9, PIN_ALL8);
    MAP_GPIO_setOutputLowOnPin(GPIO_PORT_P10, PIN_ALL8);
    MAP_GPIO_setAsInputPinWithPullDownResistor(GPIO_PORT_P10, PIN_ALL8);
    MAP_PCM_enableRudeMode();
}

/* 端口 1 的 ISR
 * 在 ISR 中,使能 PSS 模块的高电平侧监控
 * 在这里将万用表的电流挡串联到目标板(见图 5-13)
 * 以测量在其使能/禁用时功率消耗的差异
```


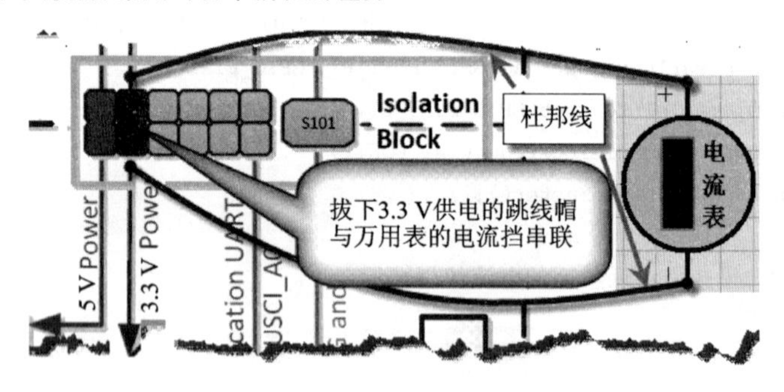

图 5-13 万用表的连接点

```
 */
void gpio_isr(void)
{
    uint32_tstatus;

    status = MAP_GPIO_getEnabledInterruptStatus(GPIO_PORT_P1);
```

```
    MAP_GPIO_clearInterruptFlag(GPIO_PORT_P1, status);

    if(status & GPIO_PIN1)
    {
        MAP_PSS_enableHighSide();
    }
}
```

(3) 调试与测试

① 将万用表的电流挡调至 20 mA,实际硬件连接图如图 5-14 所示。

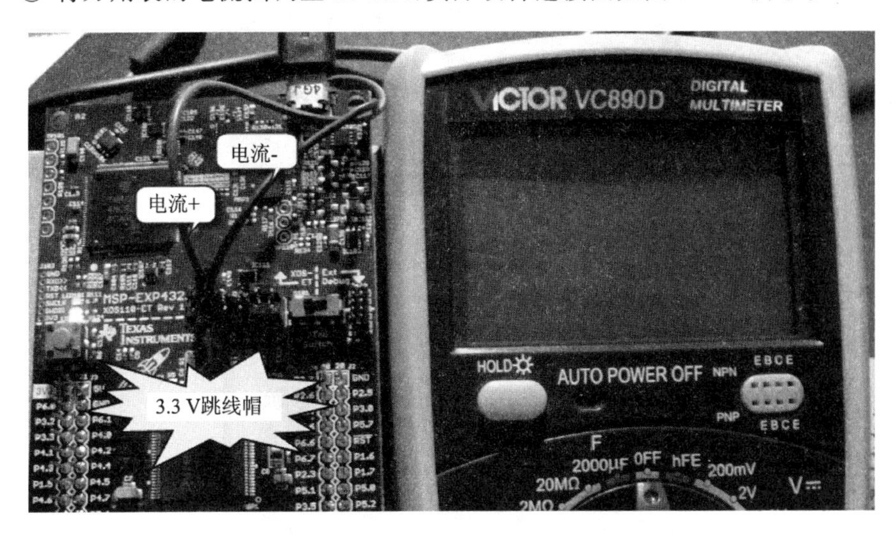

图 5-14　实际硬件连接图

② 在图 5-15 所示的位置设置一个断点。

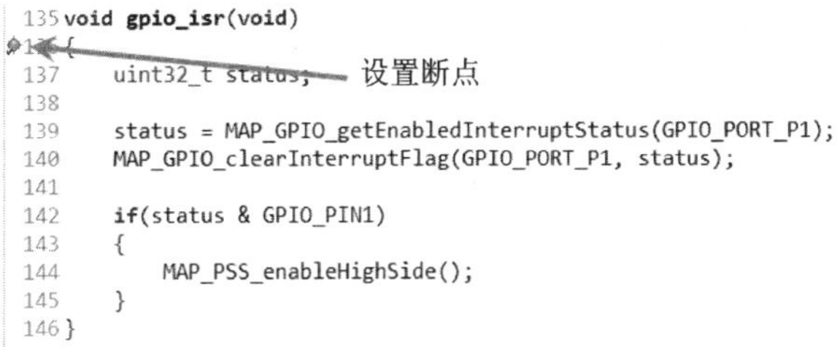

```
135 void gpio_isr(void)
136 {
137     uint32_t status;
138
139     status = MAP_GPIO_getEnabledInterruptStatus(GPIO_PORT_P1);
140     MAP_GPIO_clearInterruptFlag(GPIO_PORT_P1, status);
141
142     if(status & GPIO_PIN1)
143     {
144         MAP_PSS_enableHighSide();
145     }
146 }
```


图 5-15　设置断点

③ 单击工具栏上的图标使程序全速运行,使用万用表观察在高电平侧监控禁用时的电流大小。如果觉得 20 mA 挡太大,可将其调节到 2 mA 挡继续观察,如图 5-16 所示。

④ 按下按钮 S1 使能高电平侧监控,此时观察到的电流大小如图 5-17 所示。从图 5-16 和图 5-17 可以看到,禁用高电平侧监控时的耗能稍微小点儿。

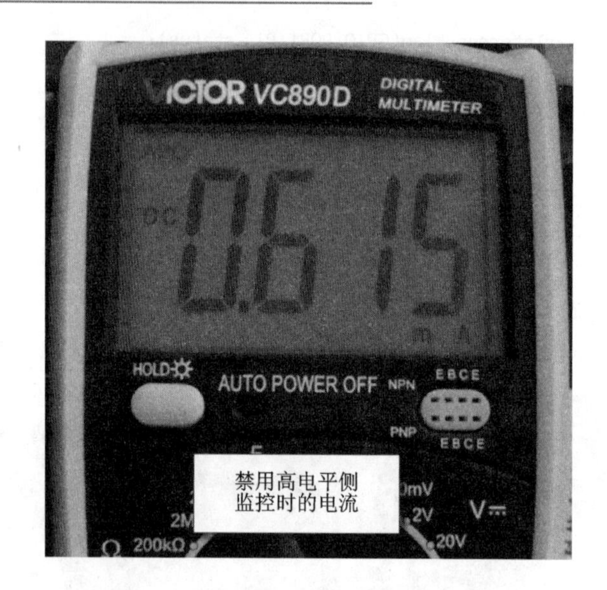

图5-16 在高电平侧监控禁用时的电流大小

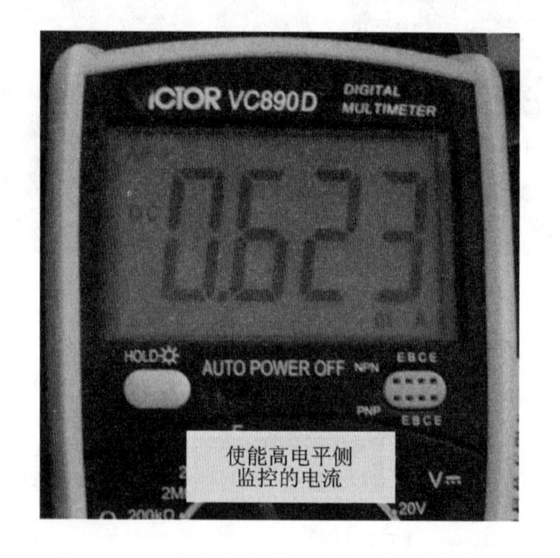

图5-17 使能高电平侧监控时的电流大小

第6章 内部存储器

本章将扼要介绍MSP432P4xx家族中的内部存储器(包括闪存(Flash)、SRAM、ROM、MPU及BSL等)的功能和特点,以及用于简化操作这些存储器模块的固件库函数。其中:Flash的固件库函数包含在driverlib/flash.c中,driverlib/flash.h包含了该库函数的所有定义;SRAM的固件库函数包含在driverlib/sram.c中,driverlib/sram.h包含了该库函数的所有定义;MPU的固件库函数包含在driverlib/mpu.c中,driverlib/mpu.h包含了该库函数的所有定义。

本章的主要内容:

◇ 内部存储器简介;

◇ SRAM;

◇ 闪存;

◇ MPU;

◇ 内部存储器固件库函数;

◇ 例程。

6.1 内部存储器简介

MSP432的内部存储器包含256 KB的闪存、64 KB的位带(Bit-banded)SRAM、32 KB的ROM与8 KB的预编程引导装载程序或BSL。闪存分成两个段,每个段包含128 KB的存储空间,工作于16 MHz,并带有128位缓存与预取指机制。SRAM分成8个段,每个段包含8 KB的存储空间,用户可以单独控制每个SRAM段的电源以便优化功耗;其用于存储MSP432的驱动库函数(即固件库函数),以节省应用程序的空间。在ROM中执行指令时仅需花费少量的功耗,执行速度高达48 MHz。BSL可预编程到闪存中,但用户须定制BSL的编程选项。工厂提供了3种串行通信(即UART、I^2C与SPI)口来预装BSL,当无法使用JTAG访问时,用户可利用这3种串行通信口来更新固件库函数。MSP432的内部存储器如表6-1所列。

表6-1 MSP432的内部存储器

内部存储器	存储容量	速度/MHz	特性
闪存	256 KB(主存储):64×4 KB; 16 KB(信息存储)	16	带128位缓存与预取指机制,可提高代码的执行速度;具有强大的安全特性
SRAM	64 KB:8(存储区)×8 KB	48	为执行低功率的动态段掉电与保留选项
ROM	32 KB	48	鲁棒的固件库函数,可节省应用程序空间;低功耗执行
BSL	8 KB	16	提供采用UART/I^2C/SPI的启动加载程序

6.2 SRAM

MSP432P4xx家族中的SRAM容量会因其器件的不同而有所差异,它位于器件存储器的映射地址为20000000h。为了减少读—修改—写操作的时间,ARM框架在处理器中引入了位带技术。在使能位带的处理器中,存储器映射的特定区域(SRAM和外设空间)可使用地址别名,在单个原子操作中可访问各个位。位带基址位于0x22000000。

位带别名的计算公式如下:

位带别名 =位带基址+(字节偏移量×32)+(位编号×4)

例如,修改地址0x20001000的第3位,位带别名的计算如下:

0x22000000 +(0x1000×32) +(3×4) = 0x2202000C

若对地址0x2202000C执行读/写操作,仅通过直接访问地址0x20001000处字节的第3位即可。

MSP432中的64 KB SRAM被分成8个可动态配置的存储区(Bank),每个存储区包含8 KB的存储空间。对于SRAM中的每个段用户都有两个选项来优化功耗:第一,用户可以使能或禁用所有的段,以及关闭每个存储区的电能消耗;第二,用户可以通过选择是否保留LPM3模式中的内容来减少SRAM的泄漏功耗。在这种情况下,SRAM的8个段均可在活动模式下激活,而对于不在内存中的SRAM存储区,用户可以选择动态地忽略其内容,并且在器件进入LPM3模式时关闭这些存储区。也就是说,器件具有更小的SRAM泄漏功耗,使整个器件的功耗显著下降。存储区的设置如表6-2所列。可用的SRAM器件容量可通过SYS_SRAM_SIZE寄存器来指定。

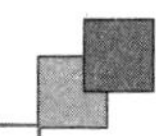

表 6-2 存储区的设置

SRAM 的 8 个段	存储容量/KB
存储区 0 使能/保留(总是使能)	8
存储区 1 使能/保留	16
存储区 2 使能/保留	24
⋮	⋮
存储区 6 使能/保留	56
存储区 7 使能/保留	64

用于配置 SRAM 的固件库函数如表 6-3 所列,较详细的函数功能说明请参阅 TI 数据手册。

表 6-3 配置 SRAM 的固件库函数

编 号	固件库函数
1	void SysCtl_disableSRAMBank(uint_fast8_t sramBank)
2	void SysCtl_disableSRAMBankRetention(uint_fast8_t sramBank)
3	void SysCtl_enableSRAMBank(uint_fast8_t sramBank)
4	void SysCtl_enableSRAMBankRetention(uint_fast8_t sramBank)
5	uint_least32_t SysCtl_getSRAMSize(void)

6.3 内部存储器映射

MSP432P4xx 家族中的内部存储器映射如图 6-1 所示。

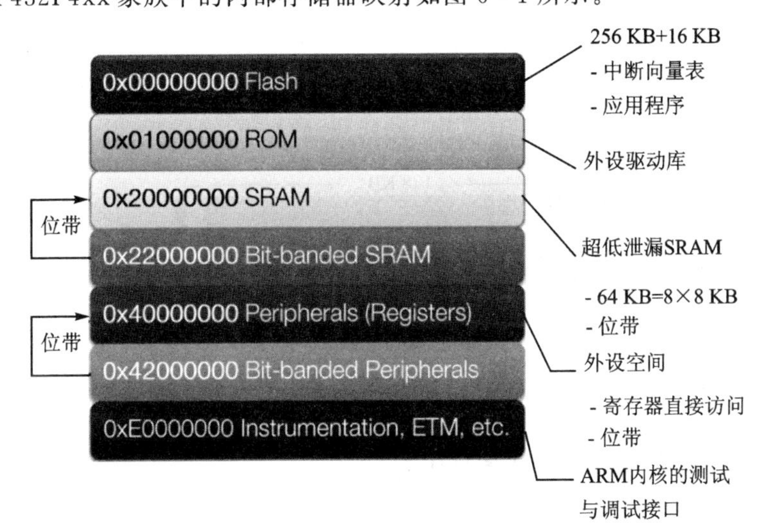

图 6-1 内部存储器映射

图6-1中的闪存(Flash)由主存储器＋信息存储器构成,其存储空间的分配如下:

◇ 256 KB主存储器的存储空间将映射到0h～3FFFFh:
  - 0h～1FFFFh的128 KB(32(扇区)×4 KB)存储空间将映射到存储区0(Bank0);
  - 20000h～3FFFFh的128 KB(32(扇区)×4 KB)存储空间将映射到存储区1(Bank1)。

◇ 16 KB信息存储器的存储空间将映射到200000h～203FFFh:
  - 200000h～201FFFh的8 KB存储空间将映射到存储区0;
  - 202000h～203FFFh的8 KB存储空间将映射到存储区1。

6.4 闪 存

闪存控制器可作为软件(应用程序)与器件上闪存所支持的各种功能之间的控制/访问接口,其特点如下:

◇ 优化闪存的读操作(程序读取或数据读取);
◇ 透明的单个或缓存闪存写操作(类似SRAM的写操作);
◇ 每个扇区可配置写入/擦除保护;
◇ 每个独立的段可同时进行读取/执行与编程/擦除操作;
◇ 在完成编程/擦除操作后,可配置自动校验功能。

6.4.1 闪存的结构

MSP432的闪存由两个独立的相同容量的存储器段组成(见图6-2),每个独立的段可同时进行读取/执行与编程/擦除操作。每个段均包含以下区域:

◇ 主存储区:这是主要的代码存储器,用于保存用户应用程序的代码/数据;
◇ 信息存储区:用于保存TI或用户的代码/数据。

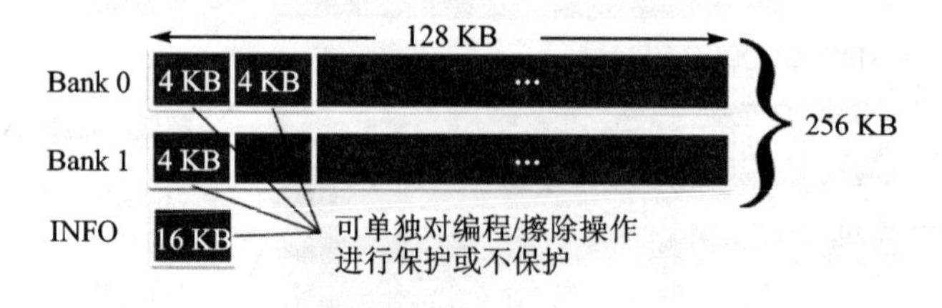

图6-2 闪存的结构

6.4.2 闪存的编程模式和功能

在闪存中的位编程包括设置目标位的值为0。鉴于一个编程操作通常需要数百个CPU周期,闪存控制器提供了一种透明、灵活的方式,可使应用程序编程到闪存。所有写入闪存的操作都类似于SRAM的写操作,应用程序代码可以直接将数据值写入感兴趣的闪存地址。闪存控制器保存这些写操作不会拖累CPU,并且会透明地处理闪存的编程。

(1) 编程模式

在一个编程操作中,闪存架构支持从单个位到全字宽(128位)的编程。为了提供更大的灵活性,应用程序可以选择使能单字编程两种风格中的一种:立即写或128位写。其包括以下操作:

◇ 立即写模式;

◇ 全字写模式;

◇ 自动校验功能。

(2) 突发编程功能

突发编程功能通过允许在一个突发命令中写入多个(最多4个)128位的字到闪存中来进一步增强全字写模式的操作。对于应用程序,当需要大量的字节(数据块)快速编程到闪存中的一段连续地址时,这种功能是很有价值的。在执行突发操作时允许一个较低的整体写延时,因为与闪存编程操作相关的建立和保持时间对于每次迭代来说不重复。

(3) 编程保护功能

如果位于扇区中的写/擦除(Write/Erase,W/E)保护位使能,那么这些目标字将不会被编程到闪存中。

6.4.3 闪存的擦除模式和功能

在闪存中的位擦除包括设置目标位的值为1。擦除操作允许以扇区大小的最小间隔尺寸进行。闪存提供了两种擦除模式:扇区擦除和整体擦除。

(1) 扇区擦除模式

在扇区擦除模式下,闪存控制器可以配置为擦除一个目标扇区,该扇区可以是两个段中的一个,可通过FLCTL_ERASE_CTLSTAT寄存器和FLCTL_ERASE_SECTADDR寄存器来控制。一旦启动擦除操作,可通过查询其状态来观察擦除是否完成,并且该控制器也可以配置成在擦除完成时产生一个中断。

(2) 整体擦除模式

在整体擦除模式下,将闪存控制器设置为擦除整个闪存。整体擦除模式同时适用于两个段。

(3) 擦除保护功能

闪存控制器可以调用扇区擦除模式或整体擦除模式,但在写/擦除(W/E)保护位使能时,擦除操作对任何扇区都不起作用。

6.4.4 支持低频活动模式与低频 LPM0 模式

MSP432P4xx 家族器件支持低频活动模式和低频 LPM0 模式。在这些模式下，器件运行在一个非常低的频率与低泄漏模式，最大总线时钟频率限制在 128 kHz。当在这些模式下运行时，闪存控制器具有以下功能：

◇ 读取将仅在正常读模式进行。也就是说，在闪存控制器检测到低频活动模式或低频 LPM0 模式（AM_LF_VCOREx 模式或 LPM0_LF_VCOREx 模式）时，两个段的读模式将会自动设置成正常读模式。

◇ 读突发与比较操作将不会被使能或允许。

◇ 任何形式的编程或擦除操作将不会被使能或允许。

6.4.5 闪存控制器的寄存器

闪存控制器的寄存器如表 6-4 所列。

表 6-4 闪存控制器的寄存器列表

偏移量	寄存器缩写	寄存器名称
000h	FLCTL_POWER_STAT	电源状态寄存器
010h	FLCTL_BANK0_RDCTL	段 0 读控制寄存器
014h	FLCTL_BANK1_RDCTL	段 1 读控制寄存器
020h	FLCTL_RDBRST_CTLSTAT	读突发/比较控制和状态寄存器
024h	FLCTL_RDBRST_STARTADDR	读突发/比较起始地址寄存器
028h	FLCTL_RDBRST_LEN	读突发/比较长度寄存器
03Ch	FLCTL_RDBRST_FAILADDR	读突发/比较失败地址寄存器
040h	FLCTL_RDBRST_FAILCNT	读突发/比较失败计数寄存器
050h	FLCTL_PRG_CTLSTAT	编程控制和状态寄存器
054h	FLCTL_PRGBRST_CTLSTAT	编程突发控制和状态寄存器
058h	FLCTL_PRGBRST_STARTADDR	编程突发起始地址寄存器
060h	FLCTL_PRGBRST_DATA0_0	编程突发数据 0 寄存器 0
064h	FLCTL_PRGBRST_DATA0_1	编程突发数据 0 寄存器 1
068h	FLCTL_PRGBRST_DATA0_2	编程突发数据 0 寄存器 2
06Ch	FLCTL_PRGBRST_DATA0_3	编程突发数据 0 寄存器 3
070h	FLCTL_PRGBRST_DATA1_0	编程突发数据 1 寄存器 0
074h	FLCTL_PRGBRST_DATA1_1	编程突发数据 1 寄存器 1
078h	FLCTL_PRGBRST_DATA1_2	编程突发数据 1 寄存器 2
07Ch	FLCTL_PRGBRST_DATA1_3	编程突发数据 1 寄存器 3
080h	FLCTL_PRGBRST_DATA2_0	编程突发数据 2 寄存器 0

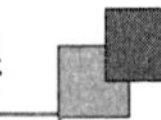

续表 6-4

偏移量	寄存器缩写	寄存器名称
084h	FLCTL_PRGBRST_DATA2_1	编程突发数据2寄存器1
088h	FLCTL_PRGBRST_DATA2_2	编程突发数据2寄存器2
08Ch	FLCTL_PRGBRST_DATA2_3	编程突发数据2寄存器3
090h	FLCTL_PRGBRST_DATA3_0	编程突发数据3寄存器0
094h	FLCTL_PRGBRST_DATA3_1	编程突发数据3寄存器1
098h	FLCTL_PRGBRST_DATA3_2	编程突发数据3寄存器2
09Ch	FLCTL_PRGBRST_DATA3_3	编程突发数据3寄存器3
0A0h	FLCTL_ERASE_CTLSTAT	擦除控制和状态寄存器
0A4h	FLCTL_ERASE_SECTADDR	擦除扇区地址寄存器
0B0h	FLCTL_BANK0_INFO_WEPROT	信息存储器段0写/擦除保护寄存器
0B4h	FLCTL_BANK0_MAIN_WEPROT	主存储器段0写/擦除保护寄存器
0C0h	FLCTL_BANK1_INFO_WEPROT	信息存储器段1写/擦除保护寄存器
0C4h	FLCTL_BANK1_MAIN_WEPROT	主存储器段1写/擦除保护寄存器
0D0h	FLCTL_BMRK_CTLSTAT	基准控制和状态寄存器
0D4h	FLCTL_BMRK_IFETCH	基准指令取指计数寄存器
0D8h	FLCTL_BMRK_DREAD	基准数据读取计数寄存器
0DCh	FLCTL_BMRK_CMP	基准计数比较寄存器
0F0h	FLCTL_IFG	中断标志寄存器
0F4h	FLCTL_IE	中断使能寄存器
0F8h	FLCTL_CLRIFG	清除中断标志寄存器
0FCh	FLCTL_SETIFG	设置中断标志寄存器
100h	FLCTL_READ_TIMCTL	读时序控制寄存器(Read Timing Control Register)
104h	FLCTL_READMARGIN_TIMCTL	读边沿时序控制寄存器(Read Margin Timing Control Register)
108h	FLCTL_PRGVER_TIMCTL	编程校验时序控制寄存器(Program Verify Timing Control Register)
10Ch	FLCTL_ERSVER_TIMCTL	擦除校验时序控制寄存器(Erase Verify Timing Control Register)
110h	FLCTL_LKGVER_TIMCTL	泄漏校验时序控制寄存器(Leakage Verify Timing Control Register)
114h	FLCTL_PROGRAM_TIMCTL	编程时序控制寄存器(Program Timing Control Register)

续表 6-4

偏移量	寄存器缩写	寄存器名称
118h	FLCTL_ERASE_TIMCTL	擦除时序控制寄存器(Erase Timing Control Register)
11Ch	FLCTL_MASSERASE_TIMCTL	整体擦除时序控制寄存器(Mass Erase Timing Control Register)
120h	FLCTL_BURSTPRG_TIMCTL	突发编程时序控制寄存器(Burst Program Timing Control Register)

6.4.6 闪存的固件库函数

闪存的固件库提供了一组旨在简化处理编程/擦除操作,配置 MSP432 上的闪存端口,配置闪存保护,以及处理闪存中断的函数,如表 6-5 所列,较详细的函数功能说明请参阅 TI 数据手册。

表 6-5 闪存的固件库函数

编 号	函数名
1	void FlashCtl_clearInterruptFlag(uint32_t flags)
2	void FlashCtl_clearProgramVerification(uint32_t verificationSetting)
3	void FlashCtl_disableInterrupt(uint32_t flags)
4	Void FlashCtl_disableReadBuffering(uint_fast8_t memoryBank, uint_fast8_t accessMethod)
5	void FlashCtl_disableWordProgramming(void)
6	void FlashCtl_enableInterrupt(uint32_t flags)
7	void FlashCtl_enableReadBuffering (uint_fast8_t memoryBank, uint_fast8_t accessMethod)
8	void FlashCtl_enableWordProgramming(uint32_t mode)
9	Bool FlashCtl_eraseSector(uint32_t addr)
10	uint32_t FlashCtl_getEnabledInterruptStatus(void)
11	uint32_t FlashCtl_getInterruptStatus(void)
12	uint32_t FlashCtl_getReadMode(uint32_t flashBank)
13	uint32_t FlashCtl_getWaitState(uint32_t bank)
14	bool FlashCtl_isSectorProtected(uint_fast8_t memorySpace, uint32_t sector)
15	uint32_t FlashCtl_isWordProgrammingEnabled(void)
16	bool FlashCtl_performMassErase(void)

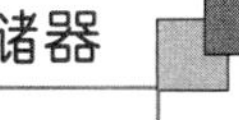

续表 6-5

编　号	函数名
17	bool FlashCtl_programMemory(void _src, void _dest, uint32_t length)
18	bool FlashCtl_protectSector(uint_fast8_t memorySpace, uint32_t sectorMask)
19	void FlashCtl_registerInterrupt(void(_intHandler)(void))
20	void FlashCtl_setProgramVerification(uint32_t verificationSetting)
21	Bool FlashCtl_setReadMode(uint32_t flashBank, uint32_t readMode)
22	void FlashCtl_setWaitState(uint32_t bank, uint32_t waitState)
23	bool FlashCtl_unprotectSector(uint_fast8_t memorySpace, uint32_t sectorMask)
24	void FlashCtl_unregisterInterrupt(void)
25	bool FlashCtl_verifyMemory(void _verifyAddr, uint32_t length, uint_fast8_t pattern)
26	uint_least32_t SysCtl_getFlashSize(void)

6.5　存储器保护单元

存储器保护单元(Memory Protection Unit,MPU)最多可定义 8 个存储器区。每个区域都包含一个基址和容量大小(可指定为 2 的幂次方),其范围∈[32 B,4 GB]。区域的基址必须与区域的大小对齐,每个区域都包含访问权限,区域可以允许或禁止代码的执行。针对特权/用户模式,一个区域可以配置成只读访问、读/写访问或不访问。访问权限可以用于创建仅内核或系统代码才可以访问某些硬件寄存器或代码段的环境。MPU 可在每个区域内创建 8 个子区域。禁用任何子区域或子区域间的组合,允许创建“洞”或复杂的重叠区域具有不同的权限。通过禁用一个或多个前导或结尾的子区域,子区域也能被创建成一个“头”或“尾”不对齐的区域。一旦使能 MPU 已定义的区域,对其进行任何非法的访问都将产生一个内存管理故障,随之将启动故障处理程序。

MPU 的固件库提供了用于配置 MPU 的函数。MPU 与 Cortex-M 处理器内核紧密相连,并提供一个建立访问权限的存储器区域。MPU 的固件库函数如表 6-6

所列，较详细的函数功能说明请参阅 TI 数据手册。

表6-6 MPU的固件库函数

编 号	函数名
1	void MPU_disableInterrupt(void)
2	void MPU_disableModule(void)
3	void MPU_disableRegion(uint32_t region)
4	void MPU_enableInterrupt(void)
5	void MPU_enableModule(uint32_t mpuConfig)
6	void MPU_enableRegion(uint32_t region)
7	void MPU_getRegion(uint32_t region, uint32_t _addr, uint32_t _pflags)
8	uint32_t MPU_getRegionCount(void)
9	void MPU_registerInterrupt(void(_intHandler)(void))
10	void MPU_setRegion(uint32_t region, uint32_t addr, uint32_t flags)
11	void MPU_unregisterInterrupt(void)

6.6 例 程

6.6.1 SRAM 例程

1. 禁用在 SRAM 中未使用的存储区的例程

(1) sysctl_disable_sram_bank.c 程序介绍

```
/***************************************************************
* 文件名:sysctl_disable_sram_bank.c
* 来源:TI 例程(删节版)
*  功能描述:在这个例程中,可通过固件库函数来禁用未使用的 SRAM 存储区,以降低功耗
* 这样可使用户最大限度地减少器件上未被使用的 SRAM 消耗。注意,除了在软件中禁
* 用 SRAM 存储区之外,链接文件也需要编辑,以确保禁用的 SRAM 存储区上没有保存的数据
* 在此示例代码的最后,MSP432P401 器件(64 KB 的 SRAM = 8 个存储区 × 8 KB)包含有效的
* 8 KB SRAM
***************************************************************/
/* 驱动库(固件库)包含文件 */
#include "driverlib.h"
```

```
/ * 标准包括文件 * /
# include <stdint.h >
# include <stdbool.h >
int main(void)
{
    / * 关闭看门狗定时器 * /
    MAP_WDT_A_holdTimer();

    / * 用固件库函数禁用 SRAM 的存储区 1～存储区 7 * /
    MAP_SysCtl_disableSRAMBank(SYSCTL_SRAM_BANK1);

    / * 空操作,可在此设置断点 * /
    __no_operation();

}
```

(2) 测试结果

sysctl_disable_sram_bank.c 的测试结果如图 6-3～图 6-5 所示。

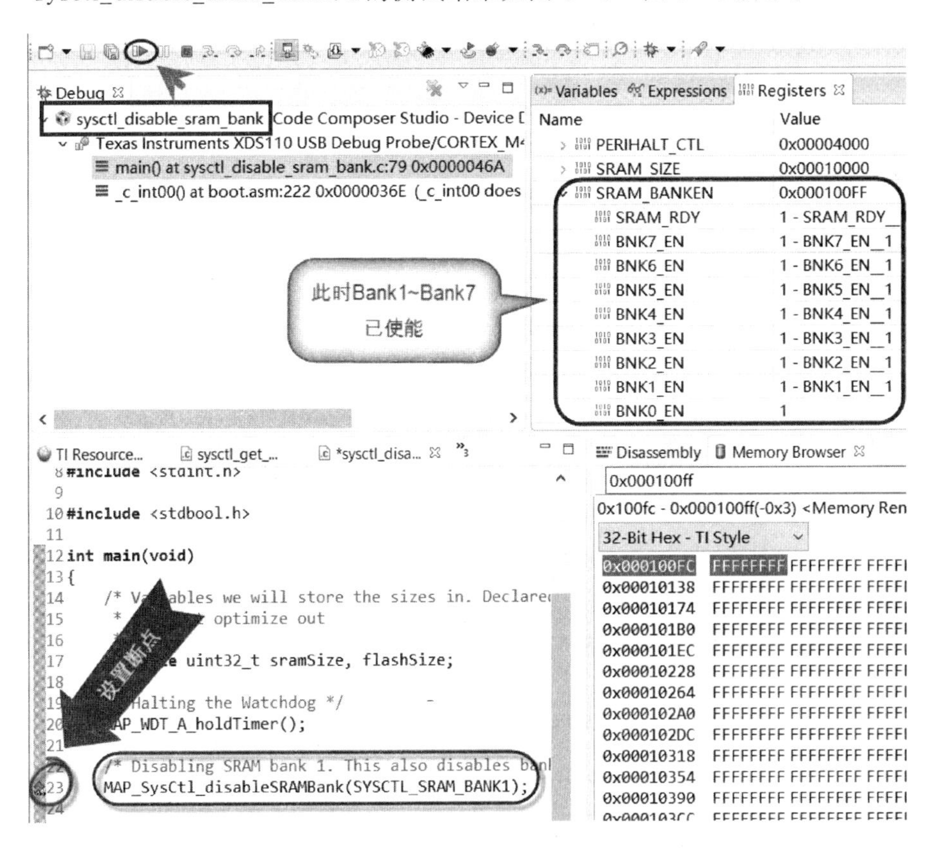

图 6-3　设置断点及运行结果

① 设置断点，如图6-3所示。

② 单击工具栏上的 图标使程序运行到断点处，此时在图6-3中可以看到，SRAM寄存器(SRAM_BANKEN)中的存储区1(Bank1)～存储区7(Bank7)均已使能。

③ 在单步执行完语句"MAP_SysCtl_disableSRAMBank(SYSCTL_SRAM_BANK1);"后，可以在图6-4中看到Bank1～Bank7均被禁用，说明此时已用固件库函数SysCtl_disableSRAMBank(uint_fast8_t sramBank)禁用了不需要的SRAM存储区。

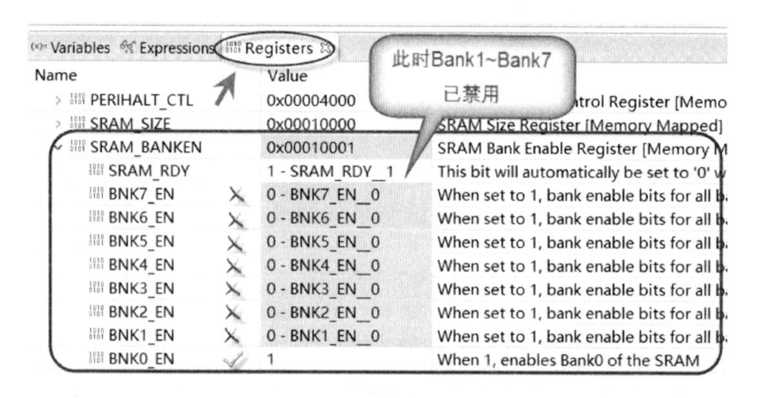

图6-4　禁用SRAM的Bank1～Bank7存储区

④ 将语句"MAP_SysCtl_disableSRAMBank(SYSCTL_SRAM_BANK1);"中的参数变更为SYSCTL_SRAM_BANK3，其测试结果如图6-5所示。

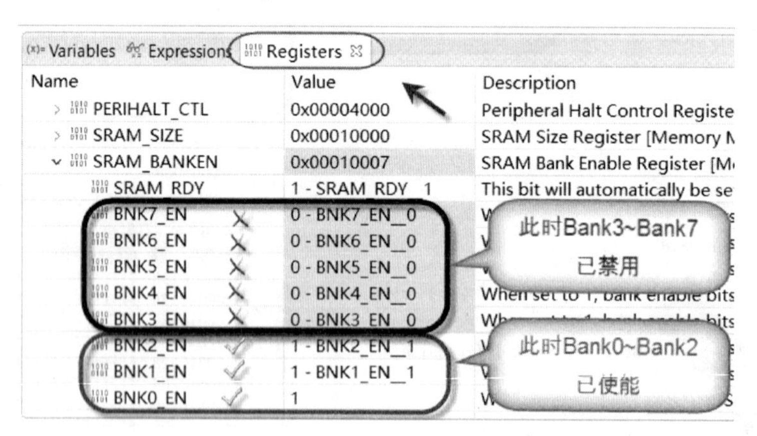

图6-5　参数为SYSCTL_SRAM_BANK3时的测试结果

⑤ 将语句"MAP_SysCtl_disableSRAMBank(SYSCTL_SRAM_BANK1);"中的参数变更为SYSCTL_SRAM_BANK0时编译将出现错误，说明BANK0是不能被关闭的，即一直有效。

2. 获取 SRAM 容量大小的例程

(1) sysctl_get_sram_size.c 程序介绍

```
/*****************************************************************
* 文件名:sysctl_get_sram_size.c
* 来源:TI 例程(删节版)
* 功能描述:在这段非常简单的例程中,采用 sysctl 模块的固件库函数来获取 SRAM 的容量
* 大小。该功能可在用户程序需跨多种封装的器件以及智能配置某段存储区域时使用。返
* 回 SRAM 的容量大小后,将调用一个空操作函数,用户可在此放置一个断点
*****************************************************************/
/* 驱动库(固件库)包含文件 */
#include "driverlib.h"

/* 标准包括文件 */
#include <stdint.h >
#include <stdbool.h >
int main(void)
{
    /* 定义存储变量的大小,声明为 volatile 类型,用来告诉编译器对其无须优化 */
    volatile uint32_tsramSize;

    /* 关闭看门狗定时器 */
    MAP_WDT_A_holdTimer();

    /* 获取 SRAM 的容量大小 */
    sramSize = MAP_SysCtl_getSRAMSize();

    /* 空操作,可在此设置断点 */
    __no_operation();
}
```

(2) 测试结果

在语句"__no_operation();"处设置断点,然后单击工具栏上的 图标,程序的测试结果如图 6-6 所示。

从图 6-6 中可以看到,SRAM 的容量为 64 KB,这正是 MSP-EXP432P401R LaunchPad 开发板使用的 SRAM 容量。

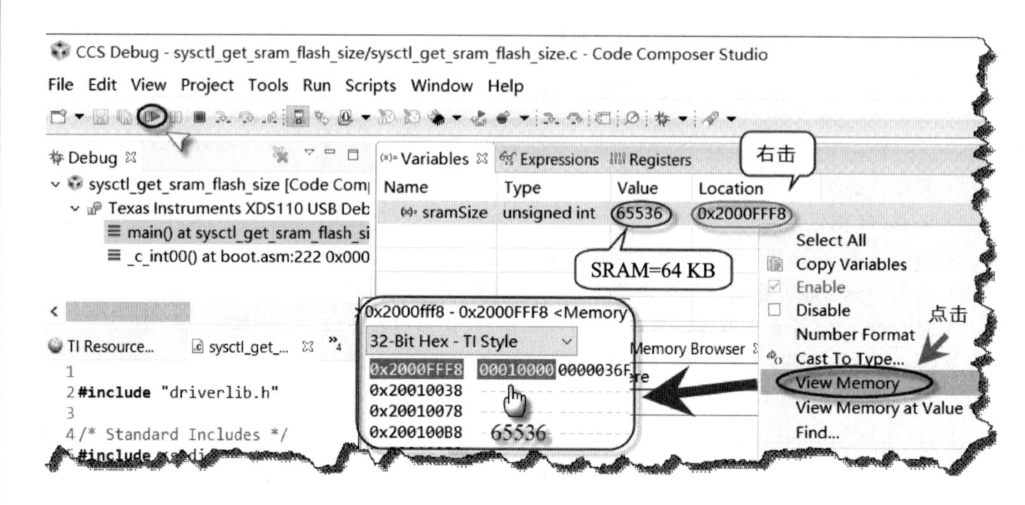

图6-6　程序在MSP-EXP432P401R LaunchPad开发板中的测试结果

6.6.2　闪存例程

1. 闪存整体擦除例程

(1) flash_mass_erase.c程序介绍

```
/*************************************************************************
* 文件名:flash_mass_erase.c
* 来源:TI例程
* 功能描述:该例程显示了固件库函数的整体擦除功能。例程开始时
* 闪存上Bank1中的扇区30和扇区31是不受保护的(0x3E000～0x3FFFF)
* 给该存储区填充数据,然后对扇区31进行保护,随后对闪存执行整体擦除操作。由于整体
* 擦除只能擦除未受保护的扇区,因此整体擦除结束后仅可见扇区30上的数据被擦除(这
* 可通过调试器中的存储器浏览器来观察)
*************************************************************************/
/* 驱动库(固件库)包含文件 */
#include "driverlib.h"

/* 标准包括文件 */
#include <stdint.h>
#include <stdbool.h>
#include <string.h>

#define BANK1_S30 0x3E000

/* 定义缓冲区大小为8192 */
uint8_t patternArray[8192];
```

```
int main(void)
{
    /* 由于这个程序有一个巨大的缓冲区来暂存数据,所以在 ISR 复位时应停止看门狗定时器
     * 以避免看门狗定时器超时
     */

    /* 为了快速编程,设置 MCLK 为 48 MHz */
    MAP_PCM_setCoreVoltageLevel(PCM_VCORE1);
    MAP_CS_setDCOCenteredFrequency(CS_DCO_FREQUENCY_48);

    /* 将缓冲区初始化为 0x56 */
    memset(patternArray, 0x56, 8192);

    /* 未保护的 Bank 1 中的扇区 30 和扇区 31 */
    MAP_FlashCtl_unprotectSector(FLASH_MAIN_MEMORY_SPACE_BANK1,
                                 FLASH_SECTOR30 | FLASH_SECTOR31);

    /* 在编程前先尝试整体擦除。由于未保护 Bank1 中的扇区 30 和扇区 31,因此可擦除这两个
     * 扇区。如果失败了,则可在无限循环程序中设置一个陷阱
     */
    if(! MAP_FlashCtl_performMassErase())
        while(1);

    /* 试图填充数据编程。如果失败了,则可在无限循环程序中设置一个陷阱 */
    if(! MAP_FlashCtl_programMemory(patternArray,(void * ) BANK1_S30, 8192))
        while(1);

    /* 设置扇区 31 的保护 */
    MAP_FlashCtl_protectSector(FLASH_MAIN_MEMORY_SPACE_BANK1,FLASH_SECTOR31);

    /* 再次进行整体擦除。因为扇区 31 受到保护,所以只有扇区 30(0x3E000~0x3EFFF)被擦除
     * 该调用后设置一个断点,以便观察调试器中的存储器数据
     */
    if(! MAP_FlashCtl_performMassErase())
        while(1);

    /* 不使用时进入深度睡眠 */
    while(1)
    {
        MAP_PCM_gotoLPM3();
    }
}
```

(2) 测试结果

① 在图 6-7 所示的位置设置一个断点。

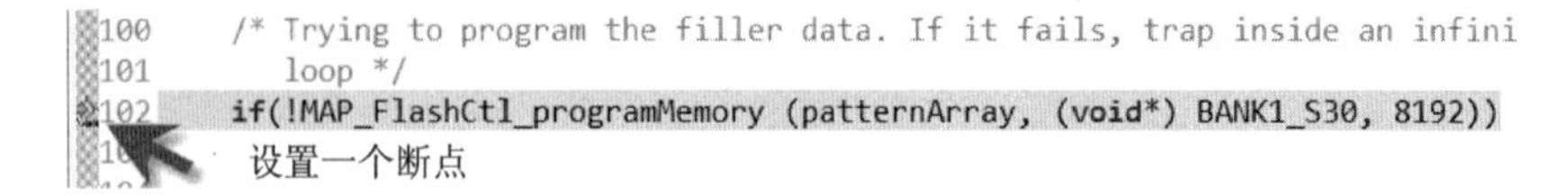

图 6-7 设置断点

② 单击工具栏上的 图标使程序运行到断点处，此时在存储器浏览器的地址窗口中输入扇区 30 和扇区 31 的地址，其结果如图 6-8 所示。

图 6-8 在存储器浏览器中观察到的扇区 30 和扇区 31 无任何数据

③ 单步执行程序给扇区 30 和扇区 31 编程填充数据“56”，如图 6-9 所示。

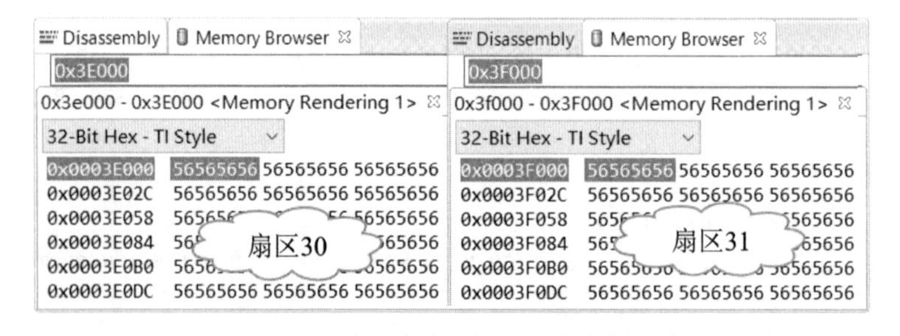

图 6-9 给扇区 30 和扇区 31 编程填充数据“56”

④ 继续单步执行程序，使扇区 30 受到保护而扇区 31 不予保护。

⑤ 接着单步执行程序，尝试对存储器执行整体擦除操作，其结果如图 6-10 所示。

从图 6-10 中可以看到，扇区 30 中的数据并未被擦除(因为该扇区受保护)，仅擦除了扇区 31 中的数据。也就是说，整体擦除只能擦除那些不受保护的扇区中的数据。

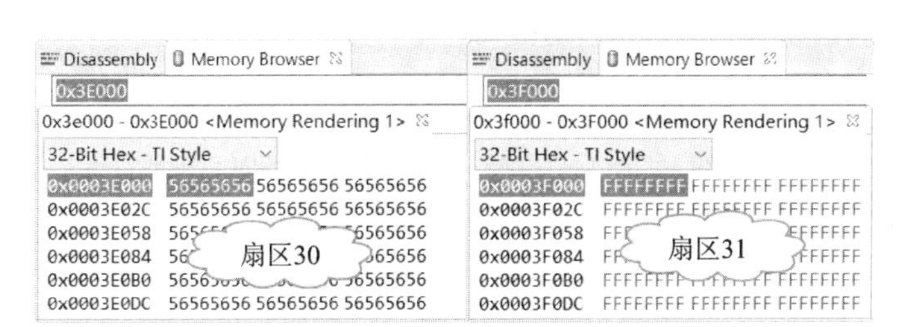

图 6-10　整体擦除结果

2. 闪存编程例程

(1) flash_program_memory.c 介绍

```
***************************************************************************/
* 文件名:flash_program_memory.c
* 来源:TI 例程
* 功能描述:该例程介绍了使用闪存控制器的固件库函数来擦除和编程闪存上特定存储单
* 元中的模拟校准数据。例程中的数据被编程到存储器的用户区域。"伪"校准数据保存在
* RAM 阵列中并使用 memset 函数来设定,但在实际应用中,这个缓冲区将使用串行接口
* (如 I²C)来填充
***************************************************************************/
/* 驱动库(固件库)包含文件 */
#include "driverlib.h"

/* 标准包括文件 */
#include <stdint.h>
#include <stdbool.h>
#include <string.h>

#define CALIBRATION_START 0x0003F000

/* 设置缓冲区大小为 4 096 */
uint8_tsimulatedCalibrationData[4096];

int main(void)
{
    /* 由于这个程序有一个巨大的缓存区来模拟校准数据,所以在 ISR 复位时应停止看门
     * 狗定时器以避免看门狗定时器超时
     */

    /* 为了快速编程,可将 MCLK 设置为 48 MHz */
    MAP_PCM_setCoreVoltageLevel(PCM_VCORE1);
    MAP_CS_setDCOCenteredFrequency(CS_DCO_FREQUENCY_48);

    /* 将缓冲区初始化为 0x77 */
```

```
    memset(simulatedCalibrationData, 0x77, 4096);

    /* 不保护主存储器中 Bank 1 扇区上的数据 */
    MAP_FlashCtl_unprotectSector(FLASH_MAIN_MEMORY_SPACE_BANK1,
        FLASH_SECTOR31);

    /* 整体擦除该扇区 */
    if(! MAP_FlashCtl_eraseSector(CALIBRATION_START))
        while(1);

    /* 存储器编程 */
    if(! MAP_FlashCtl_programMemory(simulatedCalibrationData,
            (void * ) CALIBRATION_START, 4096))
                while(1);

    /* 设置主存储器上 Bank1 中的扇区 31 回到保护状态 */
    MAP_FlashCtl_protectSector(FLASH_MAIN_MEMORY_SPACE_BANK1,
            FLASH_SECTOR31);

    /* 不使用时进入深度睡眠 */
    while(1)
    {
        MAP_PCM_gotoLPM3();
    }
}
```


(2) 测试结果

该例程的测试过程和“闪存整体擦除例程”类似，请读者自行完成。

6.6.3　MPU 例程

(1) 硬件连线图

MPU 例程的硬件连线图如图 6-11 所示。

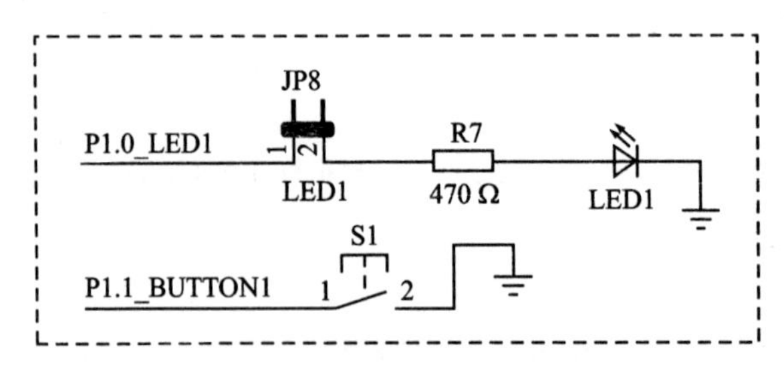

图 6-11　MPU 例程的硬件连线图

(2) mpu_region_set_fault_interrupt. c

```
/*****************************************************************************
* 文件名:mpu_region_set_fault_interrupt.c
* 来源:根据 TI 例程修订
* 功能描述:在这个例程中,由固件库对 ARM 的 MPU 模块进行设置。首先,4 KB 的闪存区
* 域(0x3E000~0x3F000)被定义为针对特权/用户模式的只读区域。其次,使能该区域,并设
* 置一个 GPIO 输入中断,该中断通过开关连接到 P1.1 端口上,使 CPU 从 LPM3 模式中被唤醒
* 即当按下 S1 键时程序进入 gpio_isr,以清除 GPIO 中断标志。最后,试图在受保护的闪存
* 存储区上进行编程,这将立即引起一个 MPU 故障并产生中断。在中断处理程序中,将连接
* 在 P1.0 端口的 LED 点亮,由一个无限循环来停止 CPU 的运行
*****************************************************************************/
/* 驱动库(固件库)包含文件 */
#include "driverlib.h"

/* 标准包括文件 */
#include < stdint.h >
#include < stdbool.h >

/* 需保护的存储区域 */
#define addressSet 0x3E000

/* MPU 配置标志设置,针对特权和用户访问的 4 KB 只读区域 */
const uint32_tflagSet = MPU_RGN_SIZE_4K | MPU_RGN_PERM_EXEC
    | MPU_RGN_PERM_PRV_RO_USR_RO | MPU_SUB_RGN_DISABLE_7 | MPU_RGN_ENABLE;

/* 定义编程数据 */
uint32_t foo[4] = {1,1,1,1};

int main(void)
{
    volatile uint32_t curValue;

    /* 保持看门狗定时器,使能主中断 */
    WDT_A_holdTimer();
    Interrupt_enableMaster();

    /* 将 P1.0 端口初始化为低电平并配置为输出 */
    GPIO_setOutputLowOnPin(GPIO_PORT_P1, GPIO_PIN0);
    GPIO_setAsOutputPin(GPIO_PORT_P1, GPIO_PIN0);

    /* 将 P1.1 端口配置为输入并使能中断 */
```

```
    MAP_GPIO_setAsInputPinWithPullUpResistor(GPIO_PORT_P1, GPIO_PIN1);
    GPIO_clearInterruptFlag(GPIO_PORT_P1, GPIO_PIN1);
    GPIO_enableInterrupt(GPIO_PORT_P1, GPIO_PIN1);
    Interrupt_enableInterrupt(INT_PORT1);

    /* 设置和使能区域,这将使 0x3E000 ~0x3F000 的存储区域为只读 */
    MPU_setRegion(0, addressSet, flagSet);

    Interrupt_enableInterrupt(FAULT_MPU);

    MPU_enableModule(MPU_CONFIG_PRIV_DEFAULT);/* 使能默认的保护区域 */

    while(1)
    {
        /* 进入 LPM3,并等待一个 GPIO 中断(即由按下 S1 键来唤醒) */
        PCM_gotoLPM3();

        /* 试图在受保护的扇区上编程,这将导致 MPU 故障和中断 */
        FlashCtl_unprotectSector(FLASH_MAIN_MEMORY_SPACE_BANK1,
                                 FLASH_SECTOR30);
        FlashCtl_programMemory(foo,(void *)addressSet, 4);
    }
}

/* 由 GPIO ISR 来唤醒 CPU */
void gpio_isr(void)
{
    GPIO_clearInterruptFlag(GPIO_PORT_P1, GPIO_PIN1);
}

/* 进入 MPU 故障 ISR 来点亮 LED1 */
void mpu_fault(void)
{
    GPIO_setOutputHighOnPin(GPIO_PORT_P1, GPIO_PIN0);
    while(1);
}
```


(3) 测试结果

① 在图 6-12 所示的位置设置一个断点。

② 单击工具栏上的 图标使程序停止在断点处,然后单步执行程序,使 P1.0 端口为输出并将其初始化为低电平,如图 6-13 所示。

```
     GPIO_setOutputLowOnPin(GPIO_PORT_P1, GPIO_PIN0);
92   GPIO_setAsOutputPin(GPIO_PORT_P1, GPIO_PIN0);
```

图 6－12　设置一个断点(1)

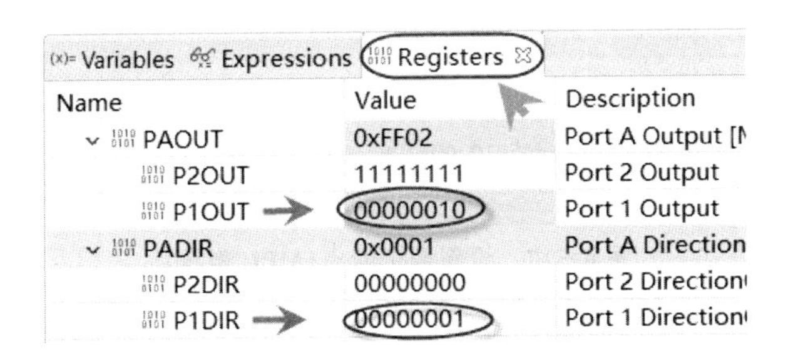

Name	Value	Description
PAOUT	0xFF02	Port A Output [N
P2OUT	11111111	Port 2 Output
P1OUT	00000010	Port 1 Output
PADIR	0x0001	Port A Direction
P2DIR	00000000	Port 2 Direction
P1DIR	00000001	Port 1 Direction

图 6－13　配置 P1.0 为输出口并将其初始化为低电平

③ 在图 6－14 所示的位置设置一个断点。

```
110  while(1)
111  {
112      /* Going to LPM3 and waiting
113      PCM_gotoLPM3();
114
```

图 6－14　设置一个断点(2)

④ 使程序运行到断点处并单步执行程序，使其进入 LPM3 模式，然后在图 6－15 所示的位置设置一个断点。

```
123 /* GPIO ISR to wake up the CPU */
124 void gpio_isr(void)
125 {
126     GPIO_clearInterruptFlag(GPIO_PORT_P1, GPIO_PIN1);
127 }
```

图 6－15　设置一个断点(3)

⑤ 按下 S1 键观察程序是否在断点处停止。即通过按下 S1 键是否能将 CPU 从 LPM3 模式中唤醒，并进入中断服务程序，如图 6－16 所示。

```
123 /* GPIO ISR to wake up the CPU */
124 void gpio_isr(void)
125 {
126     GPIO_clearInterruptFlag(GPIO_PORT_P1, GPIO_PIN1);
127 }
```

图 6－16　程序停在断点处(即通过按下 S1 键唤醒了 CPU 并进入中断服务程序)

⑥ 继续单步执行程序，以便清除 GPIO 的中断标志，并在图 6－17 所示的位置

设置两个断点。

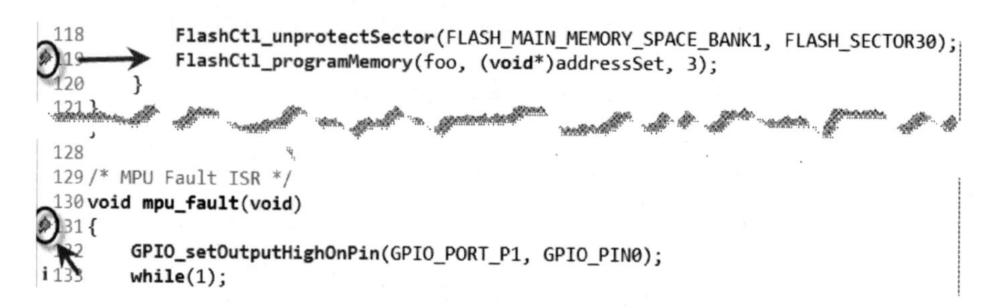

图 6-17 设置两个断点(MPU例程)

⑦ 继续单步执行程序,观察在0x3E000 ~0x3F000存储区域编程前后数据的变化,如图6-18所示,由图可知,0x3E000~0x3F000存储区编程前后的数据均为空,即不能给受保护的区域编程。同时,观察在受保护的区域编程是否会产生故障中断,即判断是否能进入中断服务程序,点亮LED1,如图6-19和图6-20所示。

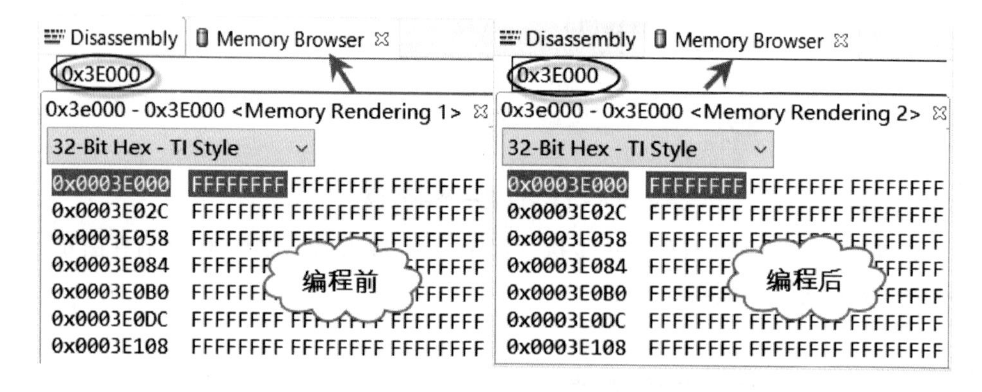

图 6-18 0x3E000~0x3F000存储区编程前后

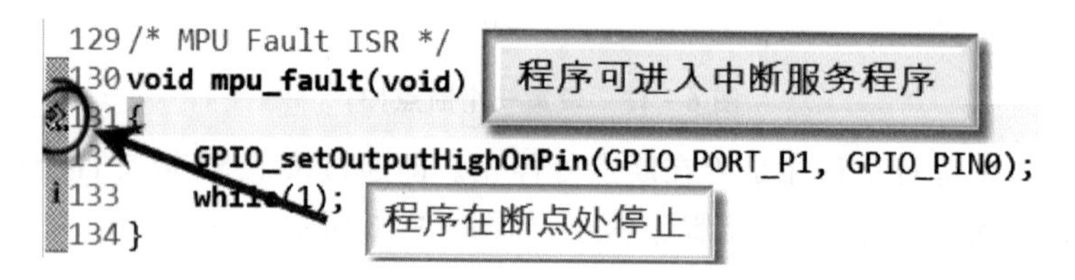

图 6-19 给受保护的存储区写数据将产生一个故障中断

图 6-20 能点亮 MSP-EXP432P401R LaunchPad 开发板上的 LED1

6.6.4 在 ROM 中的调试例程

(1) 硬件连线图

在 ROM 中调试例程的硬件连线图如图 6-21 所示。

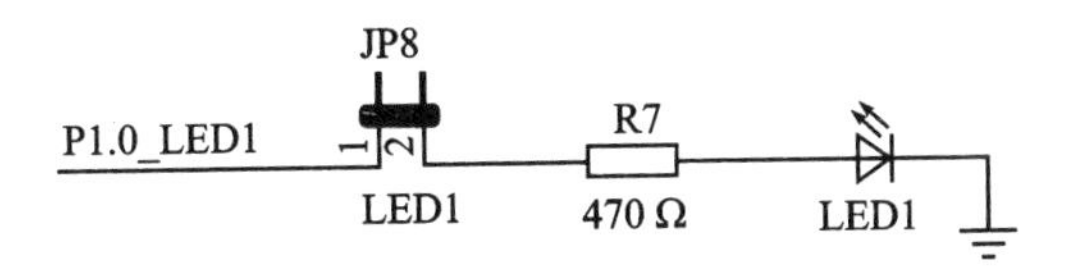

图 6-21 在 ROM 中调试例程的硬件连线图

(2) rom_debugging.c 程序介绍

```
/*******************************************************************
* 文件名:rom_debugging.c
* 来源:TI 例程
* 功能描述: 该例程将使用系统定时器模块使 LED 每秒闪烁一次。一旦设置完成,该应用程
* 序将进入 LPM3 模式,仅在唤醒时翻转 GPIO 引脚。该例程同时提供 ROM 源文件和符号文件
* 使用 ROM 的固件库来介绍 ROM 固件库函数的调试。注意:这个无限循环程序仅由用户手动停止
* 使用 ROM 的优点:让部分外设驱动库保存到片上 ROM 中,从而可使替换出的闪存空间用于
* 应用程序。此外,引导装载程序也可以存放在 ROM 中,可由应用程序调用来启动固件库的更新
* 使用方法:用 ROM_Function()函数来替代 Function()函数,例如,用 MAP_WDT_A_holdTimer()
```

```
 * 函数来替代 WDT_A_holdTimer()函数
 *****************************************************************************/
/* 驱动库(固件库)包含文件 */
#include "driverlib.h"

/* 标准包括文件 */
#include <stdint.h>
#include <stdbool.h>

int main(void)
{
    /* 关闭看门狗定时器 */
    MAP_WDT_A_holdTimer();

    /* 将 GPIO 配置为输出 */
    MAP_GPIO_setAsOutputPin(GPIO_PORT_P1, GPIO_PIN0);

    /* 配置系统定时器在 1500000 触发 */
    MAP_SysTick_enableModule();
    MAP_SysTick_setPeriod(1500000);
    MAP_Interrupt_enableSleepOnIsrExit();
    MAP_SysTick_enableInterrupt();

    /* 使能主中断 */
    MAP_Interrupt_enableMaster();

    while(1)
    {
        MAP_PCM_gotoLPM0();
    }
}

void systick_isr(void)
{
    MAP_GPIO_toggleOutputOnPin(GPIO_PORT_P1, GPIO_PIN0);
}
```

(3) 调试过程

① 创建 rom_debugging 工程，将 rom_debugging.c 复制到该工程中。

② 将 TI 提供的 driverlib.c 和 driverlib.out 复制到 rom_debugging 文件夹(默认位于工作空间 workspace_v6_1 中)。

③ 单击工具栏上的 图标，将编译生成的 rom_debugging.out 下载到 MSP-EXP432P401R LaunchPad 开发板中。

④ 单击 Remove All Symbols，如图 6-22 所示。

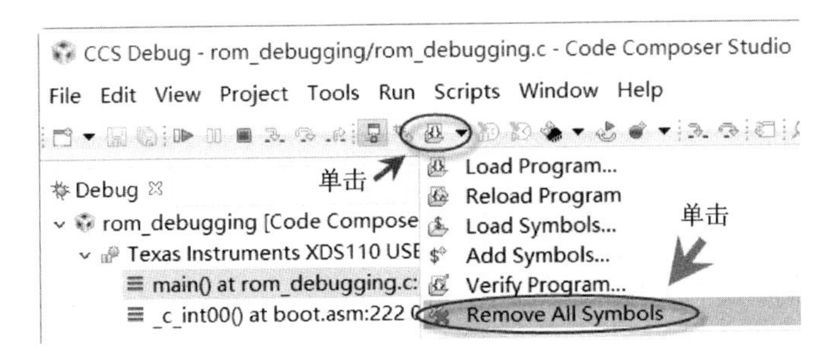

图 6-22 单击 Remove All Symbols

⑤ 添加 driverlib.out，如图 6-23 所示。

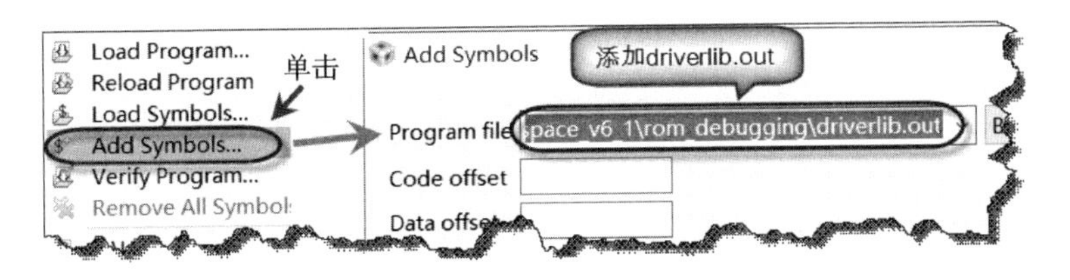

图 6-23 添加 driverlib.out

⑥ 添加 rom_debuging.out，如图 6-24 所示。

图 6-24 添加 rom_debuging.out

⑦ 在图 6-25 所示的位置设置两个断点，测试方法请参考 6.6.3 小节的相关内容。

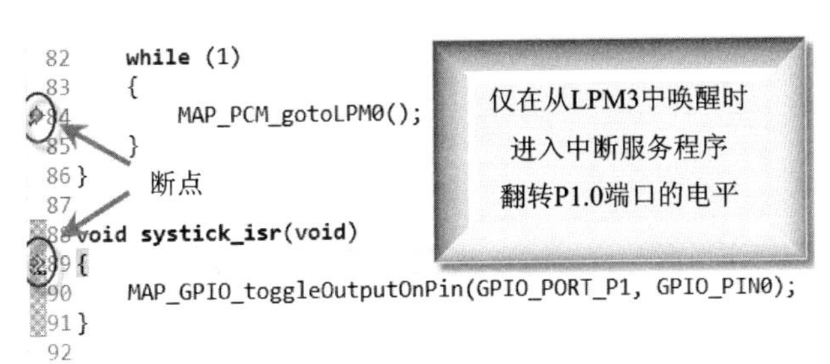

图 6-25 设置两个断点(ROM 例程)

说明：

① driverlib. c：是 ROM 驱动库的源程序。在 ROM 调试时将其使能，该源代码用于关联反汇编窗口。

② driverlib. out：用于 MSP432P4xx ROM 存储器编程的驱动库(DriverLib)的二进制输出，其包括固件库函数的全部符号，可以使用户的每个函数的二进制代码追溯到源代码。

第7章

ADC14 模块

模数转换器(Analog-to-Digital Converter,ADC)是电子设备中必备的重要部件,用于将模拟信号转变成微控制器可以识别的数字信号,包括采样、保持、量化和编码4个过程。MSP432家族包含一个14位的ADC14模块,支持快速14位模/数转换。本章将简要介绍ADC14模块的特点,以及基于ADC14固件库的编程与测试方法。

本章的主要内容:

◇ ADC14 模块简介;

◇ ADC14 模块的固件库函数;

◇ 例程。

7.1 ADC14 模块简介

ADC14 模块包含一个14位的逐次渐进(SAR)内核,采样选择控制,多达32个独立的转换和控制的缓冲区。转换控制缓冲区在无CPU干预的情况下,允许多达32路独立ADC采样值进行转换和保存。

7.1.1 ADC14 模块的特性

ADC14 模块的特性如下:

◇ 在14位最高分辨率时最高转换速率达1 MSPS。

◇ 无数据丢失的12位单调转换器。

◇ 采样/保持由软件或定时器来编程采样周期。

◇ 转换由软件或定时器来启动。

◇ 软件可选择的片上基准电压发生器(1.2 V、1.45 V、2.5 V)与可用的外部基准电压。

◇ 软件可选择的内部或外部基准电压。

◇ 多达32路可单独配置的外部输入通道,单端或差分输入可选。

◇ 内部温度传感器转换通道和1/2×AVCC,A26~A31可映射为4个内部转换通道(请参阅TI数据手册)。

◇ 正基准电压源通道可独立选择。

◇ 可选择的转换时钟源。

◇ 单通道单次模式、重复单通道模式、序列通道(自动扫描)模式、重复序列通道(重复自动扫描)模式。

◇ 快速解码38路ADC中断的中断向量寄存器。

◇ 32个转换结果存储寄存器。

◇ 两个窗口比较器:

- 高阈值中断;
- 低阈值中断;
- 在高、低阈值之间的中断。

7.1.2 ADC14 的模块框图

ADC14的模块框图如图7-1所示。

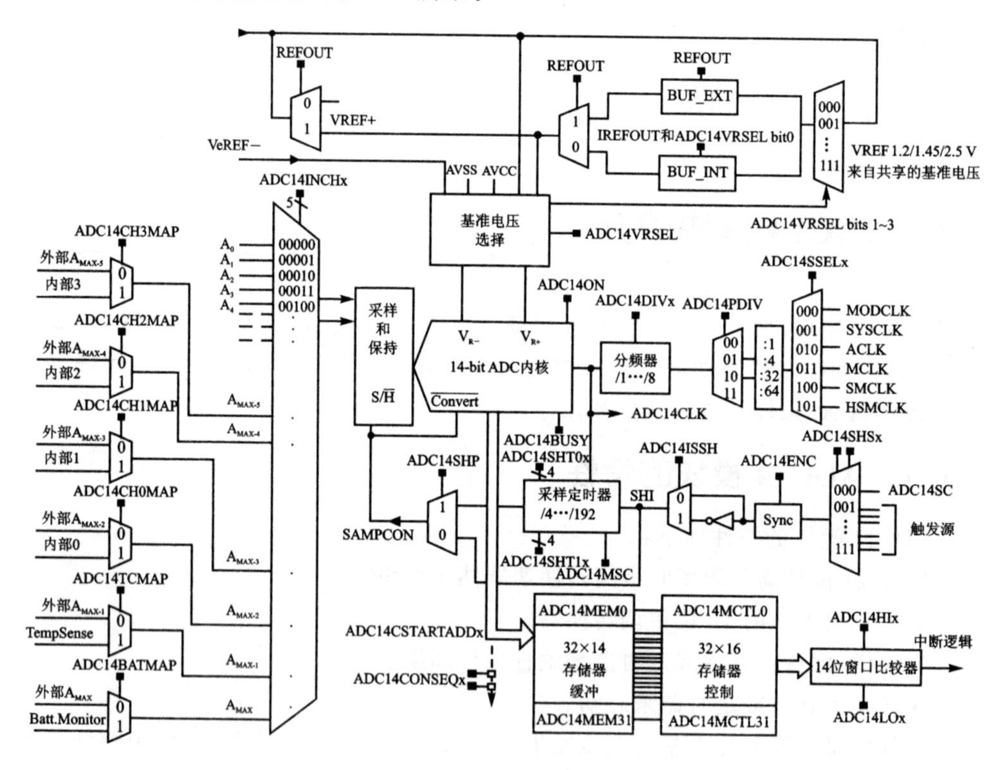

图7-1 ADC14的模块框图

7.2 ADC14的操作

ADC14模块可用软件对其进行配置，本节将简要介绍ADC14的配置和操作。

7.2.1 ADC14内核

ADC14内核将一个模拟输入信号转换为14位的数字信号，该内核采用两个可编程/可选择的电压(V_{R+}和V_{R-})作为转换的上/下限。当输入信号大于等于V_{R+}时，数字输出(N_{ADC})为最大值(3FFFh)，而当输入信号小于等于V_{R-}时，输出为0。转换控制存储器用于定义输入通道和基准电压(V_{R+}和V_{R-})。

单端模式的ADC转换结果N_{ADC}的计算公式为

$$N_{ADC} = 16\,384 \times \frac{V_{in+} - V_{R-}}{V_{R+} - V_{R-}}, \quad 1LSB = \frac{V_{R+} - V_{R-}}{16\,384}$$

差分模式的ADC14转换结果N_{ADC}的计算公式为

$$N_{ADC} = \left(8\,192 \times \frac{V_{in+} - V_{R-}}{V_{R+} - V_{R-}}\right) + 8\,192, \quad 1LSB = \frac{V_{R+} - V_{R-}}{8\,192}$$

描述单端模式在ADC14输出饱和时的输入电压：

$$V_{in+} = V_{R+} - V_{R-} - 1LSB$$

描述差分模式在ADC14输出饱和时的输入电压：

$$V_{in+} - V_{in-} = V_{R+} - V_{R-} - 1LSB$$

ADC14内核可通过两个控制寄存器ADC14CTL0和ADC14CTL1来配置。当ADC14ON=0时核复位；当ADC14ON=1时复位被移除，并且当一个有效的转换被触发时给内核上电。在无A/D转换时可关闭ADC14以节省功耗。也有少数情况例外，只有当ADC14ENC=0时才能修改ADC14控制位，并且在A/D转换时必须先将ADC14ENC位置1。

7.2.2 采样和转换时序

采样输入信号SHI的上升沿将启动A/D转换。SHI信号源可以通过SHSx位选择，包括以下内容：

◇ ADC14SC位；

◇ 多达7个其他触发源包括定时器输出(请参考可用触发源器件的数据手册)。

ADC14的A/D转换分别需要9、11、14和16个ADC14CLK周期用于支持8位、10位、12位及14位分辨率模式。SHI信号源的极性可通过ADC14ISSH位反转而来。SAMPCON信号用于控制采样周期和启动转换，当SAMPCON信号为高时，进行采样；当SAMPCON信号由高→低时，将启动A/D转换。ADC14SHP控制位定义了两种不同的采样时序方式：

◇ 扩展采样时序；

◇ 脉冲采样时序。

(1) 扩展采样模式

当ADC14SHP=0时，选择扩展采样模式。SHI信号直接控制SAMPCON，并定义采样周期t_{sample}的长度。如果使用ADC14内部基准缓冲器，则用户应该判断采样触发的有效性，等待ADC14RDYIFG标志被置位(表明ADC14本地缓冲基准已准备好)，然后保持所需的采样周期的采样触发一直有效。当SAMPCON信号为高时，开始采样。与ADC14CLK同步后，在SAMPCON信号由高→低的下降沿将启动A/D转换，如图7-2所示。

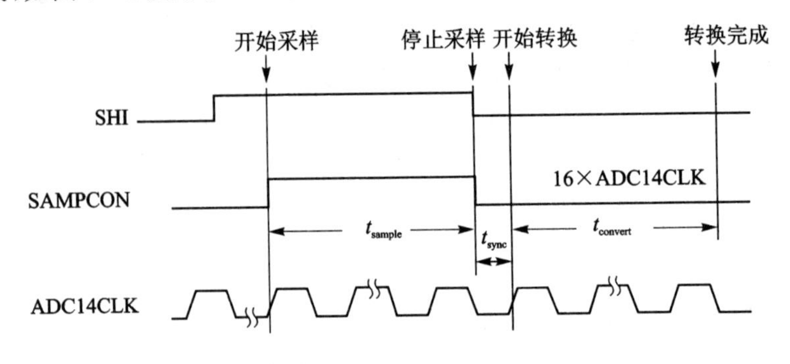

图7-2 扩展采样模式时序

(2) 脉冲采样模式

在ADC14SHP=1时，选择脉冲采样模式。SHI信号用于触发采样定时器。ADC14CTL0寄存器中的ADC14SHT0x和ADC14SHT1x位用于控制采样定时器的间隔，该间隔用来定义SAMPCON的采样周期t_{sample}。在与ADC14CLK同步后，采样定时器将保持SAMPCON在一个编程间隔(t_{sample})内为高电平，同时等待基准和内部基准缓冲器准备好(如果使用内部基准)。总的采样时间=t_{sample}+ADC14RDYIFG变高电平所花的时间(如果使用ADC14内部基准缓冲器)+t_{sync}(t_{sync}为同步到ADC14CLK的时间)，如图7-3所示。

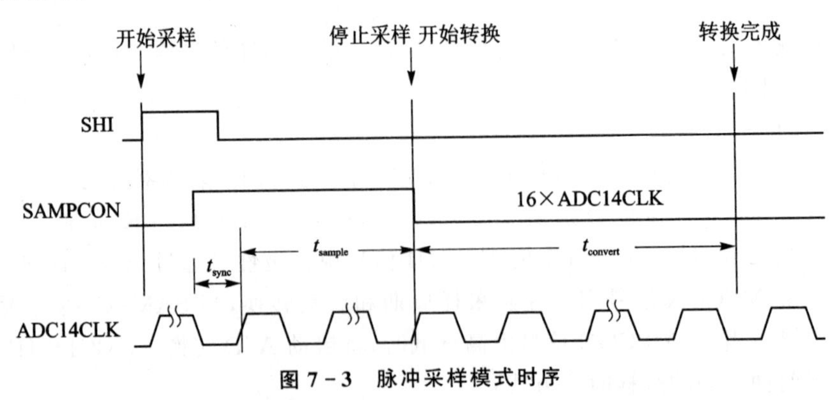

图7-3 脉冲采样模式时序

ADC14SHTx位选择ADC14CLK的4倍作为采样时间。采样定时器的可编程范围为4～192个ADC14CLK周期。ADC14SHT0x位选择ADC14MCTL8～ADC14MCTL23的采样时间，ADC14SHT1x选择ADC14MCTL0～ADC14MCTL7以及ADC14MCTL24～ADC14MCTL31的采样时间。

7.2.3 ADC14的转换模式

通过CONSEQx位可选择ADC14的4种操作模式，如表7-1所列。

表7-1 ADC14的操作模式

CONSEQx	模 式	操 作
00	单通道单次	一个单通道转换一次
01	序列通道(自动扫描)	一个序列通道转换一次
10	重复单通道	一个单通道重复转换
11	重复序列通道(重复自动扫描)	一个序列通道重复转换

(1) 单通道单次模式

该模式用于一个单通道进行一次采样和转换。ADC的转换结果将写入由CSTARTADDx位定义的ADC14MEMx寄存器中。在ADC14SC触发一次转换时，可通过ADC14SC位连续触发转换。当使用其他触发源时，ADC14ENC必须在每次转换间翻转。ADC14ENC低脉冲持续时间至少为3个ADC14CLK时钟周期。对于ADC14RES=03h的14位模式，单通道单次模式的流程如图7-4所示。

(2) 序列通道模式(自动扫描模式)

该模式用于通道序列进行一次采样和转换。ADC的转换结果将写入由CSTARTADDx位定义的以ADC14MEMx开始的转换存储寄存器中。在ADC14EOS位置位的通道测量后，序列通道将停止。当ADC14SC启动一个序列通道转换时，另外的序列通道转换也可以通过ADC14SC位来启动。ADC14ENC低脉冲持续时间至少为3个ADC14CLK时钟周期。对于ADC14RES=03h的14位模式，序列通道模式的流程如图7-5所示。

(3) 重复单通道模式

该模式用于一个单通道连续进行采样和转换。ADC的转换结果将写入由CSTARTADDx位定义的ADC14MEMx寄存器中。由于只使用一个ADC14MEMx，下次转换将覆盖上次转换的结果，因此在每次转换完成后必须读出结果。ADC14ENC低脉冲持续时间至少为3个ADC14CLK时钟周期。对于ADC14RES=03h的14位模式，重复单通道模式的流程如图7-6所示。

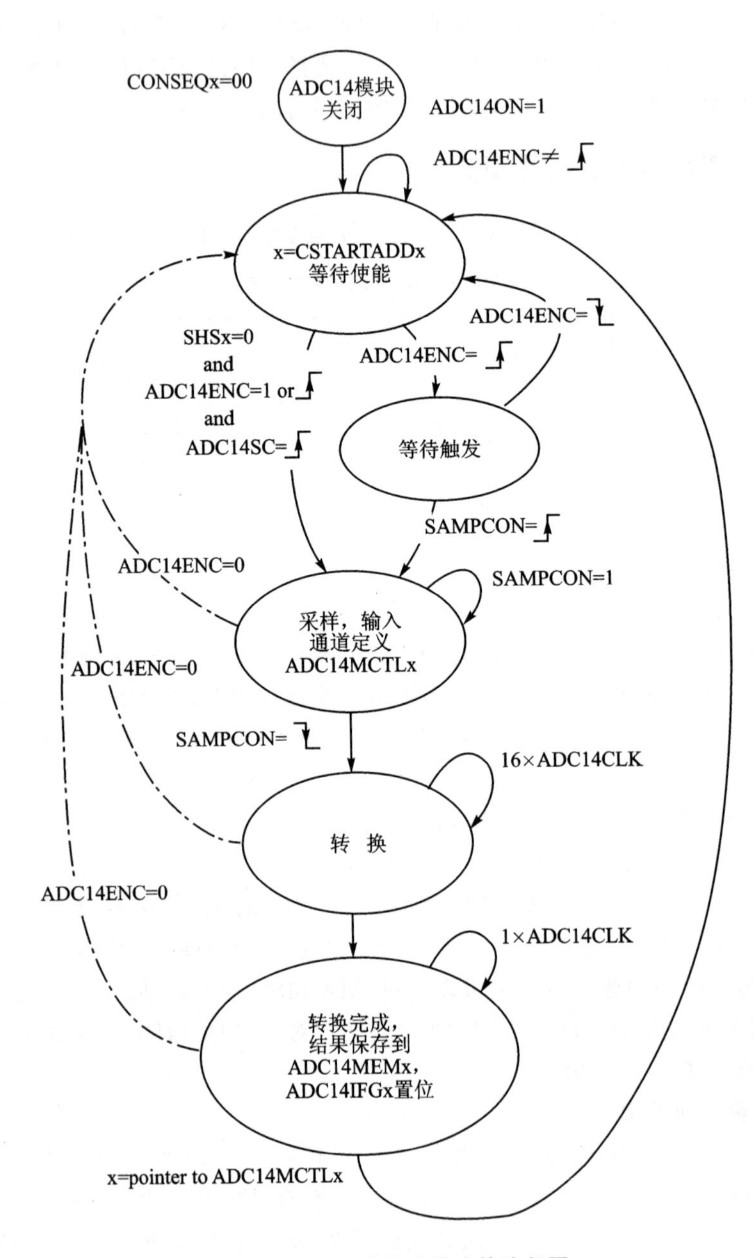

图7-4 单通道单次模式的流程图

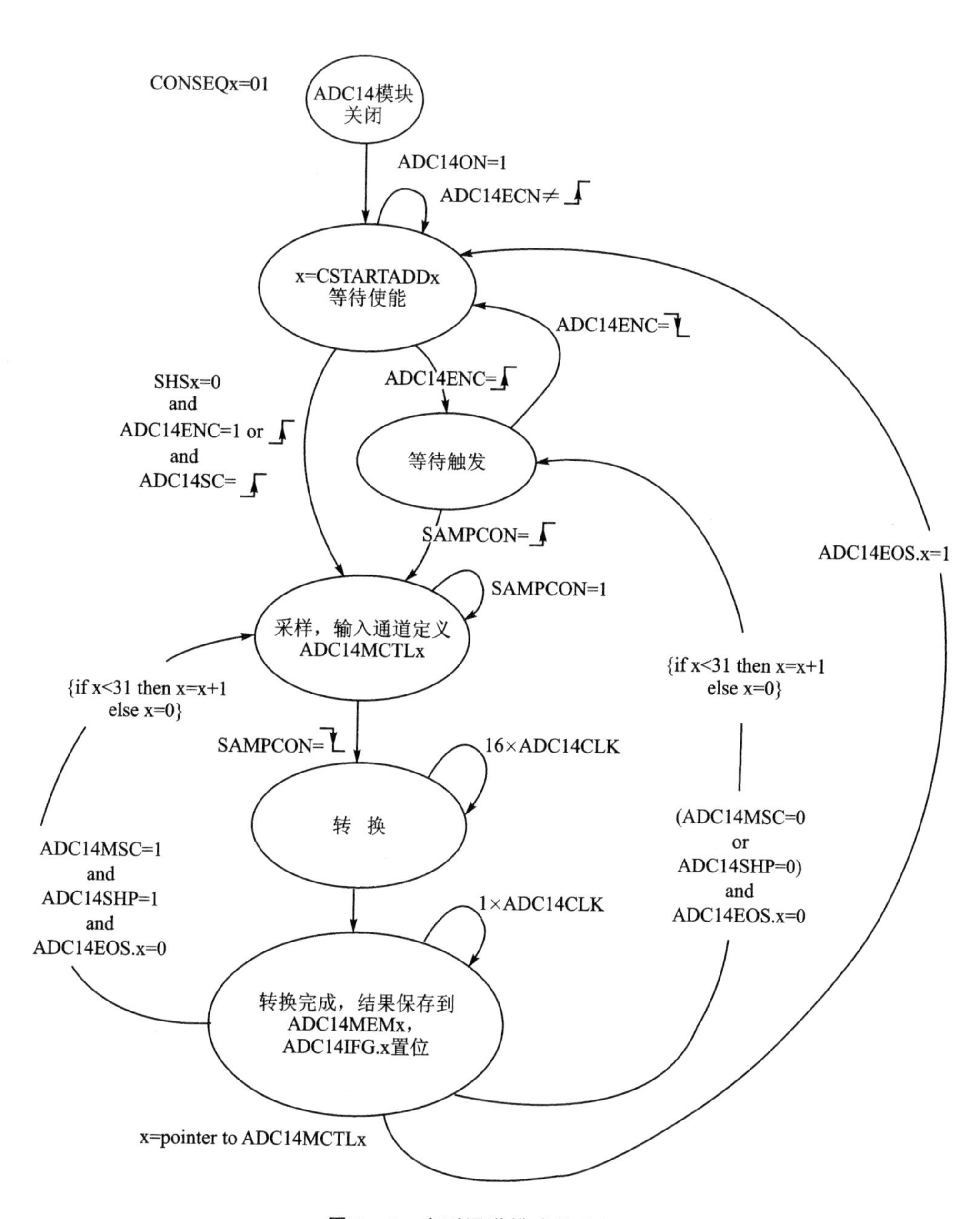

图7-5　序列通道模式的流程图

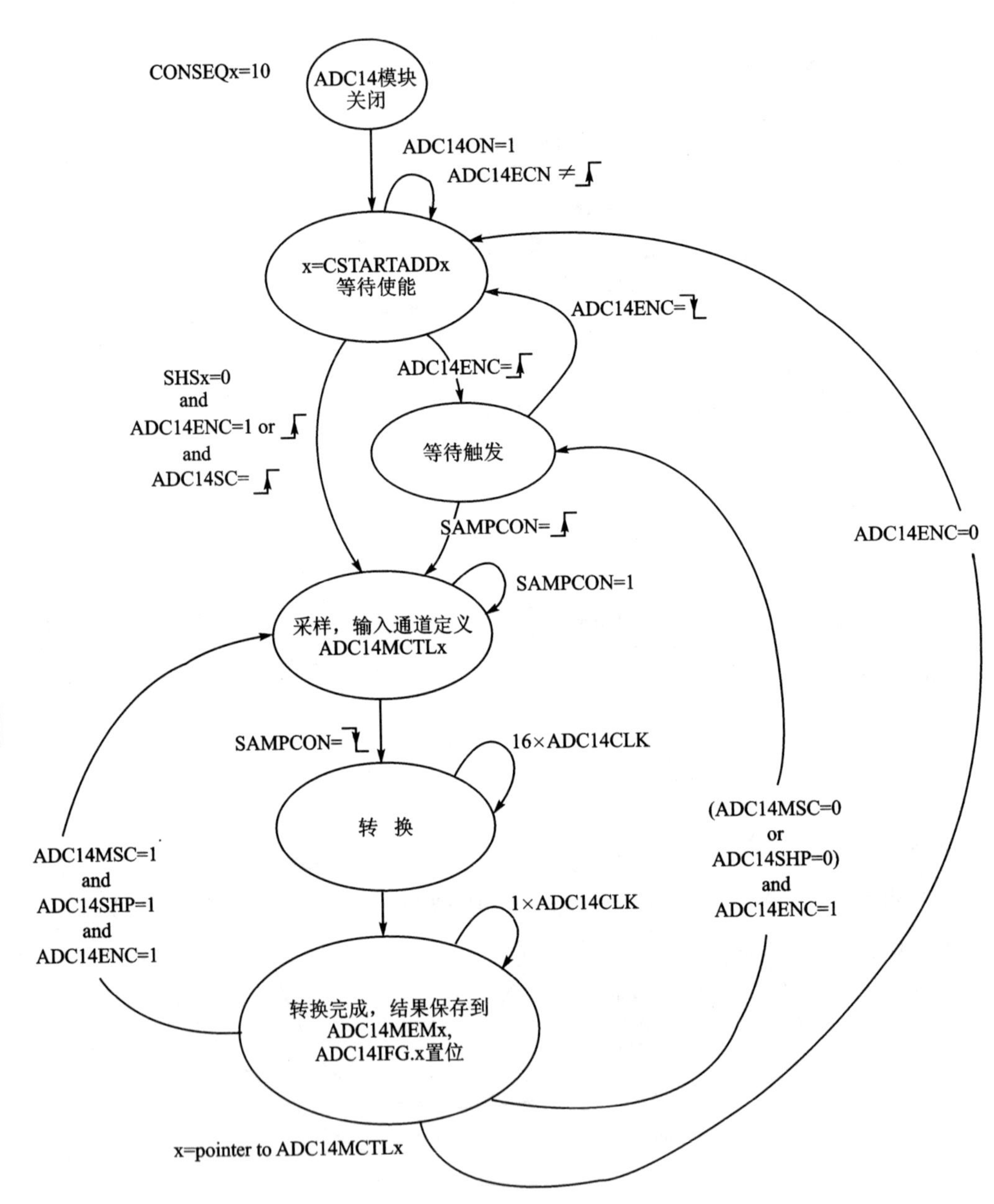

图7-6 重复单通道模式的流程图

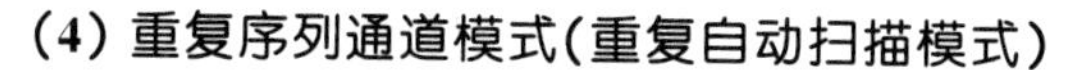

该模式用于序列通道进行重复采样和转换。ADC 的转换结果将写入由 CSTARTADDx 位定义的以 ADC14MEMx 开始的转换存储寄存器。在 ADC14EOS 位置位的通道测量后序列将结束，下一个触发信号将重新启动序列。ADC14ENC 低脉冲持续时间至少为 3 个 ADC14CLK 时钟周期。对于 ADC14RES＝03h 的 14 位模式，重复序列通道模式的流程如图 7－7 所示。

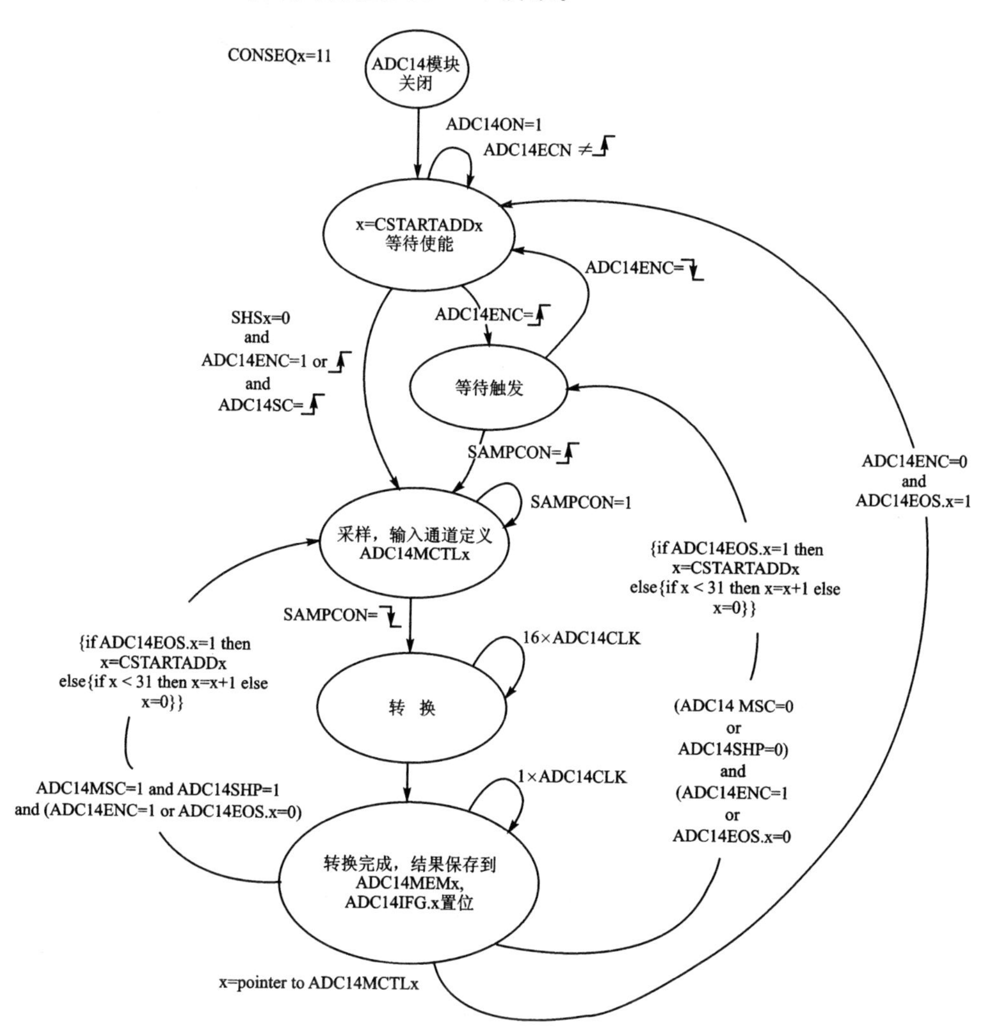

图 7－7　重复序列通道模式的流程图

7.2.4　窗口比较器

窗口比较器用于监控模拟信号而无须与 CPU 交互。其主要特点如下：

◇ 可配置的输入阈值电平。

◇ 转换结果自动和阈值电平进行比较。

◇ 高阈值、低阈值和[低阈值,高阈值]指示转换结果位于哪个区域。

◇ 窗口比较器的中断如下(见图7-8):

- 如果当前ADC14的转换结果小于在ADC14LO寄存器中定义的低阈值时，ADC14LO的中断标志位(ADC14LOIFG)将置位；
- 如果当前ADC14的转换结果大于在ADC14HI寄存器中定义的高阈值时，ADC14HI的中断标志位(ADC14HIIGH)将置位；
- 如果当前ADC14的转换结果大于或等于在ADC14LO寄存器中定义的低阈值并且小于或等于在ADC14HI寄存器中定义的高阈值时，ADC14IN的中断标志位(ADC14INIFG)将置位。

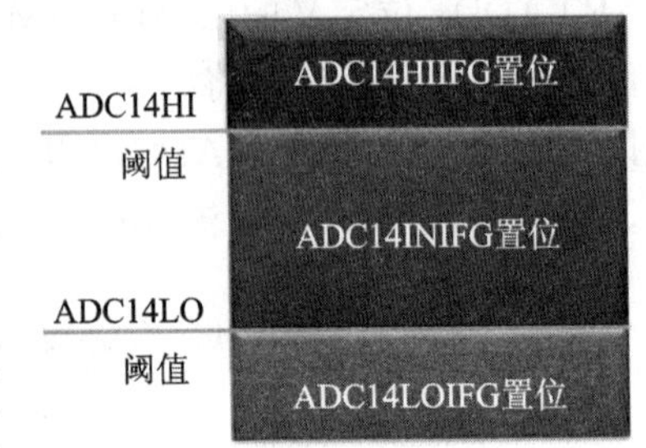

图7-8 窗口比较器示意图

◇ 所有通道共享相同的阈值。

◇ 利于在低功耗下工作,因为器件一直处于睡眠模式,直到转换结果落入窗口才被唤醒。

7.2.5 ADC14中断

ADC14包括38个中断源,具体如下:

◇ ADC14IFG0 ~ ADC14IFG31;

◇ ADC14OV:ADC14MEMx溢出;

◇ ADC14TOV:ADC14转换时间溢出;

◇ 针对ADC14MEMx的ADC14LOIFG位、ADC14INIFG位、ADC14HIIFG位;

◇ ADC14RDYIFG:ADC14本地缓冲基准准备好中断标志。

所有的ADC14中断源按照优先次序组合成一个中断向量。中断向量寄存器ADC14IV用于确定哪个使能的ADC14中断源发出了中断请求。

具有最高优先级的ADC14中断在ADC14IV寄存器里产生一个序号,该序号用于评估或加载到程序计数器(PC)上,使程序自动进入相应的软件程序。禁用ADC14中断不影响ADC14IV的值。

对ADC14IV寄存器进行读访问将自动复位最高挂起的中断条件以及除了ADC14IFGx标志外的标志。通过访问相关联的ADC14MEMx寄存器,可以自动复位ADC14IFGx,或通过软件使其复位。对ADC14IV寄存器进行写访问将清除所有挂起中断条件和标志。

在响应中断服务程序后,如果一个中断请求被挂起,那么将会产生另外一个中断。例如,在中断服务程序访问ADC14IV寄存器时,如果ADC14OV和

ADC14IFG3 中断都被挂起，那么 ADC14OV 的中断条件将自动复位，在 ADC14OV 中断服务完成后，ADC14IFG3 将产生另外一个中断。

7.3　ADC14 寄存器

ADC14 所用到的寄存器如表 7－2 所列。

表 7－2　ADC14 寄存器

偏移量	寄存器缩写	名　称	类　型	复　位
000h	ADC14CTL0	控制寄存器 0	R/W	00000000h
004h	ADC14CTL1	控制寄存器 1	R/W	00000030h
008h	ADC14LO0	窗口比较器低阈值寄存器 0	R/W	00000000h
00Ch	ADC14HI0	窗口比较器高阈值寄存器 0	R/W	00003FFFh
010h	ADC14LO1	窗口比较器低阈值寄存器 1	R/W	00000000h
014h	ADC14HI1	窗口比较器高阈值寄存器 1	R/W	00003FFFh
018h～094h	ADC14MCTL0～ADC14MCTL31	存储器控制寄存器 0～存储器控制寄存器 31	R/W	00000000h
098h～114h	ADC14MEM0～ADC14MEM31	存储器 0～存储器 31	R/W	未定义
13Ch	ADC14IER0	中断使能寄存器 0	R/W	00000000h
140h	ADC14IER1	中断使能寄存器 1	R/W	00000000h
144h	ADC14IFGR0	中断标志寄存器 0	R	00000000h
148h	ADC14IFGR1	中断标志寄存器 1	R	00000000h
14Ch	ADC14CLRIFGR0	清除中断标志寄存器 0	W	00000000h
150h	ADC14CLRIFGR1	清除中断标志寄存器 1	W	00000000h
154h	ADC14IV	中断向量寄存器	R	00000000h

7.4　ADC14 模块的固件库函数

ADC14 模块的固件库提供了一组用于操作 A/D 转换的函数，旨在允许用户简化 ADC 操作，以及同步多通道的 A/D 转换。其固件库函数如表 7－3 所列。

表7-3　ADC14模块的固件库函数

编　号	函　数
1	void ADC14_clearInterruptFlag(uint_fast64_t mask)
2	bool ADC14_configureConversionMemory(uint32_t memorySelect, uint32_t refSelect, uint32_t channelSelect, bool differntialMode)
3	bool ADC14_configureMultiSequenceMode(uint32_t memoryStart, uint32_t memoryEnd, bool repeatMode)
4	bool ADC14_configureSingleSampleMode(uint32_t memoryDestination, bool repeatMode)
5	bool ADC14_disableComparatorWindow(uint32_t memorySelect)
6	void ADC14_disableConversion(void)
7	void ADC14_disableInterrupt(uint_fast64_t mask)
8	bool ADC14_disableModule(void)
9	bool ADC14_disableReferenceBurst(void)
10	bool ADC14_disableSampleTimer(void)
11	bool ADC14_enableComparatorWindow(uint32_t memorySelect, uint32_t windowSelect)
12	bool ADC14_enableConversion(void)
13	void ADC14_enableInterrupt(uint_fast64_t mask)
14	void ADC14_enableModule(void)
15	bool ADC14_enableReferenceBurst(void)
16	bool ADC14_enableSampleTimer(uint32_t multiSampleConvert)
17	uint_fast64_t ADC14_getEnabledInterruptStatus(void)
18	uint_fast64_t ADC14_getInterruptStatus(void)
19	void ADC14_getMultiSequenceResult(uint16_t * res)
20	uint_fast32_t ADC14_getResolution(void)
21	uint_fast16_t ADC14_getResult(uint32_t memorySelect)
22	void ADC14_getResultArray(uint32_t memoryStart, uint32_t memoryEnd, uint16_t * res)

续表 7－3

编　号	函　数
23	bool ADC14_initModule(uint32_t clockSource, uint32_t clockPredivider, uint32_t clockDivider, uint32_t internalChannelMask)
24	bool ADC14_isBusy(void)
25	Void ADC14_registerInterrupt(void(_intHandler)(void))
26	bool ADC14_setComparatorWindowValue(uint32_t window, int16_t low, int16_t high)
27	bool ADC14_setPowerMode(uint32_t powerMode)
28	void ADC14_setResolution(uint32_t resolution)
29	bool ADC14_setResultFormat(uint32_t resultFormat)
30	bool ADC14_setSampleHoldTime(uint32_t firstPulseWidth, uint32_t secondPulseWidth)
31	bool ADC14_setSampleHoldTrigger(uint32_t source, bool invertSignal)
32	bool ADC14_toggleConversionTrigger(void)
33	void ADC14_unregisterInterrupt(void)

7.5 例　程

本节将以 3 个 TI 例程为蓝本来介绍 ADC14 模块固件库的使用及测试方法。

1. 单通道单次转换例程

(1) 硬件测试

用杜邦线搭建的测试硬件图如图 7－9 和图 7－10 所示。

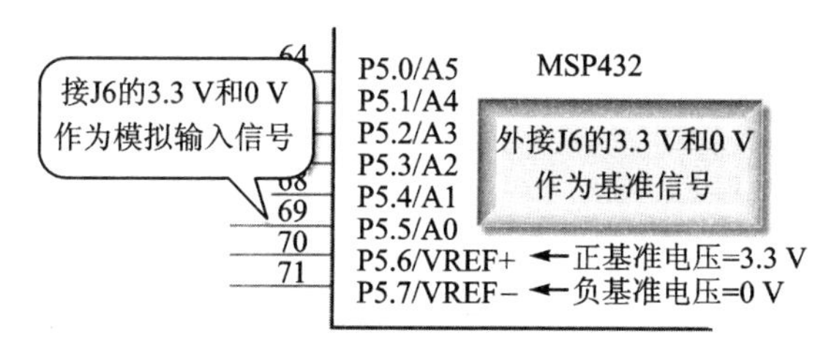

图 7－9　硬件测试的原理图

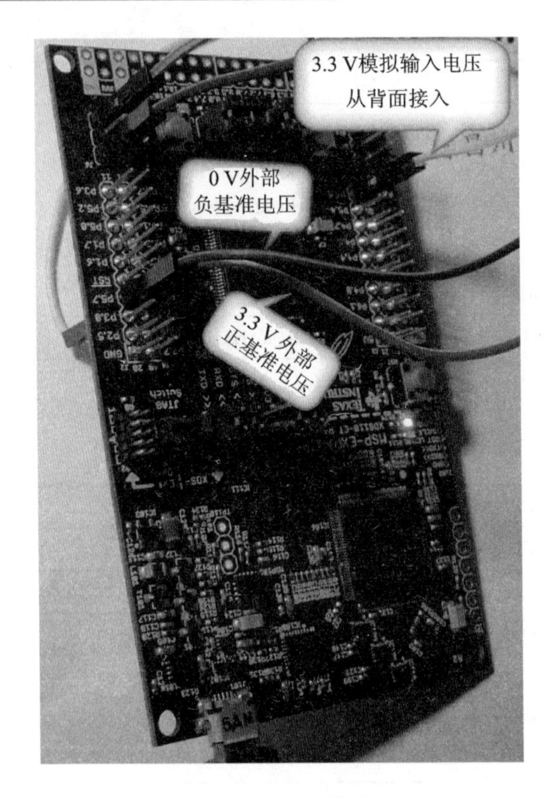

图7-10　实际硬件连线图

注释:也可以用杜邦线在板中其他3.3 V电压点接入。

(2) adc14_single_channel_external_reference.c 程序介绍

```
/*****************************************************************
* 文件名:adc14_single_channel_external_reference.c *
* 来源:根据TI例程改编
* 功能描述:该例程介绍了以外部电压作为基准的单通道单次模式。模拟信号A0从P5.5
* 端口输入,为了便于操作,这里以MSP-EXP432P401R LaunchPad开发板上J6的0 V和3.3 V
* 作为模拟输入。外部基准电压同样选取J6的0 V和3.3 V,即VREF+(P5.6)=3.3 V
* VREF-(P5.7)=0 V。ADC14的转换结果通过计算后保存在全局变量adcResult中
*****************************************************************/
/* DriverLib Includes */
#include "driverlib.h"

/* Standard Includes */
#include <stdint.h>

#include <string.h>
```

```
volatile float adcResult;

int main(void)
{
    /* 关闭看门狗定时器 */
    WDT_A_holdTimer();
    Interrupt_enableSleepOnIsrExit();

    /* 初始化 ADC(MCLK/1/1) */
    ADC14_enableModule();
ADC14_initModule(ADC_CLOCKSOURCE_MCLK,
                 ADC_PREDIVIDER_1,
                 ADC_DIVIDER_1,
                 0);

    /* 配置 ADC 存储器:外部基准,A0 作为单端输入,单次模式 */
    ADC14_configureSingleSampleMode(ADC_MEM0, true);
    ADC14_configureConversionMemory(ADC_MEM0,
                                    ADC_VREFPOS_EXTPOS_VREFNEG_EXTNEG,
                                    ADC_INPUT_A0,
                                    false);

    /* 将 GPIO 引脚设置为模拟输入端口和基准电压输入端口 */
    GPIO_setAsPeripheralModuleFunctionInputPin(GPIO_PORT_P5,
        GPIO_PIN7|GPIO_PIN6 | GPIO_PIN5 , GPIO_TERTIARY_MODULE_FUNCTION);

    /* 使能自动循环模式的采样定时器及中断 */
    ADC14_enableSampleTimer(ADC_AUTOMATIC_ITERATION);
    ADC14_enableInterrupt(ADC_INT0);

    /* 使能中断 */
    Interrupt_enableInterrupt(INT_ADC14);
    Interrupt_enableMaster();

    /* 触发开始采样 */
    ADC14_enableConversion();
    ADC14_toggleConversionTrigger();

    /* 进入睡眠状态 */
    while(1)
    {
        PCM_gotoLPM0();
```

```
        }
    }

    /* 在转换已经完成并放入 ADC_MEM0 时将产生一个中断 */
    void adc_isr(void)
    {
        uint64_t status;

        status = ADC14_getEnabledInterruptStatus();
        ADC14_clearInterruptFlag(status);

        if(status & ADC_INT0)
        {
            /* 将数字量转换成电压值,这里 2^14 = 16 384 */
            adcResult = (float)(3.3 * ADC14_getResult(ADC_MEM0)/16384);     }

    }
```

(3) 测试与调试

1) 将J6的3.3 V作为模拟输入信号进行A/D转换测试

① 设置一个断点,如图7-11所示。


```
117
118     if(status & ADC_INT0)
119     {
120         adcResult =(float)(3.3* ADC14_getResult(ADC_MEM0)/16384);
```
设置断点

图7-11 设置一个断点

② 将ADC转换的换算结果(adcResult)添加到表达式窗口,如图7-12所示。

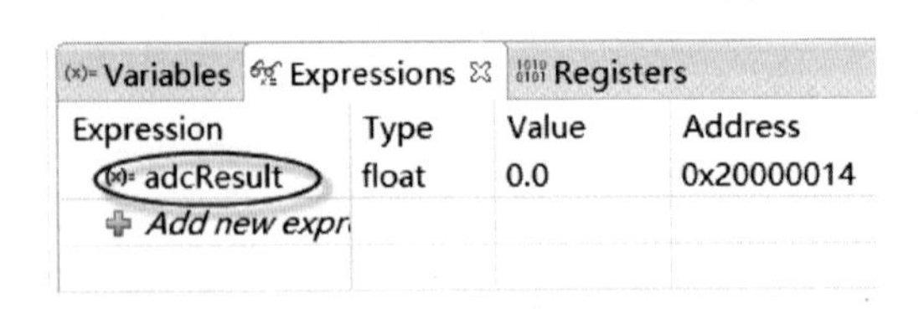

图7-12 添加adcResult变量到表达式窗口

③ 单击工具栏上的图标使程序运行到断点处,此时观察ADC_MEM0存储器中保存的值,如图7-13所示。从图7-13中可以看到,ADC_MEM0存储器中保存的转换结果的数字量和3.3 V应该达到的数字量(16 384)是存在差异的。

④ 单步执行程序,当执行完电压换算语句"adcResult =(float)(3.3 * ADC14_getResult(ADC_MEM0)/16384);"时,可在表达式窗口中看到最后的ADC转换结

果，如图 7-14 所示。

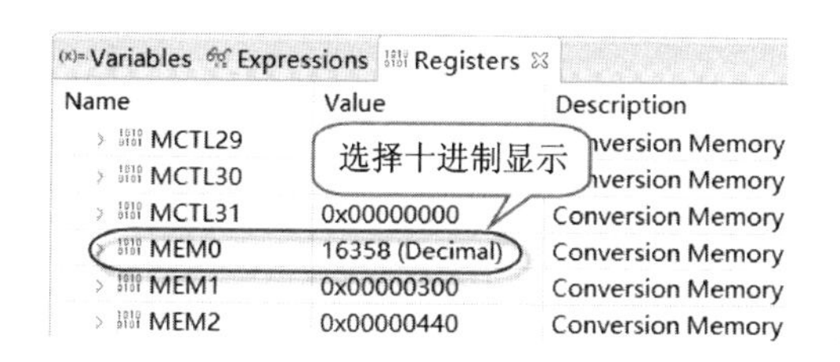

图 7-13 ADC_MEM0 存储器中的值

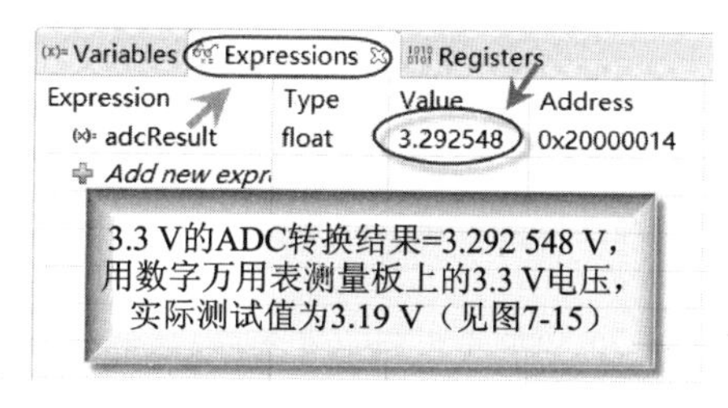

图 7-14 换算后的 ADC 转换结果

说明：从测试结果来看，MSP432 自带的 ADC14 的转换结果存在一定的误差，若需精确的 A/D 转换结果，还需对其进行校正。

2) 将 J6 的 0 V 作为模拟输入信号进行 A/D 转换测试

这部分测试过程和 3.3 V 的基本相同，请读者自行完成。

图 7-15 实测板上 3.3 V 电压为 3.19 V

2. 两通道 A/D 转换例程

(1) 硬件测试

用杜邦线按图 7-16 所示连接测试硬件图。

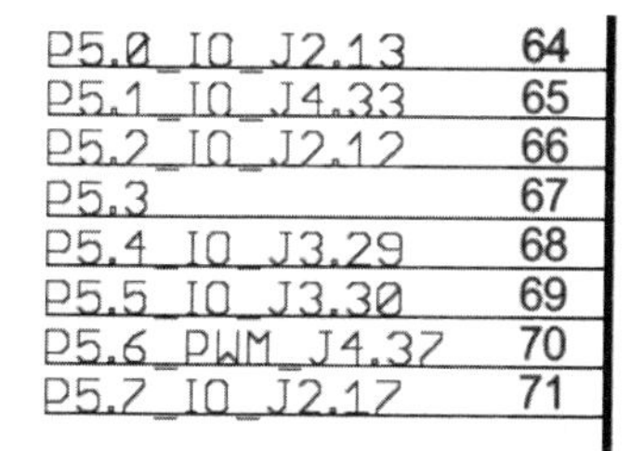

图 7-16 两通道 A/D 转换例程的硬件测试连接图

(2) adc14_multiple_channel_no_repeat.c 介绍

```
/*************************************************************************
* 文件名:adc14_multiple_channel_no_repeat.c
* 来源:根据 TI 例程改编
* 功能描述:本例程将介绍基于固件库函数的两通道 ADC 转换
* ADC_MEM0 和 ADC_MEM1 配置为读取 A0～A1 的转换结果。一旦 A1 采
* 样完成,将触发 ADC_MEM1 中断,并将转换结果保存到 resultsBuffer 缓冲区中
```

```
*****************************************************************************/
/* DriverLib Includes */
#include "driverlib.h"

/* Standard Includes */
#include <stdint.h>

#include <string.h>

static uint16_t resultsBuffer[2];

int main(void)
{
    /* 关闭看门狗定时器 */
    MAP_WDT_A_holdTimer();
    MAP_Interrupt_enableSleepOnIsrExit();

    /* 用 0 填充缓冲区 */
    memset(resultsBuffer, 0x00, 2);

    /* 设置基准电压为 2.5 V 并使能基准电压 */
    MAP_REF_A_setReferenceVoltage(REF_A_VREF2_5V);
    MAP_REF_A_enableReferenceVoltage();

    /* 初始化 ADC(MCLK/1/1) */
    MAP_ADC14_enableModule();
    MAP_ADC14_initModule(ADC_CLOCKSOURCE_MCLK,
                         ADC_PREDIVIDER_1,
                         ADC_DIVIDER_1,
                         0);

    /* 将 GPIO 配置为模拟输入 */
    MAP_GPIO_setAsPeripheralModuleFunctionInputPin(GPIO_PORT_P5,
                                                   GPIO_PIN5 | GPIO_PIN4,
                                                   GPIO_TERTIARY_MODULE_FUNCTION);

    /* 配置 ADC 存储器:ADC_MEM0、ADC_MEM1(A0,A1),不重复采样,内部 2.5 V 基准 */
    MAP_ADC14_configureMultiSequenceMode(ADC_MEM0, ADC_MEM3, false);
    MAP_ADC14_configureConversionMemory(ADC_MEM0,
                                        ADC_VREFPOS_INTBUF_VREFNEG_VSS,
                                        ADC_INPUT_A0,
                                        false);
    MAP_ADC14_configureConversionMemory(ADC_MEM1,
                                        ADC_VREFPOS_INTBUF_VREFNEG_VSS,
                                        ADC_INPUT_A1,
```

```
                    false);

    /* 在通道1(序列结束)转换完成时使能中断并启动转换 */
    MAP_ADC14_enableInterrupt(ADC_INT3);

    /* 使能中断 */
    MAP_Interrupt_enableInterrupt(INT_ADC14);
    MAP_Interrupt_enableMaster();

    /* 设置采样定时器自动完成序列转换 */
    MAP_ADC14_enableSampleTimer(ADC_AUTOMATIC_ITERATION);

    /* 触发开始采样 */
    MAP_ADC14_enableConversion();
    MAP_ADC14_toggleConversionTrigger();

    /* 进入睡眠状态 */
    while(1)
    {
        MAP_PCM_gotoLPM0();
    }
}

/* 在转换完成并保存到ADC_MEM1时将产生中断,并将结果保存到resultsBuffer中 */
void adc_isr(void)
{
    uint64_t status;

    status = MAP_ADC14_getEnabledInterruptStatus();
    MAP_ADC14_clearInterruptFlag(status);

    if(status & ADC_INT1)
    {
        MAP_ADC14_getMultiSequenceResult(resultsBuffer);
    }

}
```

(3) 测试与调试

① 在图7-17所示的位置放置一个断点来观察ADC转换的结果。

② 测试方法及过程请参考“单通道单次转换例程”。

③ 测试结果如图7-18所示。

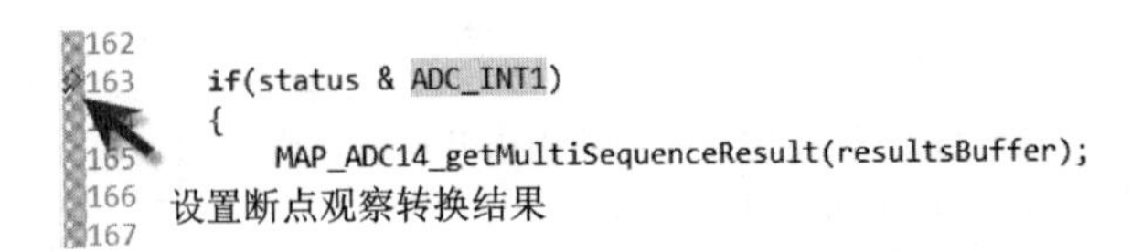

图7-17 设置观察转换结果的断点

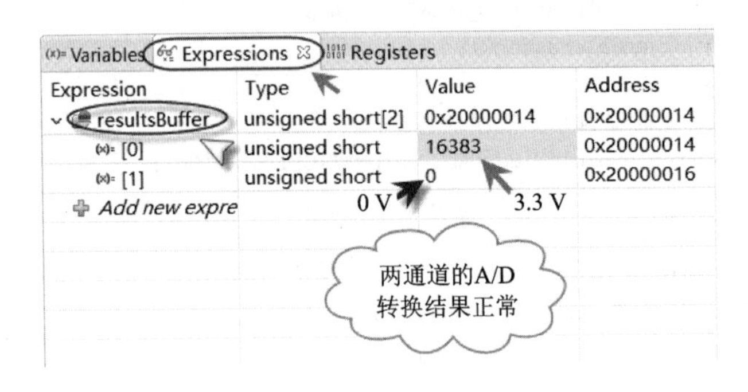

图7-18 两通道的A/D转换结果

3. 单通道窗口比较器中断例程

(1) 硬件测试

单通道窗口比较器中断例程的硬件测试连接图如图7-19所示。

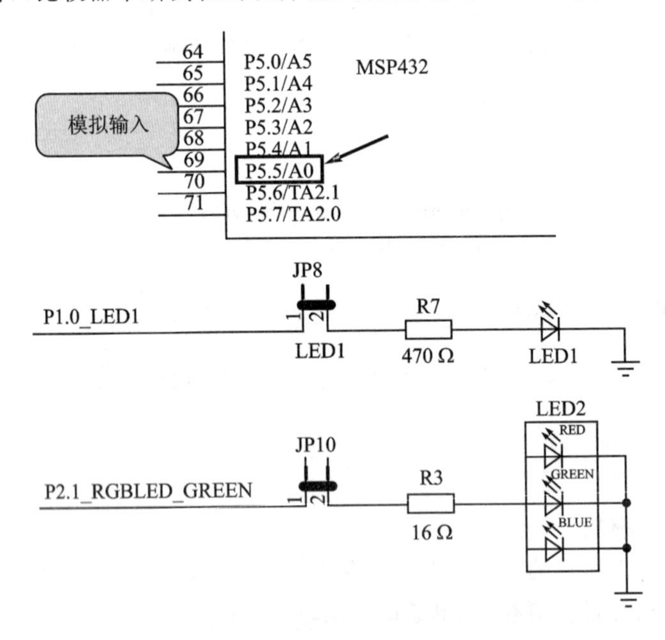

图7-19 单通道窗口比较器中断例程的硬件测试连接图

(2) adc14_single_comp_window_interrupt.c 程序介绍

```
/***************************************************************
* 文件名:adc14_single_comp_window_interrupt.c
* 来源:根据 TI 例程改编
* 功能描述: 在本例程中,ADC14 模块用于采样从 A0 端口输入的模拟信号,如果该值高于或低于
* 1.0 V 则产生一个中断,并且用点亮哪只 LED 灯(红、绿、蓝)来指示进入了哪个中断
* 程序使用 2.5 V 的内部基准电压与窗口比较器
***************************************************************/
/* DriverLib Includes */
#include "driverlib.h"

/* Standard Includes */
#include <stdint.h>

#include <stdbool.h>

int main(void)
{
    /* 关闭看门狗定时器 */
    MAP_WDT_A_holdTimer();
    MAP_Interrupt_enableSleepOnIsrExit();

    /* 设置 DCO 为 48 MHz */
    MAP_PCM_setPowerState(PCM_AM_LDO_VCORE1);
    MAP_CS_setDCOCenteredFrequency(CS_DCO_FREQUENCY_48);

    /* 设置基准电压为 2.5V 并使能基准电压 */
    MAP_REF_A_setReferenceVoltage(REF_A_VREF2_5V);
    MAP_REF_A_enableReferenceVoltage();

    /* 初始化 ADC(MCLK/1/4) */
    MAP_ADC14_enableModule();
    MAP_ADC14_initModule(ADC_CLOCKSOURCE_MCLK,
                         ADC_PREDIVIDER_1,
                         ADC_DIVIDER_4,
                         0);

    /* 使 P1.0 和 P2.1 的初值为 0 */
    MAP_GPIO_setOutputLowOnPin(GPIO_PORT_P1, GPIO_PIN0);
    MAP_GPIO_setOutputLowOnPin(GPIO_PORT_P2, GPIO_PIN1);

    /* 配置 GPIO 端口(P1.0、P2.1 作为输出),(P5.5 作为模拟输入 A0) */
    MAP_GPIO_setAsOutputPin(GPIO_PORT_P1, GPIO_PIN0);
    MAP_GPIO_setAsOutputPin(GPIO_PORT_P2, GPIO_PIN1);
    MAP_GPIO_setAsPeripheralModuleFunctionInputPin(GPIO_PORT_P5, GPIO_PIN5,
                                                   GPIO_TERTIARY_MODULE_FUNCTION);
```

```
    /* 配置 ADC 存储器 */
    MAP_ADC14_configureSingleSampleMode(ADC_MEM0, true);
    MAP_ADC14_configureConversionMemory(ADC_MEM0,
            ADC_VREFPOS_INTBUF_VREFNEG_VSS,
            ADC_INPUT_A0, false);
    MAP_ADC14_setSampleHoldTime(ADC_PULSE_WIDTH_128, ADC_PULSE_WIDTH_128);

    /* 设置电压高于或低于 1.0 V 时触发窗口比较器
     * 即 1.0 V 的数字量约为 4965(1/3.3×16384 = 4964.848)
     */
    MAP_ADC14_setComparatorWindowValue(ADC_COMP_WINDOW0, 4965, 4965);
    MAP_ADC14_enableComparatorWindow(ADC_MEM0, ADC_COMP_WINDOW0);
    MAP_ADC14_enableInterrupt(ADC_HI_INT | ADC_LO_INT);
    MAP_ADC14_clearInterruptFlag(ADC_HI_INT | ADC_LO_INT);

    /* 配置带自动重复的采样定时器 */
    MAP_ADC14_enableSampleTimer(ADC_AUTOMATIC_ITERATION);

    /* 使能/切换转换 */
    MAP_ADC14_enableConversion();
    MAP_ADC14_toggleConversionTrigger();

    /* 使能中断 */
    MAP_Interrupt_enableInterrupt(INT_ADC14);
    MAP_Interrupt_enableMaster();

    /* 停留在活动模式,用户可以通过调试看到置于上述寄存器中的值 */
    while(1)
    {
        MAP_PCM_gotoLPM0();
    }
}

/* ADC 窗口比较器的中断处理程序。当采样值小于模拟输入 A0 或采样值大于模拟输入
 * A0 在第一窗口比较器中的设定值 1.0 V 时 ,都将触发该中断,并分别点亮 LED2 的绿灯和
 * LED2 的红灯
 */
void adc_isr(void)
{
    uint64_t status;

    status = MAP_ADC14_getEnabledInterruptStatus();
    MAP_ADC14_clearInterruptFlag(ADC_HI_INT | ADC_LO_INT);

    if(status & ADC_LO_INT)
    {
        /* 点亮 LED2 的绿灯 */
```

```
        MAP_GPIO_setOutputHighOnPin(GPIO_PORT_P2, GPIO_PIN1);

        MAP_ADC14_enableInterrupt(ADC_HI_INT);
        MAP_ADC14_disableInterrupt(ADC_LO_INT);
    }

    if(status & ADC_HI_INT)
    {
        /* 点亮 LED2 的红灯 */
        MAP_GPIO_setOutputHighOnPin(GPIO_PORT_P1, GPIO_PIN0);

        MAP_ADC14_enableInterrupt(ADC_LO_INT);
        MAP_ADC14_disableInterrupt(ADC_HI_INT);
    }

}
```

(3) 测试与调试

① 在图 7－20 所示的位置设置两个断点，以观察到底进入哪个中断的断点。

```
134 void adc_isr(void)
135 {
136     uint64_t status;
137
138     status = MAP_ADC14_getEnabledInterruptStatus();
139     MAP_ADC14_clearInterruptFlag(ADC_HI_INT | ADC_LO_INT);
140
141     if(status & ADC_LO_INT)
142     {
143         MAP_GPIO_setOutputHighOnPin(GPIO_PORT_P2, GPIO_PIN1);
144         MAP_ADC14_enableInterrupt(ADC_HI_INT);
145         MAP_ADC14_disableInterrupt(ADC_LO_INT);
146     }
147
148     if(status & ADC_HI_INT)
149     {
150         MAP_GPIO_setOutputHighOnPin(GPIO_PORT_P1, GPIO_PIN0);
151         MAP_ADC14_enableInterrupt(ADC_LO_INT);
152         MAP_ADC14_disableInterrupt(ADC_HI_INT);
153     }
```


图 7－20　设置观察进入哪个中断的断点

② 用杜邦线把 J6/0 V 和 J3/P5.5(A0)端口相连，观察程序是否进入了 ADC_LO_INT 中断，即是否能点亮 LED2 的绿灯。方法同上，请读者自行完成。

③ 用杜邦线把 J6/3.3 V 和 J3/P5.5(A0)端口相连，观察程序是否进入了 ADC_HI_INT 中断，即是否能点亮 LED2 的红灯。方法同上，请读者自行完成。

第 8 章

比较器 E 及基准 A 模块

模拟比较器是一个比较两个模拟电压大小的外设，并提供一个逻辑输出信号作为比较的结果。比较器 E 模块(COMP_E 模块)可向器件引脚提供输出，以替代板上的模拟比较器；它也可以通过中断或触发向应用发出启动 ADC 转换的信号。基准 A 模块(REF_A 模块)可为整个系统的各种外设提供必要的基准电压。

本章将简要介绍 COMP_E 和 REF_A 模块的特点和为简化其操作的固件库函数，以及这些固件库函数的使用方法。其中：COMP_E 固件库函数包含在 driverlib/comp_e.c 中，driverlib/comp_e.h 包含该固件库函数的所有定义；REF_A 固件库函数包含在 driverlib/ref_a.c 中，driverlib/ref_a.h 包含该固件库函数的所有定义。

本章的主要内容：

◇ COMP_E 模块；

◇ REF_A 模块；

◇ COMP_E 固件库函数；

◇ REF_A 固件库函数；

◇ 例程。

8.1 COMP_E 模块

COMP_E 模块支持精确的斜率模/数转换、电源电压监控和外部模拟信号的监控。

8.1.1 COMP_E 的特性

COMP_E 的特性包括：

◇ 反相和同相终端输入多路选择器；

◇ 用于比较器输出的软件可选择的 RC 滤波器；

◇ 提供给定时器 A 捕获输入的输出；

◇ 软件控制端口的输入缓冲区；

◇ 中断能力；

◇ 可选的基准电压发生器、电压滞后发生器；

◇ 来自共享基准电压的基准电压输入；

◇ 超低功耗比较器模式；

◇ 低功耗运行支持的中断驱动测试系统。

8.1.2　COMP_E 的模块框图

COMP_E 的模块框图如图 8-1 所示。

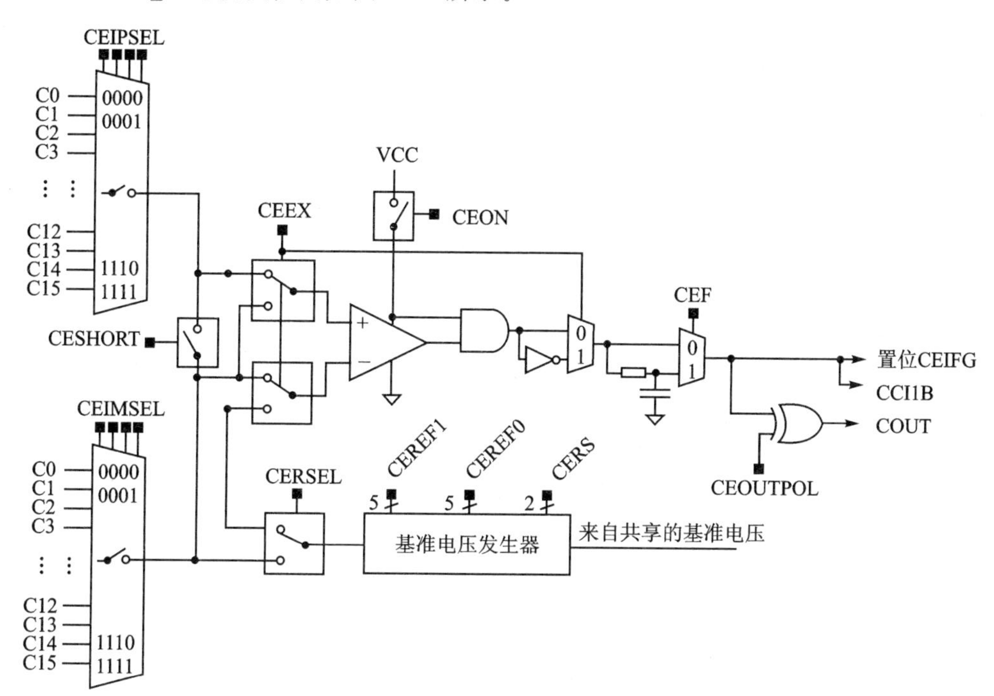

图 8-1　COMP_E 的模块框图

8.1.3　COMP_E 的操作

COMP_E 模块可由用户软件配置，本小节将简要介绍 COMP_E 模块的设置和操作。

(1) 比较器

比较器可对正(+)和负(-)输入端的模拟信号进行比较，如果 $V_+ > V_-$，那么比较器输出为高电平。可用 CEON 位来关闭或打开比较器，在不使用比较器时应将其关闭，以减少电流消耗。当关闭比较器时，输出总是为低电平。比较器的偏置电流是可编程的。

(2) 模拟输入开关

使用 CEIPSELx 和 CEIMSELx 位来选择两个比较器输入端与相应端口的引脚是连接还是断开。比较器的输入端可以单独进行控制。CEIPSELx 和 CEIMSELx

位允许：

◇ 应用外部信号连接到比较器的 V_+ 和 V_- 端口；

◇ 可为内部基准电压到相关输出端口的引脚选择一个路径；

◇ 应用外部电流源(例如，电阻器)连接到比较器的 V_+ 或 V_- 端口；

◇ 内部多路复用器的两个端口向外部的映射。

在内部，输入开关被构造成T型开关来抑制在信号路径的失真。CEEX位用于控制输入多路选择器，以交换比较器 V_+ 和 V_- 端口的输入信号。此外，当交换比较器端口时，比较器的输出信号也将发生反转，这可使用户确定或补偿比较器的输入偏移电压。

(3) 端口逻辑

当作为比较器输入使用时，可通过CEIPSELx或CEIMSELx位来使能与比较通道相关的Px.y引脚，而禁用其数字组件。输入多路选择器每次仅能选择比较器输入引脚中的一个作为比较器输入端。

(4) 输入短路开关

CESHORT位可使比较器输入端短路，这样可以利用比较器构建一个简单采样保持器，如图8-2所示。

需要的采样时间与采样电容(C_s)、串联到短路开关上的输入开关电阻(R_i)和外部源电阻(R_s)的大小成正比。总内部电阻的典型值在TBD kΩ范围内，采样电容 $C_s>100$ pF。采样电容 C_s 充电的时间常数 T_{au} 为

$$T_{au}=R_i+R_s\times C_s$$

根据所需精度不同，采样时间应取3～10个 T_{au}。使用3个 T_{au} 时，采样电容可充电到输入信号电压值的95%；使用5个 T_{au} 时，采样电容可充电到输入信号电压值的99%。所以，10个 T_{au} 的采样时间对于12位精度已足够高。

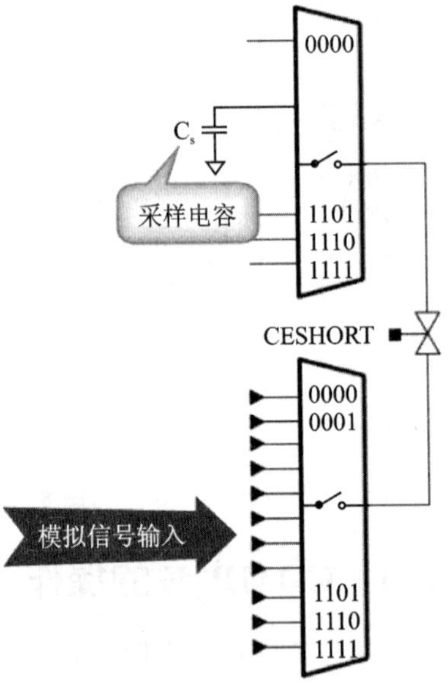

图8-2　COMP_E的采样和保持

(5) 输出滤波器

比较器输出可以使用内部滤波器，也可以不使用内部滤波器。当置位控制位CEF时，比较器输出使用片上的RC滤波器。滤波器的延迟调整可在4个不同阶段进行。如果比较器输入端的电压差较小，那么将导致所有的比较器输出处于振荡状态。信号线、电源线、系统的其他部分或它们之间的内部与外部的寄生影响和交叉耦合，将成为这种行为的响应，如图8-3所示。比较器输出的振荡将降低其精度和比较结果的分辨率，选择输出滤波器可减少与比较器振荡相关的错误。

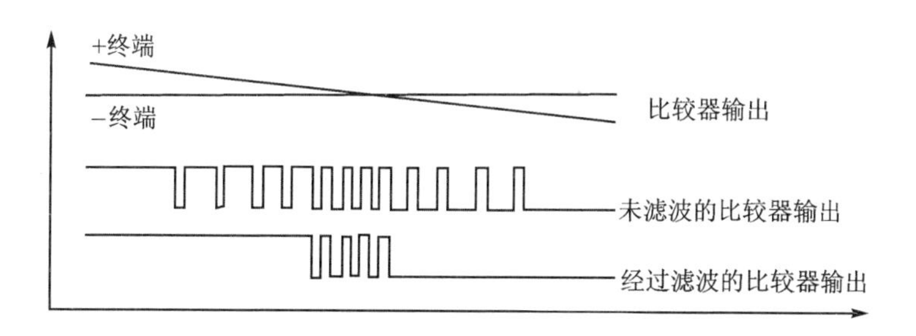

图 8－3　RC 滤波器对比较器的输出的响应示意图

(6) 基准电压发生器

基准电压发生器的模块框图如图 8－4 所示。

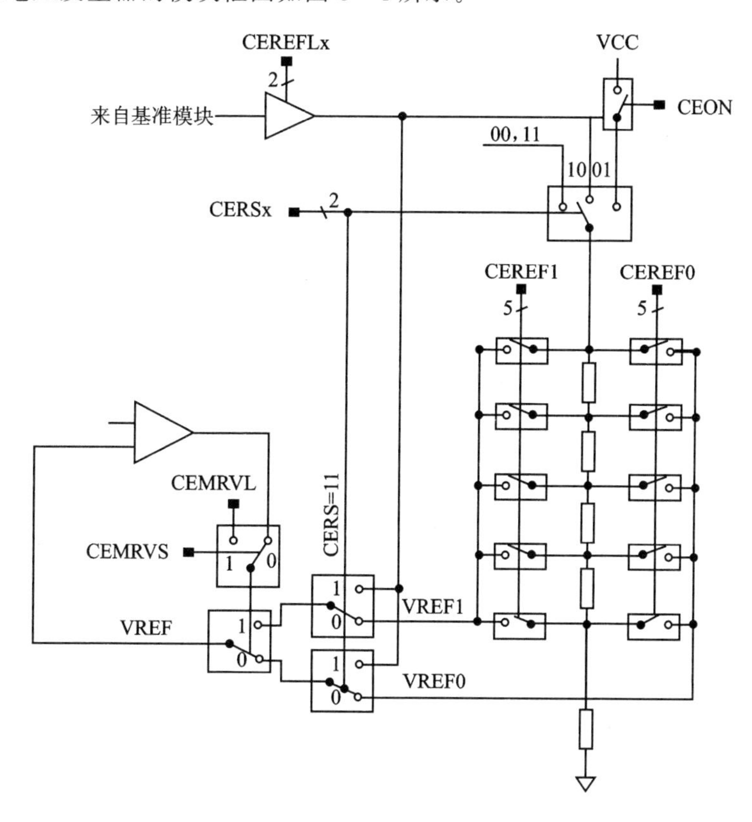

图 8－4　基准电压发生器的模块框图

当设置基准电压来自共享基准电压时，比较器的中断标志和比较器输出都不会改变。如果 CEREFLx 位从一个非零值改变为另一个非零值，那么中断标志可能会显示不可预测的行为。建议在改变 CEREFLx 位的设置之前，先行设置 CEREFLx＝00。基准电压发生器用于产生 VREF，可以用在比较器的任意输入端。CEREF1x (VREF1)位和 CEREF0x(VREF0)位用于控制基准电压发生器的输出。CERSEL

位用于选择施加 VREF 的比较器终端。如果外部信号施加到比较器的两个输入端，则应关闭内部基准电压发生器，以减少电流消耗。基准电压发生器可以生成设备 VCC 或集成高精度基准电压源的基准电压的小数部分。在 COUT＝1 时，使用 VREF1；在 COUT＝0 时，使用 VREF0。无须使用外部元件即可产生一个滞后。

(7) 比较器端口禁止寄存器

当模拟信号施加到数字 CMOS 门电路时，寄生电流将会从 VCC 流到 GND。当输入电压接近门电路的转换电平时，将会产生寄生电流。禁用端口引脚缓冲器可消除寄生电流，从而降低总的电流消耗。置位 CEPDx 位可禁用相应的 Px.y 输入缓冲器，如图 8-5 所示。在对电流消耗敏感时，可用相应的 CEPDx 位来禁止连接到任何模拟信号的 Px.y 引脚。可用 CEIPSEL 位或 CEIMSEL 位来选择连接到比较多路复用器的输入引脚，无论相关 CEPDx 位处于什么状态，都会自动禁用该引脚的输入缓冲器。

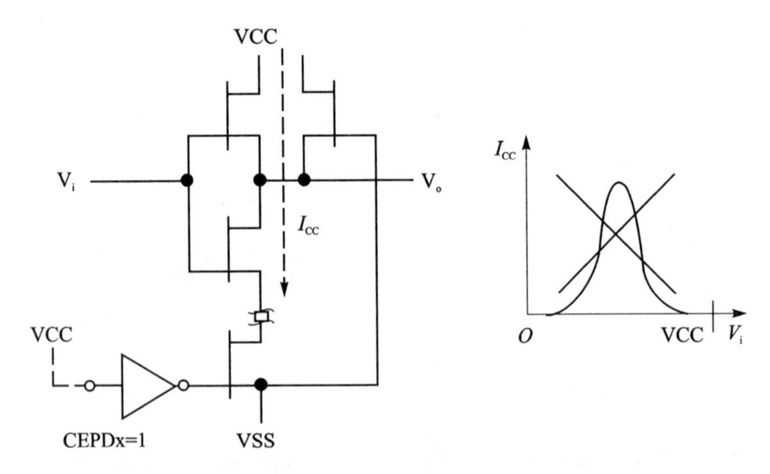

图 8-5　在 CMOS 反相器/缓冲器中的传输特性和功耗

(8) 比较器中断

一个中断标志和一个中断向量与比较器相关，是在比较器输出信号的上升沿还是在下降沿置位中断标志(CEIFG)，可通过 CEIES 位来选择。当 CEIFG 位和 CEIES 位都置位时，比较器将发出一个中断信号。当在 NVIC 中正确使能比较器中断时，比较器中断可由 CPU 来服务。

(9) 比较器用于测量电阻元件

使用单斜率 ADC，比较器可优化精确测量电阻元件。例如，将通过热敏电阻 R_{meas} 的电容放电时间与通过基准电阻 R_{REF} 的电容放电时间进行比较，可将温度(使用热敏电阻获得的温度)转换成数字数据，如图 8-6 所示。

用于计算热敏电阻感应温度的资源包括：

◇ 两个数字 I/O 端口，用于对电容进行充放电；

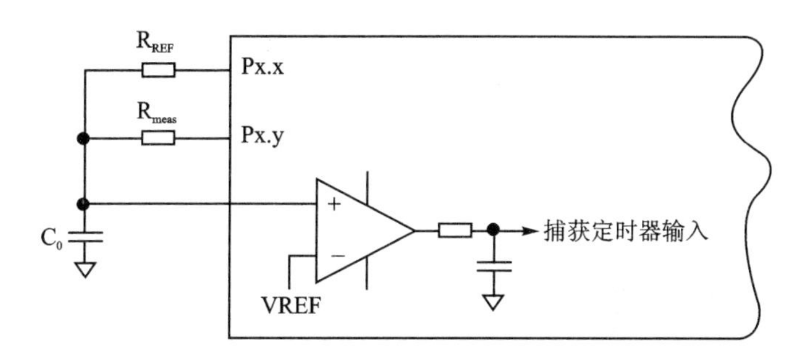

图 8-6 温度测量系统

◇ 置位 I/O 端口输出高电平(VCC)对电容充电,复位则对电容放电;

◇ 由 CEPDx 位将未使用的 I/O 端口切换到高阻状态;

◇ 一个输出端通过基准电阻给电容充电和放电;

◇ 一个输出端通过热敏电阻给电容放电;

◇ 正输入端(+)连接到电容正极;

◇ 负输入端(−)连接基准电压,例如 0.25×VCC;

◇ 应使用输出滤波器来最小化开关噪声;

◇ COUT 用于门定时器以捕获电容的放电时间。

可测量一个以上的电阻,附加元件可连接在 C_0 与可用的 I/O 引脚上,并且在不测量时应切换到高阻状态。热敏电阻的测量基于比率转换原理,计算两个电容器放电时间的比率如图 8-7 所示。

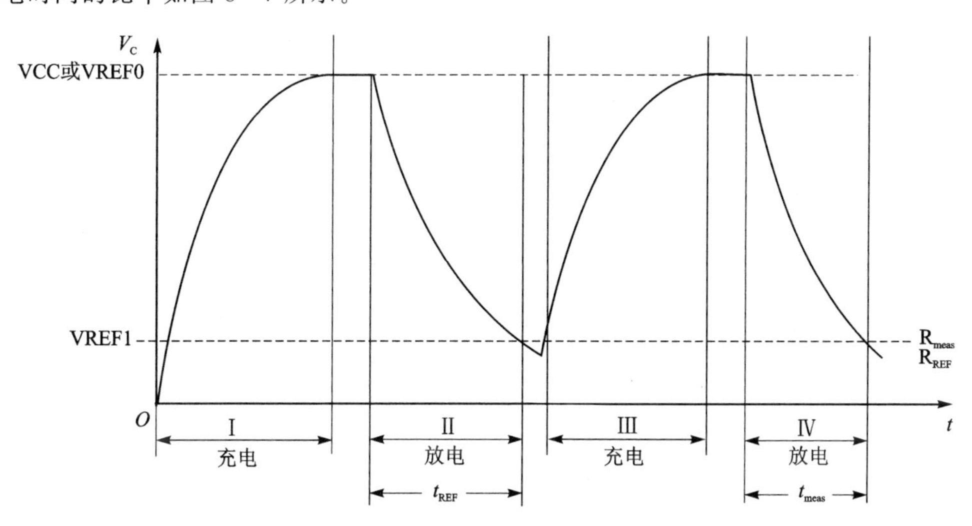

图 8-7 温度测量系统的时序

在转换过程中,电压 VCC 和电容 C 应保持恒定,但这并非关键,因为它们在计算中将会被消除,计算过程如下所示:

$$\frac{N_{\text{meas}}}{N_{\text{REF}}}=\frac{-R_{\text{meas}}\times C\times \text{In}\left[\frac{\text{VREF1}}{\text{VCC}}\right]}{-R_{\text{REF}}\times C\times \text{In}\left[\frac{\text{VREF1}}{\text{VCC}}\right]}=\frac{R_{\text{meas}}}{R_{\text{REF}}}$$

$$R_{\text{meas}}=R_{\text{REF}}\times \frac{N_{\text{meas}}}{N_{\text{REF}}}$$

8.1.4　COMP_E 寄存器

COMP_E 寄存器如表 8 - 1 所列，基地址请查阅器件的技术手册。

表 8 - 1　COMP_E 寄存器

偏移量	缩　写	寄存器名	类　型	访　问	复　位
00h	CExCTL0	比较器控制寄存器 0	R/W	半字	0000h
02h	CExCTL1	比较器控制寄存器 1	R/W	半字	0000h
04h	CExCTL2	比较器控制寄存器 2	R/W	半字	0000h
06h	CExCTL3	比较器控制寄存器 3	R/W	半字	0000h
0Ch	CExINT	比较器中断寄存器	R/W	半字	0000h
0Eh	CExIV	比较器中断向量字	R	半字	0000h

8.2　REF_A 模块

REF_A 模块是一个通用的基准系统，用于为给定设备上的其他子系统提供一个所需的基准电压，如数/模转换器、模/数转换器、比较器或 LCD 等。本节将简要介绍 REF_A 模块的作用。

8.2.1　REF_A 的特性

REF_A 负责为给定设备上使用的各种模拟外设提供所有的关键基准电压。基准系统的核心是带隙。REFGEN 子系统包括带隙、带隙偏置以及同相缓冲阶段生成的在系统中可用的主电压基准：1.2 V、1.45 V 和 2.5 V。此外，当使能 REF_A 模块时，缓冲带隙电压可用。

REF_A 的特性包括：

◇ 集中工厂调整带隙具有优异的电源抑制比(PSRR)、温度系数和准确性；

◇ 用户可选择的内部基准电压：1.2 V、1.45 V 和 2.5 V；

◇ 缓冲带隙电压可供系统的其他部分；

◇ 省电特性；

◇ 为安全运行，提供用于带隙和可变基准电压的硬件基准请求和基准就绪信号。

8.2.2 REF_A 的模块框图

REF_A 的模块框图如图 8-8 所示，包含 1 个 ADC、1 个 DAC 和 1 个 LCD 等设备。

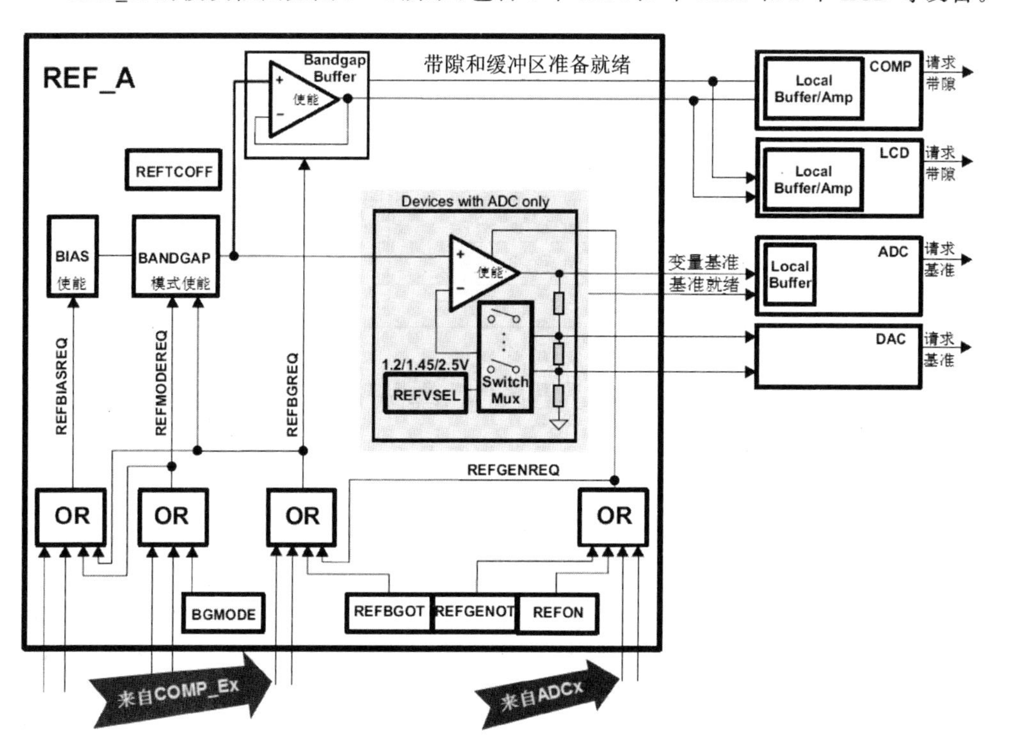

图 8-8 REF_A 的模块框图

8.2.3 REF_A 工作原理

REF_A 模块为要使用的整个系统的各种外设模块提供所有必要的基准电压。REFGEN 子系统包含一个高性能的带隙，该带隙具有良好的精度（出厂时已调整）、低温度系数，以及在低功率操作时的高 PSRR。带隙电压通过同相放大器级来产生基准电压：1.2 V、1.45 V 和 2.5 V。注意，一次仅可选择一个电压。REFGEN 子系统的第一个输出是可变基准线，它为系统的其他部分提供 1.2 V、1.45 V 或 2.5 V 的基准电压；REFGEN 子系统的第二输出提供一个缓冲带隙基准线。当 DAC12 模块可用时，REFGEN 还可为 DAC12 模块提供基准电压。REFGEN 子系统还包含来源于带隙的温度传感器电路。温度传感器可以通过 ADC 来测量温度与电压的比率。

REF_A 模块可以设置成两种功率模式：静态模式和采样模式。仅在 ADC 模块需要使用基准电压时，才可将 REF_A 模块配置成突发模式，在该模式下，基准输出只在 ADC 转换时有效。此时，若其他组件也需要基准电压，则需要将模式改为连续模式。

注意:REF_A 模块的其他相关内容请参阅 TI 数据手册。

8.2.4　REF_A 寄存器

REF_A 寄存器如表 8-2 所列,基地址请查阅器件的技术手册。

表 8-2　REF_A 寄存器

偏移量	缩　写	寄存器名称	类　型	访　问	复　位
00h	REFCTL0	基准控制寄存器 0	R/W	字	0008h
00h	REFCTL0_L	基准控制寄存器 0(低)	R/W	字节	08h
01h	REFCTL0_H	基准控制寄存器(高)	R/W	字节	00h

8.3　COMP_E 模块和 REF_A 模块的固件库函数

8.3.1　COMP_E 模块的固件库函数

COMP_E 模块的固件库提供了一组使用 MSPWare COMP_E 模块的函数,这些函数用于初始化 COMP_E 模块,设置基准电压输入和管理 COMP_E 模块的中断。COMP_E 模块的固件库函数如表 8-3 所列。详细的函数说明请参考 TI 文档:MSP432 Peripheral Driver Library USER'S GUIDE。

表 8-3　COMP_E 模块的固件库函数

编　号	名　称
1	void COMP_E_clearInterruptFlag(uint32_t comparator, uint_fast16_t mask)
2	void COMP_E_disableInputBuffer(uint32_t comparator, uint_fast16_t inputPort)
3	void COMP_E_disableInterrupt(uint32_t comparator, uint_fast16_t mask)
4	void COMP_E_disableModule(uint32_t comparator)
5	void COMP_E_enableInputBuffer(uint32_t comparator, uint_fast16_t inputPort)
6	Void COMP_E_enableInterrupt(uint32_t comparator, uint_fast16_t mask)
7	void COMP_E_enableModule(uint32_t comparator)
8	uint_fast16_t COMP_E_getEnabledInterruptStatus(uint32_t comparator)
9	uint_fast16_t COMP_E_getInterruptStatus(uint32_t comparator)
10	bool COMP_E_initModule(uint32_t comparator, const COMP_E_Config _config)
11	uint8_t COMP_E_outputValue(uint32_t comparator)

续表 8－3

编　号	名　称
12	void COMP_E_registerInterrupt(uint32_t comparator, void(_intHandler)(void))
13	void COMP_E_setInterruptEdgeDirection(uint32_t comparator, uint_fast8_t edgeDirection)
14	void COMP_E_setPowerMode(uint32_t comparator, uint_fast16_t powerMode)
15	void COMP_E_setReferenceAccuracy(uint32_t comparator, uint_fast16_t referenceAccuracy)
16	void COMP_E_setReferenceVoltage(uint32_t comparator, uint_fast16_t supplyVoltageReferenceBase, uint_fast16_t lowerLimitSupplyVoltageFractionOf32, uint_fast16_t upperLimitSupplyVoltageFractionOf32)
17	void COMP_E_shortInputs(uint32_t comparator)
18	Void COMP_E_swapIO(uint32_t comparator)
19	void COMP_E_toggleInterruptEdgeDirection(uint32_t comparator)
20	void COMP_E_unregisterInterrupt(uint32_t comparator)
21	void COMP_E_unshortInputs(uint32_t comparator)

8.3.2　REF_A 模块的固件库函数

REF_A 模块的固件库提供了一组使用 MSPWare REF_A 模块的函数，这些函数用于设置和使能使用基准电压，使能或禁用内部温度传感器，以及查看 REF_A 模块的内部工作状态。REF_A 模块的固件库函数如表 8－4 所列。详细的函数说明请参考 TI 文档：MSP432 Peripheral Driver Library USER'S GUIDE。

表 8－4　REF_A 模块的固件库函数

编　号	函　数
1	void REF_A_disableReferenceVoltage(void)
2	void REF_A_disableReferenceVoltageOutput(void)
3	void REF_A_disableTempSensor(void)
4	void REF_A_enableReferenceVoltage(void)
5	void REF_A_enableReferenceVoltageOutput(void)
6	void REF_A_enableTempSensor(void)
7	uint_fast8_t REF_A_getBandgapMode(void)
8	bool REF_A_getBufferedBandgapVoltageStatus(void)
9	bool REF_A_getVariableReferenceVoltageStatus(void)

续表 8-4

编　号	函　数
10	bool REF_A_isBandgapActive(void)
11	bool REF_A_isRefGenActive(void)
12	bool REF_A_isRefGenBusy(void)
13	void REF_A_setBufferedBandgapVoltageOneTimeTrigger(void)
14	void REF_A_setReferenceVoltage(uint_fast8_t referenceVoltageSelect)
15	void REF_A_setReferenceVoltageOneTimeTrigger(void)

8.4 例　程

本节将以 TI 的例程为例来介绍 COMP_E 固件库函数的使用方法。

1. COMP_E 反相端输入比较例程

(1) 硬件连线图

COMP_E 反相端输入比较例程的硬件连线图如图 8-9 所示。

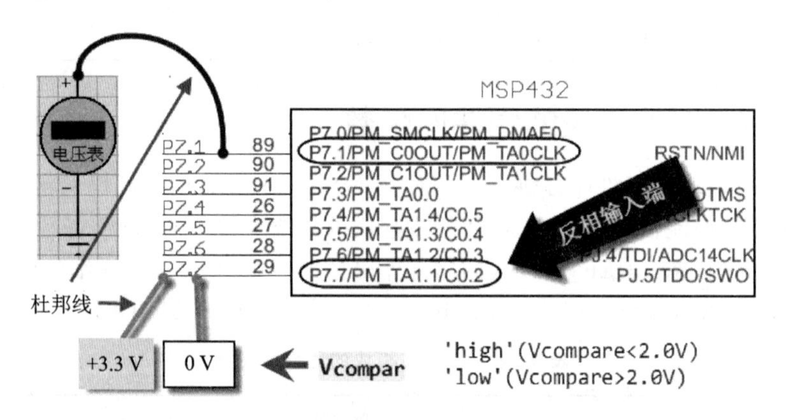

图 8-9　COMP_E 反相端输入比较例程的硬件连线图

(2) comp_e_output_toggle_Vcomp_Vref2V.c 程序介绍

```
/*****************************************************************************
* 文件名:comp_e_output_toggle_Vcomp_Vref2V.c
* 来源:TI 例程
* 功能描述:使用 COMP_E(输入通道 C0.2)和内部基准电压来判断输入信号 Vcompare 为高/低电
* 平时会发生什么? 当 Vcompare>2.0 V 时,COUT 为低电平;当 Vcompare<2.0 V 时,COUT 为高电平
* 也就是说,待比较信号从反相输入端输入,与使用内部基准电压(2.0 V)的同相端进行
* 比较,当 V反相>V同相时,COUT 为低电平;当 V反相<V同相时,COUT 为高电平
*****************************************************************************/
```

```
/ * DriverLib Includes * /
# include "driverlib.h"

/ *  Standard Includes * /
# include < stdint.h >

# include < stdbool.h >

/ * COMP_E 配置结构  * /
const COMP_E_ConfigcompConfig =
        {
                COMP_E_VREF,                                //正(同相)输入端
                COMP_E_INPUT2,                              //负(反相)输入端
                COMP_E_FILTEROUTPUT_DLYLVL4,                //4 级延迟滤波
                COMP_E_NORMALOUTPUTPOLARITY                 //正常输出极性
        };

int main(void)
{
    volatile uint32_tii;

    / *  Stop WDT    * /
    MAP_WDT_A_holdTimer();

    / *
     *  选择端口 7
     * 将引脚 1 设置成基本的输出功能(COUT)
     * /
    MAP_GPIO_setAsPeripheralModuleFunctionOutputPin(GPIO_PORT_P7, GPIO_PIN1,
            GPIO_PRIMARY_MODULE_FUNCTION);

    / * 将 P7.7 设置成待比较信号的输入端(C0.2) * /
    MAP_GPIO_setAsPeripheralModuleFunctionInputPin(GPIO_PORT_P7, GPIO_PIN7,
            GPIO_TERTIARY_MODULE_FUNCTION);

    / * 初始化 COMP_E 模块 * /
    MAP_COMP_E_initModule(COMP_E0_MODULE, &compConfig);

    / *  基准电压接同相输入端
     *  COMP_E 实例 0
     *  基准电压为 2.0 V
     *  下限为 2.0×(32/32)  =  2.0 (V)
```

```
     *  上限为 2.0×(32/32) = 2.0(V)
     */
    MAP_COMP_E_setReferenceVoltage(COMP_E0_MODULE, COMP_E_VREFBASE2_0V,32,32);

    /* 禁用 P7.2/ CE2 上的输入缓冲器
     * COMP_E 基地址
     * 输入缓冲器端口
     */
    MAP_COMP_E_disableInputBuffer(COMP_E0_MODULE, COMP_E_INPUT2);

    /*  允许 COMP_E 模块进入低功耗模式 */
    MAP_COMP_E_enableModule(COMP_E0_MODULE);

    MAP_PCM_gotoLPM0();
    __no_operation();
}
```

(3) 测试与调试

① $V_{compare}$ 接 0 V 接线柱的测试结果如图 8-10 所示。

图 8-10　$V_{compare}$ 接 0 V 接线柱的测试结果

从测试结果来看，当 $V_{compare}$($V_{compare}$=0 V)<1.2 V 时，输出为 3.20 V，说明程序

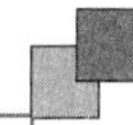

正确。

② $V_{compare}$接3.3 V接线柱的测试结果如图8-11所示。

图8-11　$V_{compare}$接3.3 V接线柱时的测试结果

从测试结果来看,当$V_{compare}$($V_{compare}$=3.3 V)>1.2 V时,输出为0.01 V,说明程序正确。

2. COMP_E反相端输入中断例程

(1) COMP_E反相端输入中断的硬件连线图

COMP_E反相端输入中断例程的硬件连线图如图8-12所示。

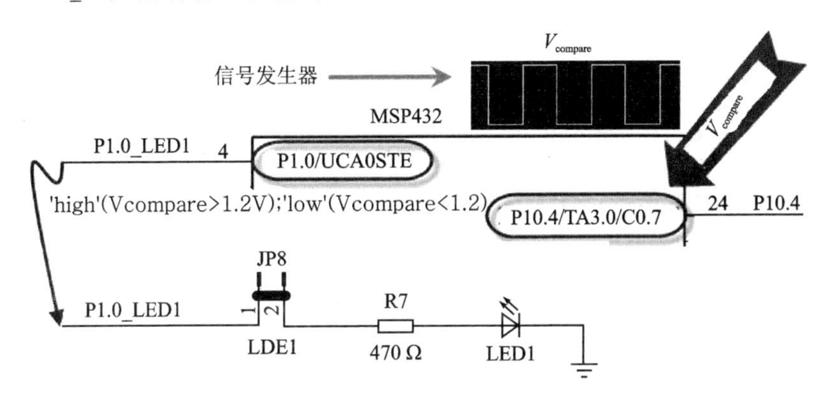

图8-12　COMP_E反相端输入中断例程的硬件连线图

(2) comp_e_interrupt_output_toggle_Vref12V.c 程序介绍

```
/*****************************************************************************
* 文件名:comp_e_interrupt_output_toggle_Vref12V.c
* 来源:TI 例程
* 功能描述:使用 COMP_E 和内部基准电压来判断输入信号 V_compare 为高/低电平时会发生什
* 么? 对于第一次,当 V_compare >1.2 V 内部基准电压时,将置位 CEIFG 位并让器件进入
* COMPE ISR 中。在 ISR 中,当 V_compare <1.2 V 内部基准电压时,将切换 CEIES,置位 CEIFG 位
* 在 ISR 中用反转 LED 来说明这种变化。COMP_E 模块的过滤功能可用于滤除线上的任何噪
* 声,以确保无伪中断发生。换句话说,一个信号从信号发生器输入一个脉冲信号到同相端
* P10.4(C0.7),反相端使用 1.2 V 的内部基准电压,然后将其在 COMP_E 中进行比较,当
* V_compare >1.2 V 时触发中断,点亮 LED。本例程留给读者进行测试与验证
*****************************************************************************/
/ * DriverLib Includes * /
#include "driverlib.h"

/ * Standard Includes * /
#include < stdint.h >
#include < stdbool.h >
/ * COMP_E 配置结构 * /
const COMP_E_ConfigcompConfig =
        {
                COMP_E_VREF,                        //正(同相)输入端
                COMP_E_INPUT7,                      //负(反相)输入端
                COMP_E_FILTEROUTPUT_DLYLVL4,        //4 级延迟滤波
                COMP_E_NORMALOUTPUTPOLARITY         //正常输出极性
        };
int main(void)
{
    /*  Stop WDT   */
    MAP_WDT_A_holdTimer();
    /*  将 P1.0 设置为 LED 的输出引脚  */
    MAP_GPIO_setAsOutputPin(GPIO_PORT_P1, GPIO_PIN0);
    MAP_GPIO_setOutputLowOnPin(GPIO_PORT_P1, GPIO_PIN0);
    / * 将 P10.4 设置为待比较的输入(C0.7) * /
    MAP_GPIO_setAsPeripheralModuleFunctionInputPin(GPIO_PORT_P10, GPIO_PIN4,
            GPIO_TERTIARY_MODULE_FUNCTION);
    /*  初始化 COMP_E 模块  */
    MAP_COMP_E_initModule(COMP_E0_MODULE, &compConfig);

    /*
     * COMP_E 基地址
     * 基准电压为 1.2 V
     *  下限 1.2×(32/32) = 1.2 (V)
     * 上限 1.2×(32/32) = 1.2 (V)
```

```
    */
    MAP_COMP_E_setReferenceVoltage(COMP_E0_MODULE,
                                   COMP_E_VREFBASE1_2V, 32, 32);

    /* 默认上升沿用于 CEIFG 使能 COMP_E 中断 */
    MAP_COMP_E_setInterruptEdgeDirection(COMP_E0_MODULE, COMP_E_RISINGEDGE);

    /* 使能中断
     * COMP_E 实例 1
     * 默认上升沿使能 COMP_E 中断
     */
    MAP_COMP_E_clearInterruptFlag(COMP_E0_MODULE, COMP_E_OUTPUT_INTERRUPT);
    MAP_COMP_E_enableInterrupt(COMP_E0_MODULE, COMP_E_OUTPUT_INTERRUPT);
    MAP_Interrupt_enableSleepOnIsrExit();
    MAP_Interrupt_enableInterrupt(COMP_E0_MODULE);
    MAP_Interrupt_enableMaster();

    /* 允许 COMP_E 模块进入低功耗模式 */
    MAP_COMP_E_enableModule(COMP_E0_MODULE);

    while(1)
    {
        /* 进入睡眠状态 */
        PCM_gotoLPM0();
    }
}

/*****************************************************************
 *
 * COMP_VECTOR 中断向量服务程序
 *
 *****************************************************************/
void comp_isr(void)
{

    /* 切换产生中断边缘 */
    MAP_COMP_E_toggleInterruptEdgeDirection(COMP_E0_MODULE);

    /* 清除中断标志 */
    MAP_COMP_E_clearInterruptFlag(COMP_E0_MODULE, COMP_E_OUTPUT_INTERRUPT);

    /* 反转 P1.0 输出引脚 */
    MAP_GPIO_toggleOutputOnPin(GPIO_PORT_P1, GPIO_PIN0);

}
```

第9章

定时器模块

在设备中,常常需要对驱动的外部事件进行计数/定时操作;另外,PWM 信号和上/下沿的时刻捕获也都需借助定时/计数器来实现。在 MSP432P401R 芯片中采用了多种定时器,包括:定时器 A、系统定时器、32 位定时器、看门狗定时器 A 和实时时钟 C。本章将介绍这些定时器模块的特点及其固件库函数与使用方法。

这些定时器模块的固件库函数及其头文件分别位于下列文件之中:

◇ 定时器 A(Timer_A)模块:driverlib/timer_a.c 与 driverlib/timer_a.h;

◇ 系统定时器 SysTick:driverlib/systick.c 与 driverlib/systick.h;

◇ 32 位定时器(Timer32)模块:driverlib/timer32.c 与 driverlib/timer32.h;

◇ 看门狗定时器 A(WDT_A)模块:driverlib/wdt.c 与 driverlib/wdt.h;

◇ 定时时钟 C(RTC_C)模块:driverlib/rtc_c.c 与 driverlib/rtc_c.h。

本章主要内容:

◇ Timer_A 模块;

◇ 系统定时器 SysTick;

◇ Timer32 模块;

◇ WDT_A 模块;

◇ RTC_C 模块;

◇ 定时器的固件库函数;

◇ 例程。

9.1 定时器 A 模块

Timer_A 为具有多达 7 个捕获/比较寄存器的 16 位定时/计数器,在一个给定的设备上可能有多个 Timer_A 模块(请查阅特定器件的数据手册)。本节将扼要介绍 Timer_A 模块的特性及相关操作。

9.1.1 定时器 A 的特性与模块框图

Timer_A 支持多个捕获/比较、PWM 输出和间隔定时,其还具有广泛的中断能力,中断由计数器在溢出条件下产生,以及来自每个捕获/比较模块。

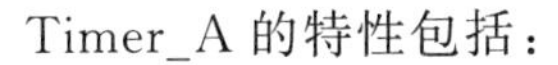

Timer_A 的特性包括：

◇ 具有 4 种操作模式的异步 16 位定时/计数器；

◇ 可选择和可配置的时钟源；

◇ 多达 7 个可配置的捕获/比较模块；

◇ 具有 PWM 功能的可配置输出；

◇ 异步输入和输出锁存。

Timer_A 的模块框图如图 9－1 所示。

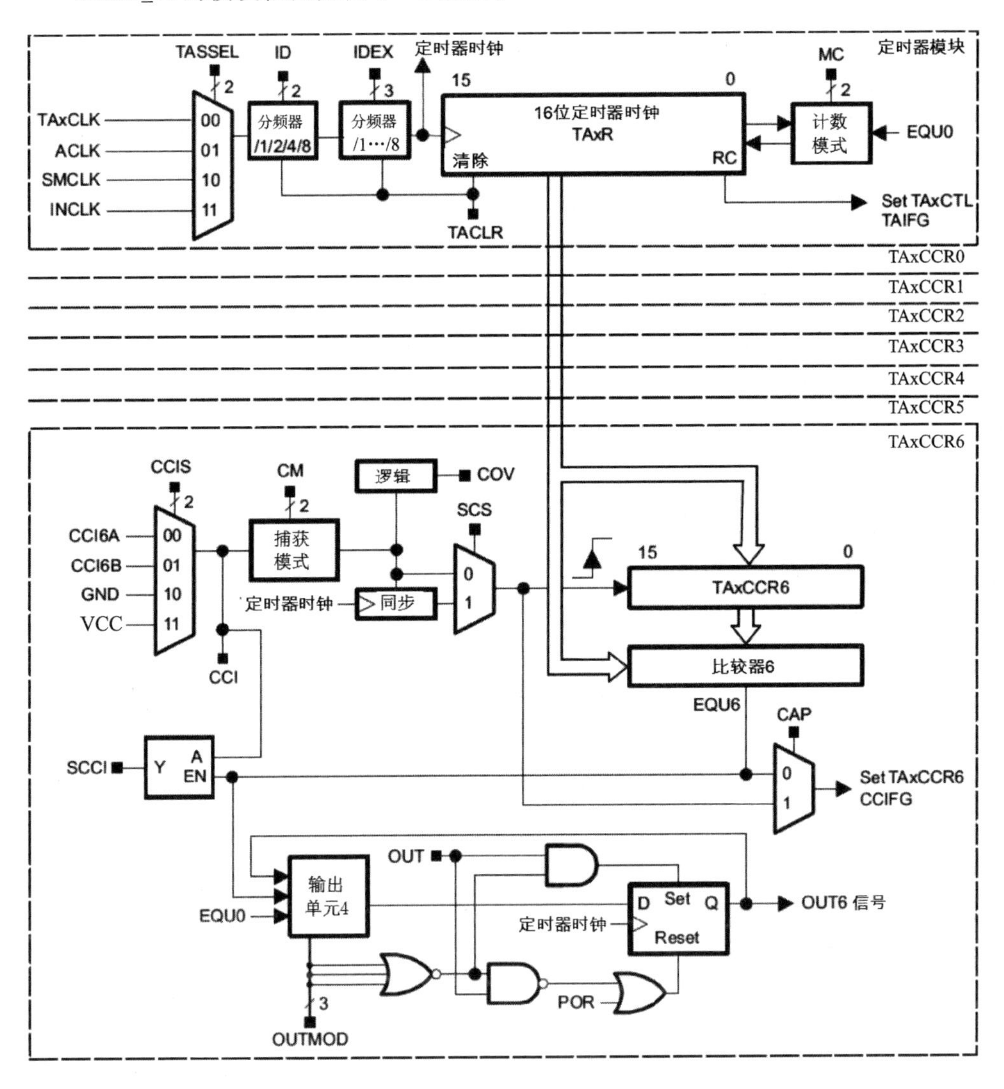

图 9－1　Timer_A 的模块框图

9.1.2 定时器A的操作

Timer_A模块可以使用用户软件进行配置，本小节将介绍Timer_A的设置和操作。

1. 16位定时/计数器

16位定时/计数器寄存器(TAxR)会在每个时钟信号的上升沿进行递增/递减(由操作模式决定)。TAxR可通过软件进行读/写，在其溢出时定时器会发出一个中断。TAxR可通过置位TACLR来清除。在增/减模式下，置位TACLR也可清除时钟分频器和计数器方向。

定时器时钟可来自ACLK和SMCLK，或外部TAxCLK和INCLK。时钟源可用TASSELx位来选择，所选择的时钟源可使用ID位直接传递给定时器或进行2、4或8分频。选择的时钟源还可以使用TAIDEX位进行2、3、4、5、6、7或8分频。

2. 启动定时器

可用下列方法来启动或重新启动定时器：

◇ 当MC>{0}且时钟源活动时，定时器开始计数。

◇ 当定时器为递增模式或增/减模式的其中之一时，定时器可以通过向TAxCCR0写入0来停止，但可以通过向TAxCCR0写入一个非零值来重新启动。这种情况下，定时器开始从零向上递增计数。

3. 定时器模式控制

定时器有4种运行模式：停止、递增、连续和增/减模式。定时器模式通过MC位进行选择，如表9-1所列。

表9-1 定时器模式

MC	模 式	描 述
00	停止	定时器停止
01	递增	定时器从0～TAxCCR0重复计数
10	连续	定时器从0～0FFFFh重复计数
11	增/减	定时器从0开始递增计数到TAxCCR0，然后返回0重复计数

(1) 递增模式

当定时器的计数周期不是0FFFFh时将采用递增模式，定时器将重复递增计数到定义周期的捕捉比较寄存器TAxCCR0中的值。在周期中定时器的计数值为TAxCCR0+1。当定时器的值等于TAxCCR0时，定时器将重新从0h开始计数。如果选择递增模式，那么当定时器的值大于TAxCCR0时，定时器将立即从0h开始重新计数，如图9-2所示。

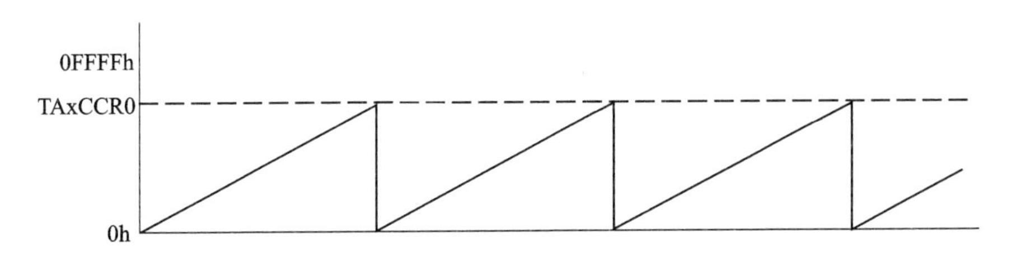

图9-2　递增模式

当定时器计数到 TAxCCR0 时，将置位中断标志 TAxCCR0 CCIFG；当定时器从 TAxCCR0 计数到 0h 时，将置位中断标志 TAIFG，如图 9-3 所示。

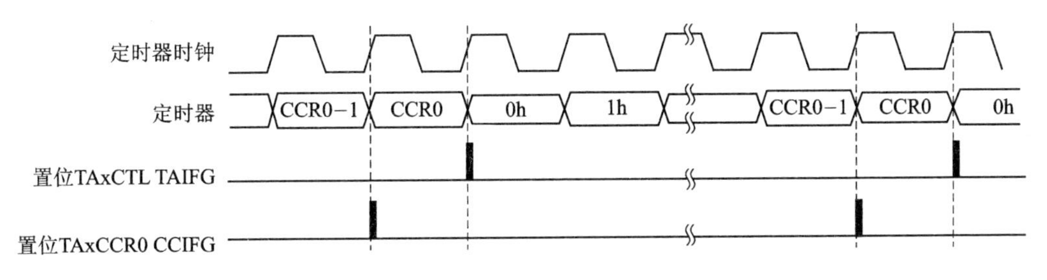

图9-3　递增模式的中断标志置位

(2) 连续模式

在连续模式中，当定时器重复计数到 0FFFFh 后，重新从 0h 开始计数。捕获/比较寄存器 TAxCCR0 和其他捕获/比较寄存器以相同的方式工作，如图 9-4 所示。

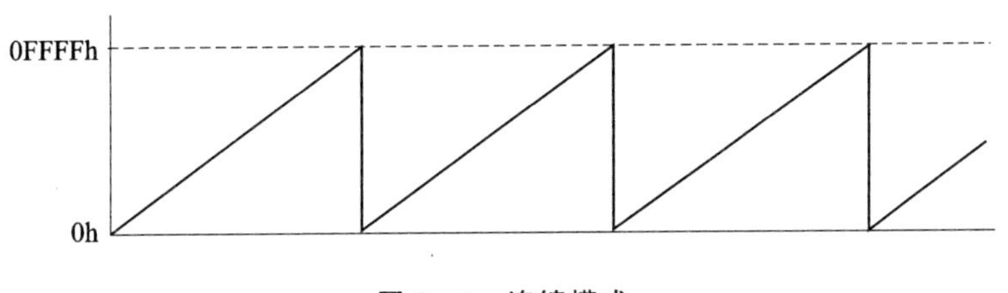

图9-4　连续模式

当定时器从 0FFFFh 计数到 0h 时，将置位中断标志 TAIFG，如图 9-5 所示。

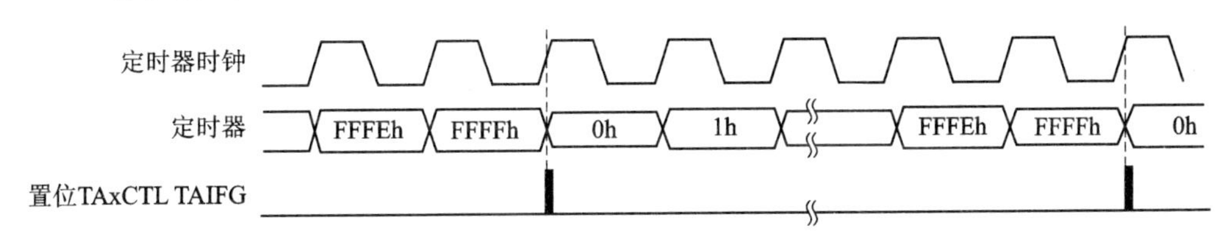

图9-5　连续模式的中断标志置位

连续模式可用于产生独立的时间间隔和输出频率。在每个时间间隔完成时，将发出一个中断。在中断服务程序中，会将下一个时间间隔添加到 TAxCCRn 寄存器中。添加两个独立的时间间隔 t_0 和 t_1 到捕获/比较寄存器的示意图如图 9-6 所示，在该示例中，因为时间间隔由硬件控制而非软件，所以无中断延迟影响。捕获/比较寄存器可产生高达 $n(n=0\sim6)$ 个独立的时间间隔或输出频率。

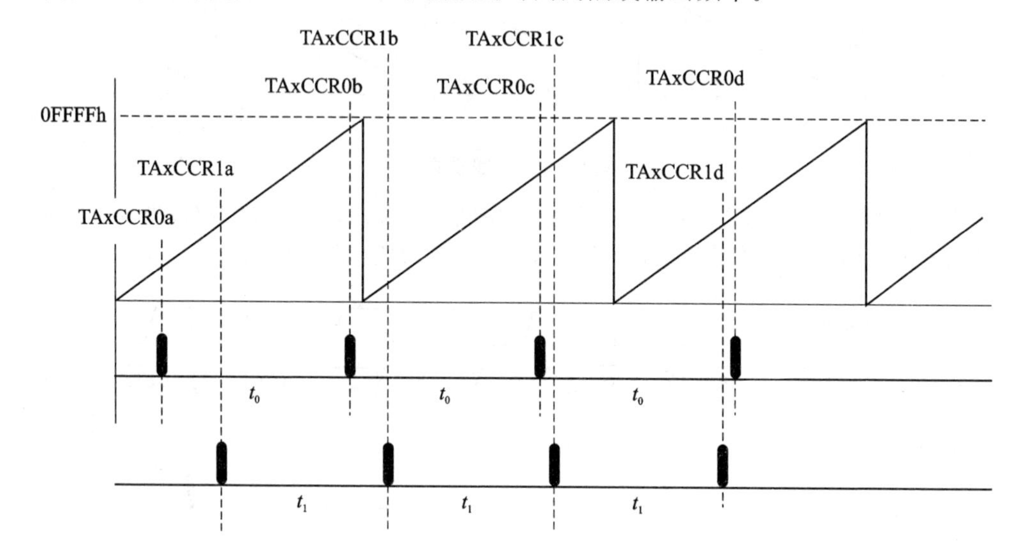

图 9-6 添加两个独立的时间间隔到捕获/比较寄存器的示意图

时间间隔在其他模式下也可以产生，其中 TAxCCR0 为周期寄存器。因为原来的 TAxCCR0 值与新周期之和可能大于 TAxCCR0 的值，所以将使其处理变得更加复杂。当以前的 TAxCCRn 值加上 t_x 大于 TAxCCR0 值时，为了获得正确的时间间隔，必须减去 TAxCCR0。

(3) 增/减模式

在定时器周期不是 0FFFFh，且需要产生一个对称的脉冲时，使用增/减模式计数。在定时器重复计数到捕获/比较寄存器 TAxCCR0 的值时，开始反向递减计数到 0h，其周期是 TAxCCR0 值的 2 倍，如图 9-7 所示。

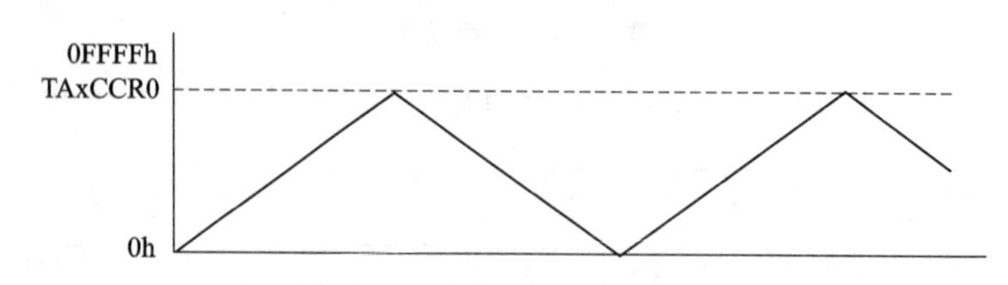

图 9-7 增/减计数模式

计数方向被锁定时，允许定时器被停止，然后按停止前的同一方向重新计数。如果无此需要，那么必须置位 TACLR 位来清零方向。TACLR 位同样可以清除 TAR 值和定时器时钟分频。对于增/减模式，在一个周期中 TAxCCR0 CCIFG 中断标志和 TAxCTL TAIFG 中断标志仅置位一次，并由 1/2 定时器周期隔开。当定时器由

TAxCCR0－1 递增计数到 TAxCCR0 时，将使 TAxCCR0 CCIFG 中断标志置位；而当定时器从 1h 递减计数到 0h 时，将置位 TAxGTL TAIFG 中断标志，如图 9-8 所示。

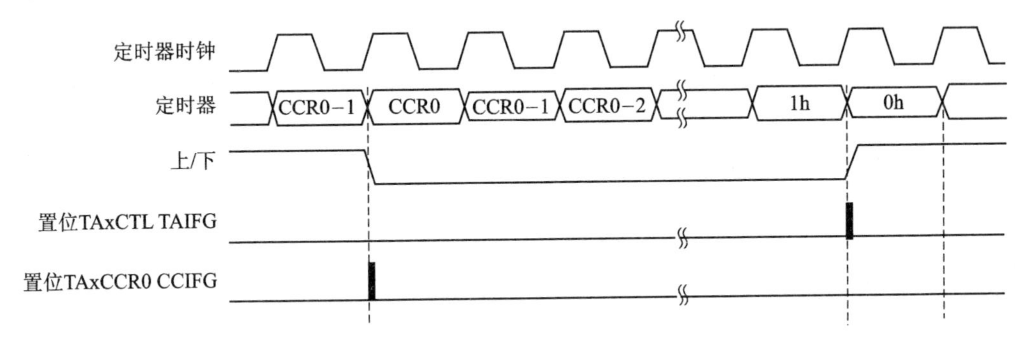

图 9-8　增/减计数模式的中断标志置位

增/减模式支持那些在输出信号之间需要死区时间的应用(请参阅 TI 手册中定时器 A 输出单元部分)。例如，为了避免过载情况，当两路输出驱动一个 H 桥时，不能同时为高，如图 9-9 所示。在图 9-9 中：

$$t_{死区}=t_{定时器}(TAxCCR1-TAxCCR2)$$

其中：$t_{死区}$ = 两种输出都不活动的时间，即死区时间；$t_{定时器}$ = 定时器的时钟周期；TAxCCR1 和 TAxCCR2 分别是捕获/比较寄存器 1 和捕获/比较寄存器 2 中的值。

TAxCCRn 寄存器未被缓冲，当有写入操作时，将立即使其更新。因此，任何需要的死区时间都不会自动保持。

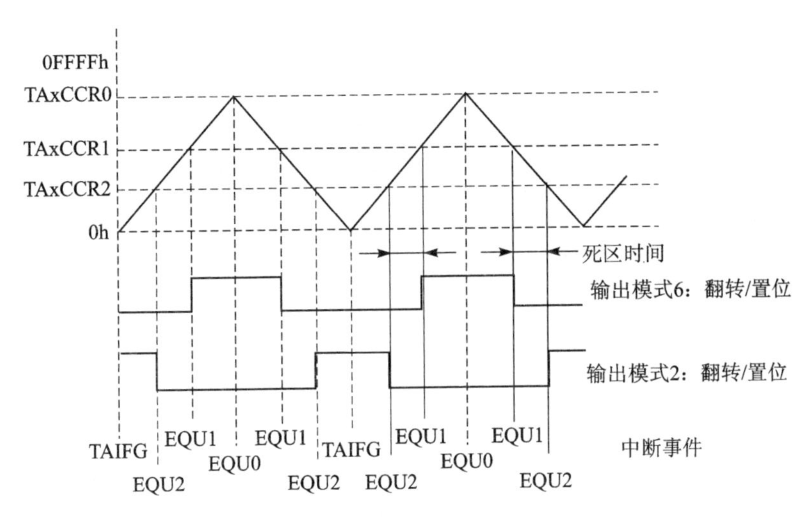

图 9-9　增/减计数模式的输出模式

4. 捕获/比较模块

Timer_A 中具有多达 7 个相同的捕获/比较 TAxCCRn(其中,n=0～6),任何一个都可用于捕获定时器数据,或产生时间间隔。

(1) 捕获模式

在 CAP=1 时,选择捕获模式,用于记录时间事件。捕获模式可用于速度计算或时间测量。捕获输入 CCIxA 和 CCIxB 可连接到外部引脚或者内部信号,并通过 CCIS 位选择。CM 位选择输入信号的上升沿、下降沿或上升/下降沿作为捕获沿,捕获将发生在所选输入信号的沿上。如果发生捕获,那么定时器的值将被复制到 TAxCCRn 寄存器中,并且置位中断标志 CCIFG。

在任何时刻都可以通过 CCI 位来读取输入信号的电平。器件可以有不同的信号连接到 CCIxA 和 CCIxB,细节请参考相关器件手册。因为捕获信号可能与定时器时钟异步而导致竞争的发生,而置位 SCS 可使捕获信号在下一个定时器时钟与捕获信号同步,所以建议置位 SCS 来使捕获信号与定时器时钟同步,如图 9-10 所示。

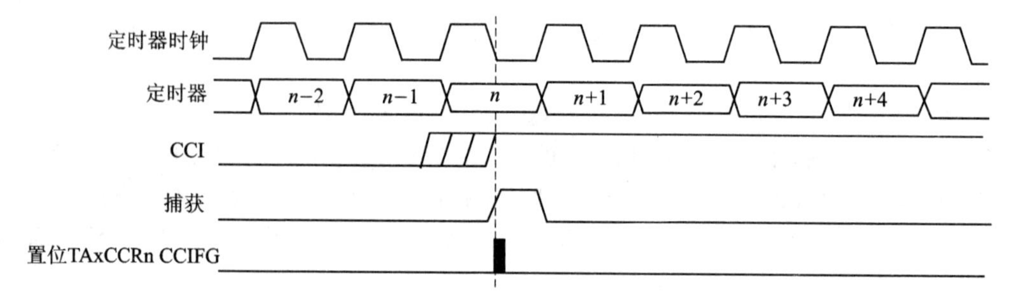

图 9-10 捕获信号(SCS=1)

(2) 比较模式

在 CAP=0 时,选择比较模式,用于产生 PWM 输出信号或在特定的时间间隔产生中断。在 TAxR 计数到 TAxCCRn(其中,n 表示具体的捕获比较寄存器)中的值时,将有如下事件发生:

◇ 置位中断标志 CCIFG ;

◇ 内部信号 EQUn=1;

◇ EQUn 根据输出模式影响输出;

◇ 输入信号 CCI 被锁存到 SCCI。

5. 输出单元

每个捕获/比较模块都包含一个输出单元,该输出单元用于产生输出信号,比如 PWM 信号。每个输出单元可根据 EQU0 和 EQUx 来生成 8 种模式的信号。在所有模式下(模式 0 除外),输出信号 OUTn 将随定时器时钟的上升沿发生变化。输出模式 2、输出模式 3、输出模式 6 和输出模式 7 对于输出单元 0 无效,因为 EQUn =

EQU0。输出模式如表9-2所列。

表9-2 输出模式

OUTMODx	模 式	描 述
000	输出	输出信号 OUTn 由 OUT 位定义。在 OUT 位更新时，将立即更新 OUTn 信号
001	置位	在定时器计数到 TAxCCRn 值时，将置位输出，并将保持置位到定时器复位，或选择另一种输出模式并影响输出
010	翻转/复位	当定时器计数到 TAxCCRn 值时，将翻转输出；当定时器计数到 TAxCCR0 值时，将使其复位
011	置位/复位	当定时器计数到 TAxCCRn 值时，将置位输出；当定时器计数到 TAxCCR0 值时，将使其复位
100	翻转	当定时器计数到 TAxCCRn 值时，将翻转输出，并且输出周期是定时器周期的2倍
101	复位	当定时器计数到 TAxCCRn 值时，将复位输出，并且保持复位到选择另一种输出模式及影响输出为止
110	翻转/置位	当定时器计数到 TAxCCRn 值时，将翻转输出；当定时器计数到 TAxCCR0 值时，将使其置位
111	复位/置位	当定时器计数到 TAxCCRn 值时，将复位输出；当定时器计数到 TAxCCR0 值时，将使其置位

6. Timer_A 中断

16位 Timer_A 与2个中断向量相关联：

◇ TAxCCR0 CCIFG 的中断向量 TAxCCR0；

◇ 所有其他 CCIFG 标志和 TAIFG 的 TAxIV 中断向量。

在捕获模式下，当定时器的值在其相关的寄存器 TAxCCRn 中被捕获时，将置位 CCIFG 标志。在比较模式下，如果 TAxR 计数到相关的 TAxCCRn 值时，将置位 CCIFG 标志。软件也可清除或置位任意的 CCIFG 标志。在相应的 CCIE 位置位时，所有的 CCIFG 标志都会发出一个中断请求。

9.1.3 定时器 A 寄存器

最大配置可用的 Timer_A 寄存器如表9-3所列，基地址请查阅器件的数据手册。

表 9-3 Timer_A 寄存器

偏移量	缩 写	寄存器名称
00h	TAxCTL	Timer_Ax 控制
02h～0Eh	TAxCCTL0～TAxCCTL6	Timer_Ax 捕获/比较控制 0～Timer_Ax 捕获/比较控制 6
10h	TAxR	Timer_Ax 计数器
12h～1Eh	TAxCCR0～TAxCCR6	Timer_Ax 捕获/比较 0～Timer_Ax 捕获/比较 6
2Eh	TAxIV	Timer_Ax 中断向量
20h	TAxEX0	Timer_Ax 扩展 0

9.2 系统定时器 SysTick

Cortex-M4 内核集成有一个系统定时器 SysTick，提供简单易用、配置灵活的 24 位单调递减计数器，还具有写入即清零、过零自动重载等灵活的控制机制。计数器可以使用几种不同的方式，例如：

◇ 作为 RTOS 节拍定时器，根据可编程的频率(例如 100 Hz)触发，调用系统定时器程序。

◇ 使用系统时钟作为高速报警定时器。

◇ 作为速率可变的报警或信号定时器，时间延迟的大小由所使用的基准时钟和计数器的动态范围决定。

◇ 作为简单计数器，用于测量完成时间和使用时间。

◇ 作为基于失配/匹配周期的内部时钟源控制。通过控制和状态寄存器 STCSR 中的 COUNT 位来确定某个动作是否在指定的时间内完成，作为动态时钟管理控制环的一部分。

系统定时器包括 3 个寄存器：

◇ SysTick 控制和状态寄存器(STCSR)：控制和状态计数器用于配置它的时钟、使能计数器、使能 SysTick 中断和确定计数器状态。

◇ SysTick 重载值寄存器(STRVR)：计数器的重载值，用于每当计数器过零时自动重载。

◇ SysTick 当前值寄存器(STCVR)：计数器的当前值。

在使能系统定时器时，计数器将在每个时钟递减一次，从重载值连续递减到 0，然后在下一个时钟沿重载 STRVR 寄存器，之后在接下来的每个时钟递减一次。清除 STRVR 寄存器，将在下一次重载时禁止计数器计数。当计数器递减计数到 0 时，将置位 COUNT 位，读取操作可清除 COUNT 位。对 STCVR 寄存器进行写操作时，可清零该寄存器和清除 COUNT 位，该写操作并不会触发系统定时器 SysTick 异常逻辑；在读操作时，当前值是该寄存器在被访问时的值。

在复位时，并未对 SysTick 计数器的重载值和当前值进行定义。SysTick 计数器的正确初始化步骤如下：

① 对 STRVR 寄存器中的值进行编程；

② 向 STCVR 寄存器中写入任意值来清零该寄存器；

③ 配置 STCSR 寄存器来执行所希望的操作。

9.3　32 位定时器模块

1. Timer32 的特性

MSP432P4xx 的 Timer32 模块是一个由 ARM 公司开发、测试、授权的，并遵从 AMBA 标准的 SoC 外设。Timer32 模块由两个可编程的 32 位或 16 位递减计数器构成，当计数值达到 0 时将发出一个中断。Timer32 的主要特性包括：

◇ 两个独立的计数器，每个都可配置成 32 位或 16 位计数器；

◇ 每个计数器具有 3 种不同的定时器模式；

◇ 输入时钟可预分频为 1、1/16 或 1/256；

◇ 每个计数器都可独立产生中断，而且两个计数器可生成一个组合中断。

2. Timer32 的功能

两个独立的定时器可作为 Timer32 的一部分，对于每一个定时器都有以下的操作模式可供选择：

◇ 自由运行模式（默认模式）；

◇ 周期定时器模式；

◇ 单次定时器模式。

3. Timer32 的操作

每个定时器都有一组相同的寄存器且操作相同。定时器由写入装载寄存器来装载，如果使能装载，将递减计数至 0。当计数器已在运行时，若向装载寄存器写入数据，则会使计数器立即在新值重新开始计数。写入到背景（Background）的装载值对当前计数没有影响。如果在周期模式中，并且不选择单触发模式，那么当计数器连续递减计数至 0 时，计数器将从新的装载值重新开始计数。当计数到 0 时将产生一个中断，可通过向清除寄存器写入数据来清除中断。如果选择单次模式，计数器达到 0 时将停止，直到取消单触发模式，或者写入一个新的装载值，否则，计数到 0 后，如果定时器工作在自由运行模式，那么它将从最大值连续递减计数。如果选择的是周期定时器模式，那么定时器将重新从装载寄存器中装载计数值，并连续递减计数。在这种模式下，计数器会有效地产生一个周期性中断。在复位时，将禁止计数器计数、清除中断，并将装载寄存器清零。模式和预分频值设置为自由运行，并且时钟不分频。定时器时钟使能由分频单元产生，并使能由计数器创建的具有下列条件之一的定时时钟：

◇ 系统时钟；

◇ 由 4 位预分频产生的 16 分频系统时钟；

◇ 由总共 8 位预分频产生的 256 分频系统时钟。

定时器的时钟频率在分频单元中的选择如图 9－11 所示。

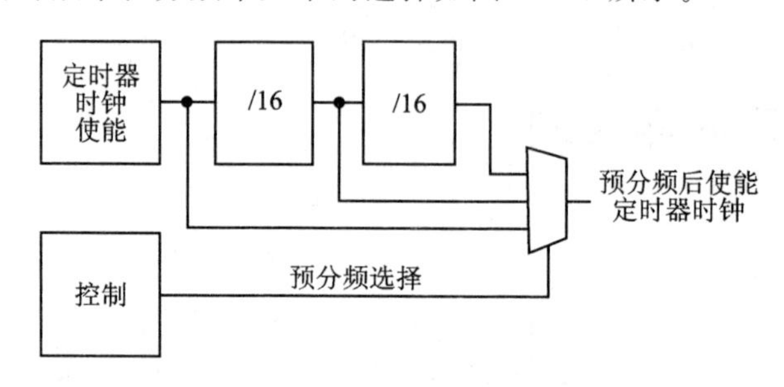

图 9－11　预分频时钟使能产生

4. 中断发生器

在完整的 32 位计数器计数到 0 时，将产生一个中断，仅当向 T32INTCLRx 寄存器写入数据时方可清除中断。在清除中断前，T32INTCLRx 寄存器将一直保持该值。计数器的最高有效进位可用于检测计数器是否达到 0。可向 T32CONTROLx 寄存器中的中断使能位写 0 来屏蔽中断。无论是原始中断状态、屏蔽之前，还是最后的中断状态、屏蔽之后，都可以从控制和状态寄存器中读出。来自单个计数器的中断屏蔽之后，通过逻辑“或”组合成了一个中断 TIMINTC，为 Timer32 外设提供了一个额外的中断条件。因此，该模块支持 3 种中断，即 TIMINT1、TIMINT2、TIMINTC。

5. Timer32 寄存器

Timer32 寄存器如表 9－4 所列。

表 9－4　Timer32 寄存器

偏移量	缩　写	寄存器名称	类　型	复　位
00h	T32LOAD1	定时器 1 装载寄存器	R/W	0h
04h	T32VALUE1	定时器 1 当前值寄存器	R	FFFFFFFFh
08h	T32CONTROL1	定时器 1 定时器控制寄存器	R/W	20h
0Ch	T32INTCLR1	定时器 1 中断清除寄存器	W	—
10h	T32RIS1	定时器 1 原始中断状态寄存器	R	0h
14h	T32MIS1	定时器 1 中断状态寄存器	R	0h
18h	T32BGLOAD1	定时器 1 背景装载寄存器	R/W	0h
20h	T32LOAD2	定时器 2 装载寄存器	R/W	0h
24h	T32VALUE2	定时器 2 当前值寄存器	R	FFFFFFFFh
28h	T32CONTROL2	定时器 2 定时器控制寄存器	R/W	20h

续表 9-4

偏移量	缩　写	寄存器名称	类　型	复　位
2Ch	T32INTCLR2	定时器2中断清除寄存器	W	—
30h	T32RIS2	定时器2原始中断状态寄存器	R	0h
34h	T32MIS2	定时器2中断状态寄存器	R	0h
38h	T32BGLOAD2	定时器2背景装载寄存器	R/W	0h

9.4 看门狗定时器

看门狗定时器是一个32位定时器，可以用来作为看门狗或间隔定时器。本节将简要介绍WDT_A模块的特性、模块框图及操作。

1. WDT_A的特性

WDT_A模块的主要功能是在发生软件问题后重启控制系统。如果选定的时间间隔到，那么将产生系统复位。如果在应用程序中不需要看门狗功能，该模块可配置成间隔定时器，并且可以在选定的时间间隔到时产生中断。WDT_A模块的特性包括：

◇ 8种软件可选的时间间隔；

◇ 看门狗工作模式；

◇ 间隔定时器模式；

◇ 密码保护访问看门狗定时器控制寄存器(WDTCTL)；

◇ 可选择的时钟源；

◇ 可以停止使用以降低功耗。

2. WDT_A的模块框图

WDT_A的模块框图如图9-12所示。

3. WDT_A的操作

可用WDTCTL寄存器来选择是将WDT_A模块配置成看门狗还是间隔定时器。WDTCTL寄存器是一个具有密码保护功能的16位读/写寄存器。任何读取或写入访问都必须使用半字指令，写操作时在高字节中必须包括写入密码05AH。无论WDT_A工作在哪种模式，向WDTCTL寄存器的高字节写入除05AH之外的任何值，都会发生密码冲突，导致系统复位。对WDTCTL寄存器的任何读操作，读出的高字节都将为069h。向WDTCTL寄存器的高字节或低字节部分仅写入字节数据时将导致系统复位，因为这个特殊寄存器必须始终以半字的方式进行访问。

WDT_A模块包括以下操作：

◇ 看门狗定时器计数器(WDTCNT)；

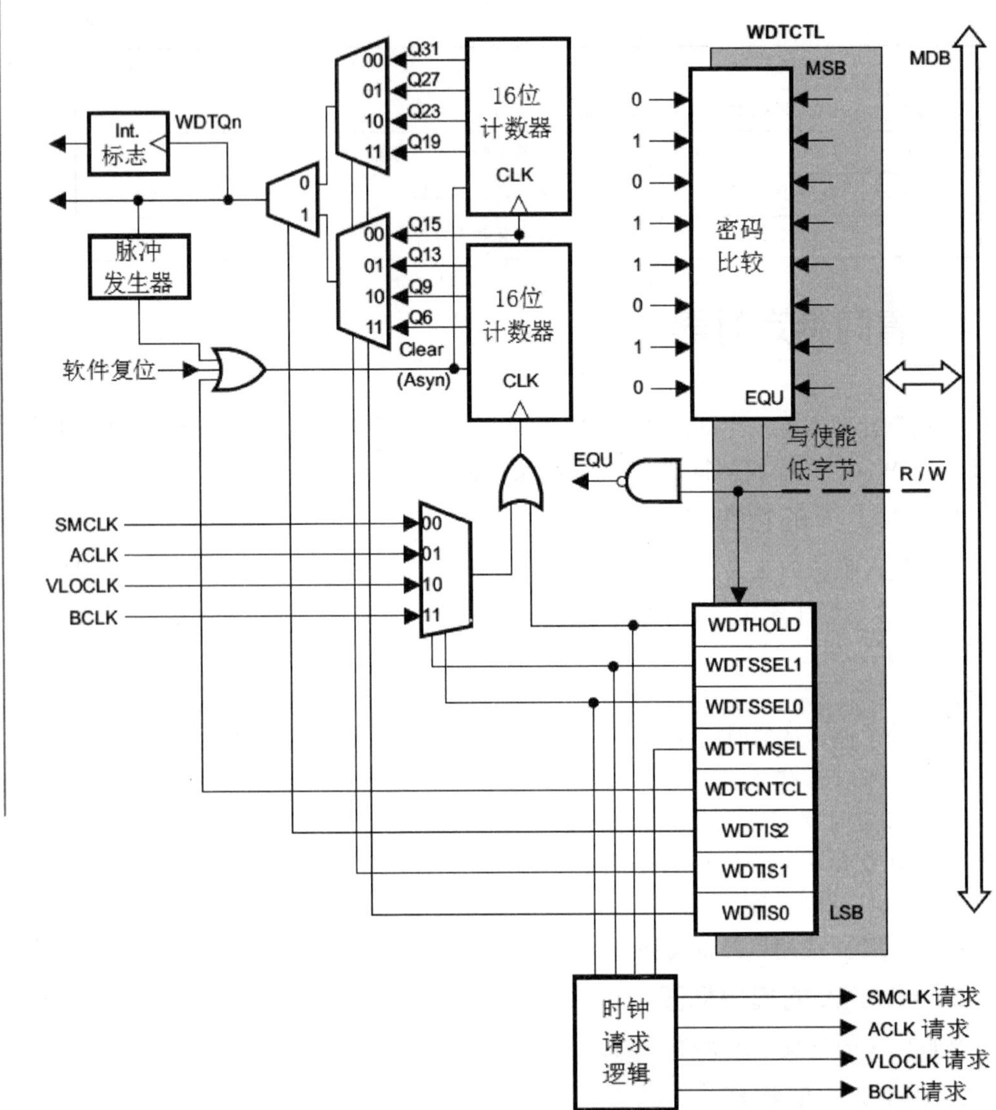

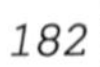

图 9-12 WDT_A 的模块框图

◇ 看门狗模式；

◇ 间隔定时器模式；

◇ 看门狗相关的中断和标志；

◇ WDT_A 的时钟源。

注意：操作细节请参阅 TI 技术手册。

4. WDT_A寄存器

WDT_A寄存器如表9-5所列。

表9-5 WDT_A寄存器

偏移量	缩　写	寄存器名称
0Ch	WDTCTL	看门狗定时器控制寄存器

9.5 实时时钟模块

RTC_C模块提供日历模式、灵活的可编程闹钟、偏移校准与温度补偿的时钟计数器。RTC_C还支持低功耗模式,例如,支持LPM3和LPM3.5模式。本节仅介绍RTC_C的特性及模块框图,细节请参阅TI文档。

1. RTC_C的特性

RTC_C模块提供可配置时钟计数器,其特性包括:

◇ 实时时钟和日历模式提供秒、分钟、小时、星期、日期、月、年(包括闰年修正);
◇ 实时时钟寄存器保护;
◇ 具有中断能力;
◇ 可选择BCD或二进制格式;
◇ 可编程闹钟;
◇ 实时时钟校准晶体偏移误差;
◇ 实时时钟补偿晶振的温度漂移;
◇ 可在低功耗模式LPM3和LPM3.5下运行。

2. RTC_C的模块框图

RTC_C的模块框图如图9-13所示。

9.6 定时器的固件库函数

1. Timer_A的固件库函数

(1) 数据结构

数据结构如表9-6所列。

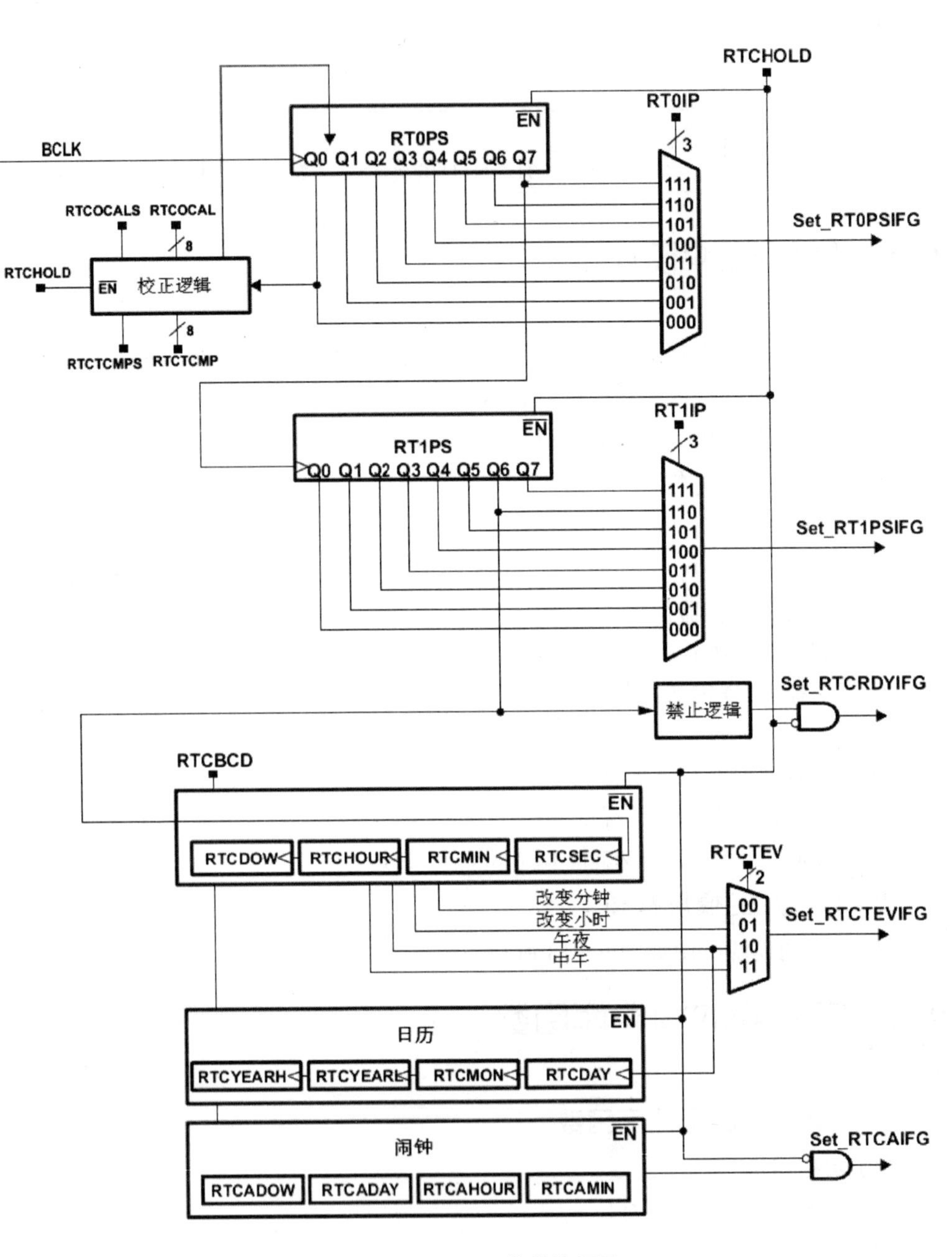

图 9－13 RTC_C 的模块框图

表 9-6 数据结构

编 号	名 称
1	struct _Timer_A_CaptureModeConfig
2	struct_Timer_A_CompareModeConfig
3	struct_Timer_A_ContinuousModeConfig
4	struct _Timer_A_PWMConfig
5	struct _Timer_A_UpDownModeConfig
6	struct _Timer_A_UpModeConfig

(2) 类型定义

类型定义如表 9-7 所列。

表 9-7 类型定义

编 号	名 称
1	typedef struct _Timer_A_CaptureModeConfig Timer_A_CaptureModeConfig
2	typedef struct_Timer_A_CompareModeConfig Timer_A_CompareModeConfig
3	typedef struct _Timer_A_ContinuousModeConfig Timer_A_ContinuousModeConfig
4	typedef struct _Timer_A_PWMConfig Timer_A_PWMConfig
5	typedef struct _Timer_A_UpDownModeConfig Timer_A_UpDownModeConfig
6	typedef struct _Timer_A_UpModeConfig Timer_A_UpModeConfig

(3) 函 数

Timer_A 的固件库函数如表 9-8 所列。

表 9-8 Timer_A 的固件库函数

编 号	名 称
1	void Timer_A_clearCaptureCompareInterrupt(uint32_t timer, uint_fast16_t captureCompareRegister)
2	void Timer_A_clearInterruptFlag(uint32_t timer)
3	void Timer_A_clearTimer(uint32_t timer)
4	void Timer_A_configureContinuousMode(uint32_t timer, const Timer_A_ContinuousModeConfig _config)
5	void Timer_A_configureUpDownMode(uint32_t timer, const Timer_A_UpDownModeConfig_config)
6	void Timer_A_configureUpMode(uint32_t timer, const Timer_A_UpModeConfig _config)

续表 9-8

编　号	名　称
7	void Timer_A_disableCaptureCompareInterrupt(uint32_t timer, uint_fast16_t captureCompareRegister)
8	void Timer_A_disableInterrupt(uint32_t timer)
9	void Timer_A_enableCaptureCompareInterrupt(uint32_t timer, uint_fast16_t captureCompareRegister)
10	void Timer_A_enableInterrupt(uint32_t timer)
11	void Timer_A_generatePWM(uint32_t timer, const Timer_A_PWMConfig _config)
12	uint_fast16_t Timer_A_getCaptureCompareCount(uint32_t timer, uint_fast16_t captureCompareRegister)
13	uint32_t Timer_A_getCaptureCompareEnabledInterruptStatus(uint32_t timer, uint_fast16_t captureCompareRegister)
14	uint32_t Timer_A_getCaptureCompareInterruptStatus(uint32_t timer, uint_fast16_t captureCompareRegister, uint_fast16_t mask)
15	uint16_t Timer_A_getCounterValue(uint32_t timer)
16	uint32_t Timer_A_getEnabledInterruptStatus(uint32_t timer)
17	uint32_t Timer_A_getInterruptStatus(uint32_t timer)
18	uint_fast8_t Timer_A_getOutputForOutputModeOutBitValue(uint32_t timer, uint_fast16_t captureCompareRegister)
19	uint_fast8_t Timer_A_getSynchronizedCaptureCompareInput(uint32_t timer, uint_fast16_t captureCompareRegister, uint_fast16_t synchronizedSetting)
20	void Timer_A_initCapture(uint32_t timer, const Timer_A_CaptureModeConfig _config)
21	void Timer_A_initCompare(uint32_t timer, const Timer_A_CompareModeConfig _config)
22	void Timer_A_registerInterrupt(uint32_t timer, uint_fast8_t interruptSelect, void(_intHandler)(void))

续表 9-8

编　号	名　称
23	void Timer_A_setCompareValue(uint32_t timer, uint_fast16_t compareRegister, uint_fast16_t compareValue)
24	void Timer_A_setOutputForOutputModeOutBitValue(uint32_t timer, uint_fast16_t captureCompareRegister, uint_fast8_t outputModeOutBitValue)
25	void Timer_A_startCounter(uint32_t timer, uint_fast16_t timerMode)
26	void Timer_A_stopTimer(uint32_t timer)
27	void Timer_A_unregisterInterrupt(uint32_t timer, uint_fast8_t interruptSelect)

2. 系统定时器 SysTick 的固件库函数

系统定时器 SysTick 的固件库函数如表 9-9 所列。

表 9-9　系统定时器 SysTick 的固件库函数

编　号	名　称
1	void SysTick_disableInterrupt(void)
2	void SysTick_disableModule(void)
3	void SysTick_enableInterrupt(void)
4	void SysTick_enableModule(void)
5	uint32_t SysTick_getPeriod(void)
6	uint32_t SysTick_getValue(void)
7	void SysTick_registerInterrupt(void(_intHandler)(void))
8	void SysTick_setPeriod(uint32_t period)
9	void SysTick_unregisterInterrupt(void)

3. Timer32 的固件库函数

Timer32 的固件库函数如表 9-10 所列。

表 9-10 Timer32 的固件库函数

编 号	名 称
1	void Timer32_clearInterruptFlag(uint32_t timer)
2	void Timer32_disableInterrupt(uint32_t timer)
3	void Timer32_enableInterrupt(uint32_t timer)
4	uint32_t Timer32_getInterruptStatus(uint32_t timer)
5	uint32_t Timer32_getValue(uint32_t timer)
6	void Timer32_haltTimer(uint32_t timer)
7	void Timer32_initModule(uint32_t timer, uint32_t preScaler, uint32_t resolution, uint32_t mode)
8	void Timer32_registerInterrupt(uint32_t timerInterrupt, void(_intHandler)(void))
9	void Timer32_setCount(uint32_t timer, uint32_t count)
10	void Timer32_setCountInBackground(uint32_t timer, uint32_t count)
11	void Timer32_startTimer(uint32_t timer, bool oneShot)
12	void Timer32_unregisterInterrupt(uint32_t timerInterrupt)

4. WDT_A 的固件库函数

WDT_A 的固件库函数如表 9-11 所列。

表 9-11 WDT_A 的固件库函数

编 号	函 数
1	void WDT_A_clearTimer(void)
2	void WDT_A_holdTimer(void)
3	void WDT_A_initIntervalTimer(uint_fast8_t clockSelect, uint_fast8_t clockDivider)
4	void WDT_A_initWatchdogTimer(uint_fast8_t clockSelect, uint_fast8_t clockDivider)
5	void WDT_A_registerInterrupt(void(_intHandler)(void))
6	void WDT_A_setPasswordViolationReset(uint_fast8_t resetType)
7	void WDT_A_setTimeoutReset(uint_fast8_t resetType)
8	void WDT_A_startTimer(void)
9	void WDT_A_unregisterInterrupt(void)

5. RTC_C 的固件库函数

RTC_C 的固件库提供了一组使用 RTC_C 模块的函数，这些函数用于校准时钟、初始化 RTC_C 模块的日历模式，以及设置和使能 RTC_C 模块的中断。RTC_C 模块具有在日历模式中跟踪当前时间和日期的能力。RTC_C 模块可产生多种中断，即在日历模式中可以定义两个中断，在计数器模式中当计数器溢出时会发出一个中断，以及为每个预分频器发出一个中断。RTC_C 的固件库函数如表 9-12 所列。

表 9-12 RTC_C 的固件库函数

编 号	名 称
1	void RTC_C_clearInterruptFlag(uint_fast8_t interruptFlagMask)
2	uint16_t RTC_C_convertBCDToBinary(uint16_t valueToConvert)
3	uint16_t RTC_C_convertBinaryToBCD(uint16_t valueToConvert)
4	void RTC_C_definePrescaleEvent(uint_fast8_t prescaleSelect, uint_fast8_t prescaleEventDivider)
5	void RTC_C_disableInterrupt(uint8_t interruptMask)
6	void RTC_C_enableInterrupt(uint8_t interruptMask)
7	RTC_C_Calendar RTC_C_getCalendarTime(void)
8	uint_fast8_t RTC_C_getEnabledInterruptStatus(void)
9	uint_fast8_t RTC_C_getInterruptStatus(void)
10	uint_fast8_t RTC_C_getPrescaleValue(uint_fast8_t prescaleSelect)
11	void RTC_C_holdClock(void)
12	void RTC_C_initCalendar(const RTC_C_Calendar _calendarTime, uint_fast16_t formatSelect)
13	void RTC_C_registerInterrupt(void(_intHandler)(void))
14	void RTC_C_setCalendarAlarm(uint_fast8_t minutesAlarm, uint_fast8_t hoursAlarm, uint_fast8_t dayOfWeekAlarm, uint_fast8_t dayOfmonthAlarm)
15	void RTC_C_setCalendarEvent(uint_fast16_t eventSelect)
16	void RTC_C_setCalibrationData(uint_fast8_t offsetDirection, uint_fast8_t offsetValue)
17	void RTC_C_setCalibrationFrequency(uint_fast16_t frequencySelect)
18	void RTC_C_setPrescaleValue(uint_fast8_t prescaleSelect, uint_fast8_t prescaleCounterValue)

续表 9 - 12

编　号	名　称
19	bool RTC_C_setTemperatureCompensation(uint_fast16_t offsetDirection, uint_fast8_t offsetValue)
20	void RTC_C_startClock(void)
21	void RTC_C_unregisterInterrupt(void)

9.7　例　程

本节将根据 TI 提供的例程对上述 5 类定时器固件库函数的使用方法进行介绍，代码的调试与测试细节请读者参考第 10 章“例程”的相关内容。

9.7.1　定时器 A 例程

1. 递增模式例程

(1) 硬件连线图

递增模式例程的硬件连线图如图 9 - 14 所示。

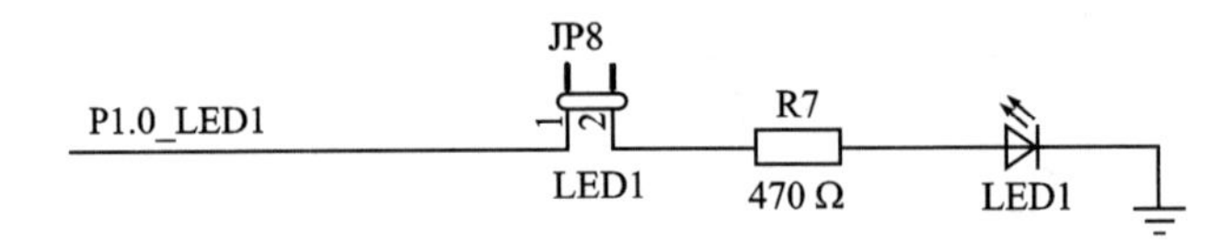

图 9 - 14　递增模式例程的硬件连线图

(2) timer_a_upmode_gpio_toggle.c 程序介绍

```
/**************************************************************************
* 文件名:timer_a_upmode_gpio_toggle.c
* 来源:TI 例程
* 功能描述:使用软件和 TA_0 ISR 反转 P1.0。因为 Timer_A1 配置成递增模式,所以当 TAR 计
* 数到 CCR0 时会溢出。在该例程中,由于 CCR0 的装载值为 0x2DC6,因此每隔半秒将使 LED
* 反转一次。ACLK = n/a, MCLK = SMCLK = default DCO~1 MHz,TACLK = SMCLK/64
**************************************************************************/
/* DriverLib Includes */
#include "driverlib.h"

/* 定义装载值 */
#defineTIMER_PERIOD    0x2DC6

/* Timer_A 递增模式的配置参数 */
```

```
const Timer_A_UpModeConfigupConfig =
{
        TIMER_A_CLOCKSOURCE_SMCLK,              //SMCLK 时钟源
        TIMER_A_CLOCKSOURCE_DIVIDER_64,         //SMCLK/1 = 3 MHz
        TIMER_PERIOD,                           //5 000 个滴答周期
        TIMER_A_TAIE_INTERRUPT_DISABLE,         //禁用定时器中断
        TIMER_A_CCIE_CCR0_INTERRUPT_ENABLE,     //使能 CCR0 中断
        TIMER_A_DO_CLEAR                        //清除值
};

int main(void)
{
    /* 停止 WDT_A */
    MAP_WDT_A_holdTimer();

    /* 将 P1.0 配置成输出 */
    MAP_GPIO_setAsOutputPin(GPIO_PORT_P1, GPIO_PIN0);
    MAP_GPIO_setOutputLowOnPin(GPIO_PORT_P1, GPIO_PIN0);

    /* 将 Timer_A1 配置成递增模式 */
    MAP_Timer_A_configureUpMode(TIMER_A1_MODULE, &upConfig);

    /* 使能中断并启动定时器 */
    MAP_Interrupt_enableSleepOnIsrExit();
    MAP_Interrupt_enableInterrupt(INT_TA1_0);
    MAP_Timer_A_startCounter(TIMER_A1_MODULE, TIMER_A_UP_MODE);

    /* 使能主中断 */
    MAP_Interrupt_enableMaster();

    /* 在不使用时进入睡眠状态 */
    while(1)
    {
        MAP_PCM_gotoLPM0();
    }
}

void timer_a_0_isr(void)
{
    MAP_GPIO_toggleOutputOnPin(GPIO_PORT_P1, GPIO_PIN0);
    MAP_Timer_A_clearCaptureCompareInterrupt(TIMER_A1_MODULE,
            TIMER_A_CAPTURECOMPARE_REGISTER_0);
```

```
}
```

(3) 调试与测试

Timer_A 递增模式的程序测试结果如图 9-15 所示。

图 9-15 Timer_A 递增模式程序的测试结果

2. Timer_A 的 PWM 输出例程

(1) 硬件连线图

Timer_A 的 PWM 输出例程的硬件连线图如图 9-16 所示。

说明：有示波器的读者可以将 P7.3 的 PWM 输出连接到示波器的输入端以观察 PWM 的波形；无示波器的读者可以按图 9-16 所示电路，通过观察 LED 闪烁的快慢和万用表读数的变化情况来间接了解 PWM 输出。注意，电阻 R 的值应大于 1 kΩ，以免输出电流过大。

(2) timer_a_pwm_mode.c 程序说明

```
/********************************************************************
* 文件名:timer_a_pwm_mode.c
* 来源:TI 例程
* 功能描述:在该例程中,Timer_A 模块用于创建一个具有可调节占空比的精确 PWM。PWM 的
* 起始周期是 200 ms,从 P7.3 输出。PWM 的初始占空比为 10%,然而当按下 P1.1 上的按钮
* S1 时,占空比依次增加了 10%。一旦占空比达到 90%时,再按下按钮 S1 时占空比将重置
* 为 10%。如果不使用示波器,那每次按下按钮 S1 时,LED 的闪烁速度会减慢,当按下按钮
* S1 八次时,LED 的闪烁速度会回到快速闪烁的起始状态
********************************************************************/
/* DriverLib Includes */
```

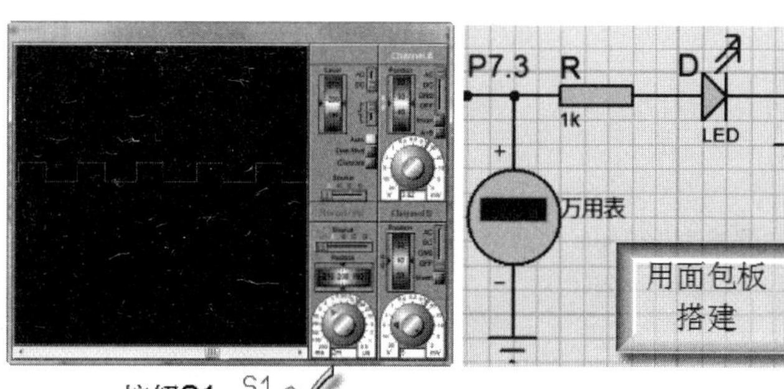

图 9-16　Timer_A 的 PWM 输出例程的硬件连线图

```
#include "driverlib.h"

/* Standard Includes */
#include < stdint.h >

#include < stdbool.h >

/* Timer_A 的 PWM 配置参数 */
Timer_A_PWMConfigpwmConfig =
{
        TIMER_A_CLOCKSOURCE_SMCLK,
        TIMER_A_CLOCKSOURCE_DIVIDER_1,
        32000,
        TIMER_A_CAPTURECOMPARE_REGISTER_0,
        TIMER_A_OUTPUTMODE_TOGGLE,
        3200
};
```

```
int main(void)
{
    /*关闭看门狗定时器*/
    MAP_WDT_A_holdTimer();

    /*将 MCLK 设置为 128 kHz 的 REFOLP 模式
     *将 SMCLK 设置成 64 kHz
     */
    MAP_CS_setReferenceOscillatorFrequency(CS_REFO_128KHZ);
    MAP_CS_initClockSignal(CS_MCLK, CS_REFOCLK_SELECT, CS_CLOCK_DIVIDER_1);
    MAP_CS_initClockSignal(CS_SMCLK, CS_REFOCLK_SELECT, CS_CLOCK_DIVIDER_2);
    MAP_PCM_setPowerState(PCM_AM_LF_VCORE0);

    /*将 P7.3 端口配置成 PWM 输出,P1.1 端口为按钮中断输入 */
    MAP_GPIO_setAsPeripheralModuleFunctionOutputPin(GPIO_PORT_P7, GPIO_PIN3,
            GPIO_PRIMARY_MODULE_FUNCTION);
    MAP_GPIO_setAsInputPinWithPullUpResistor(GPIO_PORT_P1, GPIO_PIN1);
    MAP_GPIO_clearInterruptFlag(GPIO_PORT_P1, GPIO_PIN1);
    MAP_GPIO_enableInterrupt(GPIO_PORT_P1, GPIO_PIN1);

    /*将 Timer_A 的周期配置成约 32000 个滴答时钟以及初始占空比为 10%(3200 个滴答
      时钟)*/
    MAP_Timer_A_generatePWM(TIMER_A0_MODULE, &pwmConfig);

    /* 使能中断 */
    MAP_Interrupt_enableInterrupt(INT_PORT1);
    MAP_Interrupt_enableSleepOnIsrExit();
    MAP_Interrupt_enableMaster();

    /*在不使用时进入休眠状态*/
    while(1)
    {
        MAP_PCM_gotoLPM0();
    }
}

/* 端口 1 的 ISR:当按下按钮 S1 时该 ISR 将逐渐加大 PWM 的占空比 */
void port1_isr(void)
{
    uint32_tstatus = MAP_GPIO_getEnabledInterruptStatus(GPIO_PORT_P1);
    MAP_GPIO_clearInterruptFlag(GPIO_PORT_P1, status);
```

```
        if(status & GPIO_PIN1)
        {
            if(pwmConfig.dutyCycle == 28800)
                pwmConfig.dutyCycle = 3200;
            else
                pwmConfig.dutyCycle += 3200;

            MAP_Timer_A_generatePWM(TIMER_A0_MODULE, &pwmConfig);
        }
    }
```

(3) 调试与测试

单击工具栏上的程序运行图标使程序全速运行，可以看到 LED 快速闪烁。每次按下按钮 S1 时，LED 的闪烁速度会减慢，同时 P7.3 的输出电压也在不停地变化。当按下按钮 S1 八次时，LED 的闪烁速度会回到快速闪烁的起始状态，如图 9－17 所示。

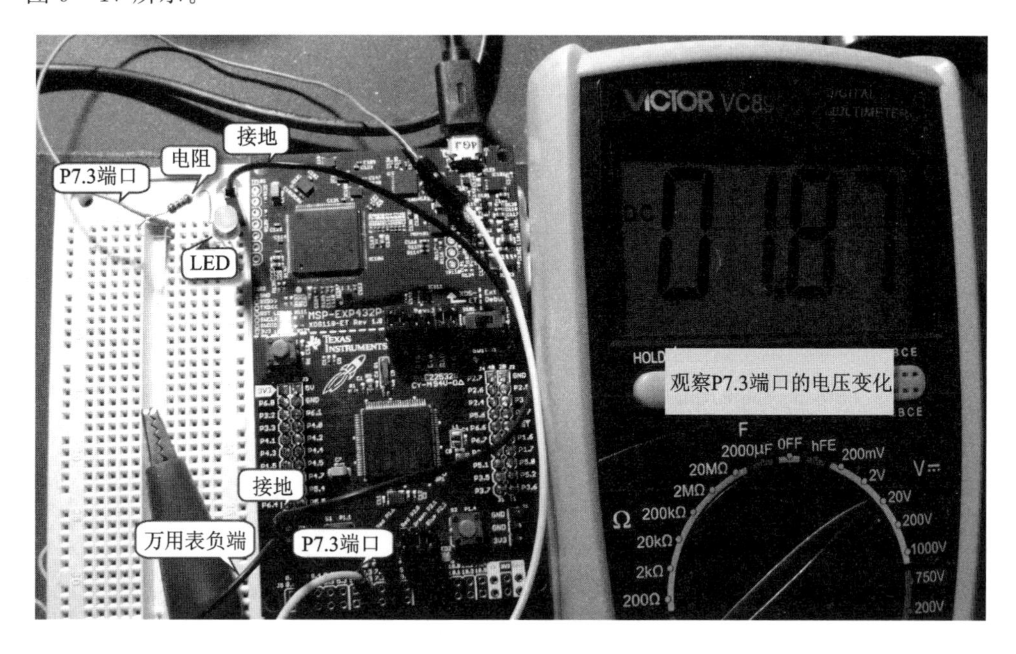

图 9－17　Timer_A 的 PWM 输出的测试结果

从图 9－17 所示的 LED 闪烁情况来看，上述基于 Timer_A 的 PWM 输出程序是正确的。

9.7.2 定时器32例程

本小节仅给出单次自由运行的 Timer32 例程,有关中断的 Timer32 例程请查阅第10章"例程"的相关内容。

timer32_one_shot_free_run.c 程序介绍

```
/*******************************************************************
* 文件名:timer32_one_shot_free_run.c
* 来源:TI 例程
* 功能描述:在这个非常简单的例程中,将 Timer32 模块设置成 32 位自由运行模式并启动单
* 次模式。定时器从 UINT32_MAX(0xFFFFFFFF)值开始向下递减计数到 0。一旦定时器达到 0
* 时,将会停止计数(单次)。选择 MCLK 作为 Timer32 的时钟源,并且在该例程中配置成具有
* 256 的预分频
*******************************************************************/
/* DriverLid Includes */
#include "driverlib.h"

/* Standard Includes */
#include < stdint.h >

#include < stdbool.h >

int main(void)
{
    volatile uint32_tcurValue;

    /* Holding the Watchdog */
    MAP_WDT_A_holdTimer();

    /*将 Timer32 初始化为 32 位自由运行模式(最大值为 0xFFFFFFFF)*/
    MAP_Timer32_initModule(TIMER32_0_MODULE,
                           TIMER32_PRESCALER_256,
                           TIMER32_32BIT,
                           TIMER32_FREE_RUN_MODE);

    /* 启动定时器 */
    MAP_Timer32_startTimer(TIMER32_0_MODULE, true);

    while(1)
    {
        /*获取 Timer32 的当前值*/
```

```
        curValue = MAP_Timer32_getValue(TIMER32_0_MODULE);
    }
}
```

9.7.3　看门狗定时器例程

(1) 硬件连线图

WDT_A 例程的硬件连线图如图 9－18 所示。

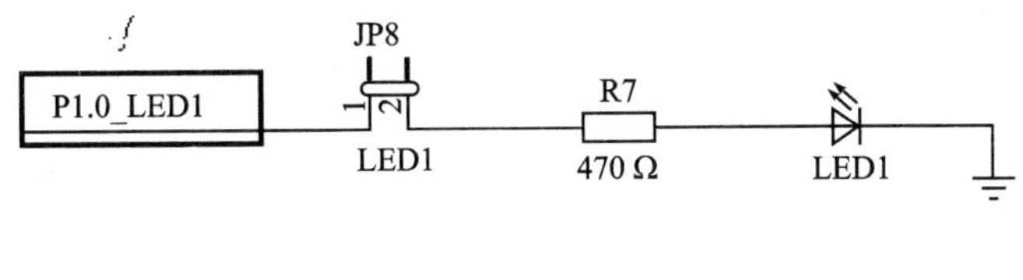

图 9－18　WDT_A 例程的硬件连线图

(2) wdt_a_service_the_dog.c 程序介绍

```
/************************************************************************
* 文件名:wdt_a_service_the_dog.c
* 来源:TI 例程
* 功能描述: 在该例程中,WDT_A 模块用于典型的使用情况,即当系统得不到响应时("喂
* 狗"),看门狗定时器如何启动复位。如果看门狗定时器在 4 s 内没有得到服务,将启动软
* 复位。一个简单的系统定时器也被设置为看门狗定时器每秒服务一次。当按下按钮 S1
* 时,将禁用系统定时器中断,引起看门狗定时器超时。复位时,程序会检测到看门狗定时器
* 超时,从而触发软复位,并用 LED 闪烁来告知看门狗定时器超时。测试细节可参考第 10 章
* 中对中断例程的测试方法
************************************************************************/
/* DriverLib Includes */
#include "driverlib.h"

/* Standard Includes */
#include < stdint.h >

#include < stdbool.h >

#defineWDT_A_TIMEOUT RESET_SRC_1

int main(void)
{
```

```
volatile uint32_t ii;

/* 关闭看门狗定时器 */
MAP_WDT_A_holdTimer();

/* 如果看门狗定时器复位,将反转 GPIO 来告知看门狗定时器超时。其中,LED 的周期是 1 s */
if(MAP_ResetCtl_getSoftResetSource() & WDT_A_TIMEOUT)
{
    MAP_GPIO_setAsOutputPin(GPIO_PORT_P1, GPIO_PIN0);

    while(1)
    {
        MAP_GPIO_toggleOutputOnPin(GPIO_PORT_P1, GPIO_PIN0);
        for(ii = 0;ii<4000;ii++)
        {

        }

    }
}

/* 将 MCLK 设置成 REFO = 128 kHz 的低频模式,并将 SMCLK 设置成 REFO */
MAP_CS_setReferenceOscillatorFrequency(CS_REFO_128KHZ);
MAP_CS_initClockSignal(CS_MCLK,
                       CS_REFOCLK_SELECT,
                       CS_CLOCK_DIVIDER_1);
MAP_CS_initClockSignal(CS_HSMCLK,
                       CS_REFOCLK_SELECT,
                       CS_CLOCK_DIVIDER_1);
MAP_CS_initClockSignal(CS_SMCLK,
                       CS_REFOCLK_SELECT,
                       CS_CLOCK_DIVIDER_1);
MAP_PCM_setPowerState(PCM_AM_LF_VCORE0);

/* 将 GPIO1.1 端口配置成输入 */
MAP_GPIO_setAsInputPinWithPullUpResistor(GPIO_PORT_P1, GPIO_PIN1);
MAP_GPIO_clearInterruptFlag(GPIO_PORT_P1, GPIO_PIN1);

/* 在 128 kHz 时,将看门狗定时器配置成在经过 512 kHz 的 SMCLK 迭代后,会引起看门
 * 狗定时器超时,这将大致花费 4 s 的时间 */
MAP_SysCtl_setWDTTimeoutResetType(SYSCTL_SOFT_RESET);
MAP_WDT_A_initWatchdogTimer(WDT_A_CLOCKSOURCE_SMCLK,
                            WDT_A_CLOCKITERATIONS_512K);
```

```
    /* 将系统定时器设置成用每 128 000 个时钟迭代来唤醒对看门狗定时器的服务 */
    MAP_SysTick_enableModule();
    MAP_SysTick_setPeriod(128000);
    MAP_SysTick_enableInterrupt();

    /* 使能中断并启动看门狗定时器 */
    MAP_GPIO_enableInterrupt(GPIO_PORT_P1, GPIO_PIN1);
    MAP_Interrupt_enableInterrupt(INT_PORT1);
    MAP_Interrupt_enableSleepOnIsrExit();
    MAP_Interrupt_enableMaster();

    MAP_WDT_A_startTimer();

    /* 在不活动时进入休眠状态 */
    while(1)
    {
        MAP_PCM_gotoLPM0();
    }
}

/* SysTick ISR——ISR 将在每秒触发一次"看门狗服务"(复位),以防止看门狗定时器超时 */
  void systick_isr(void)
{
    MAP_WDT_A_clearTimer();
}

/* GPIO ISR——每当按下按钮 S1 将进入 ISR */
void gpio_isr(void)
{
    uint32_tstatus;

    status = MAP_GPIO_getEnabledInterruptStatus(GPIO_PORT_P1);
    MAP_GPIO_clearInterruptFlag(GPIO_PORT_P1, status);

    if(status & GPIO_PIN1)
    {
        MAP_SysTick_disableInterrupt();
    }
}
```


(3) 调试与测试

程序测试过程留给读者自行完成,如果有疑问请参考第 10 章"例程"的相关内容。

9.7.4　系统定时器例程

(1) 硬件连线图

系统定时器例程的硬件连线图如图 9－19 所示。

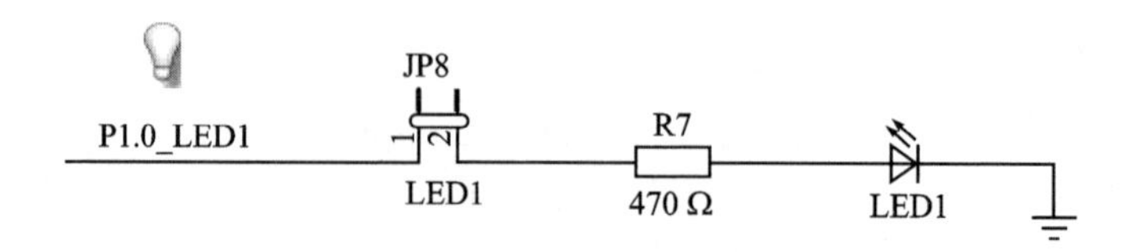

图 9－19　系统定时器例程的硬件连线图

(2) systick_interrupt_gpio_blink. c 程序介绍

```
/******************************************************************
* 文件名:systick_interrupt_gpio_blink.c
* 来源:TI 例程
*  功能描述:该程序将使用系统定时器模块来点亮 LED,使其每秒闪烁一次
*******************************************************************/
/* DriverLib Includes */
#include "driverlib.h"

/* Standard Includes */
#include < stdint.h >

#include < stdbool.h >

int main(void)
{
    /*  关闭看门狗定时器 */
    MAP_WDT_A_holdTimer();

    /* 将 GPIO 配置成输出 */
    MAP_GPIO_setAsOutputPin(GPIO_PORT_P1, GPIO_PIN0);

    /* 将系统定时器配置成在计数到 1 500 000 时触发
      * (MCLK = 3 MHz,所以这将使其每 0.5 s 反转一次)
     */
    MAP_SysTick_enableModule();
    MAP_SysTick_setPeriod(1500000);
    MAP_Interrupt_enableSleepOnIsrExit();
    MAP_SysTick_enableInterrupt();
```

```
    /* 使能主中断 */
    MAP_Interrupt_enableMaster();

    while(1)
    {
        MAP_PCM_gotoLPM0();
    }
}

void systick_isr(void)
{
    MAP_GPIO_toggleOutputOnPin(GPIO_PORT_P1, GPIO_PIN0);
}
```

(3) 调试与测试

程序测试过程留给读者自行完成，如果有疑问请参考第 10 章“例程”的相关内容。

9.7.5 实时时钟例程

(1) 硬件连线图

RTC_C 例程的硬件连线图如图 9 - 20 所示。

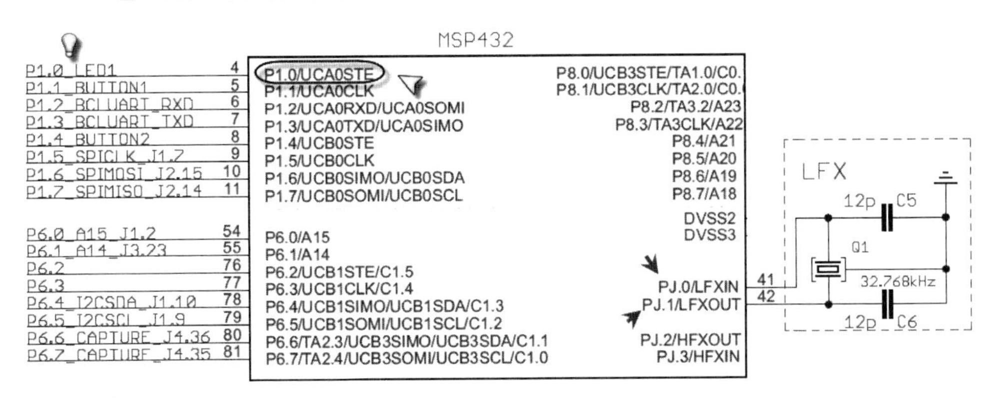

图 9 - 20　RTC_C 例程的硬件连线图

(2) rtc_c_calendar_alarm_interrupt.c 程序介绍

```
/******************************************************************************
* 文件名:rtc_c_calendar_alarm_interrupt.c
* 来源:TI 例程
* 功能描述：该例程介绍了在 RTC_C 模式下每秒和每分触发的中断。这段代码每秒反转一次
* P1.0 端口的电平。为了提高 RTC_C 的精度，建议采用外部晶振作为 LFXT1。其中，ACLK =
* LFXT1 = 32 768 Hz, MCLK = default DCO of 3 MHz
******************************************************************************/
```

```
/* DriverLib Includes */
#include "driverlib.h"
/* Statics */
static volatile RTC_C_CalendarnewTime;
/* 假设时间为 1955 年 11 月 12 日晚上 10 点 03 分 00 秒 */
const RTC_C_CalendarcurrentTime =
{
        0x00,
        0x03,
        0x22,
        0x12,
        0x11,
        0x1955
};
int main(void)
{
    /* Halting WDT_A */
    MAP_WDT_A_holdTimer();
    /* 配置用于晶振和 LED 输出的引脚 */
    MAP_GPIO_setAsPeripheralModuleFunctionOutputPin(GPIO_PORT_PJ,
            GPIO_PIN0 | GPIO_PIN1, GPIO_PRIMARY_MODULE_FUNCTION);
    MAP_GPIO_setAsOutputPin(GPIO_PORT_P1, GPIO_PIN0);
    /* 设置外部时钟频率 */
    CS_setExternalClockSourceFrequency(32000,48000000);
    /* 以非旁路模式启动 LFXT,不带超时 */
    CS_startLFXT(false);
    /* 初始化 RTC_C 的当前时间 */
    MAP_RTC_C_initCalendar(&currentTime, RTC_C_FORMAT_BCD);
    /* 设置日历闹钟为晚上 10:04 */
    MAP_RTC_C_setCalendarAlarm(0x04, 0x22, RTC_C_ALARMCONDITION_OFF,
            RTC_C_ALARMCONDITION_OFF);
    /* 指定日历中断的条件为每分钟 */
    MAP_RTC_C_setCalendarEvent(RTC_C_CALENDAREVENT_MINUTECHANGE);
    /* 使能 RTC_C 中断就绪状态,当读取 RTC_C 日历寄存器准备就绪时有效
     * 此外,使能日历闹钟中断和日历事件中断
     */
    MAP_RTC_C_clearInterruptFlag(RTC_C_CLOCK_READ_READY_INTERRUPT |
                                 RTC_C_TIME_EVENT_INTERRUPT |
                                 RTC_C_CLOCK_ALARM_INTERRUPT);
    MAP_RTC_C_enableInterrupt(RTC_C_CLOCK_READ_READY_INTERRUPT |
                              RTC_C_TIME_EVENT_INTERRUPT |
                              RTC_C_CLOCK_ALARM_INTERRUPT);
```

```
    /* 启动 RTC_C */
    MAP_RTC_C_startClock();
    /* 使能中断和进入睡眠状态 */
    MAP_Interrupt_enableInterrupt(INT_RTC_C);
    MAP_Interrupt_enableSleepOnIsrExit();
    MAP_Interrupt_enableMaster();
    while(1)
    {
        MAP_PCM_gotoLPM3();
    }
}
/* RTC ISR */
void rtc_isr(void)
{
    uint32_t status;
    status = MAP_RTC_C_getEnabledInterruptStatus();
    MAP_RTC_C_clearInterruptFlag(status);
    if(status & RTC_C_CLOCK_READ_READY_INTERRUPT)
    {
        MAP_GPIO_toggleOutputOnPin(GPIO_PORT_P1, GPIO_PIN0);
    }
    if(status & RTC_C_TIME_EVENT_INTERRUPT)
    {
        /* 对于每分钟中断在此设置断点 */
        __no_operation();
        newTime = MAP_RTC_C_getCalendarTime();
    }
    if(status & RTC_C_CLOCK_ALARM_INTERRUPT)
    {
        /* 在 10:04 pm 时中断 */
        __no_operation();
    }
}
```

(3) 调试与测试

测试方法及过程请读者参考第 10 章“例程”的相关内容。

第10章

嵌套向量中断控制器

中断是CPU实时地处理内部或外部事件的一种机制。当发生某种事件时，CPU将暂停当前的程序，转而去处理中断事件。当中断服务程序结束后，又会返回到前面程序的中断处，重新开始往下执行。

MSP432P401R控制器包含ARM嵌套向量中断控制器(Nested Vectored Interrupt Controller,NVIC)。NVIC和TM4C处理器在处理模式中可对所有异常进行优先级划分和处理，并且在处理异常时，会将处理器状态自动保存到堆栈中，而当中断服务程序结束时又会自动恢复。中断向量的读取与状态保存同步，可高效地进入中断。NVIC支持尾链技术，背靠背的中断执行可免去入栈和出栈的时间开销，并且可以利用软件设置7个异常(系统处理器)和64个中断的8级优先级。

本章将简要介绍NVIC及其固件库函数的使用方法。NVIC的固件库函数包含在driverlib/interrupt.c中，driverlib/interrupt.h包含该库函数的所有定义。

本章的主要内容：

◇ NVIC简介；

◇ NVIC的固件库函数；

◇ 例程。

10.1 NVIC简介

10.1.1 NVIC的特性

NVIC的特性如下：

◇ 64个中断。

◇ 每个中断都分为0～7个优先级，且均可编程。其中，0为最高优先级。

◇ 低延时异常和中断处理。

◇ 中断信号的电平检测和脉冲检测。

◇ 动态重新分配中断的优先级。

◇ 分组的优先值被划分为组优先级和子优先级字段。

◇ 支持背靠背的中断尾链技术。

◇ 提供一个外部不可屏蔽中断(NMI)。

NVIC 采用的尾链技术的示意图如图 10-1 所示。

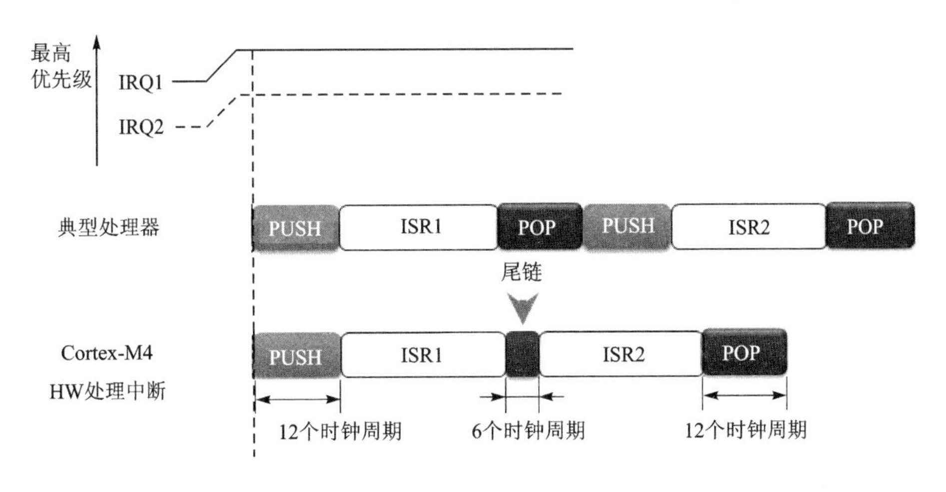

图 10-1　尾链技术的示意图

在图 10-1 中,两个中断同时间发生:IRQ1 的优先级高于 IRQ2 的优先级。采用尾链技术可降低中断延迟,并可节省 18 个时钟周期,即 24 时钟周期(POP+PUSH)(典型处理器)→6 时钟周期(Cortex-M4 尾链)。

10.1.2　电平式中断与脉冲中断

处理器支持电平式中断及脉冲式中断。脉冲式中断通常又称为边沿触发中断。在外设释放中断信号前,电平式中断将一直保持有效,一般来说,这是因为 ISR 访问外设时将导致其清除中断请求。脉冲中断是在处理器时钟的上升沿同步采样的中断信号。为了确保 NVIC 可检测到中断,外设所产生的中断信号必须保持至少一个时钟周期,在此期间 NVIC 可检测到脉冲并锁存中断。在处理器进入 ISR 时,将自动清除该中断的挂起状态。对于电平式中断,如果处理器从 ISR 返回前,中断信号仍未复原,那么中断将再次挂起,并且处理器必须再次运行 ISR。因此,外设可以保持中断信号有效,直到其不再需要服务为止。

10.1.3　中断的硬件控制及软件控制

① Cortex-M4 锁存所有中断。当满足以下其中一个条件时,外设中断将被挂起:

◇ NVIC 检测到中断信号为高电平,且该中断未处于激活状态。

◇ NVIC 检测到中断信号的上升沿。

◇ 通过软件向中断设置挂起寄存器中的相应位进行写操作,或者写入软件触发中断寄存器(SWTRIG)使软件产生的中断挂起。

② 挂起中断在出现下列条件之一时，将一直保持挂起状态：

◇ 处理器进入ISR，将中断状态由挂起变更为激活：

- 对于电平中断，当处理器从ISR返回时，NVIC将采样中断信号。如果检测到的中断信号有效，则中断状态将再次处于挂起状态，从而使处理器立即重新进入ISR；否则，中断状态将变为未激活状态。
- 对于脉冲中断，处理器将连续监控中断信号，如果检测到中断脉冲信号就会将中断状态变更为挂起并激活。因此，当处理器从ISR返回时，中断状态将被挂起，从而使处理器立即重新进入ISR。如果处理器在ISR中并未产生中断脉冲信号，则当处理器从ISR返回时，中断状态将变更为未激活状态。

◇ 通过软件向清除中断挂起寄存器中的相应位进行写操作：

- 对于电平中断，如果中断信号仍然有效，那么中断状态将保持不变；否则，中断状态将变更为非激活状态。
- 对于脉冲中断，如果状态为挂起或激活，或者状态为激活或挂起，那么中断的状态将变更为非激活状态。

10.1.4 中断优先级

NVIC允许先处理优先级高的中断再处理优先级低的中断，允许高优先级中断抢占低优先级的中断处理程序，这有助于减少中断响应时间。另外，NVIC采用子优先级排序，取代具有N位抢占式优先排序，其可以通过软件配置N－M位抢占式优先级和M位的子优先级。在这个方案中，两个具有相同的抢占式优先级但不同的子优先级的中断不会引起抢占，尾链的使用使两个中断得到背靠背的处理。如果两个具有相同优先级的中断（包括子优先级也相同）同时到达，则较低中断号的中断将先行处理；如果中断号仍然相同，则排在中断向量表前面的中断先行处理。NVIC跟踪嵌套的中断处理程序，允许处理器在所有中断嵌套和中断挂起处理完成后返回。

10.2 NVIC的固件库函数

NVIC的固件库提供了一组用于处理NVIC的函数，这些函数能够使能和禁用中断，注册中断处理程序，以及设置中断的优先级。NVIC的固件库函数如表10－1所列。

表10－1 NVIC的固件库函数

编号	函数
1	void Interrupt_disableInterrupt(uint32_t interruptNumber)
2	bool Interrupt_disableMaster(void)
3	void Interrupt_disableSleepOnIsrExit(void)

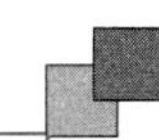

续表 10 - 1

编　号	函　数
4	void Interrupt_enableInterrupt(uint32_t interruptNumber)
5	Bool Interrupt_enableMaster(void)
6	Void Interrupt_enableSleepOnIsrExit(void)
7	uint8_t Interrupt_getPriority(uint32_t interruptNumber)
8	uint32_t Interrupt_getPriorityGrouping(void)
9	uint8_t Interrupt_getPriorityMask(void)
10	uint32_t Interrupt_getVectorTableAddress(void)
11	bool Interrupt_isEnabled(uint32_t interruptNumber)
12	void Interrupt_pendInterrupt(uint32_t interruptNumber)
13	void Interrupt_registerInterrupt(uint32_t interruptNumber, void(_intHandler)(void))
14	Void Interrupt_setPriority(uint32_t interruptNumber, uint8_t priority)
15	Void Interrupt_setPriorityGrouping(uint32_t bits)
16	void Interrupt_setPriorityMask(uint8_t priorityMask)
17	Void Interrupt_setVectorTableAddress(uint32_t addr)
18	Void Interrupt_unpendInterrupt(uint32_t interruptNumber)
19	void Interrupt_unregisterInterrupt(uint32_t interruptNumber)

10.3　例　程

本节将利用 TI 的例程来介绍 NVIC 固件库函数的使用方法。

1. 改变中断优先级例程

interrupt_changing_priorities.c 程序介绍

```
/*******************************************************************
* 文件名:interrupt_changing_priorities.c
* 来源:TI 例程
* 功能描述:在这个非常简单的例程中,改变两个不同模块的中断。通过改变模块的中断优
* 先级,用户可以在处理某些外设中断时优化延迟。在该例程中,EUSCIB0 模块的优先级(0x20)
* 高于 EUSCIA0 模块的优先级,这种配置可用在连接到 EUSCIB0 的串行设备中,一个比
* EUSCIA0 模块更紧迫的优先级响应。该例程除了配置中断优先级外,没有执行任何实际
* 功能操作
*******************************************************************/
/* DriverLib Includes */
```

```
#include "driverlib.h"

/* Standard Includes */
#include <stdint.h>

#include <stdbool.h>

int main(void)
{
    /* Holding WDT_A */
    MAP_WDT_A_holdTimer();

    /* 配置中断优先级 */
    MAP_Interrupt_setPriority(INT_EUSCIB0, 0x20);
    MAP_Interrupt_setPriority(INT_EUSCIA0, 0x40);

    while(1)
    {
        MAP_PCM_gotoLPM3();
    }
}
```


2. 中断优先级屏蔽例程

(1) 硬件连线图

中断优先级屏蔽例程的硬件连线图如图 10-2 所示。

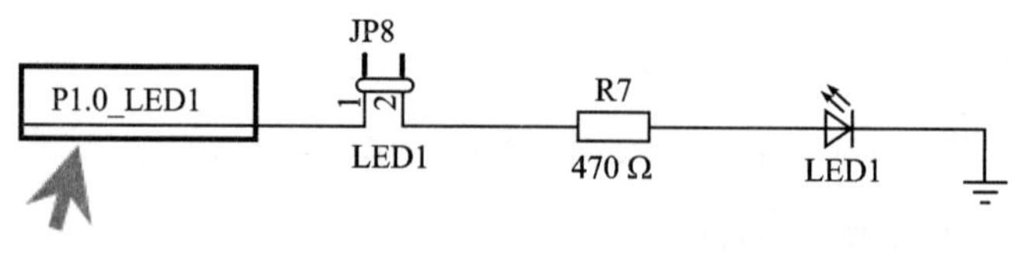

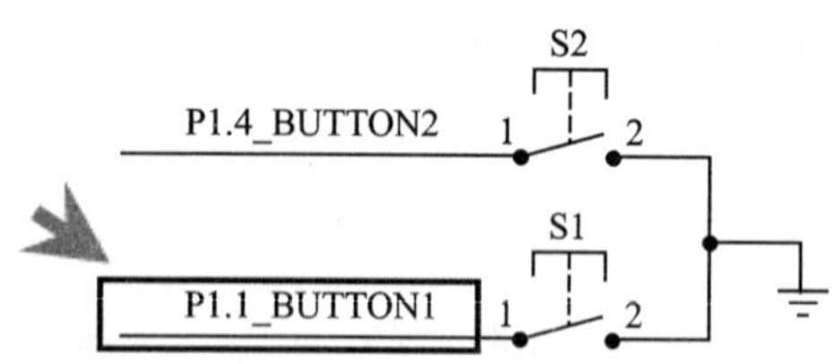

图 10-2　中断优先级屏蔽例程的硬件连线图

(2) interrupt_priority_masking.c 程序介绍

```
/*****************************************************************
* 文件名:interrupt_priority_masking.c
```

```
* 来源:TI 例程
* 功能描述：该例程演示了 MSP432 屏蔽各种优先级中断的能力。设置一个简单的 32 位定
* 时器并使能定时器中断,在定时器中断服务程序中反转 LED 使其闪烁。将定时器的优先级
* 配置成 0x40,设置 P1.1 端口为 GPIO 的输入中断并将其中断优先级配置成 0x20(高于定时
* 器的优先级)。在使能中断前,应将优先级屏蔽设置为 0x40,即屏蔽所有优先级低于 0X40
* 的中断。在 GPIO 的中断服务程序中,将中断优先级屏蔽设置为 0,即禁止优先屏蔽并
* 使 LED 反转。也就是说,程序中设置了中断优先级屏蔽,从而屏蔽了定时器 中断,使 ISR 中
* 的 LED 电平无法反转。通过按下按钮 S1 可触发 GPIO 的输入中断,在其中断服务程序中清
* 除优先级屏蔽。当定时器计数到 3000000 时,将发出一个中断,从而在其 ISR 中使 LED 闪烁
*******************************************************************************/
/* DriverLib Includes */
#include "driverlib.h"

/* Standard Includes */
#include <stdint.h>

#include <stdbool.h>

int main(void)
{
    /* Holding WDT_A */
    MAP_WDT_A_holdTimer();

    /* 配置 GPIO */
    MAP_GPIO_setAsOutputPin(GPIO_PORT_P1, GPIO_PIN0);
    MAP_GPIO_setOutputLowOnPin(GPIO_PORT_P1, GPIO_PIN0);
    MAP_GPIO_setAsInputPinWithPullUpResistor(GPIO_PORT_P1, GPIO_PIN1);
    MAP_GPIO_clearInterruptFlag(GPIO_PORT_P1, GPIO_PIN1);

    /* 将 Timer32 配置成周期模式,计数值设置为 3000000(1 s) */
    MAP_Timer32_initModule(TIMER32_0_MODULE,
                           TIMER32_PRESCALER_1,
                           TIMER32_32BIT,
                           TIMER32_PERIODIC_MODE);
    MAP_Timer32_setCount(TIMER32_0_MODULE,3000000);

    /* 配置中断优先级并将中断优先级屏蔽设置成 0x40 */
    MAP_Interrupt_setPriority(INT_PORT1, 0x20);
    MAP_Interrupt_setPriority(INT_T32_INT1, 0x40);
    MAP_Interrupt_setPriorityMask(0x40);

    /* 使能中断 */
```

```
    MAP_GPIO_enableInterrupt(GPIO_PORT_P1, GPIO_PIN1);
    MAP_Interrupt_enableInterrupt(INT_PORT1);
    MAP_Interrupt_enableInterrupt(INT_T32_INT1);

    /* 启动 Timer32 计数 */
    MAP_Timer32_enableInterrupt(TIMER32_0_MODULE);
    MAP_Timer32_startTimer(TIMER32_0_MODULE, true);

    while(1)
    {
        MAP_PCM_gotoLPM0();
    }
}

/* GPIO ISR */
void gpio_isr(void)
{
    uint32_t status;

    status = MAP_GPIO_getEnabledInterruptStatus(GPIO_PORT_P1);
    MAP_GPIO_clearInterruptFlag(GPIO_PORT_P1, status);
    MAP_Interrupt_setPriorityMask(0);
}

/* Timer32 ISR */
void timer32_isr(void)
{
    MAP_Timer32_clearInterruptFlag(TIMER32_0_MODULE);
    MAP_GPIO_toggleOutputOnPin(GPIO_PORT_P1, GPIO_PIN0);
    MAP_Timer32_setCount(TIMER32_0_MODULE,3000000);
}
```


(3) 调试与测试

1) 全速运行程序并观察结果

单击工具栏上的程序运行按钮使程序全速运行，此时 LED 并不闪烁，说明程序未进入 Timer32 的中断服务程序中，即程序被优先级屏蔽掉了。当按下按钮 S1 时，将触发 GPIO 输入中断，从而解除中断优先级屏蔽的限制，使 LED 开始闪烁，这就验证了程序的正确性。

2) 测试 Timer32 中断

① 首先注释掉语句“MAP_Interrupt_setPriorityMask(0x40)”，关闭中断优先级屏蔽。

② 单击工具栏上的程序运行按钮使程序全速运行，此时可以看到 LED 在不停地闪烁，说明程序能正常进入 Timer32 中断服务程序。

③ 为了进一步了解 Timer32 的中断过程，可在如图 10－3 所示的位置设置一个断点，以观察 Timer32 计数到 3 000 000 时，Timer32 是否会发出一个中断。

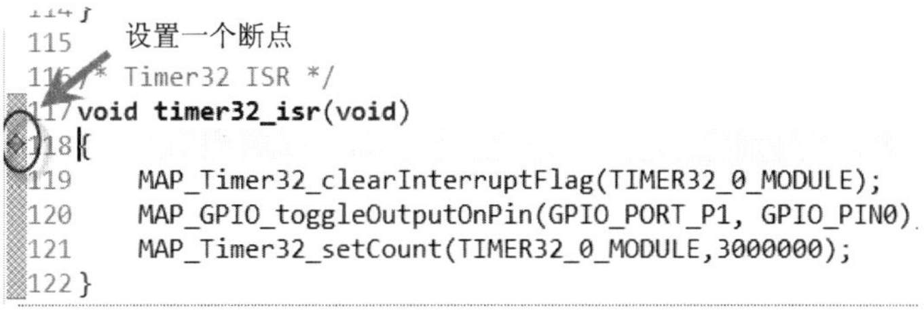

设置一个断点

```
114 }
115
116 /* Timer32 ISR */
117 void timer32_isr(void)
118 {
119     MAP_Timer32_clearInterruptFlag(TIMER32_0_MODULE);
120     MAP_GPIO_toggleOutputOnPin(GPIO_PORT_P1, GPIO_PIN0);
121     MAP_Timer32_setCount(TIMER32_0_MODULE,3000000);
122 }
```

图 10－3　设置一个断点以观察 Timer32 的中断过程

④ 单击工具栏上的程序运行按钮，程序会在断点处停止（见图 10－3），这说明在 Timer32 计数完 3 000 000 个脉冲后，会发出一个中断并进入 Timer32 的中断服务程序（timer32_isr）；然后单步（Step Over）执行程序，当程序执行完 120 行的语句时，LED 被点亮；继续单步执行程序，LED 会在亮灭中交替转换。

3）测试 GPIO 输入中断

① 首先取消注释语句“MAP_Interrupt_setPriorityMask(0x40)”，恢复中断优先级屏蔽。

② 在 Expressions 窗口中添加 status 观察变量，如图 10－4 所示。

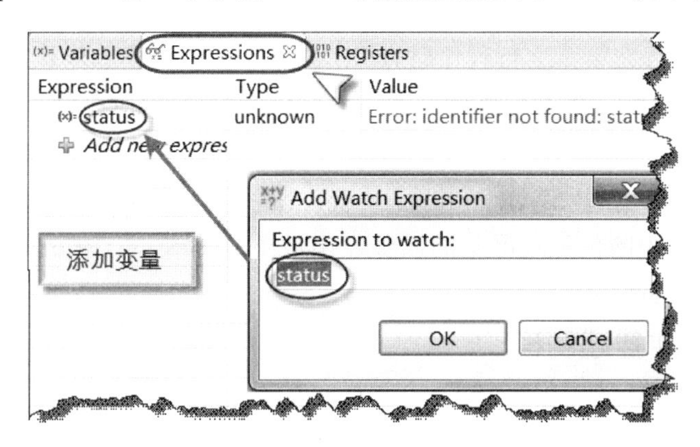

图 10－4　在 Expressions 窗口中添加 status 观察变量

③ 在如图 10－5 所示的位置设置两个断点，以观察 GPIO 输入中断的过程。

④ 单击工具栏上的程序运行按钮，程序将在第一个断点处停止（见图 10－5），然后单步执行完第 92 行程序来使能 GPIO 输入中断，接着按下按钮 S1 以触发 GPIO 输入中断，再单步执行使程序在第二个断点处停止（即 GPIO 输入中断的中断服务程序 gpio_isr）。

⑤ 当单步执行完第 111 行程序时，在 Expressions 窗口中观察到的结果如

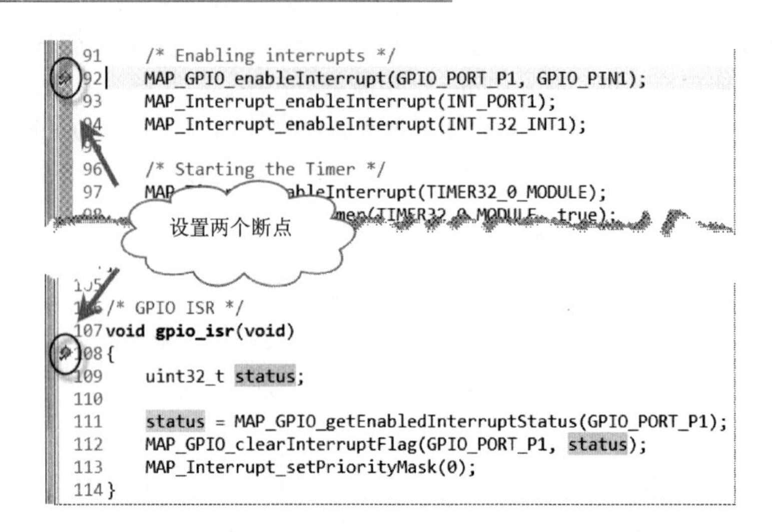

图 10-5　设置两个断点以观察 GPIO 输入中断的过程

图 10-6 所示。

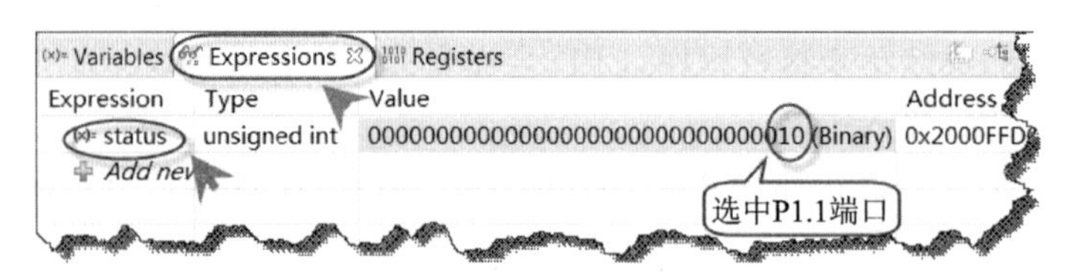

图 10-6　Expressions 窗口中的内容

⑥ 当单步执行完第 112 行程序时，LED 被点亮。若继续单步执行程序，则 LED 会在亮灭中交替转换。在单步执行完第 113 行程序后，取消所有断点，然后单击工具栏上的程序运行按钮 使程序全速运行，此时可以看到 LED 开始不停闪烁。

⑦ 最后注释掉语句“MAP_Interrupt_setPriorityMask(0)”，观察程序运行的结果，这可以加深对中断优先级屏蔽的固件库函数 Interrupt_setPriorityMask(uint8_t priorityMask)的理解。

3. 中断软件挂起例程

(1) 硬件连线图

中断软件挂起例程的硬件连线图如图 10-7 所示。

(2) interrupt_software_pending.c 程序介绍

```
/************************************************************************
* 文件名：interrupt_software_pending.c
* 来源：TI 例程
* 功能描述：该例程介绍了如何从软件挂起中断，这使得用户可以“模拟”硬件条件，使用中断
* 控制器迫使某些中断产生。在该例程中，用写入端口 1 的中断来反转 P1.0 端口上的 LED。在
```

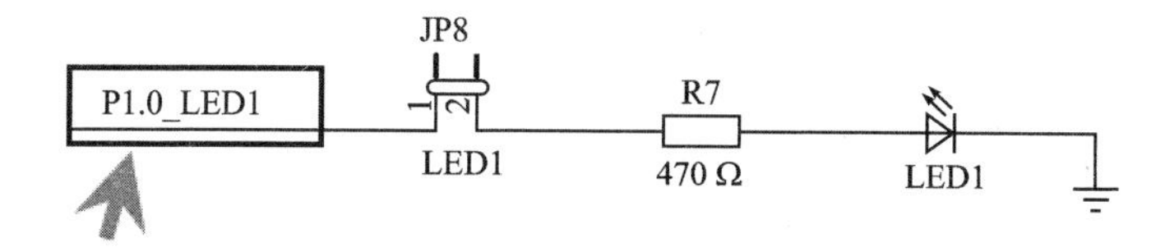

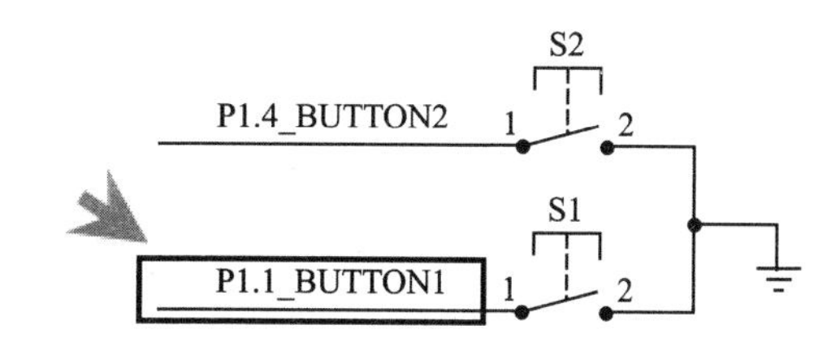

图 10-7　中断软件挂起例程的硬件连线图

```
* 程序的主循环中，使用挂起中断函数连同延迟循环来强制调用 ISR。另外，用户可以使用
* 在 P1.1 的开关来触发一个实际的硬件中断。换句话说，在本例程中，挂起中断函数的作用
* 是让中断挂起，当再次进入中断服务程序时，使 LED 反转形成闪烁灯效果，如果注释掉该
* 语句将不会再出现 LDE 闪烁，而是长亮。在注释掉挂起中断语句后，按下按钮 S1 也可以
* 使 LED 在亮灭中交替变化
*****************************************************************************/
/* DriverLib Includes */
#include "driverlib.h"

/* Standard Includes */
#include <stdint.h>

#include <stdbool.h>
#include <math.h>

/* 定义静态变量 */
static volatilebool flipFlop;

int main(void)
{
    volatile uint32_t ii;

    MAP_WDT_A_holdTimer();

    /* 配置 P1.1 为输入，P1.0 作为输出和使能中断 */
    MAP_GPIO_setAsInputPinWithPullUpResistor(GPIO_PORT_P1, GPIO_PIN1);
    MAP_GPIO_setAsOutputPin(GPIO_PORT_P1, GPIO_PIN0);
    MAP_GPIO_clearInterruptFlag(GPIO_PORT_P1, GPIO_PIN1);
    MAP_GPIO_enableInterrupt(GPIO_PORT_P1, GPIO_PIN1);
```

```
        MAP_Interrupt_enableInterrupt(INT_PORT1);
        MAP_Interrupt_enableMaster();

        while(1)
        {
            for(ii = 0;ii<5000;ii ++ )
            {

            }

            /* 强制中断挂起 */
            MAP_Interrupt_pendInterrupt(INT_PORT1);
        }
    }

    /* GPIO ISR */
    void gpio_isr(void)
    {
        uint32_t status;

        status = MAP_GPIO_getEnabledInterruptStatus(GPIO_PORT_P1);
        MAP_GPIO_clearInterruptFlag(GPIO_PORT_P1, status);
        MAP_GPIO_toggleOutputOnPin(GPIO_PORT_P1, GPIO_PIN0);

    }
```


(3) 调试与测试

1）全速运行程序并观察结果

单击工具栏上的程序运行按钮 使程序全速运行，可以看到LED快速闪烁，说明程序已经执行中断挂起函数。

2）测试中断挂起函数的作用

① 注释掉挂起中断语句“MAP_Interrupt_pendInterrupt(INT_PORT1)”。

② 单击工具栏上的程序运行按钮 使程序全速运行，可以看到LED不再闪烁而是长亮。这说明挂起中断语句可以打断中断的执行，在挂起中断语句执行完成后返回，当再次进入其中断服务程序时，将反转LED产生闪烁现象。

3）测试GPIO的输入中断

断点设置和测试方法可参考“中断优先级屏蔽例程”。

第 11 章

eUSCI_A 的 UART 模式

增强型通用串行通信接口(enhanced Universal Serial Communication Interface,eUSCI),包括 eUSCI_A 和 eUSCI_B,可在同一个硬件模块下支持多种串行通信模式。本章将介绍异步 UART 模式的操作,以及 UART 模式的固件库函数的使用方法。UART 的固件库函数包含在 driverlib/ uart. c 中,driverlib/uart. h 包含了该库函数的所有定义。

本章主要内容:

◇ eUSCI_A 的 UART 模式简介;

◇ UART 的固件库函数;

◇ 例程。

11.1 eUSCI_A 的 UART 模式简介

在异步模式中,eUSCI_Ax 模块通过两个外部引脚(即 UCAxRXD 和 UCAxTXD)把 MSP432 和一个外部系统连接起来。当 UCSYNC 位清零时,将会选择 UART 模式。

11.1.1 eUSCI_A 的 UART 模式特性

UART 模式的特性包括:

◇ 7/8 个数据位、1 个奇/偶/无奇偶校验位;

◇ 独立的发送和接收移位寄存器;

◇ 独立的发送和接收缓冲寄存器;

◇ LSB 优先/MSB 优先的数据发送和接收;

◇ 为多处理器系统内置空闲线和地址位通信协议;

◇ 支持分数波特率的可编程调制波特率;

◇ 用于错误检测和抑制的状态标志;

◇ 针对地址检测的状态标志;

◇ 针对接收、发送、起始位接收和发送完成的独立中断能力。

11.1.2 eUSCI_A 的 UART 模式框图

eUSCI_Ax 配置为 UART 模式时的模块框图如图 11-1 所示。

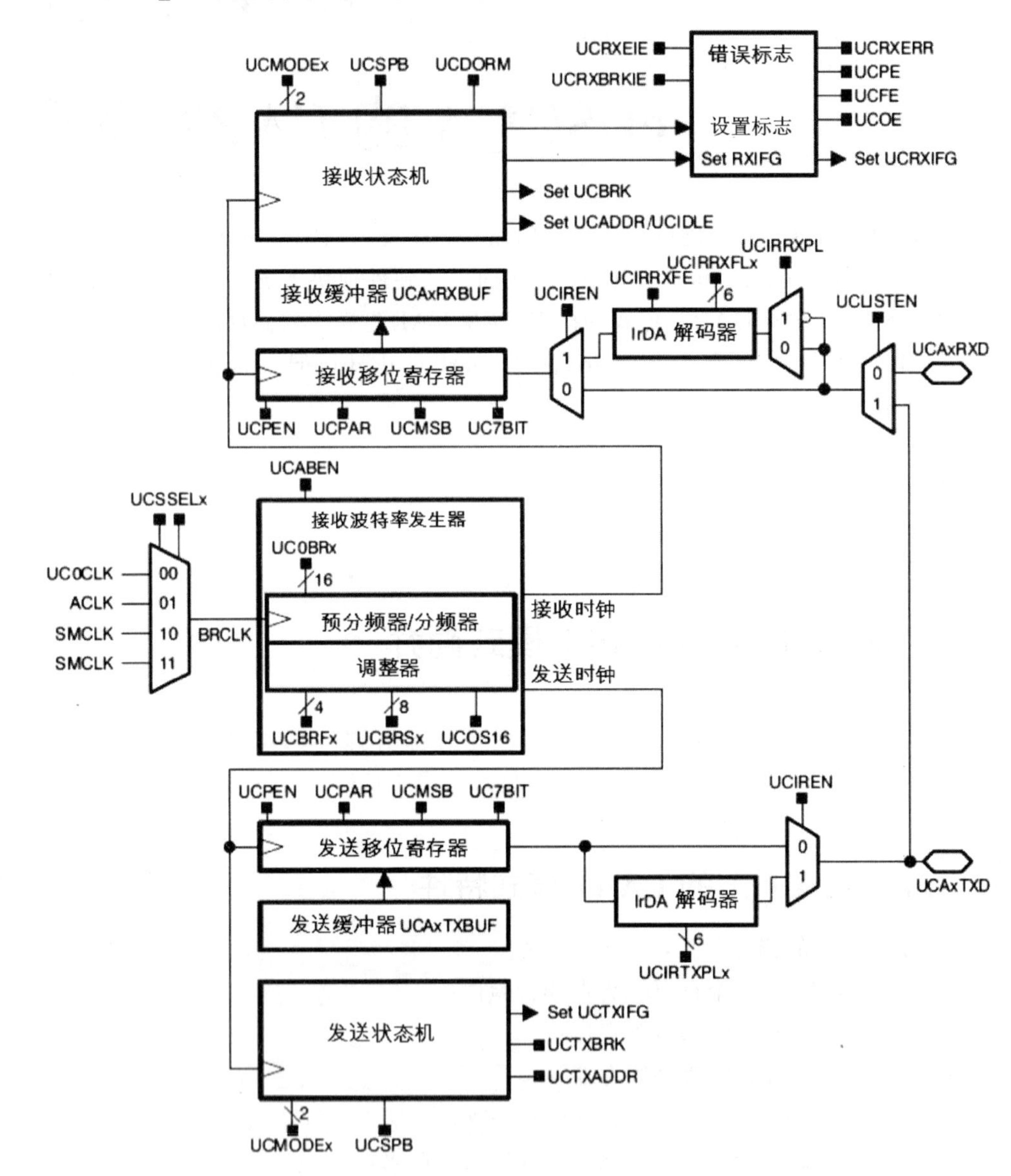

图 11-1 eUSCI_Ax 配置为 URAT 模式时的模块框图(UCSYNC=0)

11.1.3 eUSCI_A 的 UART 模式操作

在 UART 模式下，eUSCI_A 与另一个器件以异步的位速率发送和接收字符。

每个字符的时序取决于所选eUSCI_A模块的波特率。在UART模式中,发送和接收功能采用相同的波特率。本小节仅简要介绍几种常用部件的操作。

1. eUSCI_A的初始化和复位

eUSCI_A可通过硬件或者通过设置UCSWRST位来复位。在硬件复位后,将使UCSWRST位自动置位,使eUSCI_A保持复位状态。当UCSWRST位置位时,将使UCTXIFG、UCRXIE、UCTXIE、UCRXIFG、UCRXERR、UCBRK、UCPE、UCOE、UCFE、UCSTOE和UCBTOE位复位。清除UCSWRST位将释放eUSCI_A,使之进入操作状态。

2. 字符格式

UART的字符格式(见图11-2)包括1个起始位、7/8个数据位、1个奇/偶/无奇偶校验位、1个地址位(地址位模式)和1~2个停止位。UCMSB位控制传输的方向以及选择LSB优先还是MSB优先。UART通信的典型要求是LSB优先。

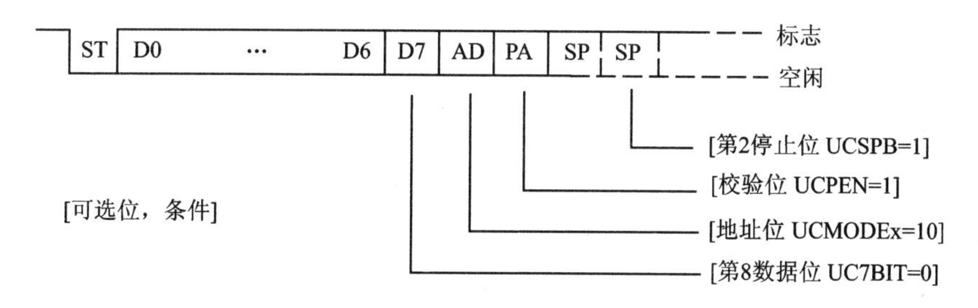

图11-2　字符格式

3. 异步通信格式

当两个器件异步通信时,不需要多处理器格式协议;当3个或更多的器件通信时,eUSCI_A支持空闲线和地址位多处理器格式。

(1) 空闲线多处理器格式

当UCMODEx=01时,选中空闲线多处理器格式。在发送或接收线上的数据块由空闲时间分隔,如图11-3所示。在接收到字符的1个或2个停止位后,连续收到10个或更多的标志时,即可检测到一条接收线空闲。在接收到一条空闲线路后,波特率发生器将一直关闭,直到检测到下一个起始沿为止。一旦检测到一条空闲线路,就将UCIDLE位置位。在一个空闲周期之后接收的第一个字符是地址字符,UCIDLE位用作每个字符块的地址标签。在空闲线多处理器格式下,当收到的字符是地址时该位就会被置位。

在空闲多处理器格式下,UCDORM位用于控制数据接收。当UCDORM=1时,所有的非地址字符将被拼装,但是不会传送到UCAxRXBUF中,也不会产生中断。当收到一个地址字符时,则将其传送到UCAxRXBUF中,并将UCAxRXIFG位置位。当UCRXEIE=1时,任何应用错误标志都将置位;当UCRXEIE=0并且收

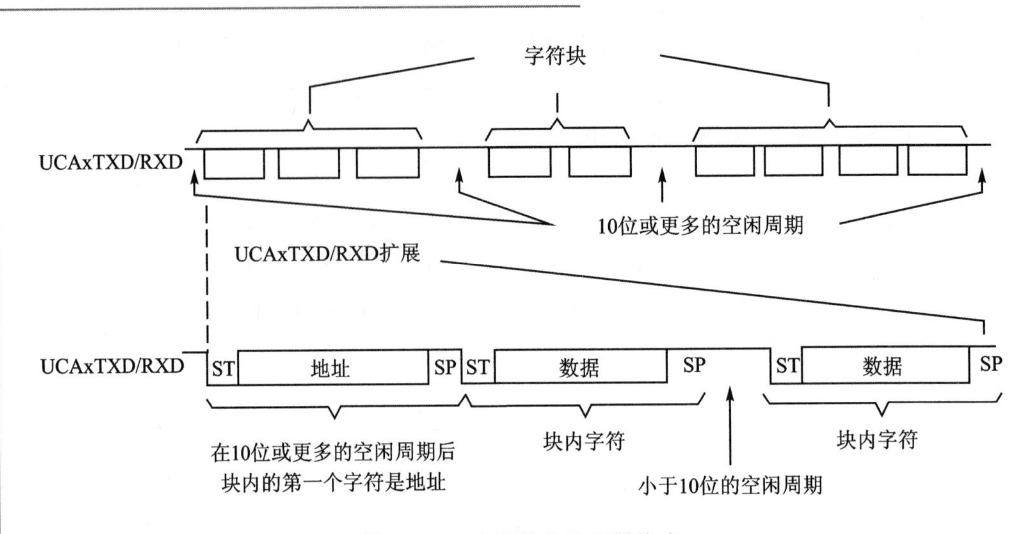

图 11-3　空闲线多处理器格式

到一个地址字符，但存在帧错误或奇偶校验错误时，字符将不会传送到 UCAxRXBUF 中，同时 UCRXIFG 也不会置位。

如果收到一个地址，则用户可通过软件来验证该地址，并且必须复位 UCDORM 位才可以继续接收数据。若 UCDORM 位保持置位状态，则只能接收地址字符。在接收一个字符期间，如果清除 UCDORM 位，将在接收完成后置位接收中断标志。UCDORM 位不能由 eUSCI_A 硬件自动修改。

对于在空闲线多处理器格式下的地址发送，可以通过 eUSCI_A 生成一个精确的空闲周期，以产生 UCAxTXD 上的地址字符标识符。双缓冲 UCTXADDR 标志，可用来指示装载到 UCAxTXBUF 中的下一个字符是否是以 11 位空闲线开头。当起始位产生时，将使 UCTXADDR 自动清零。

(2) 地址位多处理器格式

当 UCMODEx=10 时，将选中地址位多处理器格式，如图 11-4 所示。每个处理的字符包含一个用作地址指示的附加位。字符块的第一个字符带有一组地址位，用于指示该字符是一个地址。当接收到的字符包含自己置位的地址位并传送到 UCAxRXBUF 中时，将使 USCI UCADDR 位置位。

在地址位多处理器格式下，UCDORM 位用于控制数据接收。当 UCDORM 置位时，地址位=0 的数据字符由接收器组装，但是不会传送到 UCAxRXBUF 中，也不会产生中断。当收到包含一组地址位的字符时，将使其传送到 UCAxRXBUF 中，并将 UCAxRXIFG 位置位。当 UCRXEIE=1 时，任何应用的错误标志都将置位；当 UCRXEIE=0 并且收到包含一组地址位的字符，但存在帧错误或奇偶校验错误时，字符将不会传送到 UCAxRXBUF 中，同时 UCRXIFG 也不会置位。

如果收到一个地址，则用户可以通过软件来验证该地址，并且必须复位 UCDORM 位才可以继续接收数据。若 UCDORM 保持置位状态，则只能接收地址位=

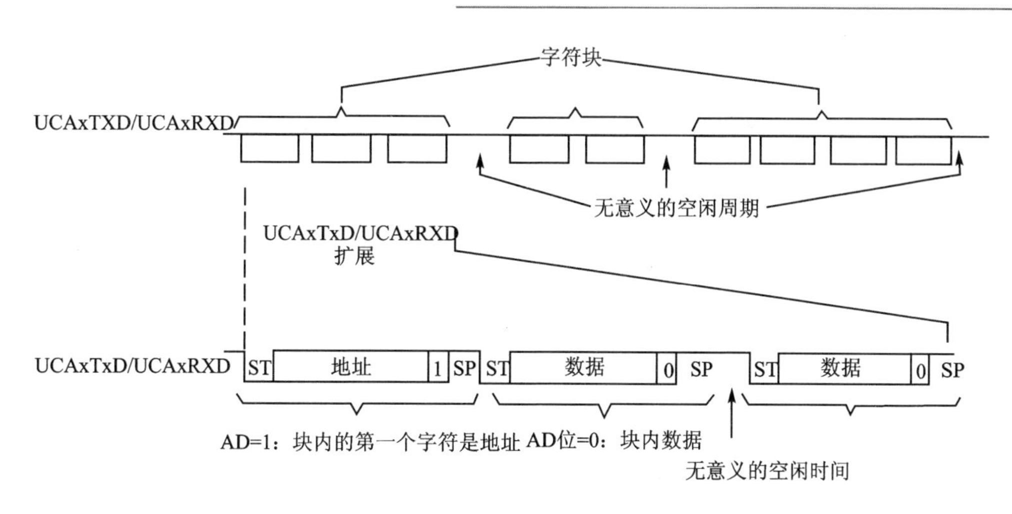

图 11-4　地址位多处理器格式

1的地址字符。UCDORM位不能由eUSCI_A硬件自动修改。

当UCDORM＝0时，所有接收到的字符将置位中断标志UCAxRXIFG。在接收字符期间，如果清除UCDORM位，则在接收完成后置位接收中断标志。

对于在地址位多处理器格式下的地址传送，字符的地址位由UCTXADDR位控制。UCTXADDR位的值将装载到从UCAxTXBUF中传送到发送移位寄存器中的字符地址位。当产生起始位时，将自动清零UCTXADDR位。

4. 自动波特率检测

在UCMODEx＝11时，将选择带自动波特率检测的UART模式。对于自动波特率检测，在一个数据帧之前有一个同步序列，它包含一个打断(Break)和同步字段。当连续收到11个或更多的0(空闲)时，将检测到一个打断。如果打断长度超过21位的时间，则打断超时错误标志UCBTOE将置位。在接收打断/同步字段时，eUSCI_A不能发送数据，如图11-5所示。

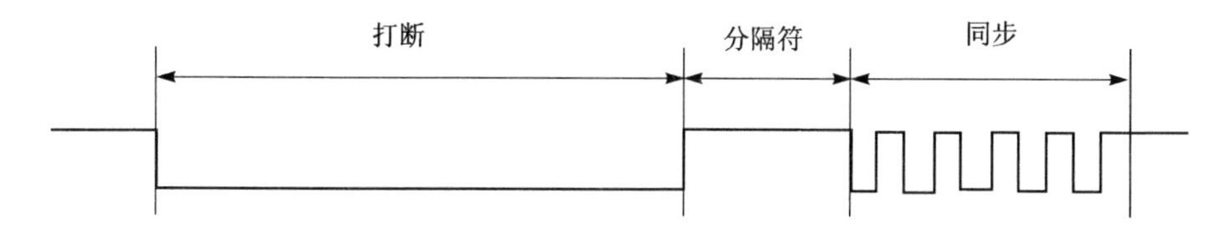

图 11-5　自动波特率检测——打断/同步字段

为了LIN一致性，字符格式应设置成8位数据，以低有效位开始，无奇偶校验位，有1个停止位，无可用的地址位。在一个字节字段内同步字段由数据055H组成。同步是基于在对该模式下第一个下降沿与最后一个下降沿之间的时间测量。如果通过置位UCABDEN来使能自动波特率检测，那么发送波特率发生器可用于测量；否则，该模式只能接收而不能进行测量。测量的结果被传送到波特率控制寄存器

(UCAxBRW 和 UCAxMCTLW)中。如果同步字段的长度超过可测量时间,则同步超时出错标志 UCSTOE 将置位。若接收中断标志 UCRXIFG 置位,则可读取该结果,如图 11-6 所示。

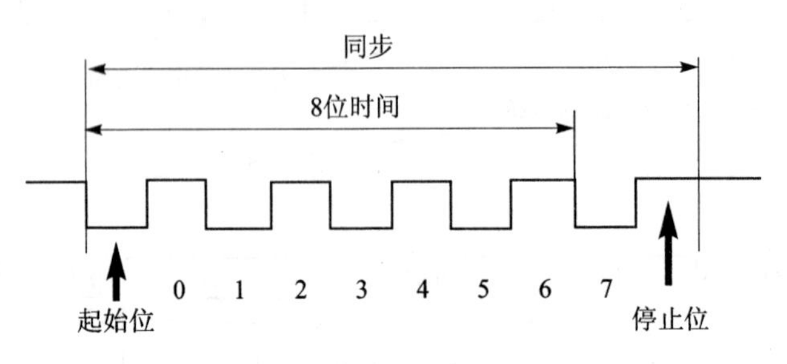

图 11-6 自动波特率检测——同步字段

5. 自动错误检测

抑制干扰可防止 eUSCI_A 意外启动。在 UCAxRXD 上任何比抗尖峰脉冲时间 t_t 短的脉冲(由 UCGLITx 选择)都将被忽略(请参考特定器件的数据手册参数)。在 UCAxRXD 的低电平周期超过 t_t 时,起始位来自多数表决结果。如果多数表决没有检测到有效的起始位,则 eUSCI_A 将停止接收字符并等待 UCAxRXD 上的下一个低电平周期。多数表决也用于字符中的每一位来防止位错误。在接收字符时,eUSCI_A 模块自动检测帧错误、奇偶校验错误、接收溢出和打断条件;当检测到它们各自的条件时,UCFE、UCPE、UCOE 和 UCBRK 位将置位;当 UCFE、UCPE、UCOE 等位置位时,UCRXERR 位也将被置位,如表 11-1 所列。

表 11-1 接收错误条件

错误条件	错误标志	描 述
帧错误	UCFE	当一个低电平停止位被检测到时将发生一个帧错误。当使用两个停止位时,这两个位都会被检查是否有帧错误。当检测到一个帧错误时,UCFE 位将置位
奇偶校验错误	UCPE	奇偶校验错误指字符中 1 的个数和奇偶校验位中的值不匹配。若字符中包含地址位时,那么它将参与奇偶校验的计算。当检测到一个奇偶错误时,将使 UCPE 位置位
接收溢出	UCOE	在读出前一个字符之前,将另一个字符装载到 UCAxRXBUF 中时,会引发一个溢出错误。当溢出错误发生时,将使 UCOE 位置位
打断条件	UCBRK	当不使用自动波特率检测时,在所有数据位、奇偶校验位和停止位为低电平时,将检测到一个打断。当检测到一次打断条件时,将使 UCBRK 位置位。如果打断中断使能位 UCBRKIE 置位,那么打断条件也可以置位中断标志 UCAXRXIFG

6. UART 波特率生成

eUSCI_A 波特率发生器能从非标准源频率中产生一个标准的波特率，可通过 UCOS16 位来选择其提供的两种操作模式中的一种。

(1) 低频率波特率生成

当 UCOS16＝0 时，选中低频模式。该模式允许波特率从低频时钟源中产生（例如，32 768 Hz 晶振产生的 9 600 波特率）；采用较低的输入频率，可减少模块的能量消耗。在更高频和更高预分频设置下使用该模式，将引起在一个不断减小的窗口中进行多数表决，因此会降低多数表决的优势。

在低频模式下，波特率发生器使用 1 个预分频器和 1 个调节器来产生位时钟时序，这种组合支持波特率的小数分频。在该模式下，eUSCI_A 最大的波特率是 UART 源时钟频率 BRCLK 的 1/3。

对于接收到的每一位，可通过多数表决来确定其位值。这些采样点发生在 $N/2-1/2$、$N/2$ 和 $N/2+1/2$ 的 BRCLK 周期处，其中 N 是每个 BITCLK 周期中 BRCLK 的数目，如图 11－7 所示。

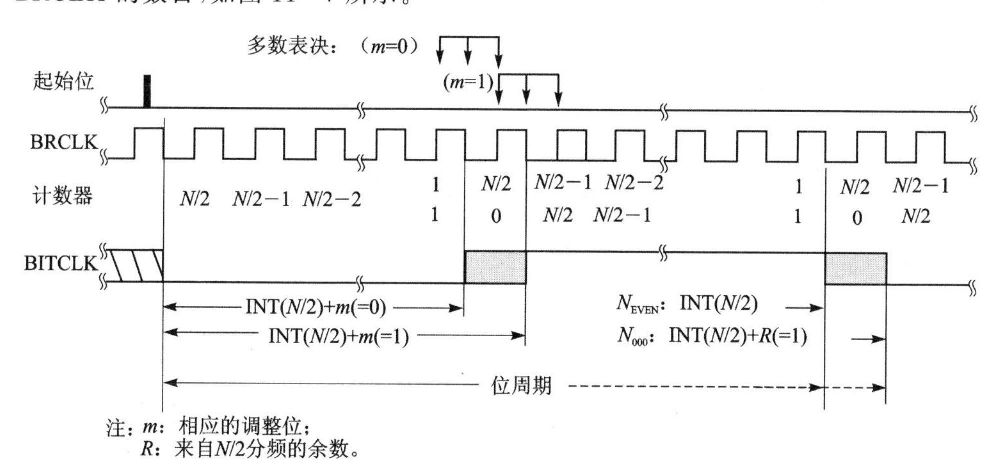

图 11－7　UCOS16＝0 时的 BITCLK 波特率时序

BITCLK 的调整模式如表 11－2 所列，表中的“1”表示 $m=1$，它对应的 BITCLK 周期比 $m=0$ 时的周期多一个 BRCLK 周期。调整经 8 位循环一次，并在新的起始位重启调整。

表 11－2　BITCLK 调整模式

UCBRSx	位 0（起始位）	位 1	位 2	位 3	位 4	位 5	位 6	位 7
0x00	0	0	0	0	0	0	0	0
0x01	0	0	0	0	0	0	0	1
⋮	⋮	⋮	⋮	⋮	⋮	⋮	⋮	⋮

续表 11 - 2

UCBRSx	位 0（起始位）	位 1	位 2	位 3	位 4	位 5	位 6	位 7
0x35	0	0	1	1	0	1	0	1
0x36	0	0	1	1	0	1	1	0
0x37	0	0	1	1	0	1	1	1
⋮	⋮	⋮	⋮	⋮	⋮	⋮	⋮	⋮
0xFF	1	1	1	1	1	1	1	1

(2) 过采样波特率生成

在 UCOS16＝1 时，选择过采样模式。该模式支持用较高输入时钟频率采样 UART 位流，这将使多数表决结果总是间隔 1/16 位时钟周期。在 IrDA 编码器和解码器使能时，该模式也很容易支持带 3/16 位时间的 IrDA 脉冲。该模式使用一个预分频器和调整器来产生一个比 BITCLK 快 16 倍的 BITCLK16 时钟，一个额外的 16 分频器和调整器从 BITCLK16 中产生 BITCLK。该组合支持波特率产生时的 BITCLK16 和 BITCLK 小数分频。

在该模式下，eUSCI_A 的最大波特率是 UART 时钟源频率 BRCLK 的 1/16。BITCLK16 调整模式如表 11 - 3 所列，表中的“1”表示 $m=1$，它对应的 BITCLK16 周期比 $m=0$ 时的周期多一个 BRCLK 周期，并在每一个新位时序重启调整。

表 11 - 3 BITCLK16 调整模式

UCBRFx	BITCLK 最后一个下降沿后的 BITCLK16 时钟数															
	0	1	2	3	4	5	6	7	8	9	10	11	12	13	14	15
00h	0	0	0	0	0	0	0	0	0	0	0	0	0	0	0	0
01h	0	1	0	0	0	0	0	0	0	0	0	0	0	0	0	0
02h	0	1	0	0	0	0	0	0	0	0	0	0	0	0	0	1
03h	0	1	1	0	0	0	0	0	0	0	0	0	0	0	0	1
04h	0	1	1	0	0	0	0	0	0	0	0	0	0	0	1	1
05h	0	1	1	1	0	0	0	0	0	0	0	0	0	0	1	1
06h	0	1	1	1	0	0	0	0	0	0	0	0	0	1	1	1
07h	0	1	1	1	1	0	0	0	0	0	0	0	0	1	1	1
08h	0	1	1	1	1	0	0	0	0	0	0	0	1	1	1	1
09h	0	1	1	1	1	1	0	0	0	0	0	0	1	1	1	1
0Ah	0	1	1	1	1	1	0	0	0	0	0	1	1	1	1	1
0Bh	0	1	1	1	1	1	1	0	0	0	0	1	1	1	1	1
0Ch	0	1	1	1	1	1	1	0	0	0	1	1	1	1	1	1
0Dh	0	1	1	1	1	1	1	1	0	0	1	1	1	1	1	1
0Eh	0	1	1	1	1	1	1	1	0	1	1	1	1	1	1	1
0Fh	0	1	1	1	1	1	1	1	1	1	1	1	1	1	1	1

7. 设置一个波特率

对于给定的 BRCLK 时钟源，其波特率取决于所需的分频因子 N：

$$N = f_{BRCLK}/\text{Baudrate}$$

由于分频因子 N 通常不是一个整数值，因此至少需要一个分频器和一个调整器来尽可能满足分频因子。如果 $N \geqslant 16$，则可以通过置位 UCOS16 来选择过采样波特率产生模式。

UCBRSx 查找表（见表 11－4）可用于查找 N 对应的小数部分正确的调整模式，并且这些值还针对发送进行了优化。

表 11－4　UCBRSx 查找表

N 的小数部分	UCBRSx	N 的小数部分	UCBRSx
0.0000	0x00	0.5002	0xAA
0.0529	0x01	0.5715	0x6B
0.0715	0x02	0.6003	0xAD
0.0835	0x04	0.6254	0xB5
0.1001	0x08	0.6432	0xB6
0.1252	0x10	0.6667	0xD6
0.1430	0x20	0.7001	0xB7
0.1670	0x11	0.7147	0xBB
0.2147	0x21	0.7503	0xDD
0.2224	0x22	0.7861	0xED
0.2503	0x44	0.8004	0xEE
0.3000	0x25	0.8333	0xBF
0.3335	0x49	0.8464	0xDF
0.3575	0x4A	0.8572	0xEF
0.3753	0x52	0.8751	0xF7
0.4003	0x92	0.9004	0xFB
0.4286	0x53	0.9170	0xFD
0.4378	0x55	0.9288	0xFE

(1) 低频波特率模式设置

在低频模式下，分频器的整数部分由预分频器来实现：

$$\text{UCBRx} = \text{INT}(N)$$

小数部分可通过设置调整器的 UCBRSx 来实现，但还需进一步对其进行详细的误差计算（请参考 TI 技术手册）。对于市面上常见的晶振可直接在表 11－5 中获取。

表 11-5 典型晶振的波特率推荐设置和误差

BRCLK/Hz	Baudrate/Hz	UCOS16	UCBRx	UCBRFx	UCBRSx	TX 误差/%		RX 误差/%	
						neg	pos	neg	pos
32 768	1 200	1	1	11	0x25	−2.29	2.25	−2.56	5.35
32 768	2 400	0	13	—	0xB6	−3.12	3.91	−5.52	8.84
32 768	4 800	0	6	—	0xEE	−7.62	8.98	−21	10.25
32 768	9 600	0	3	—	0x92	−17.19	16.02	−23.24	37.3
1 000 000	9 600	1	6	8	0x20	−0.48	0.64	−1.04	1.04
1 000 000	19 200	1	3	4	0x2	−0.8	0.96	−1.84	1.84
1 000 000	38 400	1	1	10	0x0	0	1.76	0	3.44
1 000 000	57 600	0	17	—	0x4A	−2.72	2.56	−3.76	7.28
1 000 000	115 200	0	8	—	0xD6	−7.36	5.6	−17.04	6.96
1 048 576	9 600	1	6	13	0x22	−0.46	0.42	−0.48	1.23
1 048 576	19 200	1	3	6	0xAD	−0.88	0.83	−2.36	1.18
1 048 576	38 400	1	1	11	0x25	−2.29	2.25	−2.56	5.35
1 048 576	57 600	0	18	—	0x11	−2	3.37	−5.31	5.55
1 048 576	115 200	0	9	—	0x08	−5.37	4.49	−5.93	14.92
4 000 000	9 600	1	26	0	0xB6	−0.08	0.16	−0.28	0.2
4 000 000	19 200	1	13	0	0x84	−0.32	0.32	−0.64	0.48
4 000 000	38 400	1	6	8	0x20	−0.48	0.64	−1.04	1.04
4 000 000	57 600	1	4	5	0x55	−0.8	0.64	−1.12	1.76
4 000 000	115 200	1	2	2	0xBB	−1.44	1.28	−3.92	1.68
4 000 000	230 400	0	17	—	0x4A	−2.72	2.56	−3.76	7.28
4 194 304	9 600	1	27	4	0xFB	−0.11	0.1	−0.33	0
4 194 304	19 200	1	13	10	0x55	−0.21	0.21	−0.55	0.33
4 194 304	38 400	1	6	13	0x22	−0.46	0.42	−0.48	1.23
4 194 304	57 600	1	4	8	0xEE	−0.75	0.74	−2	0.87
4 194 304	115 200	1	2	4	0x92	−1.62	1.37	−3.56	2.06
4 194 304	230 400	0	18	—	0x11	−2	3.37	−5.31	5.55
8 000 000	9 600	1	52	1	0x49	−0.08	0.04	−0.1	0.14
8 000 000	19 200	1	26	0	0xB6	−0.08	0.16	−0.28	0.2
8 000 000	38 400	1	13	0	0x84	−0.32	0.32	−0.64	0.48
8 000 000	57 600	1	8	10	0xF7	−0.32	0.32	−1	0.36
8 000 000	115 200	1	4	5	0x55	−0.8	0.64	−1.12	1.76
8 000 000	230 400	1	2	2	0xBB	−1.44	1.28	−3.92	1.68

续表 11－5

BRCLK/Hz	Baudrate/Hz	UCOS16	UCBRx	UCBRFx	UCBRSx	TX 误差/%		RX 误差/%	
						neg	pos	neg	pos
8 000 000	460 800	0	17	—	0x4A	－2.72	2.56	－3.76	7.28
8 388 608	9 600	1	54	9	0xEE	－0.06	0.06	－0.11	0.13
8 388 608	19 200	1	27	4	0xFB	－0.11	0.1	－0.33	0
8 388 608	38 400	1	13	10	0x55	－0.21	0.21	－0.55	0.33
8 388 608	57 600	1	9	1	0xB5	－0.31	0.31	－0.53	0.78
8 388 608	115 200	1	4	8	0xEE	－0.75	0.74	－2	0.87
8 388 608	230 400	1	2	4	0x92	－1.62	1.37	－3.56	2.06
8 388 608	460 800	0	18	—	0x11	－2	3.37	－5.31	5.55
12 000 000	9 600	1	78	2	0x0	0	0	0	0.04
12 000 000	19 200	1	39	1	0x0	0	0	0	0.16
12 000 000	38 400	1	19	8	0x65	－0.16	0.16	－0.4	0.24
12 000 000	57 600	1	13	0	0x25	－0.16	0.32	－0.48	0.48
12 000 000	115 200	1	6	8	0x20	－0.48	0.64	－1.04	1.04
12 000 000	230 400	1	3	4	0x2	－0.8	0.96	－1.84	1.84
12 000 000	460 800	1	1	10	0x0	0	1.76	0	3.44
16 000 000	9 600	1	104	2	0xD6	－0.04	0.02	－0.09	0.03
16 000 000	19 200	1	52	1	0x49	－0.08	0.04	－0.1	0.14
16 000 000	38 400	1	26	0	0xB6	－0.08	0.16	－0.28	0.2
16 000 000	57 600	1	17	5	0xDD	－0.16	0.2	－0.3	0.38
16 000 000	115 200	1	8	10	0xF7	－0.32	0.32	－1	0.36
16 000 000	230 400	1	4	5	0x55	－0.8	0.64	－1.12	1.76
16 000 000	460 800	1	2	2	0xBB	－1.44	1.28	－3.92	1.68
16 777 216	9 600	1	109	3	0xB5	－0.03	0.02	－0.05	0.06
16 777 216	19 200	1	54	9	0xEE	－0.06	0.06	－0.11	0.13
16 777 216	38 400	1	27	4	0xFB	－0.11	0.1	－0.33	0
16 777 216	57 600	1	18	3	0x44	－0.16	0.15	－0.2	0.45
16 777 216	115 200	1	9	1	0xB5	－0.31	0.31	－0.53	0.78
16 777 216	230 400	1	4	8	0xEE	－0.75	0.74	－2	0.87
16 777 216	460 800	1	2	4	0x92	－1.62	1.37	－3.56	2.06
20 000 000	9 600	1	130	3	0x25	－0.02	0.03	0	0.07
20 000 000	19 200	1	65	1	0xD6	－0.06	0.03	－0.1	0.1
20 000 000	38 400	1	32	8	0xEE	－0.1	0.13	－0.27	0.14

续表 11－5

BRCLK/Hz	Baudrate/Hz	UCOS16	UCBRx	UCBRFx	UCBRSx	TX 误差/%		RX 误差/%	
						neg	pos	neg	pos
20 000 000	57 600	1	21	11	0x22	−0.16	0.13	−0.16	0.38
20 000 000	115 200	1	10	13	0xAD	−0.29	0.26	−0.46	0.66
20 000 000	230 400	1	5	6	0xEE	−0.67	0.51	−1.71	0.62
20 000 000	460 800	1	2	11	0x92	−1.38	0.99	−1.84	2.8

(2) 过采样波特率模式设置

在过采样模式中，可将预分频器设置为

$$\text{UCBRx}=\text{INT}(N/16)$$

第一阶段的调整器设置为

$$\text{UCBRFx} = \text{INT}((N/16-\text{INT}(N/16)\times 16)$$

第二阶段的调整设置(UCBRSx)可以通过进行详细的误差计算来实现或直接在表 11－4 中获取 $N=f_{\text{BRCLK}}/\text{Baudrate}$ 的小数部分。

8. USCI 中断

eUSCI_A 只有一个用于发送和接收共享的中断向量。

(1) eUSCI_A 发送中断操作

由发送器来置位 UCAxTXIFG 中断标志，以指示 UCAxTXBUF 已准备好接收下一个字符。如果 UCAxTXIE 置位，则将产生一个中断请求。如果将一个字符写入 UCAxTXBUF 中，则 UCAxTXIFG 将自动复位。在硬件复位后或当 UCSWRST＝1 时，将使 UCAxTXIFG 和 UCAxTXIE 置位。

(2) eUSCI_A 接收中断操作

每次接收到一个字符并将其装载到 UCAxRXBUF 中时，都会使 UCAxRXIFG 中断标志置位。如果 UCAxRXIE 置位，则将产生一个中断请求。UCAxRXIFG 和 UCAxRXIE 由一个硬件复位信号或当 UCSWRST＝1 时复位。当读取 UCAxRXBUF 时，将使 UCAxRXIFG 自动复位。

其他中断控制特性包括：

◇ 在 UCAxRXEIE＝0 时，错误字符将不会置位 UCAxRXIFG。

◇ 当 UCDORM＝1 时，在多处理器格式下的非地址字符不会置位 UCAxRXIFG。在简单 UART 模式下，无字符可置位 UCAxRXIFG。

◇ 在 UCBRKIE＝1 时，打断条件将置位 UCBRK 位和 UCAxRXIFG 标志。

(3) 中断向量发生器 UCAxIV

eUSCI_A 的中断标志可按优先级排序并使中断源结合成一个中断向量。中断向量寄存器 UCAxIV 用于确定哪个标志可请求中断。使能的具有最高优先级的中断将在 UCAxIV 寄存器中产生一个序号，该序号可评估或加载到程序计数器 PC

上，使其自动跳转到相应的软件程序处。禁用中断不会影响UCAxIV的值。对UCAxIV寄存器进行读访问，会使最高优先级的挂起中断条件和标志自动复位。如果另一个中断标志置位，那么在完成第一个中断处理程序后，会立即产生另一个中断。

11.1.4 eUSCI_A的UART寄存器

eUSCI_A的UART寄存器如表11-6所列。

表11-6 eUSCI_A的UART寄存器

偏移量	缩 写	寄存器名称
00h	UCAxCTLW0	eUSCI_Ax控制字0
01h	UCAxCTL0[1]	eUSCI_Ax控制0
00h	UCAxCTL1	eUSCI_Ax控制1
02h	UCAxCTLW1	eUSCI_Ax控制字1
06h	UCAxBRW	eUSCI_Ax波特率控制字
06h	UCAxBR0[1]	eUSCI_Ax波特率控制0
07h	UCAxBR1	eUSCI_Ax波特率控制1
08h	UCAxMCTLW	eUSCI_Ax调整控制字
0Ah	UCAxSTATW	eUSCI_Ax状态
0Ch	UCAxRXBUF	eUSCI_Ax接收缓冲器
0Eh	UCAxTXBUF	eUSCI_Ax发送缓冲器
10h	UCAxABCTL	eUSCI_Ax波特率控制
12h	UCAxIRCTL	eUSCI_Ax IrDA控制
12h	UCAxIRTCTL	eUSCI_Ax IrDA发送控制
13h	UCAxIRRCTL	eUSCI_Ax IrDA接收控制
1Ah	UCAxIE	eUSCI_Ax中断使能
1Ch	UCAxIFG	eUSCI_Ax中断标志
1Eh	UCAxIV	eUSCI_Ax中断向量

注：[1]建议访问这些寄存器时采用16位访问。若采用8位访问时，相应的位名称必须为"_H"。

11.2 eUSCI_A的UART固件库函数

eUSCI_A的UART固件库函数如表11-7所列。其固件库函数的功能说明请参考TI的文档。

表11-7 UART固件库函数

编号	函数
1	void UART_clearInterruptFlag(uint32_t moduleInstance, uint_fast8_t mask)
2	void UART_disableInterrupt(uint32_t moduleInstance, uint_fast8_t mask)
3	void UART_disableModule(uint32_t moduleInstance)
4	void UART_enableInterrupt(uint32_t moduleInstance, uint_fast8_t mask)
5	void UART_enableModule(uint32_t moduleInstance)
6	uint_fast8_t UART_getEnabledInterruptStatus(uint32_t moduleInstance)
7	uint_fast8_t UART_getInterruptStatus(uint32_t moduleInstance, uint8_t mask)
8	uint32_t UART_getReceiveBufferAddressForDMA(uint32_t moduleInstance)
9	uint32_t UART_getTransmitBufferAddressForDMA(uint32_t moduleInstance)
10	bool UART_initModule(uint32_t moduleInstance, const eUSCI_UART_Config * config)
11	uint_fast8_t UART_queryStatusFlags(uint32_t moduleInstance, uint_fast8_t mask)
12	uint8_t UART_receiveData(uint32_t moduleInstance)
13	void UART_registerInterrupt(uint32_t moduleInstance, void(* intHandler)(void))
14	void UART_resetDormant(uint32_t moduleInstance)
15	void UART_selectDeglitchTime(uint32_t moduleInstance, uint32_t deglitchTime)
16	void UART_setDormant(uint32_t moduleInstance)
17	void UART_transmitAddress(uint32_t moduleInstance, uint_fast8_t transmitAddress)
18	void UART_transmitBreak(uint32_t moduleInstance)
19	void UART_transmitData(uint32_t moduleInstance, uint_fast8_t transmitData)
20	void UART_unregisterInterrupt(uint32_t moduleInstance)

11.3　例　程

本节将根据 TI 的例程来介绍 UART 固件库函数的使用方法。

1. UART 回显例程

(1) 硬件连线图

UART 回显例程的硬件连线图如图 11-8 所示。

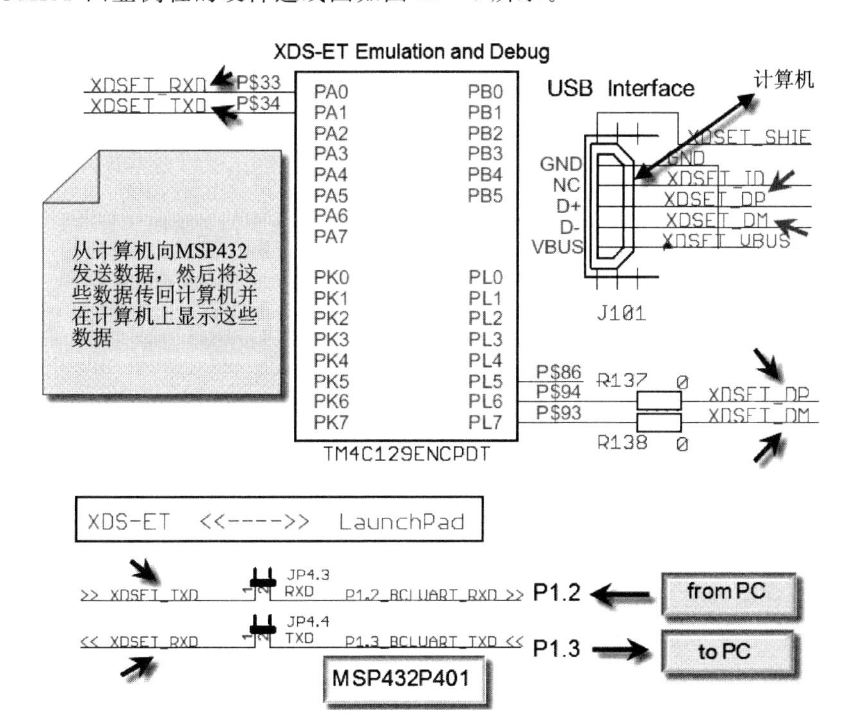

图 11-8　UART 回显例程的硬件连线图

(2) uart_pc_echo_12mhz_brclk.c 程序介绍

```
/************************************************************
* 文件名:uart_pc_echo_12mhz_brclk.c
* 来源:根据 TI 例程及网络上相关内容改编
* 功能描述: 如图 11-8 所示,在这个例子中波特率被设置成 9600,波特率的计算方法可见
* http://software-dl.ti.com/msp430/msp430_public_sw/mcu/msp430/MSP430BaudRate
* Converter/index.html
************************************************************/
/* DriverLib Includes */
#include "driverlib.h"

/* Standard Includes */
```

```
#include < stdint.h >

#include < stdbool.h >

/ * 配置 UART 参数 * /
const eUSCI_UART_ConfiguartConfig =
{
        EUSCI_A_UART_CLOCKSOURCE_SMCLK,                   //SMCLK 时钟源
        78,                                               //BRDIV = 78
        2,                                                //UCxBRF = 2
        0,                                                //UCxBRS = 0
        EUSCI_A_UART_NO_PARITY,                           //无奇偶校验位
        EUSCI_A_UART_MSB_FIRST,                           //MSB 在前
        EUSCI_A_UART_ONE_STOP_BIT,                        //一个停止位
        EUSCI_A_UART_MODE,                                //UART 模式
        EUSCI_A_UART_OVERSAMPLING_BAUDRATE_GENERATION     //过采样
};
int main(void)
{
    / * Halting WDT_A * /
    MAP_WDT_A_holdTimer();

    / * 将 P1.2 和 P1.3 端口设置为 UART 模式 * /
    MAP_GPIO_setAsPeripheralModuleFunctionInputPin(GPIO_PORT_P1,
            GPIO_PIN1 | GPIO_PIN2 | GPIO_PIN3, GPIO_PRIMARY_MODULE_FUNCTION);

    / * 设置 DCO = 12 MHz * /
    CS_setDCOCenteredFrequency(CS_DCO_FREQUENCY_12);

    / * 配置 UART 模式 * /
    MAP_UART_initModule(EUSCI_A0_MODULE, &uartConfig);

    / * 使能 UART 模式 * /
    MAP_UART_enableModule(EUSCI_A0_MODULE);

    / * 使能中断 * /
    MAP_UART_enableInterrupt(EUSCI_A0_MODULE, EUSCI_A_UART_RECEIVE_INTERRUPT);
    MAP_Interrupt_enableInterrupt(INT_EUSCIA0);
    MAP_Interrupt_enableSleepOnIsrExit();
    MAP_Interrupt_enableMaster();

    / * 在控制台中输出调试信息 * /
    printf("This is aMSP432Demo! \r\n");

    while(1)
```

```
        {
            MAP_PCM_gotoLPM0();
        }
    }

/ * EUSCI A0 UART ISR——将发送给 MSP432 的数据在计算机上回显 * /
void eusciaO_isr(void)
{
    uint32_tstatus = MAP_UART_getEnabledInterruptStatus(EUSCI_A0_MODULE);

    MAP_UART_clearInterruptFlag(EUSCI_A0_MODULE, status);

    if(status & EUSCI_A_UART_RECEIVE_INTERRUPT)
    {
        / * 将接收到的数据发回计算机 * /
        MAP_UART_transmitData(EUSCI_A0_MODULE,
                MAP_UART_receiveData(EUSCI_A0_MODULE));
    }

}
```

(3) 调试与测试

1）查看 MSP-EXP432P401R LaunchPad 开发板占用串口的步骤

① 右击“计算机”，在弹出的快捷菜单中选择“管理”，如图 11-9 所示。

图 11-9 查看串口步骤 1

② 选择“管理”后，可看到 MSP-EXP432P401R LaunchPad 开发板使用的串口为虚拟串口 3，如图 11-10 所示。

2）测试过程

① 单击工具栏上的程序运行按钮 使程序全速运行，然后在“调试助手”对话框中的“发送区”文本框中输入如图 11-11 所示的信息，即从计算机向 MSP432 发送数据，在 MSP432 接收到这些数据后，再将其发回计算机，因此可在“调试助手”对话

图 11-10　查看串口步骤 2

框中将这些数据显示出来。

图 11-11　在“调试助手”对话框中显示从计算机向 MSP432 发送的数据

② 在控制台中输出的调试信息如图 11-12 所示。

注意：利用 printf()函数辅助 MSP432 程序的调试是比较有帮助的。例如，在控制台中输出 ADC 转换的结果、温度值等时，仅该条语句即可实现，因此能随时测试程序的运行结果。

如果对 printf()函数进行重定向，就可以把在控制台中显示的信息重定向到指定的 UART 端口输出。这时需要添加这些函数的定义，即包含 stdio.h 头文件。

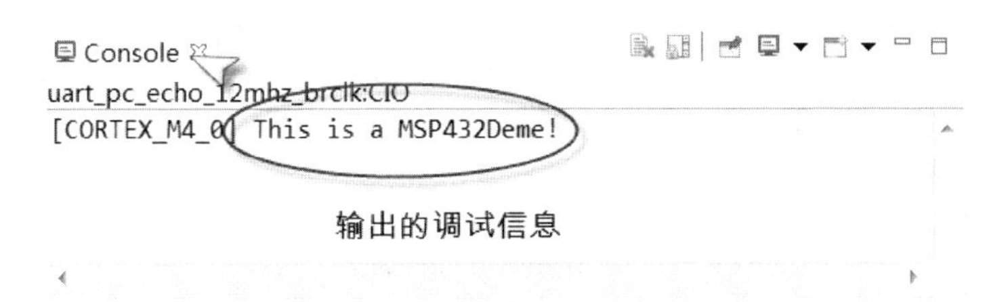

图 11－12 调试信息

比如，在 EUSCI_A0 模块中输出的重定向函数（针对 Keil for ARM 软件）可以这样写：

```
int fputc(intch, FILE * f)
{
    //发送数据
    MAP_UART_transmitData(EUSCI_A0_MODULE,  (uint8_t)ch);

    //判断数据是否发送完成
    while(! MAP_UART_getInterruptStatus(EUSCI_A0_MODULE,
                    EUSCI_A_UART_TRANSMIT_INTERRUPT_FLAG));


return ch;
}
```

注意：采用 Keil for ARM 需包括 Use MicroLIB 选项，如图 11－13 所示。

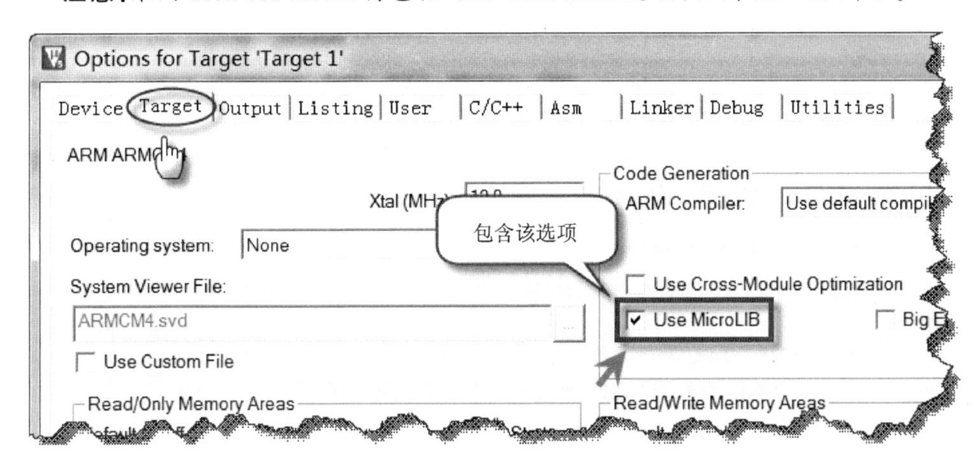

图 11－13 选中 Use MicroLIB 复选框

对于 IAR for ARM 软件，printf()函数的重定向写法如下：

```
int putchar(int ch, FILE * f)
{
```

```
    //发送数据
    MAP_UART_transmitData(EUSCI_A0_MODULE, (uint8_t)ch);

    //判断数据是否发送完成
    while(! MAP_UART_getInterruptStatus(EUSCI_A0_MODULE,
                EUSCI_A_UART_TRANSMIT_INTERRUPT_FLAG));

    return ch;
}
```

说明：可参考第 1 章中有关 printf() 函数的重定向例程。

通过上述处理就可以把调试信息在"调试助手"对话框中显示出来，注意在编译器中需包含这些重定向的函数。这样处理有时候会出现乱码并占用大量资源的情况，建议显示调试信息最好还是使用控制台比较稳妥。

2. UART 回环例程

(1) 硬件连线图

UART 回环例程的硬件连线图如图 11－14 所示。

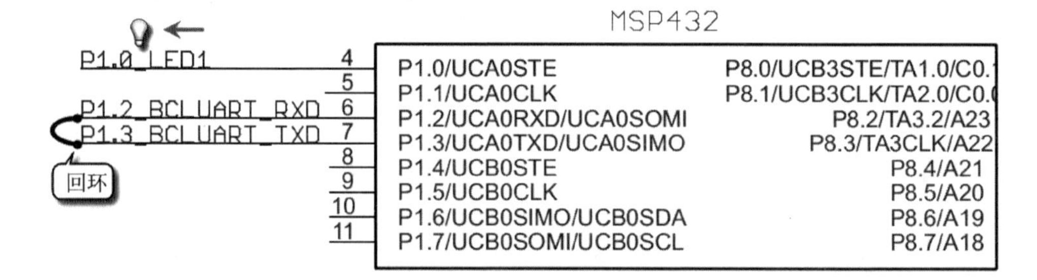

图 11－14　UART 回环例程的硬件连线图

(2) uart_loopback_48mhz_brclk.c 程序介绍

```
/****************************************************************************
* 文件名:uart_loopback_48mhz_brclk.c
* 来源:TI 例程
* 功能描述: 把从 MSP432 发送的数据再返回到 MSP432 中,如果通过中断接收的数据(RXData)
* 不等于发送的数据(TXData),那么点亮 LED 告知数据传输错误。MCLK = HSMCLK = SMCLK =
* DCO of 48 MHz
****************************************************************************/
/* DriverLib Includes */
#include "driverlib.h"

/* Standard Includes */
#include <stdint.h>
```

```
#include < stdbool.h >

volatile uint8_t TXData = 1;
volatile uint8_t RXData = 0;

/* 配置 UART 参数,其中波特率为 115 200 */
const eUSCI_UART_ConfiguartConfig =
{
        EUSCI_A_UART_CLOCKSOURCE_SMCLK,                  //SMCLK Clock Source
        26,                                              //BRDIV = 26
        0,                                               //UCxBRF = 0
        111,                                             //UCxBRS = 111
        EUSCI_A_UART_NO_PARITY,                          //无奇偶校验位
        EUSCI_A_UART_MSB_FIRST,                          //MSB 在前
        EUSCI_A_UART_ONE_STOP_BIT,                       //一个停止位
        EUSCI_A_UART_MODE,                               //UART 模式
        EUSCI_A_UART_OVERSAMPLING_BAUDRATE_GENERATION    //过采样
};

int main(void)
{
    /* Halting WDT_A   */
    MAP_WDT_A_holdTimer();

    /* 将 P1.2、P1.3 端口设置为 UART 模式,P1.0 为输出(LED) */
    MAP_GPIO_setAsPeripheralModuleFunctionInputPin(GPIO_PORT_P1,
            GPIO_PIN2 | GPIO_PIN3, GPIO_PRIMARY_MODULE_FUNCTION);
    MAP_GPIO_setAsOutputPin(GPIO_PORT_P1, GPIO_PIN0);
    MAP_GPIO_setOutputLowOnPin(GPIO_PORT_P1, GPIO_PIN0);

    /* 设置 DCO = 48 MHz  */
    MAP_PCM_setCoreVoltageLevel(PCM_VCORE1);
    CS_setDCOCenteredFrequency(CS_DCO_FREQUENCY_48);

    /* 配置 UART 模式 */
    MAP_UART_initModule(EUSCI_A0_MODULE, &uartConfig);

    /* 使能 UART 模式 */
    MAP_UART_enableModule(EUSCI_A0_MODULE);

    /* 使能中断 */
```

```
    MAP_UART_enableInterrupt(EUSCI_A0_MODULE,
                                EUSCI_A_UART_RECEIVE_INTERRUPT);
    MAP_Interrupt_enableInterrupt(INT_EUSCIA0);
    MAP_Interrupt_enableSleepOnIsrExit();

    /* 在控制台中输出调试信息 */
    printf("\r\n 如果接收的数据 = 发送的数据,传输成功! \r\n");
    printf("如果接收的数据! = 发送的数据,用点亮板上的 LED 来指示传输失败! \r\n");
    while(1)
    {
        /* 发送数据 */
        MAP_UART_transmitData(EUSCI_A0_MODULE, TXData);

        MAP_Interrupt_enableSleepOnIsrExit();
        MAP_PCM_gotoLPM0InterruptSafe();
    }
}

/* EUSCI A0 UART ISR——判断接收的数据是否等于发送的数据 */
void eusciA0_isr(void)
{
    uint32_tstatus = MAP_UART_getEnabledInterruptStatus(EUSCI_A0_MODULE);

    MAP_UART_clearInterruptFlag(EUSCI_A0_MODULE, status);

    if(status & EUSCI_A_UART_RECEIVE_INTERRUPT)
    {
        RXData = MAP_UART_receiveData(EUSCI_A0_MODULE);

        if(RXData ! = TXData)                         //判断
        {
            MAP_GPIO_setOutputHighOnPin(GPIO_PORT_P1, GPIO_PIN0);
            while(1);                         }
        TXData ++ ;
        MAP_Interrupt_disableSleepOnIsrExit();
    }

}
```

(3) 调试与测试

① 在控制台中输出的调试信息如图 11-15 所示。

② 利用“RXData! = TXData”语句来察看 MSP-EXP432P401R LaunchPad 开

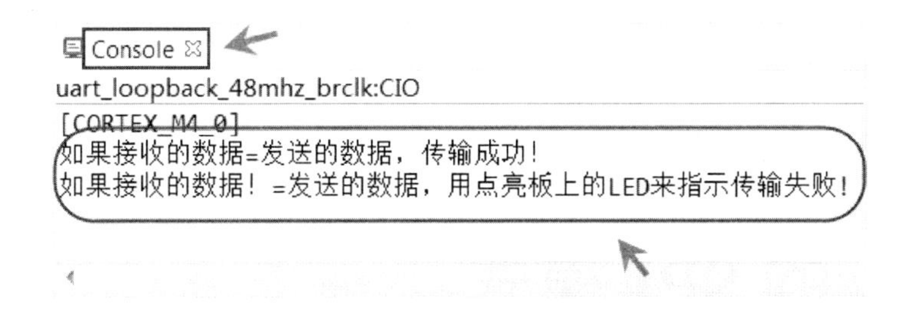

图 11－15　输出的调试信息

发板上 LED 的情况。

在“调试助手”对话框的“发送区”文本框中随意输入一个数据（见图 11－16），可以观察到 MSP－EXP432P401R LaunchPad 开发板上的 LED 被点亮。

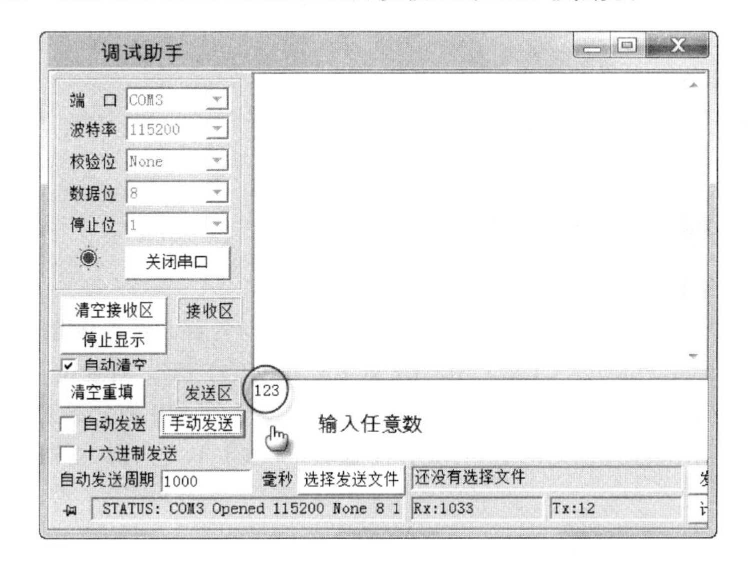

图 11－16　在“发送区”文本框中随意输入一个数据

第 12 章

eUSCI 的 SPI 模式

本章将介绍同步外围接口(Synchronous Peripheral Interface,SPI)的基础知识，以及为简化 SPI 操作的固件库函数的使用方法。其中,SPI 的固件库函数包含在 driverlib/spi.c 中,driverlib/spi.h 包含了该库函数的所有定义。

本章的主要内容：

◇ eUSCI 的 SPI 模式简介；
◇ SPI 的固件库函数；
◇ 例程。

12.1 eUSCI 的 SPI 模式简介

在同步模式下,eUSCI 通过 3 或 4 个引脚将设备与外部系统连接起来，这些引脚的名称分别为 UCxSIMO、UCxSOMI、UCxCLK 和 UCxSTE。当置位 UCSYNC 位时，将选择 SPI 模式，并且可以通过 UCMODEX 位来选择 SPI 模式是采用 3 引脚方式还是采用 4 引脚方式。无论是 eUSCI_A 还是 eUSCI_B，它们都支持 SPI 模式的串行通信。

12.1.1 eUSCI 的 SPI 模式特性

SPI 模式的特性包括：

◇ 7/8 位的数据宽度；
◇ LSB 位在前或 MSB 在前的数据发送和接收；
◇ 3 引脚或 4 引脚的 SPI 操作；
◇ 主/从模式；
◇ 独立的发送与接收移位寄存器；
◇ 独立的发送与接收缓冲寄存器；
◇ 连续发送与接收操作；
◇ 可选的时钟极性和相位控制；
◇ 在主机模式下可编程时钟频率；
◇ 独立的接收和发送中断能力。

12.1.2　eUSCI的SPI模式框图

eUSCI的SPI模式框图如图12-1所示。

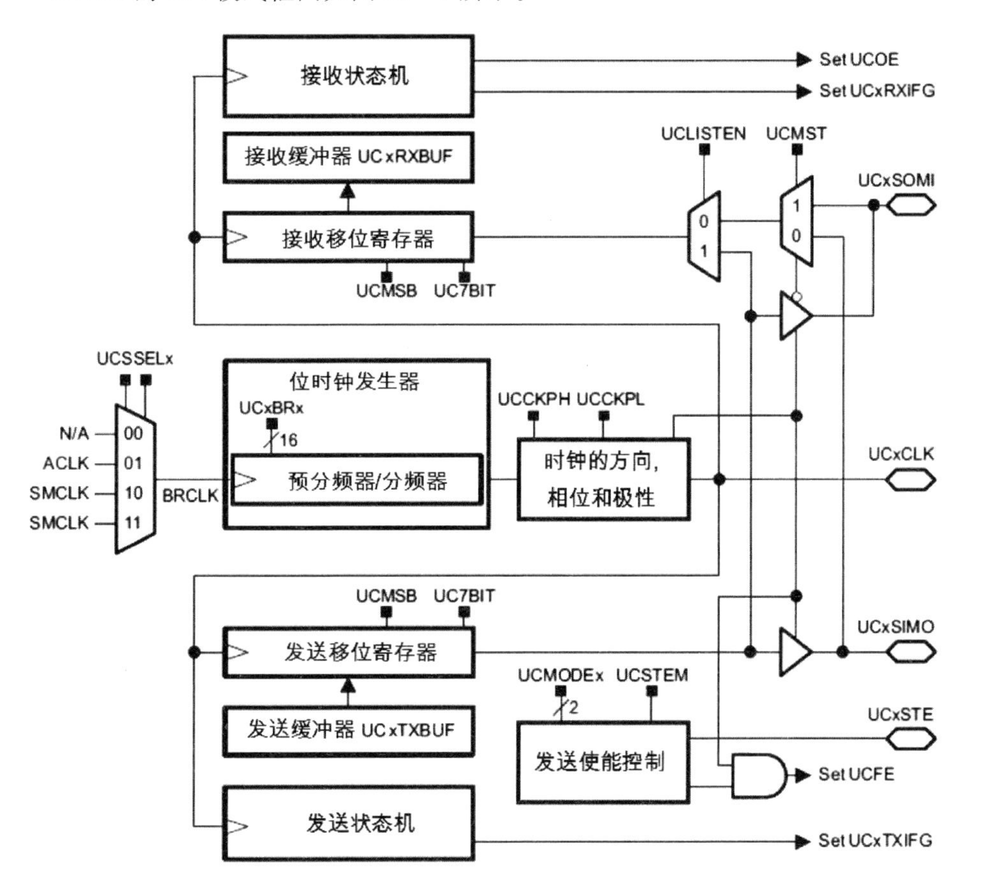

图12-1　eUSCI的SPI模式框图

12.1.3　eUSCI的SPI模式操作

在SPI模式下，通过多个从机使用由主机提供的共享时钟来进行串行数据的发送和接收。由主机控制的UCxSTE用于使能从机接收和发送数据。

3路或4路信号用于SPI的数据交换：

◇ UCxSIMO从机输入，主机输出。
  - 主机模式：UCxSIMO为数据输出线。
  - 从机模式：UCxSIMO为数据输入线。

◇ UCxSOMI从机输出，从机输入。
  - 主机模式：UCxSOMI为数据输入线。
  - 从机模式：UCxSOMI为数据输出线。

◇ UCxCLK USCI SPI时钟
- 主机模式：UCxCLK为输出。
- 从机模式：UCxCLK为输入。

◇ UCxSTE从机发送使能。

UCxSTE信号用于4引脚模式时，允许多个主机共用一条总线；但是，UCxSTE信号不可用于3引脚模式。UCxSTE的操作如表12-1所列。

表12-1　UCxSTE的操作

UCMODEx	UCxSTE活动状态	UCxSTE	从　机	主　机
01	高电平	0	非活动	活动
		1	活动	非活动
10	低电平	0	活动	非活动
		1	非活动	活动

1. eUSCI的初始化和复位

eUSCI通过硬件复位或由UCSWRST位来复位。通过硬件复位时，将自动置位UCSWRST，使eUSCI保持在复位状态。当置位UCSWRST时，将复位UCRXIE、UCTXIE、UCRXIFG、UCOE和UCFE位，并置位UCTXIFG标志。清零UC-SWRST将释放USCI，使其进入工作状态。在配置和重新配置eUSCI模块时应置位UCSWRST，以避免不可预知的行为发生。

2. 字符格式

在SPI模式下，eUSCI模块支持7位和8位宽度的字符，由UC7BIT位来选择。在7位数据模式下，UCxRXBUF是LSB对齐，MSB总是复位。UCMSB位控制数据传送的方向，并用于选择是LSB在前还是MSB在前。

3. 主机模式

当eUSCI作为主机时，3引脚和4引脚模式的配置如图12-2所示。在数据传送到发送缓冲器（UCxTXBUF）时，eUSCI将启动数据传输。当发送移位寄存器为空时，UCxTXBUF中的数据传送到发送移位寄存器中，根据UCMSB设置的是MSB在前还是LSB在前来启动UCxSIMO上数据的传输。UCxSOMI上的数据在相反的时钟沿被传送到接收移位寄存器中。

在接收到字符时，接收数据将从接收移位寄存器转移到接收缓冲器（UCxRX-BUF）中，并置位接收中断标志UCRXIFG，以指示完成。置位发送中断标志UCTX-IFG，以指示数据已从UCxTXBUF转移到了发送移位寄存器中，使UCxTXBUF准备就绪以接收新的数据。但是，这并不代表接收/发送操作完成。eUSCI模块在主机模式下接收数据时，必须将数据写入UCxTXBUF，因为接收和发送操作是同时进行的。

作为一个 4 引脚主机，有两种不同的选项用于配置 eUSCI，如下：

◇ 第 4 个引脚用作输入，是为了防止与其他主机冲突（UCSTEM=0）。

◇ 第 4 个引脚用作输出，是为了产生一个从使能信号（UCSTEM=1）。

UCSTEM 位用于选择相应的模式。

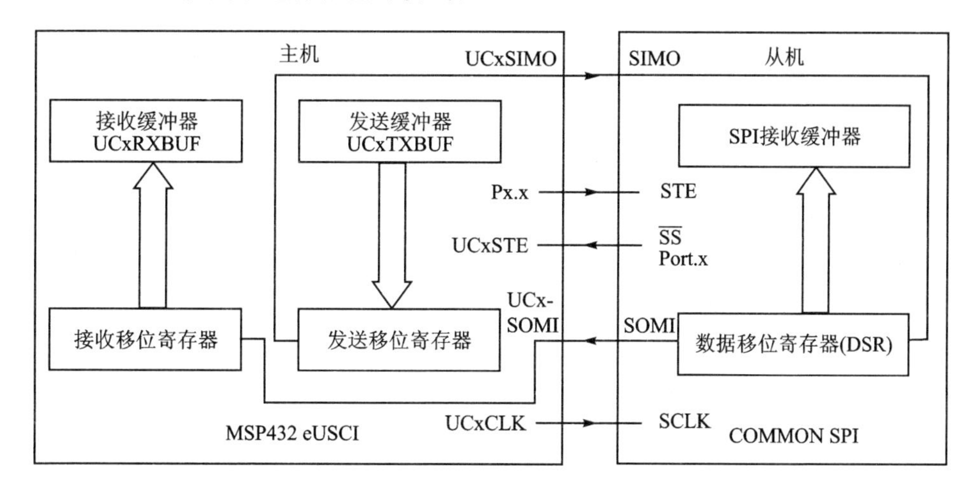

图 12－2　eUSCI 主机和外部从机（UCSTEM=0）

(1) 4 引脚 SPI 主机模式（UCSTEM=0）

在 UCSTEM=0 的 4 引脚 SPI 主机模式中，数字输入 UCxSTE 用于防止与其他主机冲突。对于主机的控制，如表 12－1 所列。

当 UCxSTE 处于主机-非活动状态以及 UCSTEM=0 时：

◇ 设置 UCxSIMO 和 UCxCLK 为输入且不再驱动总线；

◇ 置位错误位 UCFE，以指示通信的完整性冲突需由用户进行处理；

◇ 内部状态机复位并终止移位操作。

通过 UCxSTE 使主机保持在不活动状态时，如果将数据写入 UCxTXBUF 中，一旦 UCxSTE 转换到主机-活动状态，就会立即发送数据。若通过 UCxSTE 转换到主机-非活动状态使活动的数据传输停止，当 UCxSTE 转换回主机-活动状态时，就必须重新将数据写入 UCxTXBUF 中等待传输。

在 3 引脚主机模式下，不使用 UCxSTE 输入信号。

(2) 4 引脚 SPI 主机模式（UCSTEM=1）

在 UCSTEM=1 的 4 引脚 SPI 主机模式中，UCxSTE 为数字输出。在这种模式下，单个从机的使能信号在 UCxSTE 上自动生成。如果需要多个从机，那么这种特性不再适用，并且软件需要使用通用 I/O 引脚来代替单独给每个从机产生的 STE 信号。

4. 从机模式

当 eUSCI 作为从机时，3 引脚和 4 引脚模式的配置如图 12－3 所示。UCxCLK 为 SPI 的时钟输入，并且必须由外部主机提供。该时钟决定数据的传输速率，而不是来自内部的位时钟发生器。在利用 UCxSOMI 传输数据时，应在开始传输 UCxCLK 之前，将数据写入 UCxTXBUF 并转移到发送移位寄存器中。UCxSIMO 上的数据在 UCxCLK 时钟的反向沿被转移到接收移位寄存器中，并在接收到设定位数的数据时，将其转移到 UCxRXBUF 中。在数据从接收移位寄存器转移到 UCxRXBUF 中时，将置位中断标志 UCRXIFG 来指示数据已接收完成。在新数据传送到 UCxRXBUF 之前，如果 UCxRXBUF 中的原有数据未能读出，那么将置位溢出错误位 UCOE。

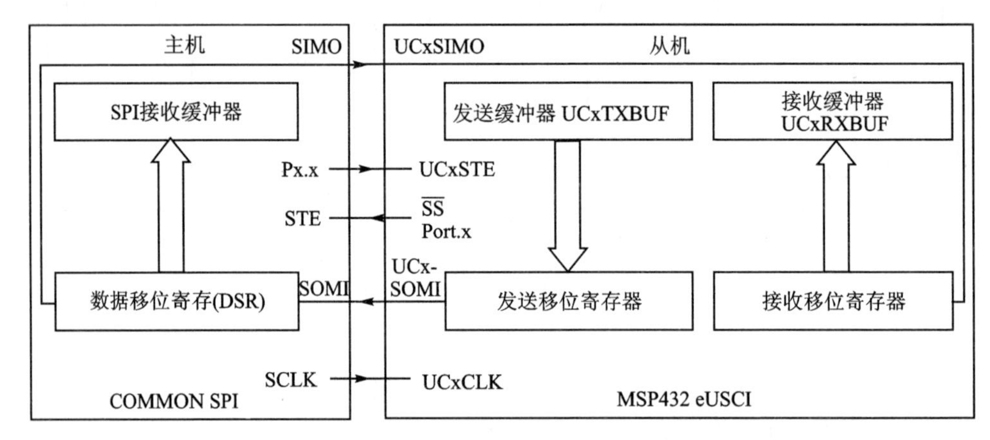

图 12-3 eUSCI 从机和外部主机

4 引脚 SPI 从机模式

在 4 引脚 SPI 从机模式下，从机使用数字输出 UCxSTE 来使能接收或发送操作并由 SPI 主机驱动。当 UCxSTE 处于从机-活动状态时，从机正常工作；当 UCxSTE 处于从机-非活动状态时：

◇ 任何通过 UCxSIMO 正在进行的接收操作将停止；

◇ UCxSOMI 设置为输入方向；

◇ 移位操作将暂停，直到 UCxSTE 变成从机-活动状态为止。

UCxSTE 输入信号不能使用在 3 引脚 SPI 从机模式中。

5. 使能 SPI

在通过清零 UCSWRST 来使能 eUSCI 模块时，可使其接收和发送准备就绪。在主机模式下，虽然位时钟发生器已准备就绪，但是无时钟，也不会产生任何时钟。在从机模式下，位时钟发生器被禁用，由主机提供时钟。

用 UCBUSY=1 来指示发送或接收操作。硬复位或置位 UCSWRST 将立即禁用 eUSCI 以及终止任何正在进行的传输。

(1) 使能发送

在主机模式下，向 UCxTXBUF 写入数据会激活位时钟发生器，并开始数据传输；在从机模式下，在主机提供时钟时将开始数据传输；在 4 引脚模式下，当 UCx-

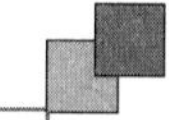

STE 处于从机-活动状态时，开始数据传输。

(2) 使能接收

在传输激活时，SPI 接收数据，并且接收和发送操作是同时进行的。

6. 串行时钟控制

UCxCLK 由 SPI 总线上的主机提供。在 UCMST＝1 时，位时钟由 eUSCI 模块中 UCxCLK 引脚上的位时钟发生器提供，由 UCSSELx 位选择用于产生位时钟的时钟。在 UCMST＝0 时，eUSCI 时钟由主机上的 UCxCLK 引脚提供，并且不使用位时钟发生器，也不关心 UCSSELx 位的状态。SPI 的接收器和发送器同时工作，并使用相同的时钟源进行数据传输。在 UCBRx 位速率控制寄存器（UCxxBR1 和 UCxx-BR0）中的 16 位值，为 eUSCI 时钟源（BRCLK）的分频因子。在主机模式下产生的最大位时钟是 BRCLK。在 SPI 模式中不使用调制，当在 USCI_A 模块中使用 SPI 模式时，应清除 UCAxMCTL 位。

UCAxCLK/UCBxCLK 频率由下式给出：

$$f_{BitClock} = f_{BRCLK}/UCBRx$$

串行时钟的极性与相位

UCxCLK 的极性和相位可通过 eUSCI 的控制位 UCCKPL 和 UCCKPH 来独立配置，每种类型的时钟如图 12－4 所示。

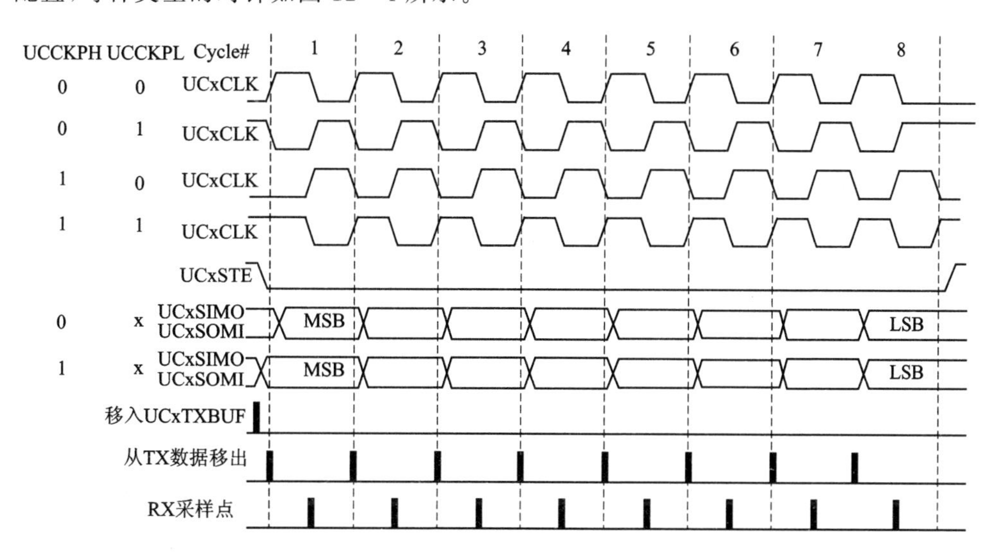

图 12－4 UCMSB＝1 时 eUSCI 的 SPI 模式时序

7. SPI中断

(1) SPI发送中断操作

由发送器置位中断标志UCTXIFG,以指示UCxTXBUF接收下一个字符准备就绪。如果置位UCTXIE,那么将发出一个中断请求。如果向UCxTXBUF写入一个字符,那么将自动复位UCTXIFG。在硬复位后或当UCSWRST=1时,将置位UCTXIFG。

(2) SPI接收中断操作

每次接收到一个字符并装载到UCxRXBUF时,将使中断标志UCRXIFG置位。如果置位UCRXIE,那么将发出一个中断请求。在硬复位后或当UCSWRST=1时,将复位UCRXIFG和UCRXIE。在读取UCxRXBUF时,将使UCRXIFG自动复位。

12.1.4 eUSCI_A的SPI寄存器

eUSCI_A的SPI寄存器如表12-2所列。

表12-2 eUSCI_A的SPI寄存器

偏移量	缩 写	寄存器名称
00h	UCAxCTLW0	eUSCI_Ax控制字0
00h	UCAxCTL1	eUSCI_Ax控制1
01h	UCAxCTL0	eUSCI_Ax控制0
06h	UCAxBRW	eUSCI_Ax位速率控制字
06h	UCAxBR0	eUSCI_Ax位速率控制0
07h	UCAxBR1	eUSCI_Ax位速率控制1
0Ah	UCAxSTATW	eUSCI_Ax状态
0Ch	UCAxRXBUF	eUSCI_Ax接收缓冲器
0Eh	UCAxTXBUF	eUSCI_Ax发送缓冲器
1Ah	UCAxIE	eUSCI_Ax中断使能
1Ch	UCAxIFG	eUSCI_Ax中断标志
1Eh	UCAxIV	eUSCI_Ax中断向量

12.2 eUSCI的SPI固件库函数

串行外设接口总线或SPI总线,是由摩托罗拉公司命名的同步串行数据链的标准,它工作于全双工模式。设备可工作在主/从机模式,其中由主机来启动数据帧的传输。注意,为简明起见,模块名称EUSCI_A和EUSCI_B已从API名称中删去。该固件库提供了用于处理3引脚模式的SPI通信的API函数。SPI模式既可配置为主机模式，也可以配置为从机模式，它还包含一个可编程的位时钟分频器和预分频器，可以从SPI模式下输入的时钟信号中产生输出串行时钟。

本节仅给出eUSCI的SPI固件函数，详细的函数功能说明请参考TI驱动库文档。

1. 数据结构

数据结构如表12-3所列。

表12-3 数据结构

编号	名称
1	struct _eUSCI_SPI_MasterConfig
2	struct _eUSCI_SPI_SlaveConfig

2. 类型定义

类型定义如表12-4所列。

表12-4 类型定义

编号	名称
1	typedef struct _eUSCI_SPI_MasterConfig eUSCI_SPI_MasterConfig
2	typedef struct _eUSCI_SPI_SlaveConfig eUSCI_SPI_SlaveConfig

3. 函数

SPI的固件库函数如表12-5所列。

表12-5 SPI的固件库函数

编号	函数
1	void EUSCI_A_SPI_changeClockPhasePolarity(uint32_t baseAddress, uint16_t clockPhase, uint16_t clockPolarity)
2	void EUSCI_A_SPI_clearInterruptFlag(uint32_t baseAddress, uint8_t mask)
3	void EUSCI_A_SPI_disable(uint32_t baseAddress)
4	void EUSCI_A_SPI_disableInterrupt(uint32_t baseAddress, uint8_t mask)
5	void EUSCI_A_SPI_enable(uint32_t baseAddress)
6	void EUSCI_A_SPI_enableInterrupt(uint32_t baseAddress, uint8_t mask)

续表 12-5

编 号	函 数
7	uint8_t EUSCI_A_SPI_getInterruptStatus(uint32_t baseAddress, uint8_t mask)
8	uint32_t EUSCI_A_SPI_getReceiveBufferAddressForDMA(uint32_t baseAddress)
9	uint32_t EUSCI_A_SPI_getTransmitBufferAddressForDMA(uint32_tb aseAddress)
10	bool EUSCI_A_SPI_isBusy(uint32_t baseAddress)
11	void EUSCI_A_SPI_masterChangeClock(uint32_t baseAddress, uint32_t clockSourceFrequency, uint32_t desiredSpiClock)
12	uint8_t EUSCI_A_SPI_receiveData(uint32_t baseAddress)
13	void EUSCI_A_SPI_select4PinFunctionality(uint32_t baseAddress, uint8_t select4PinFunctionality)
14	bool EUSCI_A_SPI_slaveInit(uint32_t baseAddress, uint16_t msbFirst, uint16_t clockPhase, uint16_t clockPolarity, uint16_t spiMode)
15	void EUSCI_A_SPI_transmitData(uint32_t baseAddress, uint8_t transmitData)
16	void EUSCI_B_SPI_changeClockPhasePolarity(uint32_t baseAddress, uint16_t clockPhase, uint16_t clockPolarity)
17	void EUSCI_B_SPI_clearInterruptFlag(uint32_t baseAddress, uint8_t mask)
18	void EUSCI_B_SPI_disable(uint32_t baseAddress)
19	void EUSCI_B_SPI_disableInterrupt(uint32_t baseAddress, uint8_t mask)
20	void EUSCI_B_SPI_enable(uint32_t baseAddress)
21	void EUSCI_B_SPI_enableInterrupt(uint32_t baseAddress, uint8_t mask)
22	uint8_t EUSCI_B_SPI_getInterruptStatus(uint32_t baseAddress, uint8_t mask)
23	uint32_t EUSCI_B_SPI_getReceiveBufferAddressForDMA(uint32_t baseAddress)
24	uint32_t EUSCI_B_SPI_getTransmitBufferAddressForDMA(uint32_t baseAddress)

续表 12-5

编 号	函 数
25	bool EUSCI_B_SPI_isBusy(uint32_t baseAddress)
26	void EUSCI_B_SPI_masterChangeClock(uint32_t baseAddress, uint32_t clockSourceFrequency, uint32_t desiredSpiClock)
27	uint8_t EUSCI_B_SPI_receiveData(uint32_t baseAddress)
28	void EUSCI_B_SPI_select4PinFunctionality(uint32_t baseAddress, uint8_t select4PinFunctionality)
29	bool EUSCI_B_SPI_slaveInit(uint32_t baseAddress, uint16_t msbFirst, uint16_t clockPhase, uint16_t clockPolarity, uint16_t spiMode)
30	void EUSCI_B_SPI_transmitData(uint32_t baseAddress, uint8_t transmitData)
31	void SPI_changeClockPhasePolarity(uint32_t moduleInstance, uint_fast16_t clockPhase, uint_fast16_t clockPolarity)
32	void SPI_changeMasterClock(uint32_t moduleInstance, uint32_t clockSourceFrequency, uint32_t desiredSpiClock)
33	void SPI_clearInterruptFlag(uint32_t moduleInstance, uint_fast8_t mask)
34	void SPI_disableInterrupt(uint32_t moduleInstance, uint_fast8_t mask)
35	void SPI_disableModule(uint32_t moduleInstance)
36	void SPI_enableInterrupt(uint32_t moduleInstance, uint_fast8_t mask)
37	void SPI_enableModule(uint32_t moduleInstance)
38	uint_fast8_t SPI_getEnabledInterruptStatus(uint32_t moduleInstance)
39	uint_fast8_t SPI_getInterruptStatus(uint32_t moduleInstance, uint16_t mask)
40	uint32_t SPI_getReceiveBufferAddressForDMA(uint32_t moduleInstance)
41	uint32_t SPI_getTransmitBufferAddressForDMA(uint32_t moduleInstance)

续表 12-5

编　号	函　数
42	bool SPI_initMaster(uint32_t moduleInstance, const eUSCI_SPI_MasterConfig * config)
43	Bool SPI_initSlave(uint32_t moduleInstance, const eUSCI_SPI_SlaveConfig * config)
44	uint_fast8_t SPI_isBusy(uint32_t moduleInstance)
45	uint8_t SPI_receiveData(uint32_t moduleInstance)
46	void SPI_registerInterrupt(uint32_t moduleInstance, void(_intHandler)(void))
47	void SPI_selectFourPinFunctionality(uint32_t moduleInstance, uint_fast8_t select4PinFunctionality)
48	void SPI_transmitData(uint32_t moduleInstance, uint_fast8_t transmitData)
49	void SPI_unregisterInterrupt(uint32_t moduleInstance)

12.3　例　程

本节将以 TI 提供的例程为例来简要介绍 SPI 固件库函数的使用与设置方法，以及基于 Proteus 8.3 的涉及 SPI 器件的编程与测试方法。

1. SPI 作为主机例程

(1) 硬件连线图

SPI 作为主机例程的硬件连线图如图 12-5 所示。

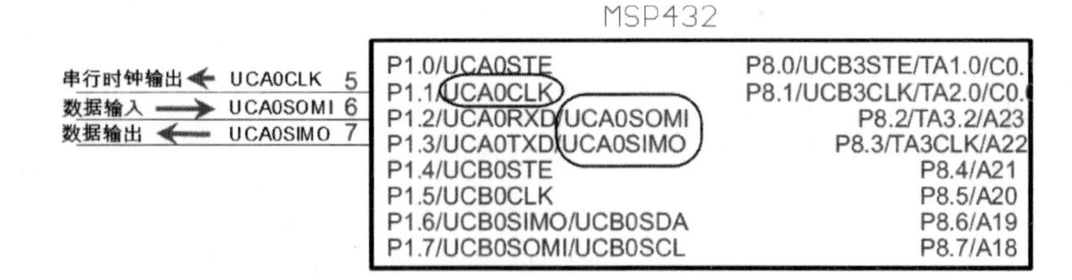

图 12-5　SPI 作为主机例程的硬件连线图

(2) spi_3wire_incrementing_data-master.c 程序介绍

```
/*************************************************************************
* 文件名:spi_3wire_incrementing_data-master.c
* 来源:根据 TI 例程改编
* 功能描述:该例程介绍了如何使用 3 引脚模式的 SPI 主机和 SPI 从机之间的通信,即由
```

```
* 主机向从机发送数据,以及接收从机向主机发送的数据。ACLK = ~32.768 kHz,MCLK =
* SMCLK = DCO~1 048 kHz,BRCLK = SMCLK/2
*****************************************************************************/
/ * DriverLib Includes * /
# include "driverlib.h"

/ * Standard Includes * /
# include < stdint.h >

# include < stdbool.h >

/ * 定义静态变量 * /
static volatile uint8_tRXData = 0;
static uint8_tTXData = 0;

/ * SPI 主机的配置参数 * /
const eUSCI_SPI_MasterConfigspiMasterConfig =
{
        EUSCI_A_SPI_CLOCKSOURCE_ACLK,                   //ACLK 时钟源
        32768,                                          //ACLK = LFXT = 32.768 kHz
        500000,                                         //SPICLK = 500 kHz
        EUSCI_A_SPI_MSB_FIRST,                          //MSB 在前
        EUSCI_A_SPI_PHASE_DATA_CHANGED_ONFIRST_CAPTURED_ON_NEXT,  //时钟相位
        EUSCI_A_SPI_CLOCKPOLARITY_INACTIVITY_HIGH,      //时钟极性高,即在不活动时为
                                                        //高电平
        EUSCI_A_SPI_3PIN                                //3 引脚模式,即所谓的 3 线描述
};

int main(void)
{
    volatile uint32_tii;

    / * Halting WDT_A * /
    WDT_A_holdTimer();

    / * 将 P1.0 和 P2.2 端口设置成输出,用于点亮 LED * /
    MAP_GPIO_setAsOutputPin(GPIO_PORT_P1, GPIO_PIN0);
    MAP_GPIO_setOutputLowOnPin(GPIO_PORT_P1, GPIO_PIN0);
    MAP_GPIO_setAsOutputPin(GPIO_PORT_P2, GPIO_PIN2);
    MAP_GPIO_setOutputLowOnPin(GPIO_PORT_P1, GPIO_PIN2);

    / * 启动和使能 LFXT(32 kHz) * /
```

```
    GPIO_setAsPeripheralModuleFunctionOutputPin(GPIO_PORT_PJ,
                    GPIO_PIN0 | GPIO_PIN1, GPIO_PRIMARY_MODULE_FUNCTION);
    CS_setExternalClockSourceFrequency(32768, 0);
    CS_initClockSignal(CS_ACLK, CS_LFXTCLK_SELECT, CS_CLOCK_DIVIDER_1);
    CS_startLFXT(CS_LFXT_DRIVE0);

    /* 选择 P1.1、P1.2 和 P1.3 用于 SPI 模式 */
    GPIO_setAsPeripheralModuleFunctionInputPin(GPIO_PORT_P1,
            GPIO_PIN1 | GPIO_PIN2 | GPIO_PIN3, GPIO_PRIMARY_MODULE_FUNCTION);

    /* 将 SPI 配置为 3 引脚主机模式 */
    SPI_initMaster(EUSCI_A0_MODULE, &spiMasterConfig);

    /* 使能 SPI 模块 */
    SPI_enableModule(EUSCI_A0_MODULE);

    /* 使能中断 */
    SPI_enableInterrupt(EUSCI_A0_MODULE, EUSCI_A_SPI_RECEIVE_INTERRUPT);
    Interrupt_enableInterrupt(INT_EUSCIA0);
    Interrupt_enableSleepOnIsrExit();

    /* 延时等待模块初始化 */
    for(ii = 0;ii<1000;ii++);

    TXData = 0x1;

    /* 查询发送缓冲器是否为空 */
    while(!(SPI_getInterruptStatus(EUSCI_A0_MODULE,
                                EUSCI_A_SPI_TRANSMIT_INTERRUPT)));

    /* 向从机发送数据 */
    SPI_transmitData(EUSCI_A0_MODULE, TXData);

    PCM_gotoLPM0();
    __no_operation();
}
/* 接收中断的中断服务程序 */
void euscia0_isr(void)
{
    uint32_tstatus = SPI_getEnabledInterruptStatus(EUSCI_A0_MODULE);

    SPI_clearInterruptFlag(EUSCI_A0_MODULE, status);
```

```
    if(status & EUSCI_A_SPI_RECEIVE_INTERRUPT)
    {
        /* EUSCI_A0 发送缓冲器是否准备就绪 */
        while(! (SPI_getInterruptStatus(EUSCI_A0_MODULE, EUSCI_A_SPI_TRANSMIT_IN-
                                        TERRUPT)));
        RXData = SPI_receiveData(EUSCI_A0_MODULE);
        /* 发送下一个数据包 */
        SPI_transmitData(EUSCI_A0_MODULE, ++TXData);

        /* 等待从机收发数据完成 */
        for(jj = 50;jj<50;jj++);

    }

}
```

2. 带 SPI 总线的器件编程方法(基于 Proteus 8.3)

(1) 硬件(虚拟)连线图

硬件(虚拟)连线图如图 12-6 所示。

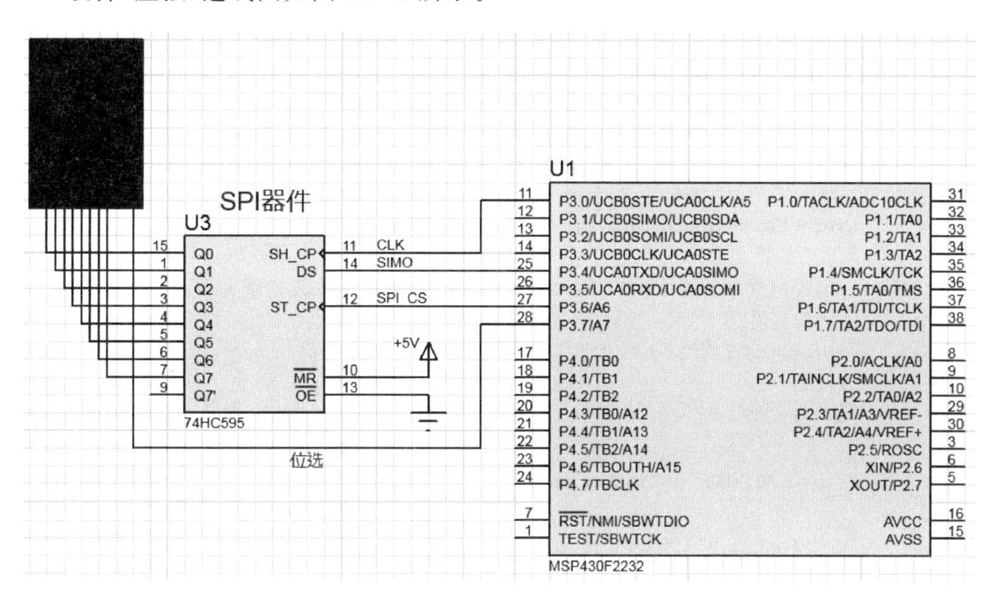

图 12-6　硬件(虚拟)连线图

(2) spi_digital_tube.c 程序介绍

```
/*****************************************************************************
* 文件名:spi_digital_tube.c
```

```
* 来源:根据 TI 例程和网络相关内容改编
* 功能描述:学习如何使用带 SPI 总线的器件
*******************************************************************/
#include < msp430.h >

volatile unsigned intii;

unsigned charDigital_code[11] = {0xC0, 0xF9, 0xA4, 0xB0, 0x99,
                                 0x92, 0x82, 0xF8,0x80, 0x90, 0x88}; //共阳码表

int main(void)
{
    WDTCTL = WDTPW + WDTHOLD;                    //关闭看门狗定时器
    P3SEL |= BIT0 + BIT4 + BIT5;                 //将 P3.0、P3.4、P3.5 引脚设置为 SPI 功能
    P3OUT |= BIT6;                               //将 SPI 器件的片选设置为高电平
    P3DIR |= BIT6 + BIT7;                        //将 P3.6 和 P3.7 设置为输出

    UCA0CTL0 |= UCCKPH + UCMSB + UCMST + UCSYNC; //3 引脚、8 位数据、SPI 主机
    UCA0CTL1 |= UCSSEL_2;                        //SMCLK
    UCA0BR0 |= 0x02;
    UCA0BR1 = 0;
    UCA0MCTL = 0;
    UCA0CTL1 &= ~UCSWRST;                        // **初始化状态机 **
    P3OUT |= BIT7;                               //设置位选信号

    for(ii = 50; ii > 0; ii--);                  //等待初始化完成

    while(1)
    {
        volatile unsigned inti,jj;

        while(!(IFG2 & UCA0TXIFG));              //USCI_A0 发送缓冲器是否准备就绪

        for(i = 0; i<12; i++)
        {
            P3OUT &= ~BIT6;                      //选择 SPI 器件,即片选信号为低电平

            UCA0TXBUF = Digital_code[i];         //通过 SPI 向 SPI 器件发送数据

            for(jj = 100000; jj > 0; jj--);      //等待接收完成

            P3OUT |= BIT6;                       //禁用 SPI 通信,即 SPI 器件接收数据
        }

    }

}
```

(3) 用 Porteus 8.3 创建工程

① 选择 File→New Project 菜单项创建 spi_digital_tube 工程，如图 12－7 所示。

图 12－7　创建 spi_digital_tube 工程

② 创建一个默认的电路原理图，如图 12－8 所示。

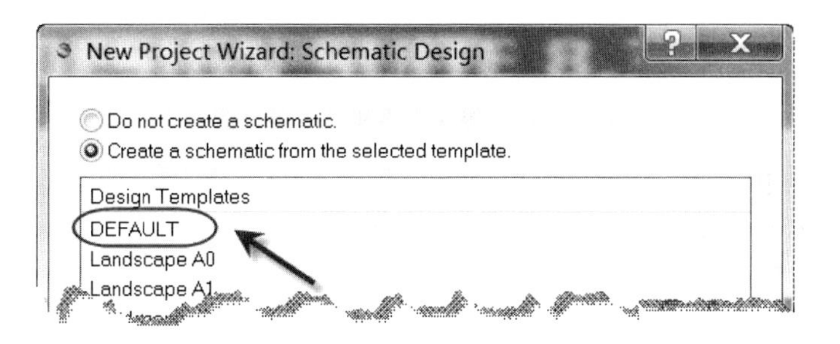

图 12－8　创建一个默认的电路原理图

③ 无须生成 PCB 板图，选中 Do not create a PCB layout 单选按钮，如图 12－9 所示。

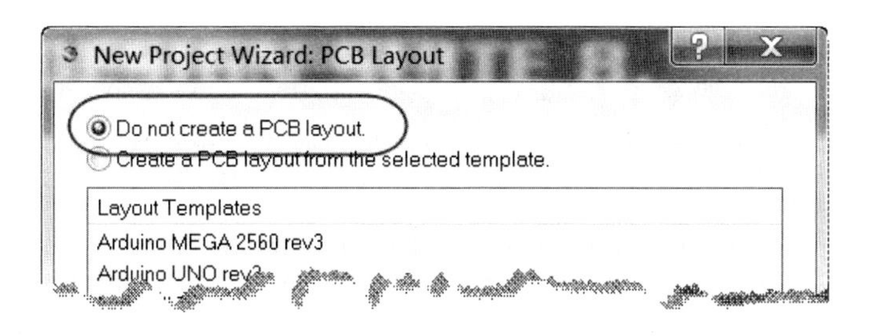

图 12－9　选中 Do not create a PCB layout 单选按钮

④ 器件选择和编译器设置如图 12－10 所示。

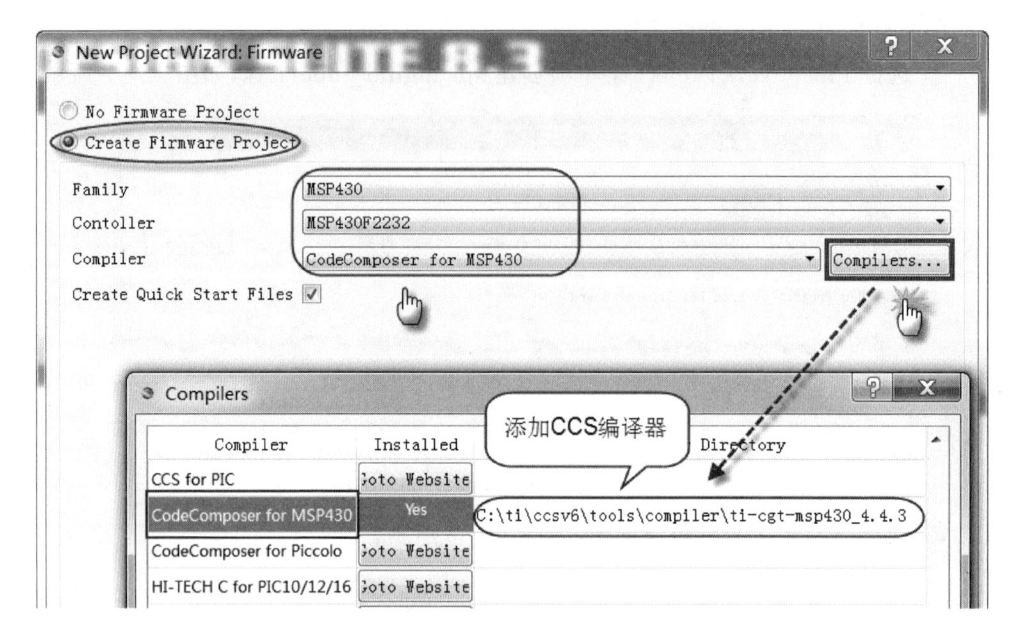

图 12 - 10　器件选择和编译器设置

⑤ 将 spi_digital_tube.c 文件复制到 Proteus 工程中，并编译该工程，如图 12 - 11 所示。

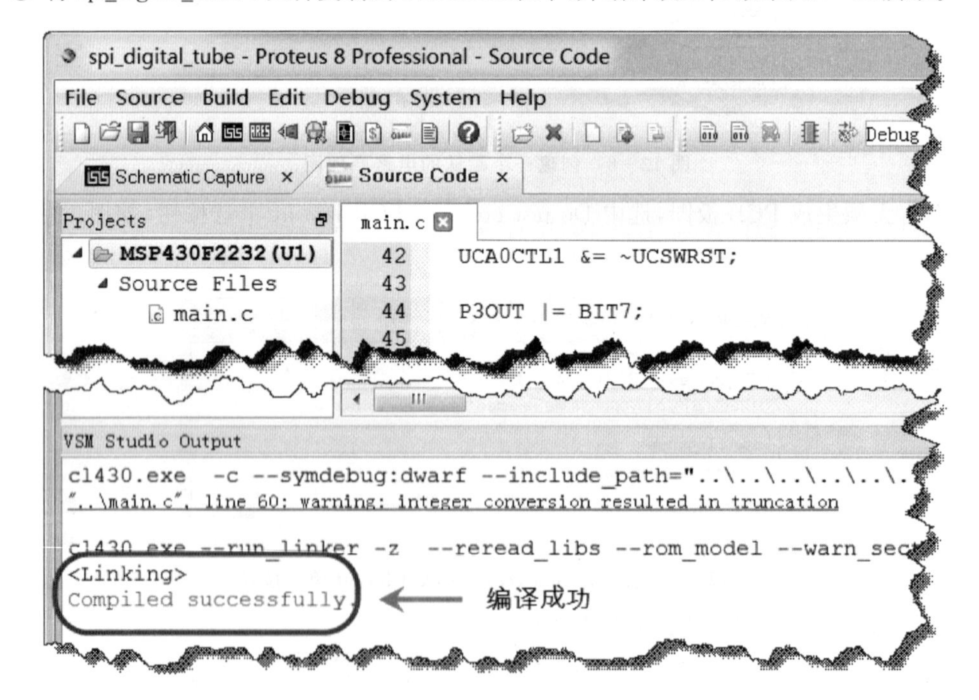

图 12 - 11　编译 spi_digital_tube 工程生成可执行的.cof 格式文件

⑥ 单步调试工程。

第一步，在图12-12所示位置设置断点。

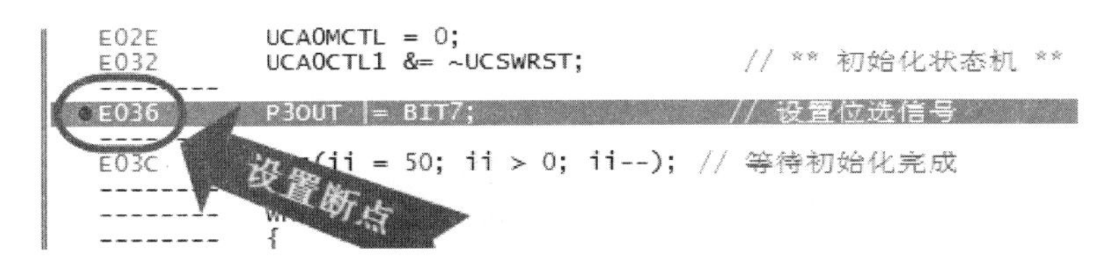

图12-12 设置断点

第二步，打开如图12-13所示的调试窗口。

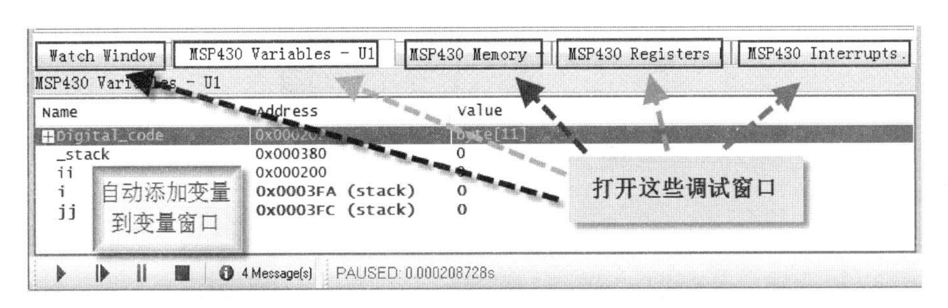

图12-13 打开相应的调试窗口

第三步，将P3OUT添加到Watch Window（观察窗口），其步骤为：在Watch Window中右击，在弹出的快捷菜单中选择Add Items（By Name），然后在Add Memory菜单中选择P3OUT，将其添加到Watch Window中，如图12-14所示。

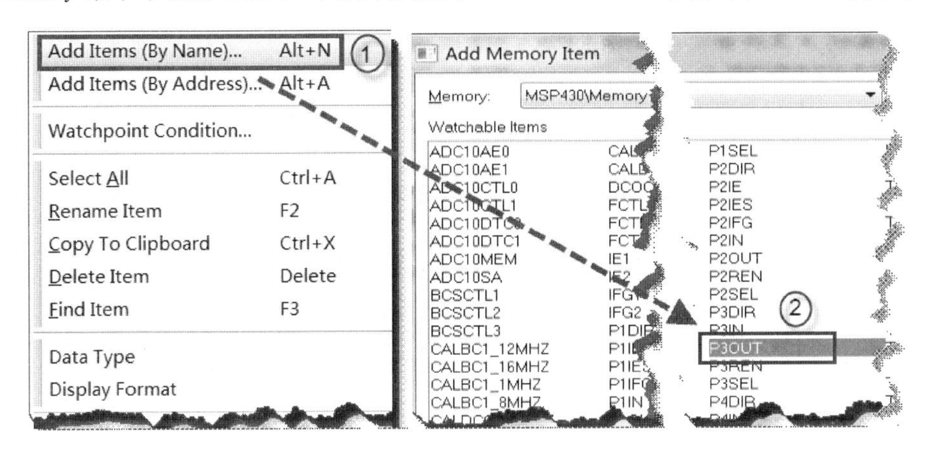

图12-14 将P3OUT添加到Watch Window中

第四步，将数码管剪切到代码侧，如图12-15所示。

第五步，程序运行使程序停留在断点处，单击单步调试工具栏上的图标，单步执行程序，如图12-16和图12-17所示。

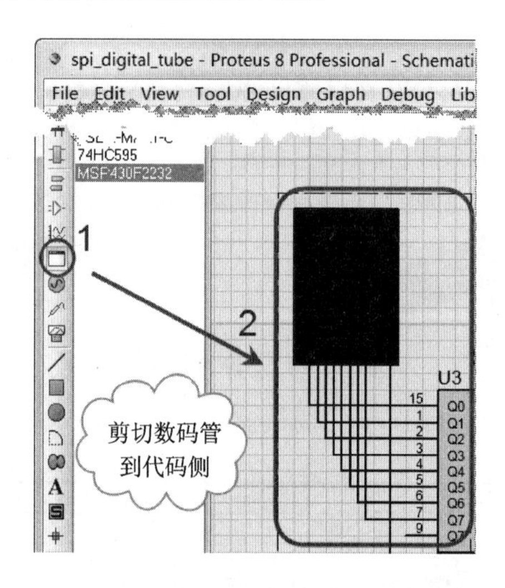

图 12 - 15　将数码管剪切到代码侧

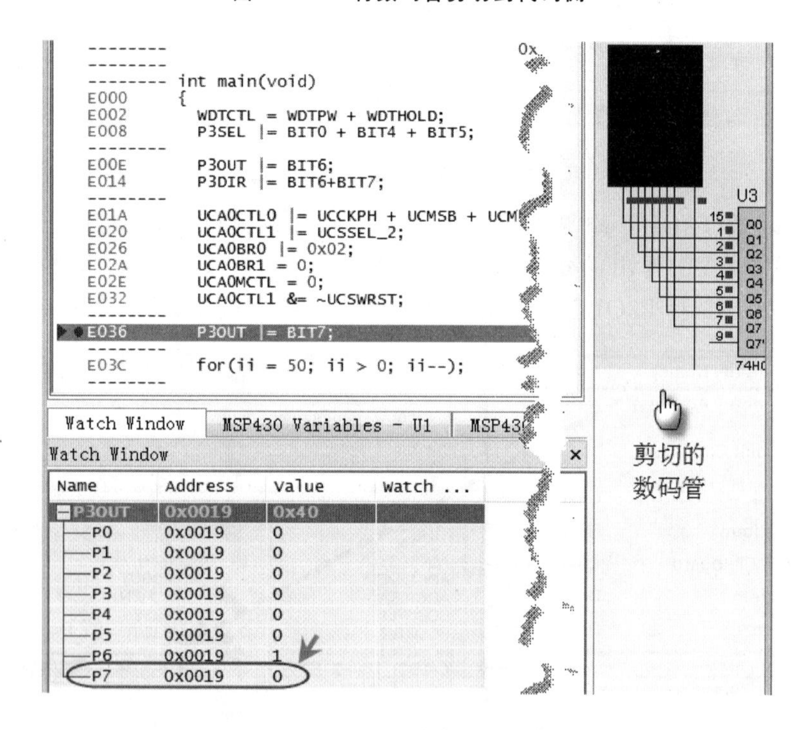

图 12 - 16　单步执行前

说明：采用 Proteus 8.3 调试程序时，程序运行和执行结果一目了然！

第六步，在图 12 - 18 所示的位置设置断点，在 Watch Window 窗口中添加 UCA0TXBUF，以查看发送数据。

第七步，单步执行后的运行结果如图 12 - 19 所示。

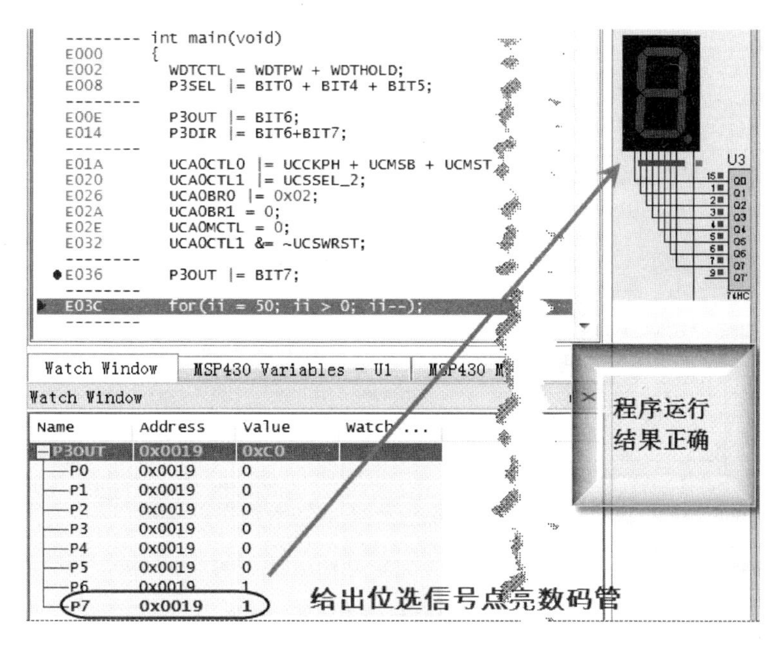

图 12 - 17　单步执行后

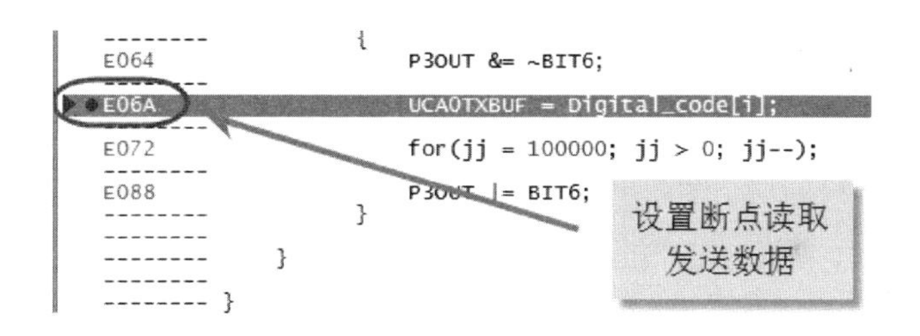

图 12 - 18　设置断点以读取发送的数据(单步执行前)

说明:读取码表中的第一个值正确。接下来的调试方法请参考 10.3 节的相关内容,这里不再累述。

⑦ 测试结果如图 12 - 20 所示。

说明:或许目前 Proteus 8.3 还不支持在 CCS 6.100x 和 IAR for MSP430 6.3 版本的代码单步调试,不过,这也是 Proteus 8.3 的最大特点,这对于视力不佳或者年龄比较大的开发者来说不失为一种有益的方法。作者在测试 SPI 程序时连续锁死,损坏了多块 MSP432 开发板,如果先把这些代码的测试放到 Proteus 中进行,就可以规避这种损失。但是,要想在 Proteus 8.3 中单步调试程序,就必须如上述内容创建 Proteus 工程。

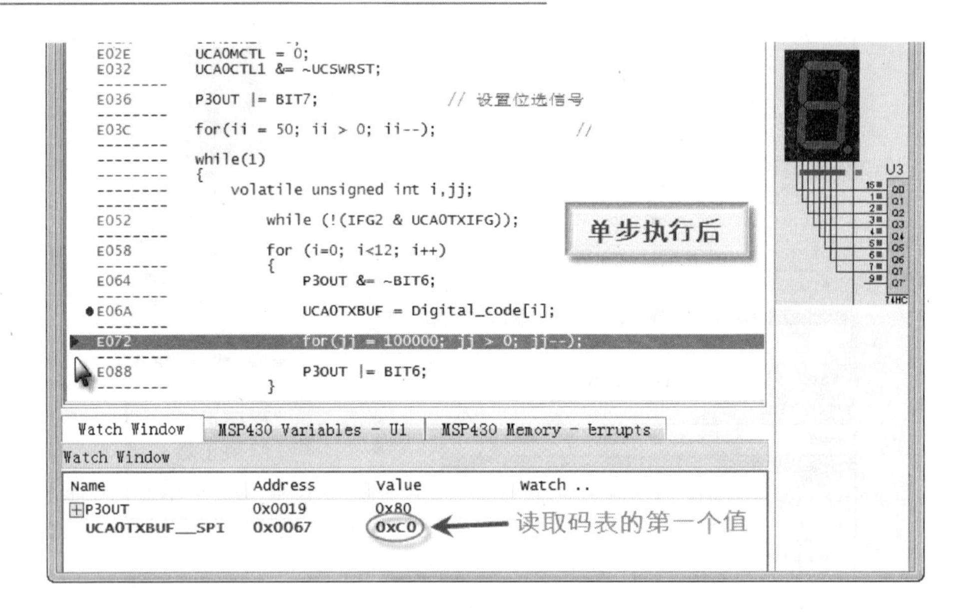

图 12-19　单步执行后的运行结果

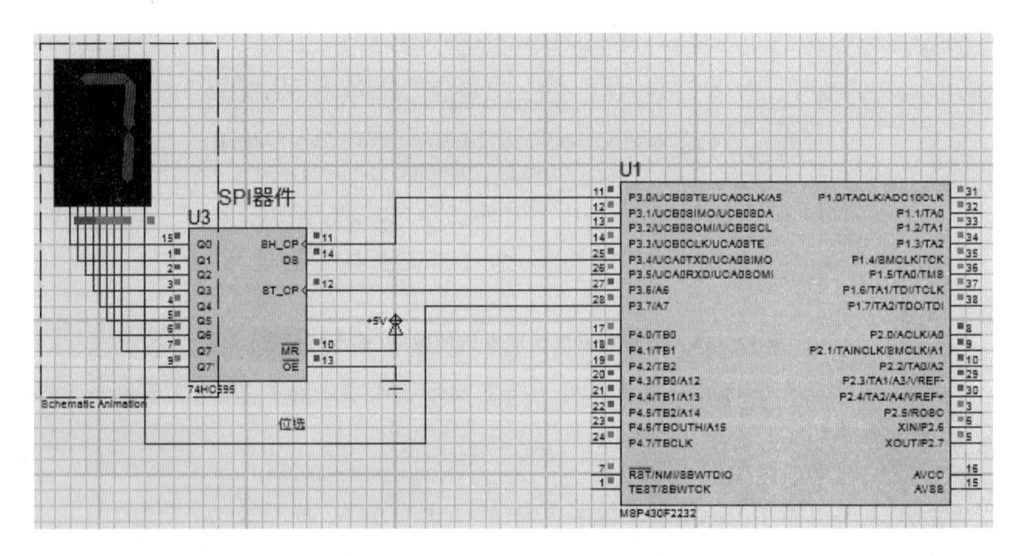

图 12-20　测试结果

第 13 章

eUSCI_B 的 I^2C 模式

本章将简要介绍 I^2C 模式的操作，以及 I^2C 固件库函数的使用方法。I^2C 固件库函数包含在 driverlib/I2C.c 中，driverlib/I2C.h 包含了该库函数的所有定义。

本章的主要内容：

◇ eUSCI_B 的 I^2C 模式简介；

◇ eUSCI_B 的 I^2C 固件库函数；

◇ 例程。

13.1 eUSCI_B 的 I^2C 模式简介

eUSCI_B 模块支持两种串行通信模式：

◇ I^2C 模式；

◇ SPI 模式。

如果在一个设备上有两个 eUSCI_B 模块，则这些模块可用递增编号来命名。例如，如果一个设备具有两个 eUSCI_B 模块，那么它们可被命名为 eUSCI0_B 和 eUSCI1_B。

在 I^2C 模式中，eUSCI_B 模块通过两根串行信号线为设备和连接到 I^2C 总线上的兼容设备提供了一个接口。连接到 I^2C 总线上的外部器件通过两线 I^2C 接口与 eUSCI_B 模块进行串行发送与接收。

13.1.1 eUSCI_B 的 I^2C 模式特性

eUSCI_B 的 I^2C 模式特性包括：

◇ 7 位和 10 位设备寻址模式；

◇ 群呼(General Call)；

◇ 启动/重新启动/停止；

◇ 多主机发送/接收模式；

◇ 从机接收/发送模式；

◇ 标准模式的传输速率可达 100 Kbps，而快速模式的传输速率可高达 400 Kbps；

◇ 在主机模式中可编程 UCxCLK 频率；

◇ 专为低功耗设计；

◇ 具有中断能力和自动停止有效(Assertion)的 8 位字节计数器；

◇ 多达 4 个硬件从机地址，每一个都有自己的中断和 DMA 触发；

◇ 屏蔽寄存器用于从机地址和地址接收中断；

◇ 时钟低超时中断来避免总线延迟。

13.1.2　eUSCI_B 的 I²C 模式框图

eUSCI_B 的 I²C 模式的模块框图如图 13-1 所示。

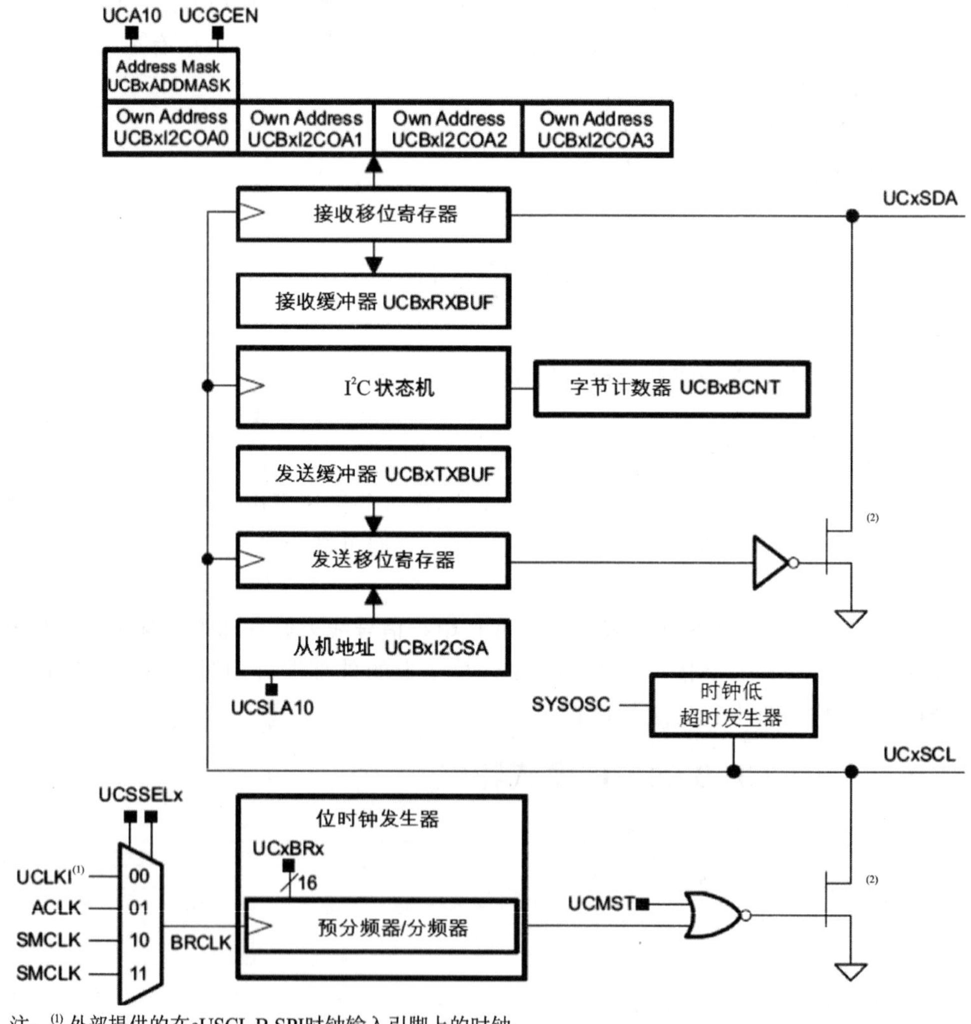

注：(1) 外部提供的在eUSCI_B SPI时钟输入引脚上的时钟；
(2) 没有真正地执行(晶体管并未位于eUSCI_B模块)。

图 13-1　eUSCI_B 的 I²C 模式框图

13.1.3 eUSCI_B的I²C模式操作

I²C模式支持任何与I²C兼容的主/从机设备，如图13-2所示。每个I²C设备都由唯一的地址来识别，均可作为发送器或接收器来进行操作。在进行数据传输时，连接到I²C总线上的设备可作为主机或从机。主机启动数据传输，并产生时钟信号SCL。任何由主机寻址的设备都被称为从机。

I²C数据使用串行数据线(SDA)和串行时钟线(SCL)进行通信。SDA和SCL均为双向信号线，必须通过一个上拉电阻连接到正电源上。

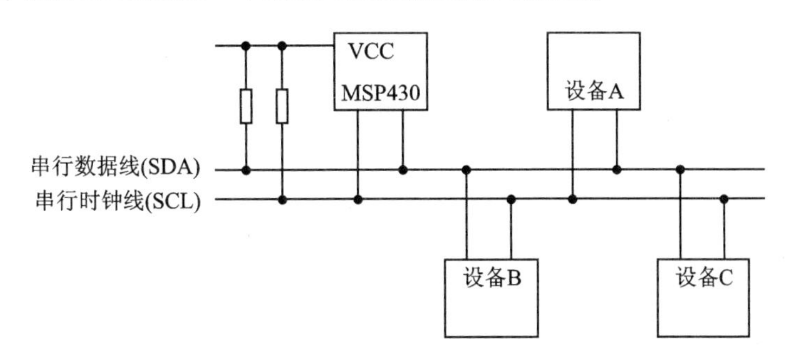

图13-2 I²C总线连接框图

1. eUSCI_B的初始化和复位

可通过硬复位或置位UCSWRST来使eUSCI_B复位。硬复位后，将使UCSWRST位自动置位，并使eUSCI_B保持在复位状态。要选择I²C操作，UCMODEx位必须设置成11。在eUSCI_B模块初始化后，将使数据的发送或接收准备就绪。清除UCSWRST位可释放eUSCI_B模块，使其进入操作状态。为了避免出现意外，在UCSWRST置位时，应对eUSCI_B模块进行配置或重新配置。在I²C模式中置位UCSWRST具有以下作用：

◇ 停止I²C通信；

◇ 使SDA和SCL为高阻抗；

◇ 使UCBxSTAT中的15～9和6～4位清零；

◇ 清除UCBxIE和UCBxIFG寄存器；

◇ 所有其他位和寄存器保持不变。

2. I²C串行数据

在传输每个数据位时，主机将产生一个时钟脉冲。在I²C模式下进行的是字节操作，首先发送的数据是最高有效位(MSB)。起始条件后的第一个字节由7位从机地址和R/W控制位构成。当R/$\overline{W}$=0时，主机向从机发送数据；而当R/$\overline{W}$=1时，主机接收来自从机的数据。在每个字节后的第9个SCL时钟接收器将发送一个确认信号(ACK位，即所谓的应答信号)，如图13-3所示。

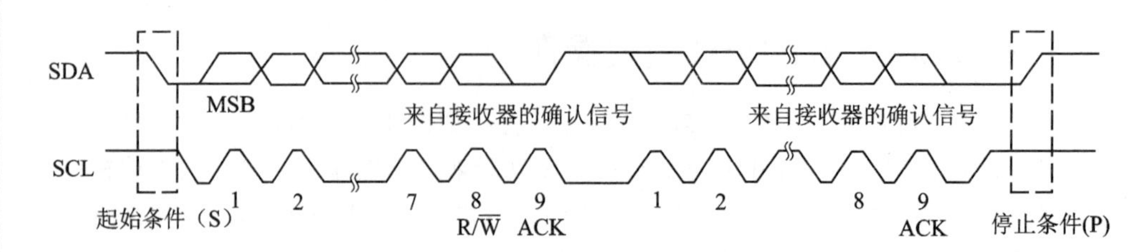

图 13-3 I^2C 模式下的数据传输

起始条件和停止条件由主机产生，起始条件是在 SCL 为高时，SDA 由高到低的跳变；而停止条件是在 SCL 为高时，SDA 由低到高的跳变。起始后，总线忙（UCB-BUSY）将置位，而在停止条件后清除。

SDA 上的数据必须在 SCL 为高电平期间保持稳定，如图 13-4 所示。只有在 SCL 为低电平时，方可改变 SDA 的状态，否则，将产生起始/停止条件。

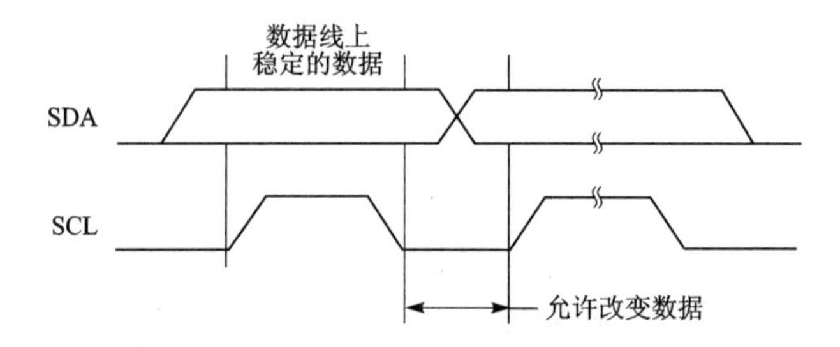

图 13-4 I^2C 总线上的位数据传输

3. I^2C 的寻址模式

I^2C 模式支持 7/10 位寻址模式。

(1) 7 位寻址模式

在 7 位寻址模式中，第一个字节由 7 位从机地址和 R/$\overline{W}$ 读写控制位构成。在每个字节后，接收器会发送一个应答位（ACK 位），如图 13-5 所示。

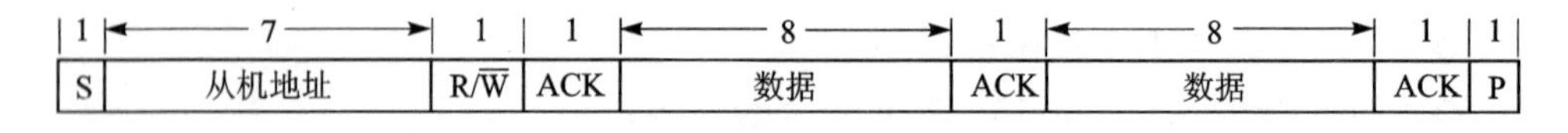

图 13-5 I^2C 的 7 位寻址模式

(2) 10 位寻址模式

在 10 位寻址模式中，第一个字节由 11110 加上两位从机地址的 MSB 和 R/$\overline{W}$ 读写控位构成。在每个字节后，接收器将发送一个应答位（ACK 位）。下一个字节为 10 位从机地址剩余的 8 位，随后是应答位（ACK 位）和 8 位数据，如图 13-6 所示。

(3) 重复起始条件

无须先停止传输，通过主机发送重复起始条件，便可以改变 SDA 上的数据流的方向，这称为重复起始条件。在发送重复起始条件后，用 R/$\overline{W}$ 位指定的新数据方向

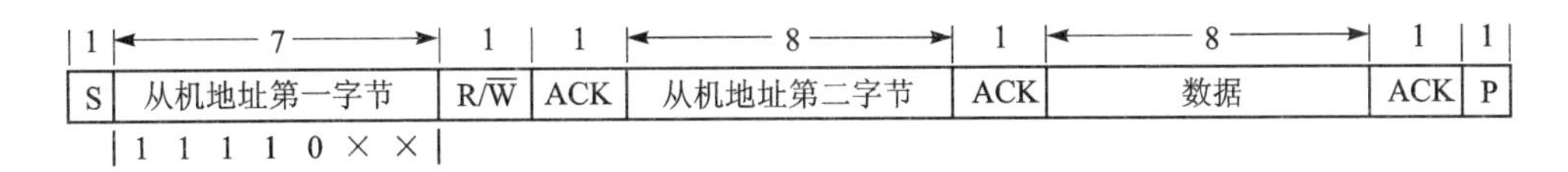

图13-6 I²C的10位寻址模式

再次发送从机地址，如图13-7所示。

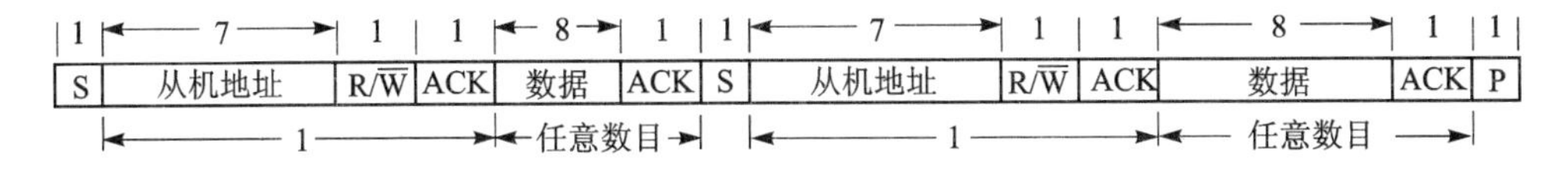

图13-7 带重复起始条件的I²C寻址模式

4. I²C的操作模式

在I²C模式下，eUSCI_B模块可以工作在主机发送、主机接收、从机发送或从机接收等模式。下面将使用时间线对这些模式进行说明。其中，主机发送的数据用灰色的矩形描述，从机发送的数据用白色的矩形描述；无论作为主机还是从机，由eUSCI_B发送的数据用较高的矩形描述；对于eUSCI_B模块的操作，用带有箭头的灰色矩形来描述，箭头指示操作在数据流中的位置；对于软件处理的操作，由带箭头的白色矩形来描述，箭头指示操作在数据流中的位置，如图13-8所示。

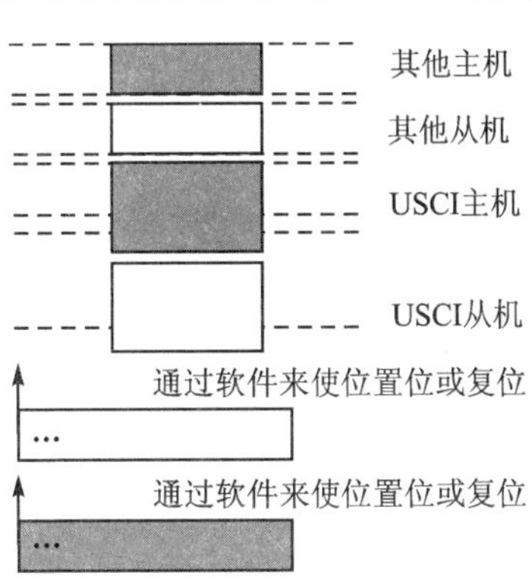

图13-8 I²C时间线图例

(1) 从机模式

通过设置UCMODEx=11来选择I²C模式，通过设置UCSYNC=1以及清除UCMST位来将eUSCI_B模块配置成从机模式。

首先，eUSCI_B模块必须通过清除UCTR位，使其配置成接收模式，以便接收I²C地址；然后，根据接收到的R/$\overline{W}$位和从机地址，对发送和接收操作进行自动控制。使用UCBxI2COA0寄存器可对eUSCI_B从机地址进行编程。当UCA10=0时，选择7位寻址模式；当UCA10=1时，选择10位寻址模式。UCGCEN位用于选择是否响应从机的群呼。当总线上检测到起始条件时，eUSCI_B模块将接收到(所发送)的地址与保存在UCBxI2COA0寄存器中的自身的地址进行比较。如果接收到的地址与eUSCI_B模块中的从机地址匹配，那么置位UCSTTIFG标志。

1) I²C从机发送模式

仅当主机发送的从机地址和自身地址一致，并且R/$\overline{W}$位置位时，才能使从机进入发送模式。在主机产生的时钟脉冲信号参与下，从机使串行数据在SDA上移位(即，一位一位地传输)。虽然从机不产生时钟，但是它可以使SCL保持为低电平，在发送完一个字节后需要 CPU 对其进行干预。如果主机向从机请求数据，则 eUSCI_B 模块将自动配置成发送模式，并且 UCTR 和 UCTXIFG0 被置位。SCL 将一直保持低电平，直到待发送的数据写入发送缓冲器(UCBxTXBUF)为止，然后确认(也称应答)地址与发送数据。一旦数据传送到移位寄存器中，将再次置位 UCTXIFG0。主机确认数据后，将发送下一个写入 UCBxTXBUF 中的数据字节，如果发送缓冲器为空，在确认(应答)期间将停止总线工作，并保持 SCL 为低电平，直到新数据写入 UCBxTXBUF 为止。如果主机发送一个 NACK(不确认或称为不应答)信号后，紧随的是一个停止条件，那么将置位 UCSTPIFG 标志。如果一个 NACK 信号后，紧随一个重复起始条件，那么 eUSCI_B 的 I²C 状态机将返回到地址接收状态，如图 13－9 所示。

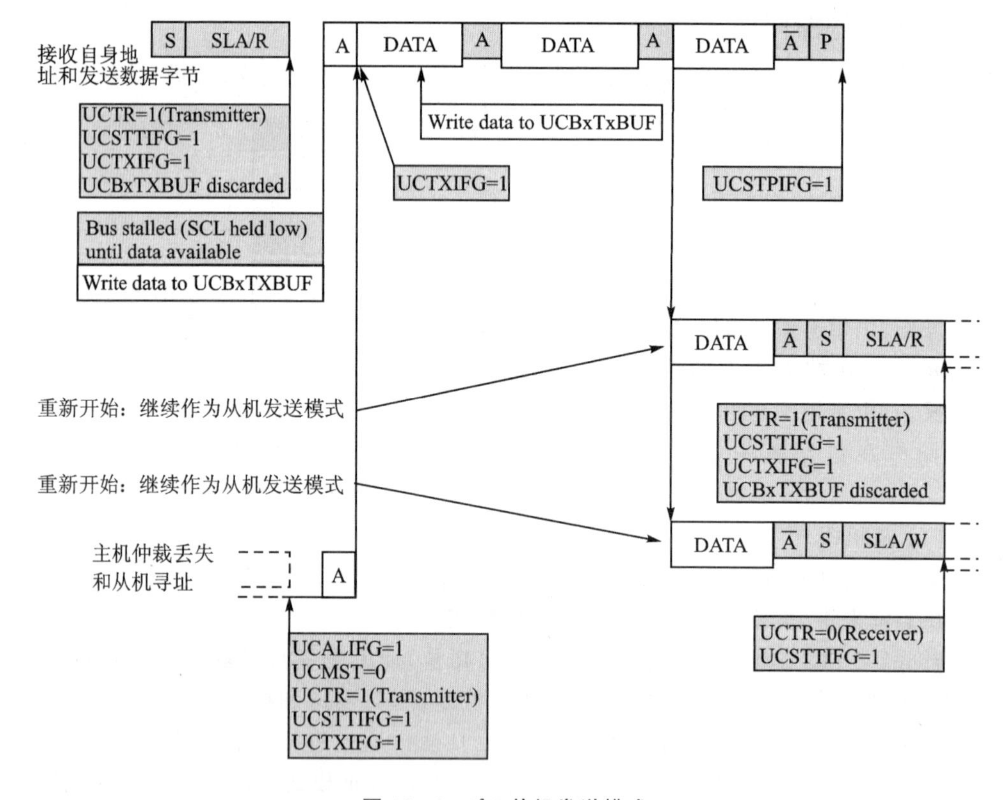

图 13－9　I²C 从机发送模式

2) I²C 从机接收模式

仅当主机发送的从机地址和自身地址一致，并使 R/$\overline{W}$ 位清零时，才能使从机进入接收模式。在主机产生的时钟脉冲参与下，从机在 SDA 上一位一位地接收串行数据。虽然从机不产生时钟，但是它可以使 SCL 保持为低电平，在发送完一个字节后需要 CPU 对其进行干预。如果从机接收来自主机发送的数据，则 eUSCI_B 模块将自动配置成接收模式，并使 UCTR 位清零。在接收完第一个数据字节后，将置位接收中断标志 UCRXIFG,eUSCI_B 模块将自动应答接收到的数据,并可接收下一个数据字节。若在接收结束时,未能将以前的数据从接收缓冲器(UCBxRXBUF)中读出,那么应保持 SCL 为低电平来停止总线工作。一旦读出 UCBxRXBUF 中的数据,新数据将被传送到 UCBxRXBUF 中,这时会向主机发送一个应答信号,并接收下一个数据。置位 UCTXNACK,会使从机在下一个应答周期向主机发送一个 NACK 信号。即使 UCBxRXBUF 没有准备好接收最新数据,从机也会向主机发送一个 NACK 信号。如果在 SCL 保持低电平时置位 UCTXNACK,则会释放总线,立即发送 NACK 信号,并将最后接收到的数据传送到 UCBxRXBUF 中。因为以前的数据未被读出,所以会导致这些数据丢失。为了避免丢失数据,在置位 UCTXNACK 前必须读出 UCBxRXBUF 中的数据。在主机产生一个停止信号时,将置位 UCSTPIFG 标志。如果主机产生一个重复起始条件,那么 eUSCI_B 的 I²C 状态机将返回到地址接收状态,如图 13-10 所示。

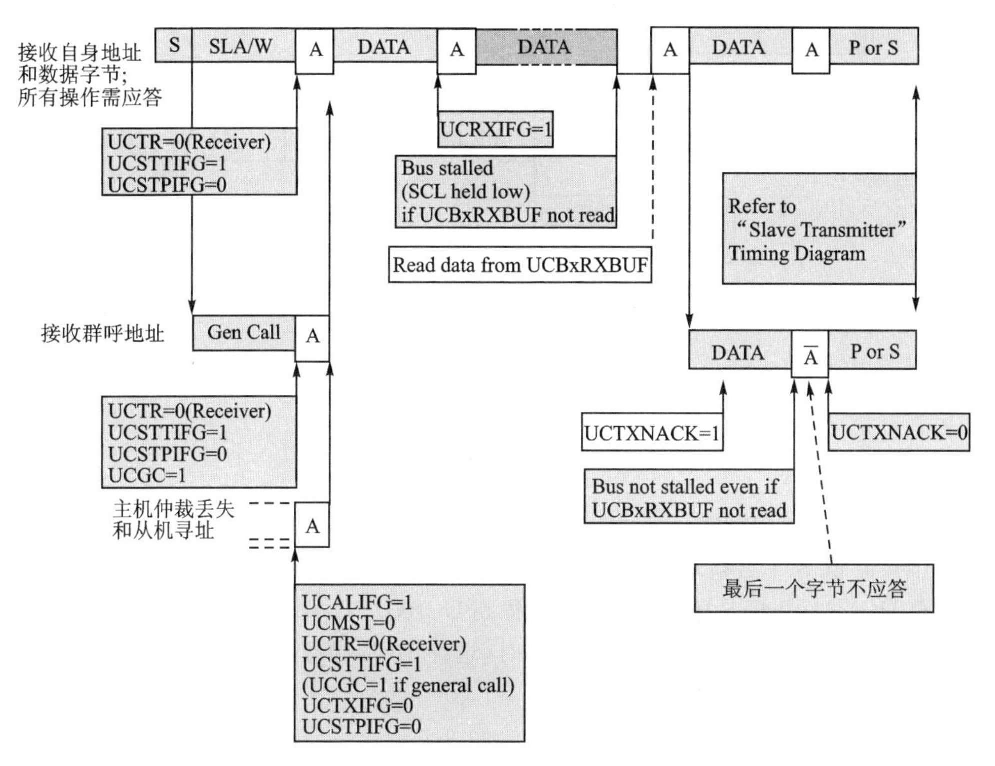

图 13-10 I²C 从机接收模式

3) I²C 从机 10 位寻址模式

在 UCA10=1 时选择 10 位寻址模式。在 10 位寻址模式下,从机在接收到完整的地址后,进入接收模式。eUSCI_B 模块可通过置位 UCSTTIFG 标志和清除 UCTR 来指示这种状态。若要从机自接收模式切换到发送模式,主机需要使 $R/\overline{W}=1$,

在主机发送地址的第一个字节时，还需要发送一个重复起始条件。如果前面由软件清除了 UCSTTIFG 标志，那么将置位 UCSTTIFG 标志，并通过 UCTR=1 使 eUSCI_B 模块切换到发送模式，如图 13-11 所示。

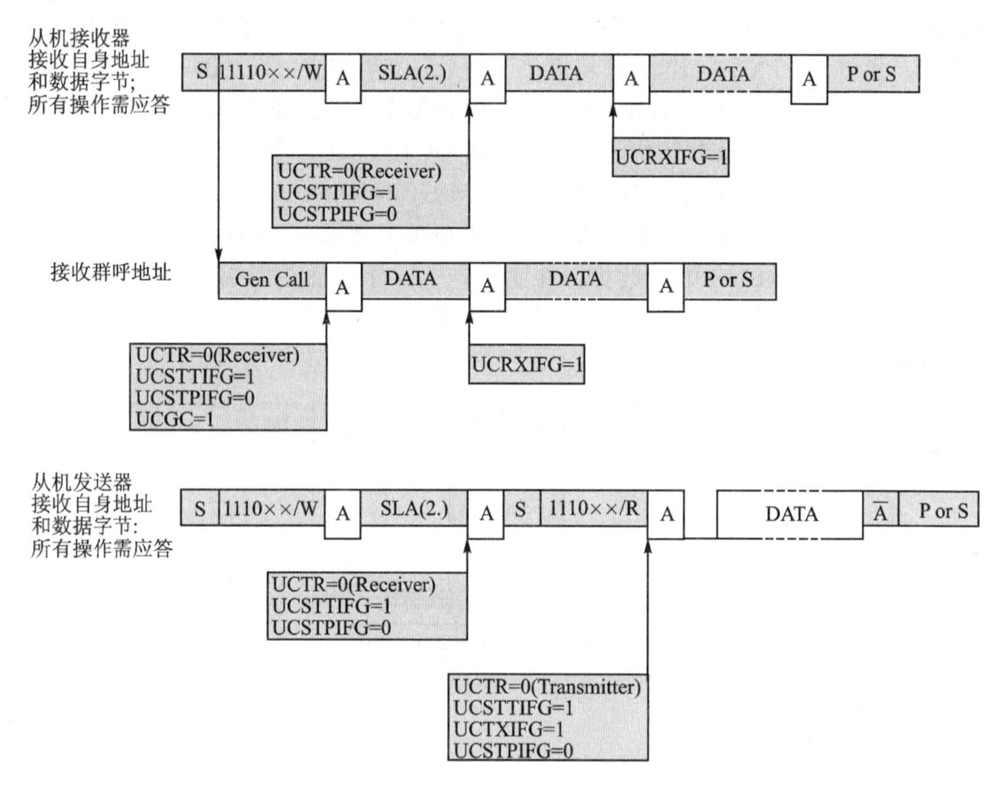

图 13-11 I²C 从机 10 位寻址模式

(2) 主机模式

通过设置 UCMODEx=11 来选择 I²C 模式，通过设置 UCSYNC=1 以及置位 UCMST 将 eUSCI_B 模块配置成主机模式。当主机是多主机系统中的一部分时，必须置位 UCMM，并将自身(Own)地址编程到 UCBxI2COA0 寄存器中。当 UCA10=0 时，选择 7 位寻址模式；当 UCA10=1 时，选择 10 位寻址模式。UCGCEN 位用于选择是否响应从机的群呼。

1)I²C 主机发送模式

在初始化完成后，启动主机发送模式的步骤如下：

① 向 UCBxI2CSA 寄存器写入所需的从机地址；

② 通过 UCSLA10 位来选择从机地址的大小；

③ 通过置位 UCTXSTT 来产生一个起始条件。

eUSCI_B 模块会一直等待，直到总线空闲，然后产生一个起始条件和发送从机地址。在产生起始条件时会置位 UCTXIFG，并将待发送的第一个数据写入 UCBx-

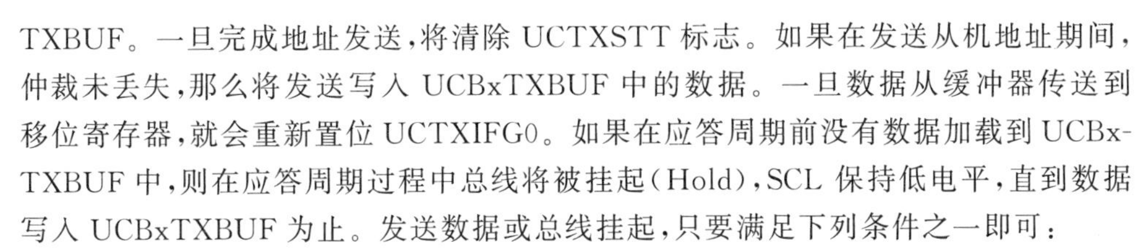
TXBUF。一旦完成地址发送，将清除 UCTXSTT 标志。如果在发送从机地址期间，仲裁未丢失，那么将发送写入 UCBxTXBUF 中的数据。一旦数据从缓冲器传送到移位寄存器，就会重新置位 UCTXIFG0。如果在应答周期前没有数据加载到 UCBx-TXBUF 中，则在应答周期过程中总线将被挂起(Hold)，SCL 保持低电平，直到数据写入 UCBxTXBUF 为止。发送数据或总线挂起，只要满足下列条件之一即可：

◇ 没有自动产生停止条件；

◇ 没有置位 UCTXSTP；

◇ 没有置位 UCTXSTT。

来自从机的下一个应答信号后，置位 UCTXSTP 将产生一个 STOP 条件。当在发送从机地址期间或在 eUSCI_B 模块中的 UCBxTXBUF 等待写入数据时，会置位 UCTXSTP，即使无数据向从机发送，也将产生一个 STOP 条件。在这种情况下，会置位 UCSTPIFG。当发送单字节数据时，在字节发送时或发送开始之后的任何时间内，无新数据写入 UCBxTXBUF，必须置位 UCTXSTP，否则，仅发送地址。当数据从发送到缓冲器传送到移位寄存器中时，会置位 UCTXIFG 来指示数据传输已经开始，并置位 UCTXSTP。当设置 UCASTPx＝10 时，字节计数器用于产生停止条件，并且用户不需要置位 UCTXSTP。当置位 UCTXSTT 时，将会产生一个重复起始条件。在这种情况下，可通过置位或清除 UCTR 来配置发送器或接收器，若需要，可将一个不同的从机地址写入 UCBxI2CSA 中。如果从机未应答发送的数据，那么将置位未应答中断标志 UCNACKIFG。主机必须对停止条件或重复起始条件做出反应。如果数据已经写入 UCBxTXBUF 中，那么将丢弃该数据；如果该数据在重复起始条件之后发送，则必须重新将其写入 UCBxTXBUF 中，并且任何对 UCTXSTT/UCTXSTP 位的置位也将被丢弃，如图 13－12 所示。

2) I²C 主机接收模式

在初始化完成后，启动主机接收模式的步骤如下：

① 向 UCBxI2CSA 寄存器写入所需的从机地址；

② 通过 UCSLA10 位来选择从机地址的大小；

③ 清除 UCTR 来选择接收模式；

④ 通过置位 UCTXSTT 产生一个起始条件。

eUSCI_B 模块首先检测总线是否空闲，然后产生一个起始条件，再发送从机地址。一旦从机完成地址发送，就会清除 UCTXSTT 位。在应答来自从机的地址之后，将接收来自从机发送的第一个数据字节和应答信号，以及置位 UCBxRXIFG 标志。接收来自从机的数据，只要：

◇ 没有自动产生停止条件；

◇ 没有置位 UCTXSTP；

◇ 没有置位 UCTXSTT。

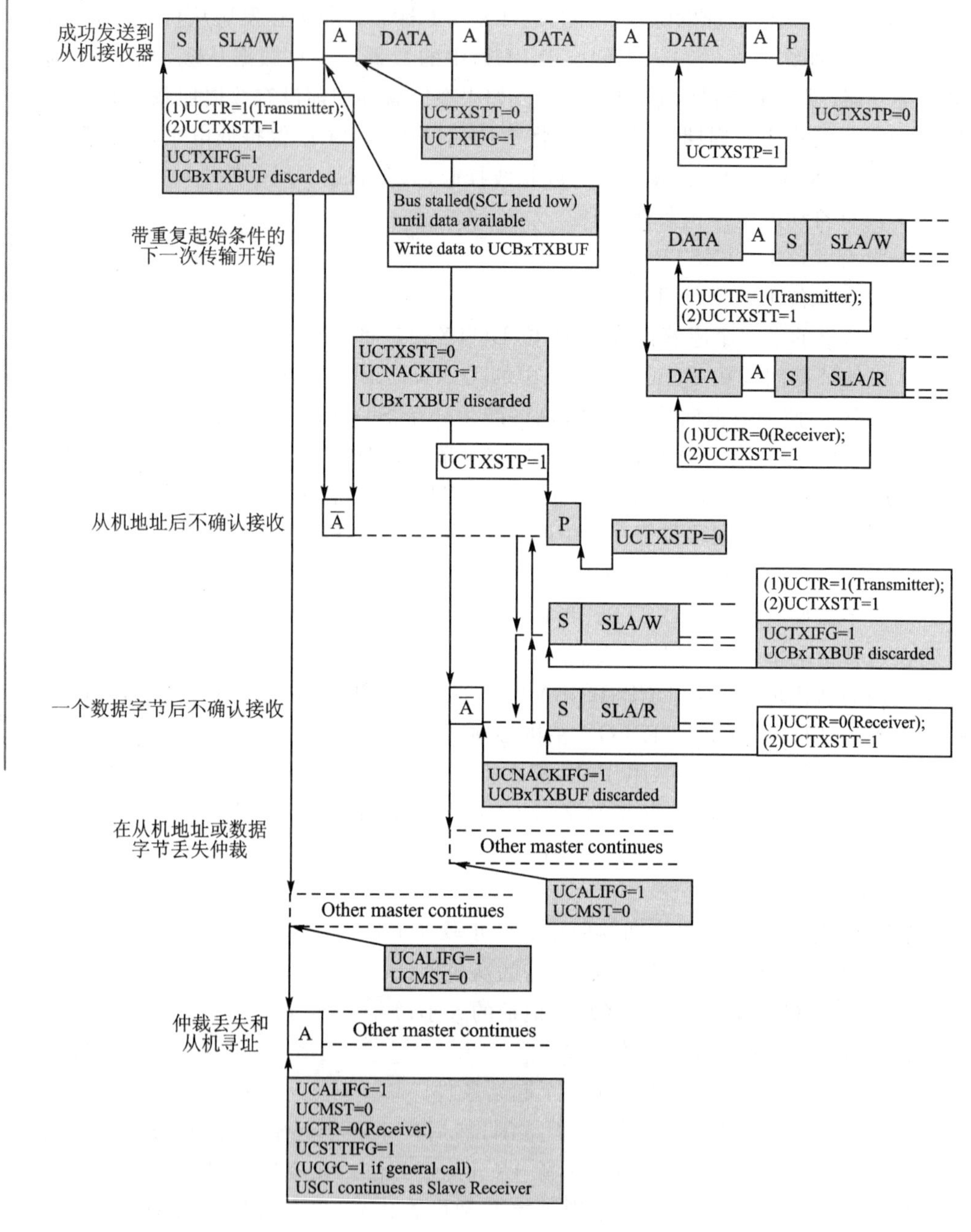

图 13-12 I²C主机发送模式

如果是由eUSCI_B模块产生一个停止条件，那么将置位UCSTPIFG。如果未读取UCBxRXBUF，那么在主机接收到最后一个数据位时将挂起总线，直到读取UCBxRXBUF为止。如果从机未应答发送的地址，那么将置位不应答中断标志UC-NACKIFG。主机必须对停止条件或者重复起始条件做出反应。停止条件要么通过自动停止条件生成，要么通过置位 UCTXSTP 产生。在接收完来自从机的数据后，将发送一个 NACK 信号和停止条件。如果 eUSCI_B 模块目前正在等待读取 UCBxRXBUF，那么将立即产生 NACK 信号。如果发送一个重新起始条件，则可通过置位或清除 UCTR 位来配置发送器或接收器；若需要，还可将不同的从机地址写入 UCBxI2CSA 寄存器中，如图 13-13 所示。

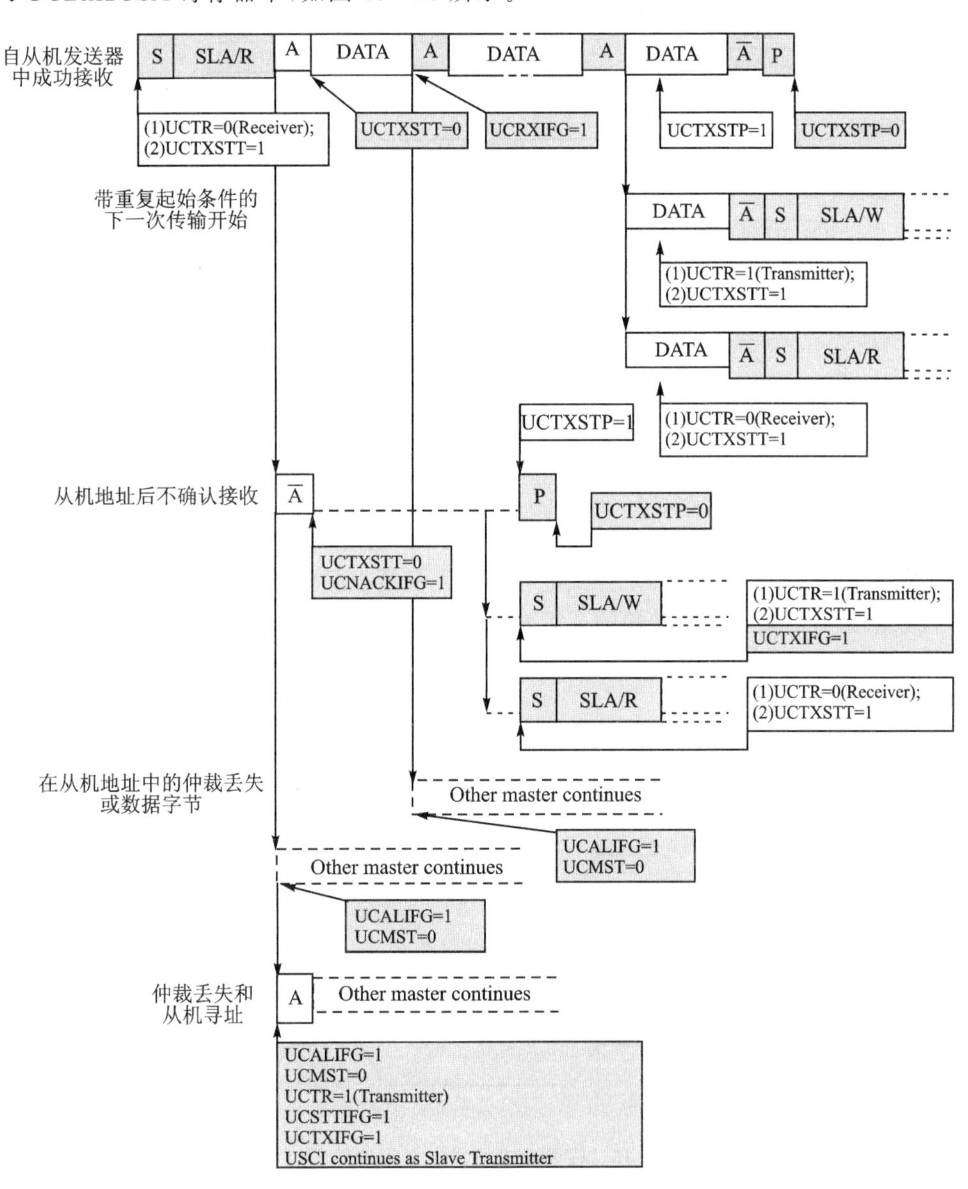

图 13-13　I²C 主机接收模式

3）I²C 主机 10 位寻址模式

当 UCSLA10＝1 时选择 10 位寻址模式，如图 13－14 所示。

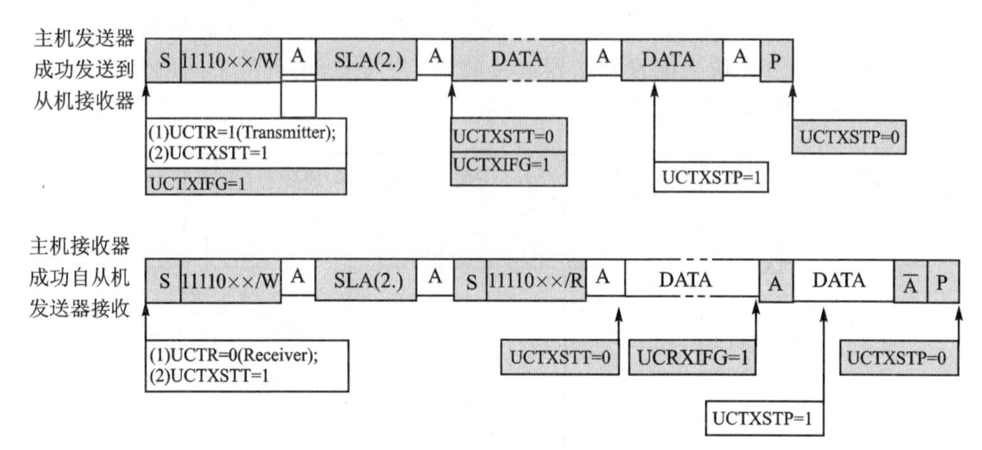

图 13－14　I²C 主机 10 位寻址模式

4）仲　裁

如果两个或多个主机同时在总线上进行发送操作，那么将会调用仲裁过程。在两个主机发送之间的仲裁过程如图 13－15 所示。在仲裁过程中使用相互竞争的设备发送到 SDA 线上的数据。第一个主机发送器产生的逻辑高电平被第二个主机发送器产生的逻辑低电平否决。仲裁过程将优先权给予那些具有发送最低二进制值的串行数据流的设备。失去仲裁的主机发送器将切换到从机接收模式，并置位失去仲裁标志位 UCALIFG。如果两个或多个设备发送相同的第一字节，那么将对后续字节继续仲裁。

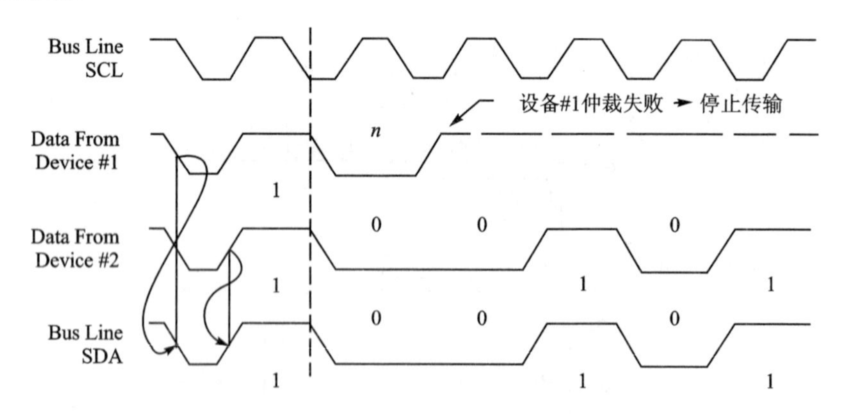

图 13－15　在两个主机发送之间的仲裁过程

如果在主机发送重复起始条件或停止条件时仲裁仍在进行，并且其他主机也仍在发送数据，那么将导致一种未定义的状态出现。也就是说，下面的组合将导致未定义的状态出现：

◇ 主机1发送一个重复起始条件与主机2发送一个数据位；

◇ 主机1发送一个停止条件与主机2发送一个数据位；

◇ 主机1发送一个重复起始条件和主机2发送一个停止条件。

5. I²C 时钟的产生与同步

I²C时钟SCL由I²C总线上的主机提供。当eUSCI_B模块处于主机模式时，BITCLK由eUSCI_B模块的位时钟发生器提供，而时钟源由UCSSELx位来选择；在从机模式下，不使用位时钟发生器，并且可以不关心UCSSELx位。寄存器UCBxBR1和UCBxBR0中的16位值UCBRx是eUSCI_B时钟源BRCLK的分频因子。在单主机模式下可用的最大位时钟是$f_{BRCLK}/4$，在多主机模式下最大位时钟是$f_{BRCLK}/8$。计算BITCLK频率的公式如下：

$$f_{BITCLOCK} = f_{BRCLK}/UCBRx$$

生成SCL的最小高/低电平周期分别为

当UCBRx为偶数时，$t_{low,min} = t_{high,min} = (UCBRx/2)/f_{BRCLK}$；

当UCBRx为奇数时，$t_{low,min} = t_{high,min} = ((UCBRx-1)/2)/f_{BRCLK}$。

在选择eUSCI_B时钟源频率和预分频因子(UCBRx)时，必须满足I²C总线规定的最小高/低电平时间。在总线仲裁期间，来自不同主机的时钟必须同步。首先，在SCL线上产生低电平周期的设备将否决其他设备，迫使其开始自己的低电平周期，然后，通过最长低电平周期的设备使SCL保持低电平。其他设备必须在SCL释放之后，才可以进入高电平周期，如图13-16所示。

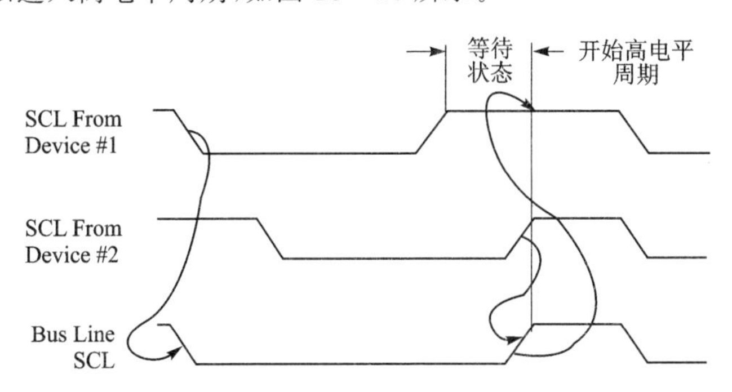

图13-16 在仲裁期间两个I²C时钟发生器的同步

由图13-16可知，一个低速的从机可以降低快速主机的速度。

6. I²C 模式下的 eUSCI_B 中断

eUSCI_B只有一个用于传输、接收和状态改变的共享中断向量。每个中断标志都有自己的中断使能位。当中断使能时，中断标志将发出一个中断请求。通过UCTXIFGx和UCRXIFGx标志来控制DMA传输，使得每个从机地址可对单独的DMA通道作出反应。所有的标志不能自动清零，需由用户交互清除(例如，通过读取UCRXBUF来清除UCRXIFGx)。如果用户想使用中断标志，则需要确保在对应中断使能之前，该标志具有正确的状态。

(1) I²C发送中断操作

每当发送器可接收一个新字节时，将置位中断标志UCTXIFG0。当进行具有多个从机地址的从机操作时，在接收到相应的地址前应置位UCTXIFGx标志。例如，如果在寄存器UCBxI2COA3中指定的从机地址与总线上见到的地址匹配，那么UCTXIFG3将指示UCBxTXBUF已准备就绪，可接收一个新字节。当工作在带自动停止条件生成的主机模式时（UCASTPx = 10），置位UCTXIFG0的次数在UCBxTBCNT中定义。如果置位UCTXIEx，那么将发出一个中断请求。如果对UCBxTXBUF进行写入操作，或清零UCALIFG，那么将自动复位UCTXIFGx。置位UCTXIFGx的条件如下：

◇ 主机模式：UCTXSTT由用户置位；

◇ 从机模式：接收自身地址（UCETXINT=0）或接收起始条件（UCETXINT=1）。

在硬件复位后或当UCSWRST=1时，UCTXIEx复位。

(2) 早期I²C发送中断

当eUSCI_B配置为从机并发出起始条件时，如果置位UCETXINT，那么将自动发出UCTXIFG0。在这种情况下，不允许使能其他从机地址：UCBxI2COA1～UCBxI2COA3。如果在检测到从机地址匹配后会发出UCTXIFG0，这将使软件比在正常情况下有更多的时间来处理UCTXIFG0。其中，置位UCTXIFG0和之后出现从机地址不匹配的情况，需由软件进行处理。建议使用字节计数器来处理这个问题。

(3) I²C接收中断操作

在接收到一个字符并装载到UCBxRXBUF中时，将置位中断标志UCBxRXIFG。当进行具有多个从机地址的从机操作时，在接收到相应的地址前应先置位UCRXIFGx标志。若置位UCRXIEx，那么将发出一个中断请求。在出现硬复位信号后或当UCSWRST=1时，将复位UCRXIFGx和UCRXIEx。当读取UCRXIFGx时，将自动复位UCxRXBUF。

(4) I²C状态更改中断操作

描述I²C状态变化的中断标志如表13-1所列。

表13-1 I²C状态变化的中断标志

中断标志	中断条件
UCALIFG	仲裁丢失。当两个或两个以上的发送器同时发送数据，但系统中的其他主机将其当作从机寻址时，仲裁可能丢失。在仲裁丢失时，将置位UCALIFG位。当置位UCALIFG时，将清除UCMST位并使I²C控制器变为从机
UCNACKIFG	无应答中断。当接收不到预期的应答时置位该标志。UCNACKIFG仅用于主机模式

续表 13-1

中断标志	中断条件
UCCLTOIFG	时钟低超时。如果时钟保持低电平时间超过了 UCCLTO 位的定义，那么置位该中断标志
UCBIT9IFG	每次 eUSCI_B 在传输数据字节的第 9 个时钟周期时都会产生该中断标志。UCBIT9IFG 未设置地址信息
UCBCNTIFG	字节计数器中断。当字节计数器的值达到 UCBxTBCNT 定义的值和 UCASTPx=01 或 10 时，将置位该标志。特别是，如果发出一个重复起始信号，那么该位将允许组织后面的通信
UCSTTIFG	检测到起始条件中断。当 I²C 模式同时检测到起始条件和自身的地址时，将置位该标志。UCSTTIFG 仅用于从机模式
UCSTPIFG	检测到停止条件中断。当 I²C 模式在总线上检测到停止条件时，将置位该标志。UCSTPIFG 可用于从机模式和主机模式

13.1.4 eUSCI_B 的 I²C 寄存器

eUSCI_B 的 I²C 寄存器如表 13-2 所列，基地址可查阅 TI 器件手册。

表 13-2 eUSCI_B 的 I²C 寄存器

偏移量	缩　写	寄存器名称
00h	UCBxCTLW0	eUSCI_Bx 控制字 0
00h	UCBxCTL1	eUSCI_Bx 控制 1
01h	UCBxCTL0	eUSCI_Bx 控制 0
02h	UCBxCTLW1	eUSCI_Bx 控制字 1
06h	UCBxBRW	eUSCI_Bx 位速率控制字
06h	UCBxBR0	eUSCI_Bx 位速率控制字 0
07h	UCBxBR1	eUSCI_Bx 位速率控制字 1
08h	UCBxSTATW	eUSCI_Bx 状态字
08h	UCBxSTAT	eUSCI_Bx 状态
09h	UCBxBCNT	eUSCI_Bx 字节计数器寄存器
0Ah	UCBxTBCNT	eUSCI_Bx 字节计数器阈值寄存器
0Ch	UCBxRXBUF	eUSCI_Bx 接收缓冲器
0Eh	UCBxTXBUF	eUSCI_Bx 发送缓冲器
14h	UCBxI2COA0	eUSCI_Bx I²C 自身地址 0
16h	UCBxI2COA1	eUSCI_Bx I²C 自身地址 1
18h	UCBxI2COA2	eUSCI_Bx I²C 自身地址 2

续表 13-2

偏移量	缩　写	寄存器名称
1Ah	UCBxI2COA3	eUSCI_Bx I²C 自身地址 3
1Ch	UCBxADDRX	eUSCI_Bx 接收地址寄存器
1Eh	UCBxADDMASK	eUSCI_Bx 地址屏蔽寄存器
20h	UCBxI2CSA	eUSCI_Bx I²C 从机地址
2Ah	UCBxIE	eUSCI_Bx 中断使能
2Ch	UCBxIFG	eUSCI_Bx 中断标志
2Eh	UCBxIV	eUSCI_Bx 中断向量

13.2　eUSCI_B的I²C固件库函数

本节仅给出eUSCI_B的I²C固件库函数(见表13-3),详细的函数功能说明请查阅TI文档:MSP432_DriverLib_Users_Guide-MSP432P4xx。

表 13-3　I²C固件库函数

编　号	函　数
1	void I2C_clearInterruptFlag(uint32_t moduleInstance, uint_fast16_t mask)
2	void I2C_disableInterrupt(uint32_t moduleInstance, uint_fast16_t mask)
3	void I2C_disableModule(uint32_t moduleInstance)
4	void I2C_disableMultiMasterMode(uint32_t moduleInstance)
5	void I2C_enableInterrupt(uint32_t moduleInstance, uint_fast16_t mask)
6	void I2C_enableModule(uint32_t moduleInstance)
7	void I2C_enableMultiMasterMode(uint32_t moduleInstance)
8	uint_fast16_t I2C_getEnabledInterruptStatus(uint32_t moduleInstance)
9	uint_fast16_t I2C_getInterruptStatus(uint32_t moduleInstance, uint16_t mask)
10	uint_fast8_t I2C_getMode(uint32_t moduleInstance)
11	uint32_t I2C_getReceiveBufferAddressForDMA(uint32_t moduleInstance)
12	uint32_t I2C_getTransmitBufferAddressForDMA(uint32_t moduleInstance)
13	void I2C_initMaster(uint32_t moduleInstance, const eUSCI_I2C_MasterConfig * config)

续表 13-3

编 号	函 数
14	void I2C_initSlave(uint32_t moduleInstance, uint_fast16_t slaveAddress, uint_fast8_t slaveAddressOffset, uint32_t slaveOwnAddressEnable)
15	uint8_t I2C_isBusBusy(uint32_t moduleInstance)
16	bool I2C_masterIsStartSent(uint32_t moduleInstance)
17	uint8_t I2C_masterIsStopSent(uint32_t moduleInstance)
18	uint8_t I2C_masterReceiveMultiByteFinish(uint32_t moduleInstance)
19	bool I2C_masterReceiveMultiByteFinishWithTimeout(uint32_t moduleInstance, uint8_t * txData, uint32_t timeout)
20	uint8_t I2C_masterReceiveMultiByteNext(uint32_t moduleInstance)
21	void I2C_masterReceiveMultiByteStop(uint32_t moduleInstance)
22	uint8_t I2C_masterReceiveSingle(uint32_t moduleInstance)
23	uint8_t I2C_masterReceiveSingleByte(uint32_t moduleInstance)
24	void I2C_masterReceiveStart(uint32_t moduleInstance)
25	void I2C_masterSendMultiByteFinish(uint32_t moduleInstance, uint8_t txData)
26	bool I2C_masterSendMultiByteFinishWithTimeout(uint32_t moduleInstance, uint8_t txData, uint32_t timeout)
27	void I2C_masterSendMultiByteNext(uint32_t moduleInstance, uint8_t txData)
28	bool I2C_masterSendMultiByteNextWithTimeout(uint32_t moduleInstance, uint8_t txData, uint32_t timeout)
29	void I2C_masterSendMultiByteStart(uint32_t moduleInstance, uint8_t txData)
30	bool I2C_masterSendMultiByteStartWithTimeout(uint32_t moduleInstance, uint8_t txData, uint32_t timeout)
31	void I2C_masterSendMultiByteStop(uint32_t moduleInstance)

续表 13 - 3

编　号	函　数
32	bool I2C_masterSendMultiByteStopWithTimeout(uint32_t moduleInstance, uint32_t timeout)
33	void I2C_masterSendSingleByte(uint32_t moduleInstance, uint8_t txData)
34	bool I2C_masterSendSingleByteWithTimeout(uint32_t moduleInstance, uint8_t txData, uint32_t timeout)
35	void I2C_masterSendStart(uint32_t moduleInstance)
36	void I2C_registerInterrupt(uint32_t moduleInstance, void(_intHandler)(void))
37	void I2C_setMode(uint32_t moduleInstance, uint_fast8_t mode)
38	void I2C_setSlaveAddress(uint32_t moduleInstance, uint_fast16_t slaveAddress)
39	uint8_t I2C_slaveGetData(uint32_t moduleInstance)
40	void I2C_slavePutData(uint32_t moduleInstance, uint8_t transmitData)
41	void I2C_unregisterInterrupt(uint32_t moduleInstance)

13.3 例　程

本节将以 TI 提供的例程为例来介绍 EUSCI_B0_MODULE I^{2}C 固件库函数的使用方法，包括主机和从机。

MSP - EXP432P401R LaunchPad 例程

该例程通过 I^{2}C 总线连接两块 MSP - EXP432P401R LaunchPad 开发板，主机通过 I^{2}C 总线与从机进行数据传输，即连续发送一组数据并演示如何利用 I^{2}C 主机发送一个多字节数据，接着发送一个重复起始条件，然后再读出来自从机的多字节数据。这是一个从 I^{2}C 从机（例如，传感器）读取寄存器值的常用操作。其数据传输模式如图 13 - 17 所示，硬件连线图如图 13 - 18 所示。

Start			Start		
0x48Addr W	0x04	0x00	0x48Addr R	<10 Byte Read>	Stop

图 13 - 17 待写的 I^{2}C 传输数据模式

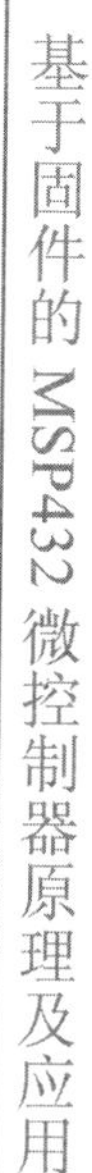

图 13－18　MSP－EXP432P401R LaunchPad 例程的硬件连线图

(1) 主机程序:i2c_master_rw_repeated_start-master_code. c


```
*****************************************************************************/
/ * DriverLib Includes * /
# include "driverlib. h"

/ * Standard Includes * /
# include < stdint. h >

# include < stdbool. h >
# include < string. h >

/ * I²C 的从机地址 * /
# defineSLAVE_ADDRESS        0x48
# defineNUM_OF_REC_BYTES     10

/ * 定义变量 * /
const uint8_tTXData[2] = {0x04, 0x00};
static uint8_tRXData[NUM_OF_REC_BYTES];
static volatile uint32_txferIndex;
static volatilebool stopSent;

/ * I²C 主机配置参数 * /
```

```
const eUSCI_I2C_MasterConfigi2cConfig =
{
        EUSCI_B_I2C_CLOCKSOURCE_SMCLK,          //SMCLK 时钟源
        3000000,                                //SMCLK = 3 MHz
        EUSCI_B_I2C_SET_DATA_RATE_100KBPS,      //所需的 I²C 时钟为 100 kHz
        0,                                      //无字节计数器阈值
        EUSCI_B_I2C_NO_AUTO_STOP                //无自动停止条件
};

int main(void)
{
    volatile uint32_tii;

    /* 关闭看门狗计时器 */
    MAP_WDT_A_holdTimer();

    /* 选择端口 1 的 P1.6 和 P1.7 引脚为 I²C 功能
     * (UCB0SIMO/UCB0SDA, UCB0SOMI/UCB0SCL)
     */
    MAP_GPIO_setAsPeripheralModuleFunctionInputPin(GPIO_PORT_P1,
            GPIO_PIN6 + GPIO_PIN7, GPIO_PRIMARY_MODULE_FUNCTION);
    stopSent = false;
    memset(RXData, 0x00, NUM_OF_REC_BYTES);

    /* 将 I²C 主机的时钟 SMCLK 设置为 400 Kbps,无自动停止条件 */
    MAP_I2C_initMaster(EUSCI_B0_MODULE, &i2cConfig);

    /* 指定从机地址 */
    MAP_I2C_setSlaveAddress(EUSCI_B0_MODULE, SLAVE_ADDRESS);

    /* 设置主机为发送模式 */
    MAP_I2C_setMode(EUSCI_B0_MODULE, EUSCI_B_I2C_TRANSMIT_MODE);

    /* 使能 I²C 模式启动操作 */
    MAP_I2C_enableModule(EUSCI_B0_MODULE);

    /* 使能和清除中断标准 */
    MAP_I2C_clearInterruptFlag(EUSCI_B0_MODULE,
                               EUSCI_B_I2C_TRANSMIT_INTERRUPT0 + EUSCI_B_I2C_RE-
                               CEIVE_INTERRUPT0);
    //使能主机接收中断
    MAP_I2C_enableInterrupt(EUSCI_B0_MODULE, EUSCI_B_I2C_TRANSMIT_INTERRUPT0);
```

```
    MAP_Interrupt_enableSleepOnIsrExit();
    MAP_Interrupt_enableInterrupt(INT_EUSCIB0);

    while(1)
    {
        /* 确认最后的发送完成 */
        while(MAP_I2C_masterIsStopSent(EUSCI_B0_MODULE) ==
                                     EUSCI_B_I2C_SENDING_STOP);

        /* 启动发送和发送缓冲器中的第一个字节
         * 发送两个字节的数据来清除缓冲器中以前发送的数据 */
        MAP_I2C_masterSendMultiByteStart(EUSCI_B0_MODULE, TXData[0]);
        MAP_I2C_masterSendMultiByteNext(EUSCI_B0_MODULE, TXData[0]);

        /* 在发送停止位后,使能发送中断 */
        MAP_I2C_enableInterrupt(EUSCI_B0_MODULE,EUSCI_B_I2C_TRANSMIT_INTERRUPT0);

        /* 当未发送停止条件时 */
        while(! stopSent)
        {
            MAP_PCM_gotoLPM0InterruptSafe();
        }

        stopSent = false;
    }
}

/*******************************************************************
 * eUSCIB0 ISR:在中断服务程序中进行重复起始和发送/接收操作
 *******************************************************************/
void euscib0_isr(void)
{
    uint_fast16_tstatus;

    status = MAP_I2C_getEnabledInterruptStatus(EUSCI_B0_MODULE);
    MAP_I2C_clearInterruptFlag(EUSCI_B0_MODULE, status);

    /* 如果达到发送中断,那么意味着程序在发送缓冲器中的索引 1。在程序达到最后一
     * 个字节之前,发出一个重复起始条件并将模式变为接收模式,置位起始条件发送位
     * 然后将最后字节加载到 TXBUF 中
     */
    if(status & EUSCI_B_I2C_TRANSMIT_INTERRUPT0)
```

```
    {
        MAP_I2C_masterSendMultiByteNext(EUSCI_B0_MODULE, TXData[1]);
        MAP_I2C_disableInterrupt(EUSCI_B0_MODULE,
                                 EUSCI_B_I2C_TRANSMIT_INTERRUPT0);
        MAP_I2C_setMode(EUSCI_B0_MODULE, EUSCI_B_I2C_RECEIVE_MODE);
        xferIndex = 0;
        MAP_I2C_masterReceiveStart(EUSCI_B0_MODULE);
        MAP_I2C_enableInterrupt(EUSCI_B0_MODULE,EUSCI_B_I2C_RECEIVE_INTERRUPT0);

    }

    /* 将接收字节放入接收缓冲器。如果所有字节接收完成,那么将发送一个停止条件 */
        if(status & EUSCI_B_I2C_RECEIVE_INTERRUPT0)
    {
        if(xferIndex == NUM_OF_REC_BYTES - 2)
        {
            MAP_I2C_masterReceiveMultiByteStop(EUSCI_B0_MODULE);
            RXData[xferIndex ++ ] =
                MAP_I2C_masterReceiveMultiByteNext(EUSCI_B0_MODULE);
        }
        else if(xferIndex == NUM_OF_REC_BYTES - 1)
        {
            RXData[xferIndex ++ ] =
                MAP_I2C_masterReceiveMultiByteNext(EUSCI_B0_MODULE);
            MAP_I2C_disableInterrupt(EUSCI_B0_MODULE,
                                     EUSCI_B_I2C_RECEIVE_INTERRUPT0);
            MAP_I2C_setMode(EUSCI_B0_MODULE, EUSCI_B_I2C_TRANSMIT_MODE);
            xferIndex = 0;
            stopSent = true;
            MAP_Interrupt_disableSleepOnIsrExit();
        }
        else
        {
            RXData[xferIndex ++ ] =
MAP_I2C_masterReceiveMultiByteNext(EUSCI_B0_MODULE);
        }

    }
}
```

(2) 从机程序:i2c_master_rw_repeated_start-slave_code. c

```
/*****************************************************************
```

```
/
/ * DriverLib Includes * /
# include "driverlib.h"

/ * Standard Includes * /
# include < stdint.h >

# include < stdbool.h >

/ * 应用定义 * /
# defineSLAVE_ADDRESS          0x48
# defineNUM_OF_RX_BYTES           2
# defineNUM_OF_TX_BYTES          10

/ * 应用编程定义 * /
static volatile uint8_tRXData[NUM_OF_RX_BYTES];
static volatile uint32_txferIndex;
const uint32_tTXData[NUM_OF_TX_BYTES + 1] =
{ 0x00, 0x11, 0x22, 0x33, 0x44, 0x55, 0x66, 0x77, 0x88, 0x99, 0x10 };

int main(void)
{
    / * 关闭看门狗定时器 * /
    MAP_WDT_A_holdTimer();
    xferIndex = 0;

    / * 选择端口 1 的 P1.6 和 P1.7 引脚为 I²C 功能
      * (UCB0SIMO/UCB0SDA, UCB0SOMI/UCB0SCL)
      * /
    MAP_GPIO_setAsPeripheralModuleFunctionInputPin(GPIO_PORT_P1,
            GPIO_PIN6 + GPIO_PIN7, GPIO_PRIMARY_MODULE_FUNCTION);

    / *  配置 eUSCI I²C 从机 * /
    MAP_I2C_initSlave(EUSCI_B0_MODULE, SLAVE_ADDRESS,
EUSCI_B_I2C_OWN_ADDRESS_OFFSET0,
            EUSCI_B_I2C_OWN_ADDRESS_ENABLE);

    / * 使能模块和使能中断 * /
    MAP_I2C_enableModule(EUSCI_B0_MODULE);
    MAP_I2C_clearInterruptFlag(EUSCI_B0_MODULE, EUSCI_B_I2C_RECEIVE_INTERRUPT0);
    MAP_I2C_enableInterrupt(EUSCI_B0_MODULE, EUSCI_B_I2C_RECEIVE_INTERRUPT0);
    MAP_Interrupt_enableInterrupt(INT_EUSCIB0);
```

```
    MAP_Interrupt_enableSleepOnIsrExit();
    MAP_Interrupt_enableMaster();

    /* 在不使用时进入休眠状态 */
    while(1)
    {
        MAP_PCM_gotoLPM0();
    }
}

/****************************************************************
* eUSCIB0 中断服务程序
* 在中断服务程序中将执行重复起始条件和发送/接收操作
****************************************************************/
void euscib0_isr(void)
{
    uint_fast16_tstatus;

    status = MAP_I2C_getEnabledInterruptStatus(EUSCI_B0_MODULE);
    MAP_I2C_clearInterruptFlag(EUSCI_B0_MODULE, status);

    /* RXIFG */
    if(status & EUSCI_B_I2C_RECEIVE_INTERRUPT0)
    {
        RXData[xferIndex++] = MAP_I2C_slaveGetData(EUSCI_B0_MODULE);

        /* 如果传输到达末尾将重置索引 */

        if(xferIndex == NUM_OF_RX_BYTES)
        {
            xferIndex = 0;
            MAP_I2C_disableInterrupt(EUSCI_B0_MODULE,
                                     EUSCI_B_I2C_RECEIVE_INTERRUPT0);
            MAP_I2C_enableInterrupt(EUSCI_B0_MODULE,
                                    EUSCI_B_I2C_TRANSMIT_INTERRUPT0);
        }
    }

    /* TXIFG 标志 */
    if(status & EUSCI_B_I2C_TRANSMIT_INTERRUPT0)
    {
        MAP_I2C_slavePutData(EUSCI_B0_MODULE, TXData[xferIndex++]);
```

```
        /* 如果传输到达末尾将重置索引 */
        if(xferIndex == NUM_OF_TX_BYTES)
        {
            xferIndex = 0;
            MAP_I2C_disableInterrupt(EUSCI_B0_MODULE,
                                    EUSCI_B_I2C_TRANSMIT_INTERRUPT0);
            MAP_I2C_enableInterrupt(EUSCI_B0_MODULE,
                                    EUSCI_B_I2C_RECEIVE_INTERRUPT0);
        }
    }
}
```

(3) 调试与测试

1）硬件实物连线图

硬件实物连线图如图 13－19 所示。

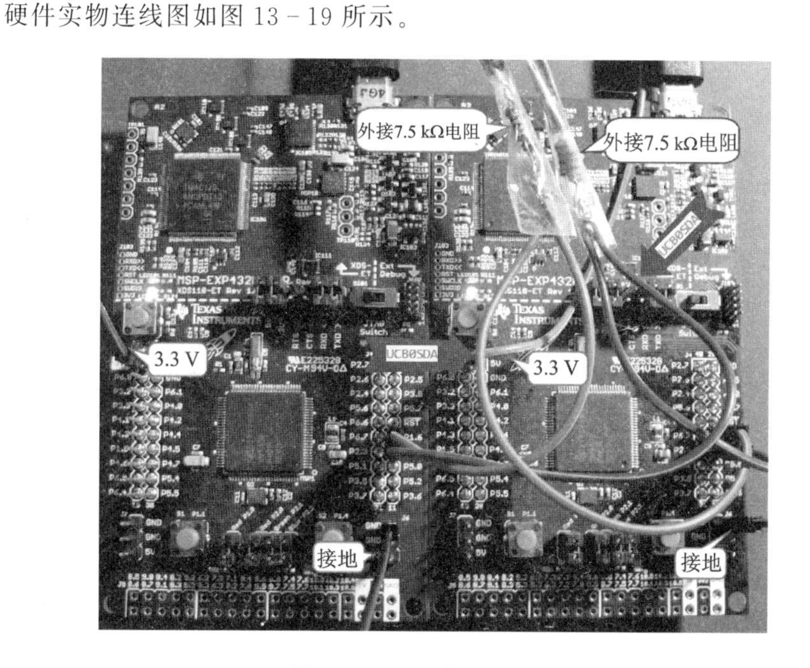

图 13－19　硬件实物连线图

2）程序下载方法

首先，将从机程序下载到一块 MSP－EXP432P401R LaunchPad 开发板中。

然后，将主机程序下载到第二块 MSP－EXP432P401R LaunchPad 开发板中，并在图 13－20 所示位置设置断点以观察来自从机的数据，如图 13－20 所示。

3）测试结果

全速运行程序，程序会在所设置的断点处停止，将 RXData 和 TXData 添加到

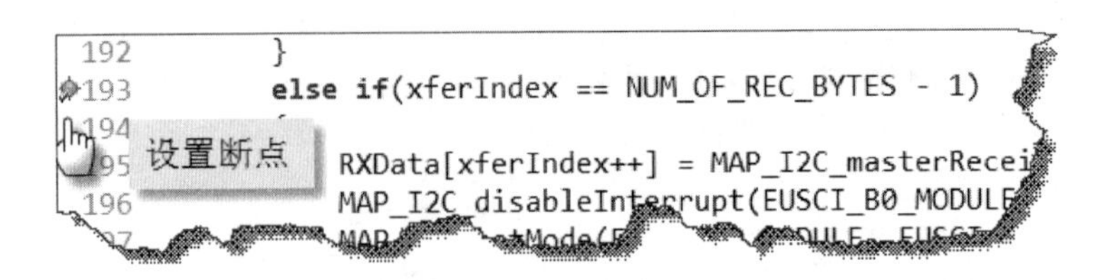

图 13-20　设置断点

Expressions 窗口中，然后单步执行程序，其测试结果如图 13-21 所示。

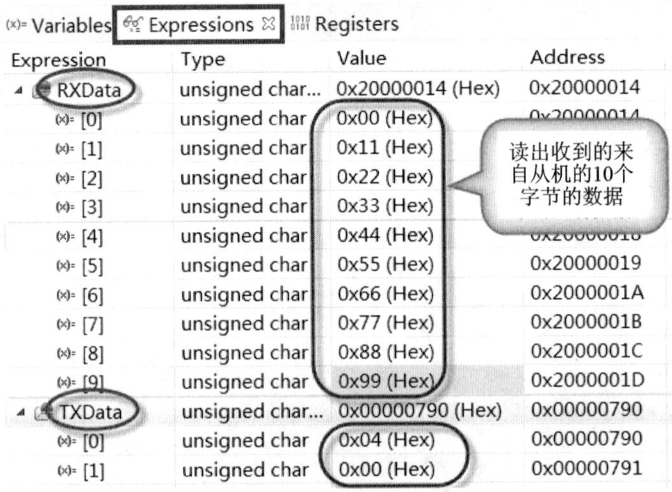

(x)= Variables　Expressions　Registers

Expression	Type	Value	Address
RXData	unsigned char...	0x20000014 (Hex)	0x20000014
[0]	unsigned char	0x00 (Hex)	0x20000014
[1]	unsigned char	0x11 (Hex)	[illegible]
[2]	unsigned char	0x22 (Hex)	[illegible]
[3]	unsigned char	0x33 (Hex)	[illegible]
[4]	unsigned char	0x44 (Hex)	[illegible]
[5]	unsigned char	0x55 (Hex)	0x20000019
[6]	unsigned char	0x66 (Hex)	0x2000001A
[7]	unsigned char	0x77 (Hex)	0x2000001B
[8]	unsigned char	0x88 (Hex)	0x2000001C
[9]	unsigned char	0x99 (Hex)	0x2000001D
TXData	unsigned char...	0x00000790 (Hex)	0x00000790
[0]	unsigned char	0x04 (Hex)	0x00000790
[1]	unsigned char	0x00 (Hex)	0x00000791

读出收到的来自从机的10个字节的数据

图 13-21　程序的测试结果

从图 13-21 所示的程序测试结果可以看出，程序正确地读出了来自从机的数据。

第14章 DMA控制器

MSP432微控制器中的直接存储器访问(Direct Memory Access)控制器,简称微DMA(μDMA)控制器,提供了可分流Cortex-M4处理器的数据传输任务的工作方式,能够更有效地利用处理器和可用的总线带宽。DMA控制器能自动执行存储器与外设之间的数据传输而无须CPU进行干预。

DMA的固件库函数提供了DMA控制器的配置函数,用于与ARM Cortex-M4处理器一起工作,并为系统提供高效与低开销的数据传输。该驱动程序包含在driverlib/dma.c中,driverlib/dma.h包含该固件库函数的全部定义。

本章的主要内容:

◇ DMA控制器简介;

◇ DMA的固件库函数;

◇ 例程。

14.1 DMA控制器简介

MSP432P4xx DMA是围绕PL230 microDMA控制器(μDMAC)构建的。μDMAC是一种先进的微控制器总线架构(AMBA),兼容由ARM公司开发、测试和授权的片上系统级(SoC)外设。

14.1.1 DMA控制器的特性

DMA控制器的主要特性为:

◇ 兼容AHB-Lite(精简版)用于DMA传输。

◇ 兼容APB用于编程寄存器。

◇ 单个AHB-Lite(精简版)主机使用32位地址总线和32位数据总线传送数据。

◇ 每个DMA通道都有专门的握手信号。

◇ 每个DMA通道都具有可编程的优先级。

◇ 每个优先级仲裁都使用由DMA通道号顺序确定的固定优先级。

◇ 支持多种传输类型:

- 基本模式;
- 自动请求模式;

- 乒乓模式；
- 存储器集散模式；
- 外设集散模式。

◇ 支持多种 DMA 周期类型。

◇ 每个 DMA 通道都可以访问主/备用通道控制的数据结构。

◇ 所有的通道控制数据保存在小端格式的系统存储器中。

◇ 执行所有 DMA 传输使用单个 AHB-Lite 的突发类型。

◇ 目的数据的宽度等于源数据的宽度。

◇ 在单个 DMA 周期中传输数据的大小为可编程的二进制步长，即 2 的整数幂，其范围为 1～1 024。

◇ 传输地址的增量可大于数据宽度。

◇ 当 AHB 总线上发生错误时用单路输出来指示。

◇ 在不使用时自动进入低功耗模式。

◇ 每个通道的触发都可由用户选择。

◇ 可由软件来触发每个通道。

◇ 针对最优中断处理的原始中断和屏蔽中断。

14.1.2　DMA 控制器的模块框图

DMA 控制器的模块框图如图 14－1 所示。

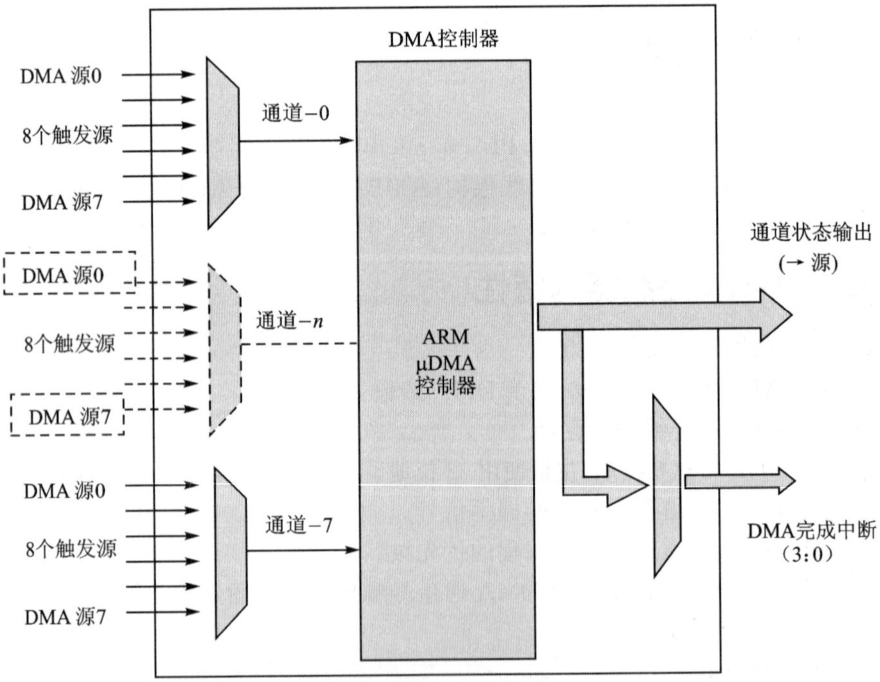

图 14－1　DMA 控制器的模块框图

14.1.3　DMA 控制器的操作

1. APB 从机接口

APB 从机接口连接控制器的 APB 并提供了一个可访问的寄存器的主处理器。APB 从机接口支持采用 32 位的数据总线对 DMA 寄存器进行读/写操作。

2. AHB 主机接口

(1) 传输类型

控制器只支持单个 AHB-Lite 传输和不支持 AMBA3 AHB-Lite 协议中定义的任何类型的突发传输。

(2) 传输数据宽度

控制器支持的传输数据长度为 8 位、16 位或 32 位，并且传输的源数据长度＝目标数据长度。在访问通道控制数据结构时，控制器总是使用 32 位数据进行传输。

(3) 保护控制

控制器允许用户配置 AHB-Lite 保护控制信号，HPROT[3:1]如表 14-1 所列。用户可通过设置这些信号来指示以下保护状态：

◇ 可缓存；

◇ 可缓冲；

◇ 特权。

表 14-1　保护信号

HPROT[3]可缓存	HPROT[2]可缓冲	HPROT[1]特权	HPROT[0]数据/Opcode	描　述
—	—	—	1[(1)]	数据访问
—	—	0	—	用户访问
—	—	1	—	特权访问
—	0	—	—	无缓冲
—	1	—	—	可缓存
0	—	—	—	无缓存
1	—	—	—	可缓存

注：[(1)]控制器将 HPROT[0]拉高来指示数据访问。

对于每一个 DMA 周期，用户可以将源传输和目标传输配置成使用不同的保护控制设置。

(4) 地址增量

在读取源数据或者写入目标数据时，控制器允许用户配置使用的地址增量。可用增量取决于被传输数据包的大小，表14－2列出了可能的组合。其中，最小地址增量的大小始终等于数据包的宽度，最大地址增量为控制器允许的32位。

表14－2 地址增量

数据包宽度(位)	地址增量大小
8	字节、半字或字
16	半字或字
32	字

3. DMA控制接口

(1) DMA信号

1）脉冲请求信号

在某外设使用脉冲信号时DMA的请求时序如图14－2所示。

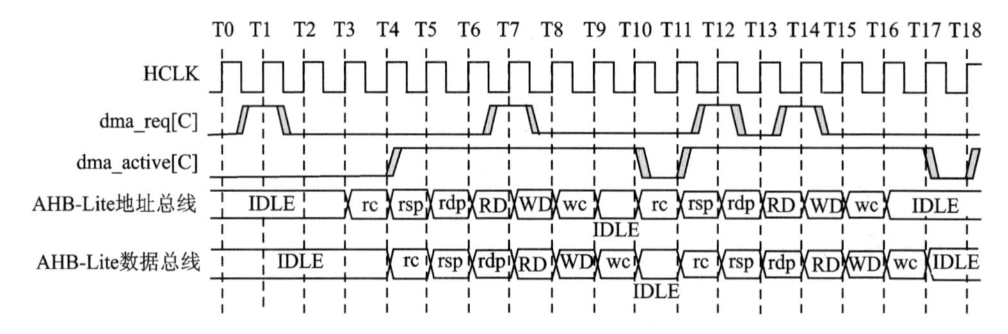

图14－2 在某外设使用脉冲信号时DMA的请求时序

对图14－2的说明如下：

◇ T1：控制器检测到通道C上的请求。

◇ T4：控制器确认dma_active[C]信号有效并启动通道C的DMA传输。

◇ T4～T7：控制器读取数据结构，其中：

－ rc：读取通道配置，channel_cfg。

－ rsp：读取源数据结束指针，src_data_end_ptr。

－ rdp：读取目标数据结束指针，dst_data_end_ptr。

◇ T7：在dma_active[C]为高电平，控制器在通道C上检测到一个不存在于先前时钟周期中的请求时，控制器在下一个仲裁过程中将仍然包含该请求。

◇ T7～T9：控制器在通道C中执行DMA传输，其中：

－ RD：读取数据。

－ WD：写入数据。

◇ T9～T10：控制器写channel_cfg。其中，wc为写入通道配置，channel_cfg。

◇ T10：控制器使dma_active[C]信号无效来指示DMA传输完成。

◇ T10～T11：控制器应保持dma_active[C]至少一个HCLK时钟周期的低

电平。

◇ T11:如果通道C为最高优先级的请求,那么控制器将使dma_active[C]信号有效,这是因为它是T7的请求。

◇ T12:在dma_active[C]为高电平,控制器在通道C上检测到一个不存在于先前时钟周期中的请求时,控制器在下一个仲裁过程中将仍然包含该请求。

◇ T14:控制器会忽略通道C上的请求,这是因为在T12挂起了请求。

◇ T17:控制器使dma_active[C]信号无效来指示DMA传输完成。

◇ T17~T18:控制器应保持dma_active[C]至少一个HCLK时钟周期的低电平。

◇ T18:如果通道C为最高优先级的请求,那么控制器将判断dma_active[C]信号有效,这是因为它是T12的请求。

2) 电平请求信号

在某外设使用电平信号时DMA的请求时序如图14-3所示。

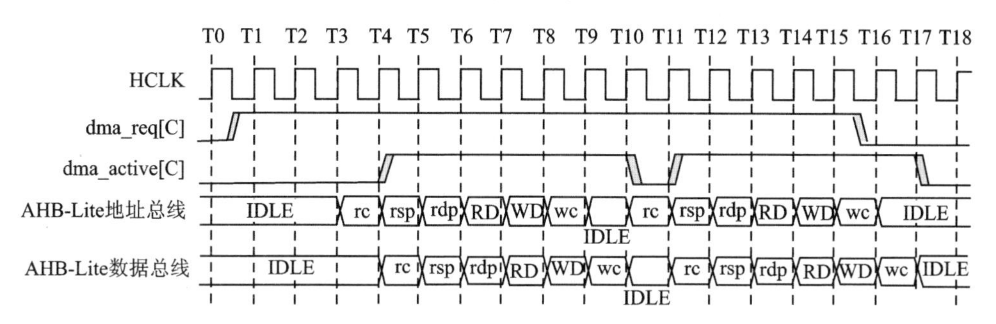

图14-3 在某外设使用电平信号时DMA的请求时序

对图14-3的说明如下:

◇ T1:控制器检测到通道C上的请求。

◇ T4:控制器确认dma_active[C]信号有效并启动通道C的DMA传输。

◇ T4~T7:控制器读取数据结构,其中:

- rc:读取通道配置,channel_cfg。
- rsp:读取源数据结束指针,src_data_end_ptr。
- rdp:读取目标数据结束指针,dst_data_end_ptr。

◇ T7~T9:控制器在通道C中执行DMA传输,其中:

- RD:读取数据。
- WD:写入数据。

◇ T9~T10:控制器写channel_cfg,其中,wc为写入通道配置,channel_cfg。

◇ T10:控制器使dma_active[C]信号无效来指示DMA传输完成,控制器检测到通道C上的请求。

◇ T10~T11:控制器应保持dma_active[C]至少一个HCLK时钟周期的低

电平。

◇ T11：如果通道 C 为最高优先级的请求，那么控制器将使 dma_active[C]信号有效，并启动通道 C 的第二个 DMA 传输。

◇ T11～T14：控制器读取数据结构。

◇ T14～T16：控制器在通道 C 中执行 DMA 传输。

◇ T15～T16：外设确认传输开始并使 dma_req[C]信号无效。

◇ T16～T17：控制器写通道配置，channel_cfg。

◇ T17：控制器使 dma_active[C]信号无效来指示 DMA 传输完成。

(2) DMA 仲裁率

用户可以在 DMA 传输过程中进行控制器仲裁配置，这可以使用户减少延迟，以服务优先级更高的通道。该控制器提供了 4 位用于配置在发生重新仲裁之前发生多少个 AHB 总线传输。这些位被称为 R_power 位，因为输入 R 值会增加 2 的幂，所以它决定了仲裁率。例如，若 $R=4$，则仲裁率为 2^4，也就是说，控制器对每 16 个 DMA 传输进行仲裁，如表 14-3 所列。

表 14-3　AHB 总线传输仲裁间隔

R_power 位	仲裁后 x 个 DMA 传输
b0000	$x=1$
b0001	$x=2$
b0010	$x=4$
b0011	$x=8$
b0100	$x=16$
b0101	$x=32$
b0110	$x=64$
b0111	$x=128$
b1000	$x=256$
b1001	$x=512$
b1010～b1111	$x=1\,024$

(3) 优先级

当控制器仲裁时，通过使用以下信息来确定下一个通道的服务：

◇ 通道号；

◇ 分配给通道的优先级。

用户可以使用通道优先级设置寄存器(chnl_priority_set)将每个通道配置成默认优先级或者高优先级。通道号为 0 的通道具有最高优先级，随着通道号的增加，通道优先级逐步降低，如表 14-4 所列。

表 14-4　DMA 通道优先级

通道号	优先级设置	通道优先级降序排列
0	高	优先级最高的 DMA 通道
1	高	
2	高	
⋮	⋮	
30	高	
31	高	
0	默认	
1	默认	
2	默认	
⋮	⋮	
30	默认	
31	默认	优先级最低的 DMA 通道

在 DMA 传输完成后，控制器将轮询所有可用的 DMA 通道，如图 14-4 所示。

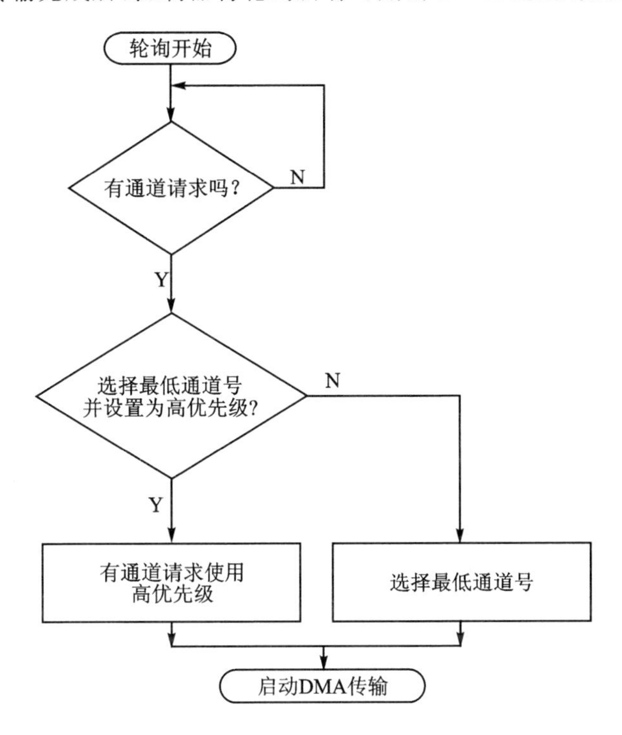

图 14-4　轮询流程图

(4) DMA 周期(Cycle)类型

在通道控制数据结构的 cycle_ctrl 位定义控制器如何执行 DMA 周期。DMA 周期类型如表14-5所列。

表14-5 DMA周期类型

cycle_ctrl	描 述
b000	通道控制数据结构无效
b001	基本DMA传输
b010	自动请求
b011	乒乓模式
b100	使用主数据结构的存储器集散
b101	使用备用数据结构的存储器集散
b110	使用主数据结构的外设集散
b111	使用备用数据结构的外设集散

对于所有的周期类型,在2^R个DMA传输后控制器进行仲裁 。如果用一个较大2^R个值来设置低优先级的通道,那么它将阻止所有其他通道执行DMA传输,直到低优先级的DMA传输结束为止。因此,在设置R_power位时必须小心,这并不会显著增加高优先级通道的延迟。

4. 通道控制数据结构

用户必须提供系统存储器的一个区域来保存通道控制数据的结构。该系统存储器必须:

◇ 提供一段控制器和主机处理器都可以访问的系统存储器的连续区域;

◇ 有一个基地址,它是通道控制数据结构总大小的整数倍。

当使用所有的32个通道和可选的备用数据结构时,控制器所需的用于通道控制数据结构的存储器如图14-5所示。

如图14-5所示,使用了1 KB的系统存储器。在这个例子中,控制器使用低10位地址,以使其能够访问结构体中的所有元素,因此基地址必须在0x×××××000、0x×××××400、0x×××××800或0x×××××C00。可以通过向ctrl_base_ptr寄存器写入相应的值来设置主数据结构的基址。所需要的系统存储器的容量取决于:

◇ 配置的DMA通道号;

◇ 配置的DMA通道使用的备用数据结构。

根据控制器包含的通道号,在访问通道控制数据结构的元素时,控制器使用的地址设置如表14-6所列。

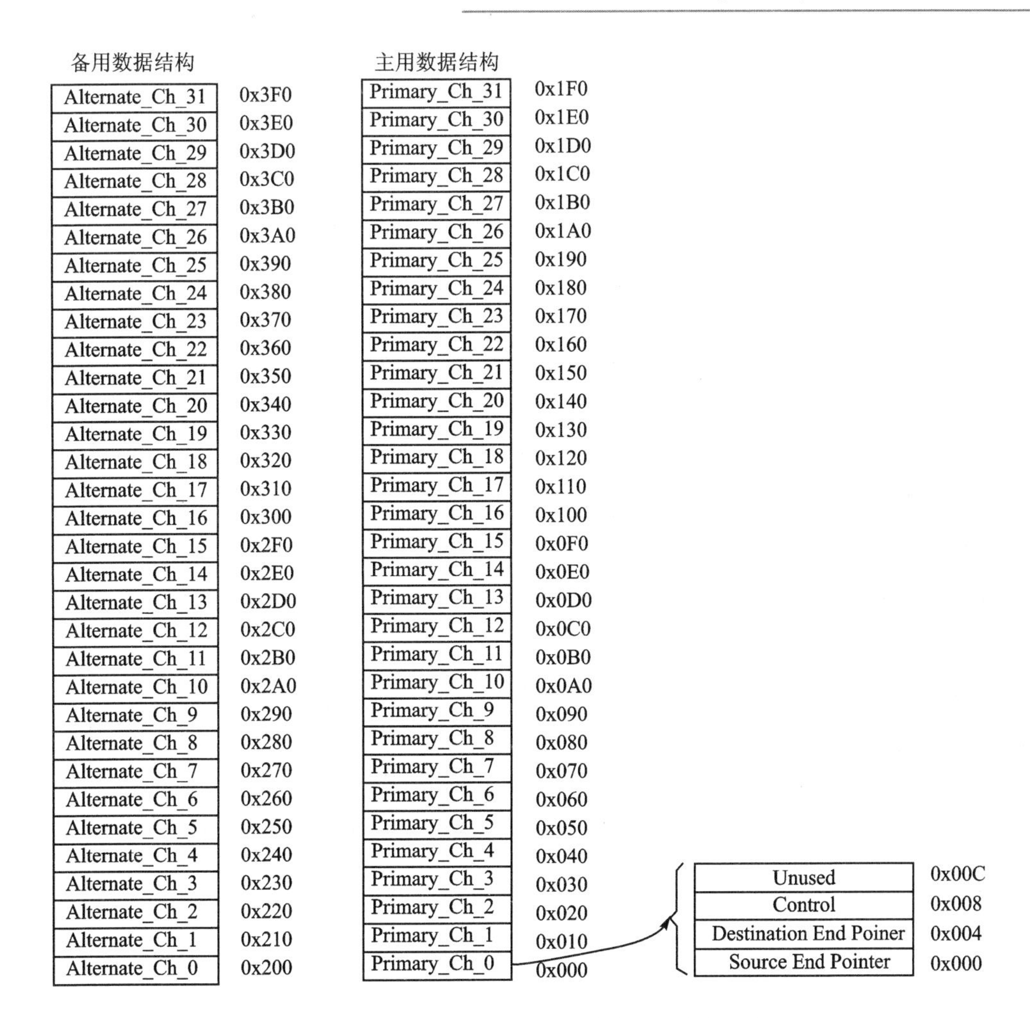

图 14-5　32 个通道的内存映射(包括备用数据结构)

表 14-6　通道控制数据结构的地址位设置

DMA 通道号实现	地址位						
	[9]	[8]	[7]	[6]	[5]	[4]	[3:0]
1	—	—	—	—	—	A	0x0、0x4 或 0x8
2	—	—	—	—	A	C[0]	—
3～4	—	—	—	A	C[1]	C[0]	—
5～8	—	—	A	C[2]	C[1]	C[0]	—
9～16	—	A	C[3]	C[2]	C[1]	C[0]	—
17～32	A	C[4]	C[3]	C[2]	C[1]	C[0]	—

对表14-6的说明如下：

◇ A：选择信道的控制数据结构中的一种：
  - A=0，选择主数据结构；
  - A=1，选择备用数据结构。

◇ C[x:0]：选择DMA通道。

◇ Address[3:0]：选择下列控制元素之一：
  - 0x0，选择源数据结束指针；
  - 0x4，选择目标数据结束指针；
  - 0x8，选择控制数据配置；
  - 0xC，控制器不能访问这个地址单元，若需要，则可以允许主处理器使用这个存储单元作为系统存储区。

在图14-6中使用了128个字节的系统存储器。在这个例子中，控制器使用低6位地址，以使其能够访问结构体中的所有元素，因此基地址必须在0x××××××00或0x××××××80。根据控制器包含的通道号，分配给主数据结构允许的基地址值如表14-7所列。

表14-7 允许的基地址

DMA通道号	主数据结构允许的基址
1	0x××××××00，0x××××××20，0x××××××40，0x××××××60，0x××××××80，0x××××××A0，0x××××××C0，0x××××××E0
2	0x××××××00，0x××××××40，0x××××××80，0x××××××C0
3～4	0x××××××00，0x××××××80
5～8	0x×××××000，0x×××××100，0x×××××200，0x×××××300，0x×××××400，0x×××××500，0x×××××600，0x×××××700，0x×××××800，0x×××××900，0x×××××A00，0x×××××B00，0x×××××C00，0x×××××D00，0x×××××E00，0x×××××F00
9～16	0x×××××000，0x×××××200，0x×××××400，0x×××××600，0x×××××800，0x×××××A00，0x×××××C00，0x×××××E00
17～32	0x×××××000，0x×××××400，0x×××××800，0x×××××C00

(1) 源数据结束指针

src_data_end_ptr存储器单元包含一个指向源数据结束地址的指针，如表14-8所列。

表14-8 src_data_end_ptr位的分配

位	名 称	描 述
[31:0]	src_data_end_ptr	指向源数据结束地址的指针

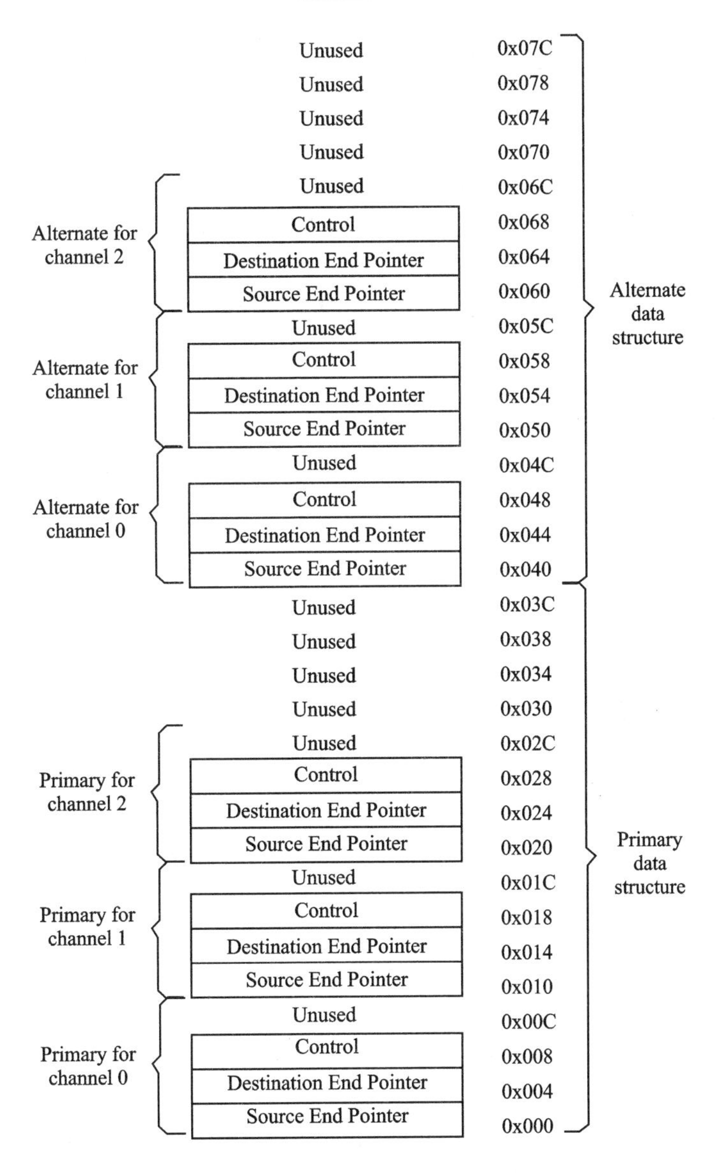

图 14-6 3 个 DMA 通道的存储器映射(包括备用数据结构)

在控制器执行 DMA 传输之前,用户必须用源数据的结束地址来编写这段存储单元。在启动 2^R 个 DMA 传输时,控制器将读取该存储单元。

(2)目标数据结束指针

dst_data_end_ptr 存储器单元包含一个指向目标数据结束地址的指针,如表 14-9 所列。

表 14-9　dst_data_end_ptr 位的分配

位	名　称	描　述
[31:0]	src_data_end_ptr	指向目标数据结束地址的指针

在控制器执行 DMA 传输之前，用户必须用目标数据的结束地址来编写这段存储单元。在启动 2^R个 DMA 传输时，控制器将读取该存储单元。

(3) 控制数据配置

对于每一个 DMA 传输，channel_cfg 存储器单元都会提供控制器的控制信息，如图 14-7 所示。

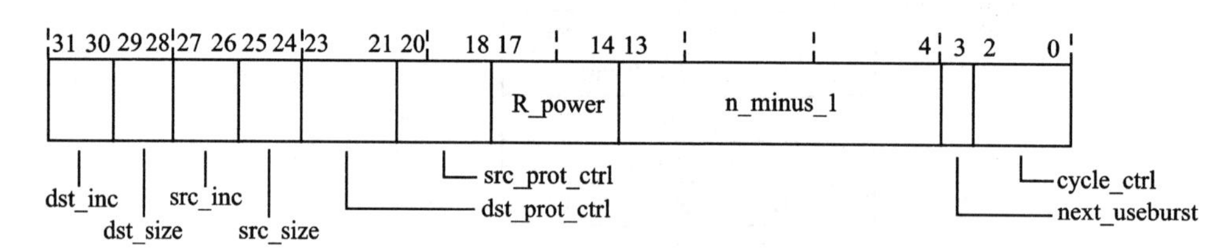

图 14-7　channel_cfg 位分配

注意：channel_cfg 位分配的细节请参考 TI 技术手册。

5. 外设触发器

每个 DMA 通道都包含 8 个触发源（见图 14-1），并且触发源可以通过设置 DMA_CHn_SRCCFG 寄存器来选择。如果使能 DMA 控制器的任何通道，且通道收到一个来自任何外设的触发，那么触发源将被清除一次，DMA 控制器将开始处理通道。

除了外设触发器，每个通道也可以在 DMA 的软件通道触发寄存器的相应位中写数据来软件触发 DMA 传输。常用的外设触发源如表 14-10 所列。

表 14-10　常用的外设触发源

触发源配置 / 通道	SRCCFG=0	SRCCFG=1	SRCCFG=2	SRCCFG=3	SRCCFG=4	SRCCFG=5	SRCCFG=6	SRCCFG=7
0	保留	eUSCI_A0 TX	eUSCI_B0 TX0	eUSCI_B3 TX1	eUSCI_B2 TX2	eUSCI_B1 TX3	TA0CCR0	AES256_Trig Gen0
1	保留	eUSCI_A0 RX	eUSCI_B0 RX0	eUSCI_B3 RX1	eUSCI_B2 RX2	eUSCI_B1 RX3	TA0CCR2	AES256_Trig Gen1
2	保留	eUSCI_A1 TX	eUSCI_B1 TX0	eUSCI_B0 TX1	eUSCI_B3 TX2	eUSCI_B2 TX3	TA1CCR0	AES256_Trig Gen2

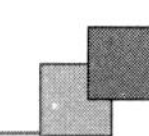

续表 14-10

触发源配置 / 通道	SRCCFG=0	SRCCFG=1	SRCCFG=2	SRCCFG=3	SRCCFG=4	SRCCFG=5	SRCCFG=6	SRCCFG=7
3	保留	eUSCI_A1 RX	eUSCI_B1 RX0	eUSCI_B0 RX1	eUSCI_B3 RX2	eUSCI_B2 RX3	TA1CCR2	保留
4	保留	eUSCI_A2 TX	eUSCI_B2 TX0	eUSCI_B1 TX1	eUSCI_B0 TX2	eUSCI_B3 TX3	TA2CCR0	保留
5	保留	eUSCI_A2 RX	eUSCI_B2 RX0	eUSCI_B1 RX1	eUSCI_B0 RX2	eUSCI_B3 RX3	TA2CCR2	保留
6	保留	eUSCI_A3 TX	eUSCI_B3 TX0	eUSCI_B2 TX1	eUSCI_B1 TX2	eUSCI_B0 TX3	TA3CCR0	外部引脚
7	保留	eUSCI_A3 RX	eUSCI_B3 RX0	eUSCI_B2 RX1	eUSCI_B1 RX2	eUSCI_B0 RX3	TA3CCR2	ADC14

6. 中 断

DMA控制器将输出原始和通道完成信号的“屏蔽”版本。该“屏蔽”版本将提供给选定的INT1/2/3，而原始中断将会送到或门用于INT0。如果该通道选中INT1/2/3，它将屏蔽INT0。因为由软件找出哪个通道完成的开销被消除，所以INT1/2/3可用于需要快速中断服务的通道。如果是INT0，软件需要使用DMA_INT0_SRCFLG寄存器来找出哪个通道的传输已经完成。

除了上述4个中断线外，当DMA接收到在任何传输过程中出现总线错误响应时，还有一个专用的中断线(DMAERR)用于触发CPU产生中断。

14.1.4 DMA寄存器

DMA寄存器被分配了一个8 KB的可寻址空间。DMA寄存器如表14-11所列。

表14-11 DMA寄存器

偏移量	缩 写	寄存器名称	类 型	复 位
000h	DMA_DEVICE_CFG	设备配置状态寄存器	R	0000nnnnh(1)
004h	DMA_SW_CHTRIG	软件通道触发寄存器	R/W	0h
010h+ $n\times4$h	DMA_CHn_SRCCFG(n=0 to NUM_DMA_CHANNELS)	通道 n 源配置寄存器	R/W	0h
100h	DMA_INT1_SRCCFG	中断1源通道配置寄存器	R/W	0h
104h	DMA_INT2_SRCCFG	中断2源通道配置寄存器	R/W	0h

续表 14-11

偏移量	缩 写	寄存器名称	类 型	复 位
108h	DMA_INT3_SRCCFG	中断 3 源通道配置寄存器	R/W	0h
110h	DMA_INT0_SRCFLG	中断 0 源通道标志寄存器	R/W	0h
114h	DMA_INT0_CLRFLG	中断 0 源通道清除标志寄存器	W	—
1000h	DMA_STAT	状态寄存器	R	0x-0nn0000[2]
1004h	DMA_CFG	配置寄存器	W	—
1008h	DMA_CTLBASE	通道控制数据基指针寄存器	R/W	0h
100Ch	DMA_ALTBASE	通道备用控制数据基指针寄存器	R	000000nnh[3]
1010h	DMA_WAITSTAT	通道等待请求状态寄存器	R	0h
1014h	DMA_SWREQ	通道软件请求寄存器	W	—
1018h	DMA_USEBURSTSET	通道 Useburst 设置寄存器	R/W	0h
101Ch	DMA_USEBURSTCLR	通道 Useburst 清除寄存器	W	—
1020h	DMA_REQMASKSET	通道请求屏蔽设置寄存器	R/W	0h
1024h	DMA_REQMASKCLR	通道请求屏蔽清除寄存器	W	—
1028h	DMA_ENASET	通道使能设置寄存器	R/W	0h
102Ch	DMA_ENACLR	通道使能清除寄存器	W	—
1030h	DMA_ALTSET	通道主/备用设置寄存器	R/W	0h
1034h	DMA_ALTCLR	通道主/备用清除寄存器	W	—
1038h	DMA_PRIOSET	通道优先级设置寄存器	R/W	0h
103Ch	DMA_PRIOCLR	通道优先级清除寄存器	W	—
104Ch	DMA_ERRCLR	总线错误清除寄存器	R/W	0h

注：[1] 复位值取决于可用的 DMA 控制器的通道号和每个通道的触发源个数；
[2] 复位值取决于可用的 DMA 控制器的通道号和是否包括集成测试逻辑；
[3] 复位值取决于可用的 DMA 控制器的通道号。

14.2 DMA 固件库简介

DMA 固件库提供了一组配置 MSP432 DMA 控制器的函数。本节仅给出 DMA 固件库的宏定义和固件库函数，其函数的详细功能说明请参考 TI 文档：MSP432_DriverLib_Users_Guide-MSP432P4xx。

14.2.1 宏定义

DMA 固件库的宏定义如下：

```
#define DMA_TaskStructEntry (transferCount,
                             itemSize,
                             srcIncrement,
                             srcAddr,
                             dstIncrement,
                             dstAddr,
                             arbSize,
                             mode)
```

14.2.2 DMA 固件库函数

DMA 固件库函数如表 14－12 所列。

表 14－12 DMA 固件库函数

编 号	函 数
1	void DMA_assignChannel(uint32_t mapping)
2	void DMA_assignInterrupt(uint32_t interruptNumber, uint32_t channel)
3	void DMA_clearErrorStatus(void)
4	void DMA_clearInterruptFlag(uint32_t intChannel)
5	void DMA_disableChannel(uint32_t channelNum)
6	void DMA_disableChannelAttribute(uint32_t channelNum, uint32_t attr)
7	void DMA_disableInterrupt(uint32_t interruptNumber)
8	void DMA_disableModule(void)
9	Void DMA_enableChannel(uint32_t channelNum)
10	void DMA_enableChannelAttribute(uint32_t channelNum, uint32_t attr)
11	void DMA_enableInterrupt(uint32_t interruptNumber)
12	void DMA_enableModule(void)
13	uint32_t DMA_getChannelAttribute(uint32_t channelNum)
14	uint32_t DMA_getChannelMode(uint32_t channelStructIndex)
15	uint32_t DMA_getChannelSize(uint32_t channelStructIndex)
16	void * DMA_getControlAlternateBase(void)
17	void * DMA_getControlBase(void)
18	uint32_t DMA_getErrorStatus(void)
19	uint32_t DMA_getInterruptStatus(void)
20	bool DMA_isChannelEnabled(uint32_t channelNum)
21	void DMA_registerInterrupt(uint32_t intChannel, void(* intHandler)(void))
22	void DMA_requestChannel(uint32_t channelNum)

续表 14-12

编　号	函　数
23	void DMA_requestSoftwareTransfer(uint32_t channel)
24	void DMA_setChannelControl(uint32_t channelStructIndex, uint32_t control)
25	void DMA_setChannelScatterGather(uint32_t channelNum, uint32_t taskCount, void * taskList, uint32_t isPeriphSG)
26	void DMA_setChannelTransfer(uint32_t channelStructIndex, uint32_t mode, void * srcAddr, void * dstAddr, uint32_t transferSize)
27	Void DMA_setControlBase(void * controlTable)
28	void DMA_unregisterInterrupt(uint32_t intChannel)

14.3 例　程

本节将以 TI 提供的例程为例来介绍 DMA 固件库函数的使用方法。

1. 地址之间的软件传输

(1) dma_array_transfer_software_trigger.c 程序介绍

```
/*******************************************************************
* 文件名:dma_array_transfer_software_trigger.c
* 来源:TI 例程
* 功能描述: 在该例程中,学习设置采用软件启动 DMA 传输,并把一个外部数据数组的内
* 容传输到存储器中的其他存储单元。一旦建立了 DMA 传输,设备将进入休眠模式并等待传
* 输完成。一旦产生传输中断,将置位中断标志并使其进入一个无限 while 循环来告诉用户
* DMA 传输已完成
*******************************************************************/
/* DriverLib Includes */
#include "driverlib.h"

/* Standard Includes */
#include < stdint.h >

#include < string.h >
#include < stdbool.h >
```

```
/ * 定义静态变量 * /
staticbool isFinished;
static uint8_tdestinationArray[1024];

/ * DMA 控制表 * /
#ifdefewarm
#pragmadata_alignment = 256
#else
#pragmaDATA_ALIGN(controlTable, 256)
#endif
uint8_tcontrolTable[256];

/ * 外部数组定义 * /
extern uint8_tdata_array[];

int main(void)
{
    / * 关闭看门狗定时器 * /
    MAP_WDT_A_holdTimer();

    / * 用零填充目标区 * /
    memset(destinationArray, 0x00, 1024);
    isFinished = false;

    / * 配置 DMA 控制器 * /
    MAP_DMA_enableModule();
    MAP_DMA_setControlBase(controlTable);

    / * 设置控制索引。在这种情况下,将设置 DMA 传输源为随机数据数组,而目标为目标数
     * 据数组。设置为自动模式,在每个仲裁后无须重新触发
     * /
    MAP_DMA_setChannelControl(UDMA_PRI_SELECT,
            UDMA_SIZE_8 | UDMA_SRC_INC_8 | UDMA_DST_INC_8 | UDMA_ARB_1024);
    MAP_DMA_setChannelTransfer(UDMA_PRI_SELECT, UDMA_MODE_AUTO, data_array,
            destinationArray, 1024);

    / * 分配/使能中断 * /
    MAP_DMA_assignInterrupt(DMA_INT1, 0);
    MAP_Interrupt_enableInterrupt(INT_DMA_INT1);
    MAP_Interrupt_disableSleepOnIsrExit();

    / * 使能 DMA 通道 0 * /
    MAP_DMA_enableChannel(0);
```

```
        /* 强迫 DMA 通道 0 的软件传输 */
        MAP_DMA_requestSoftwareTransfer(0);


        while(1)
        {
            MAP_PCM_gotoLPM0InterruptSafe();

            if(isFinished)
                while(1);
        }
    }

    /* 完成 DMA 中断 */
    void dma_1_interrupt(void)
    {
        MAP_DMA_disableChannel(0);
        isFinished = true;
    }
```

(2) 测试结果

① 在 Expressions 窗口中添加 destinationArray(目标数组)和 data_array(数据数组),程序运行前的目标数组和数据数组的值片段如图 14-8 所示。

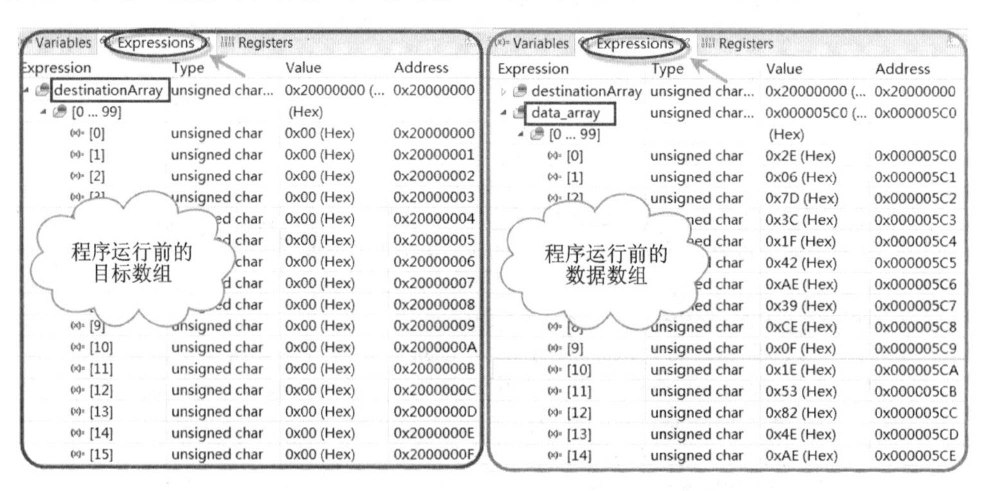

图 14-8　程序运行前的目标数组和数据数组的值片段

② 在图 14-9 所示的位置设置断点。

③ 程序运行后的数据数组和目标数组的值片段如图 14-10 所示。

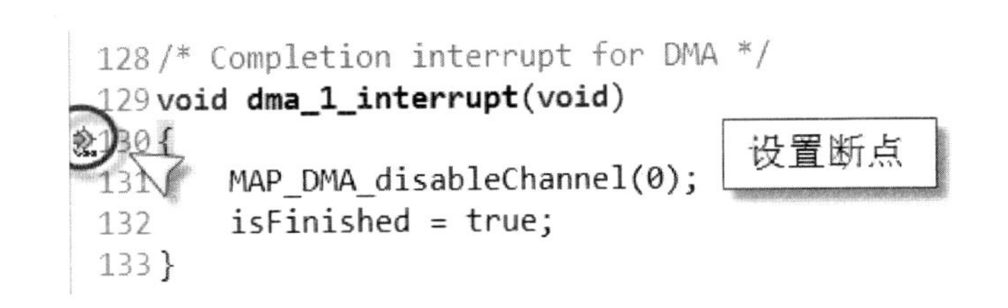

图 14-9　设置断点

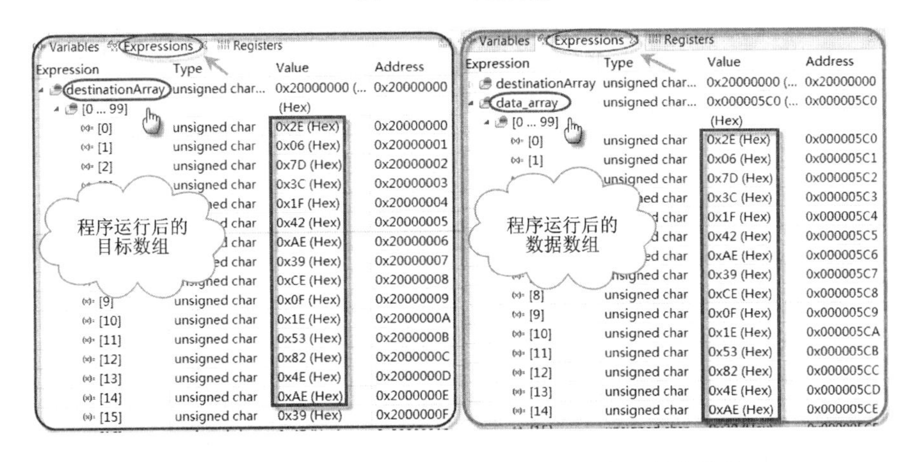

图 14-10　程序运行后的数据数组和目标数组的值片段

2. 使用 DMA 进行 eUSCI I²C 传输

(1) 硬件连线图

使用 DMA 进行 eUSCI I²C 传输的硬件连线图如图 14-11 所示。

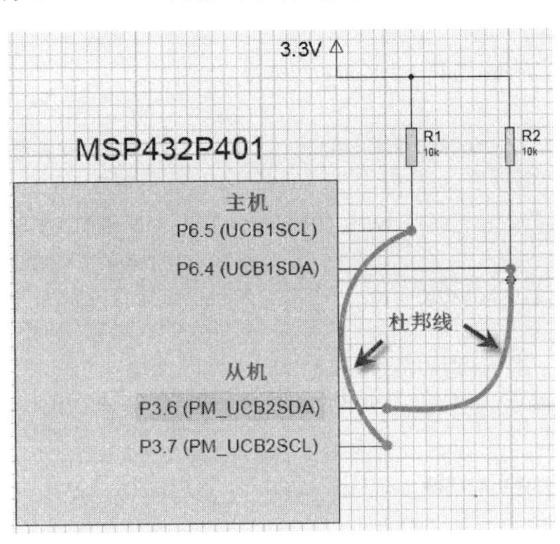

图 14-11　使用 DMA 进行 eUSCI I²C 传输的硬件连线图

(2) dma_eusci_i2c_loopback.c 程序介绍

```
/****************************************************************************
* 文件名:dma_eusci_i2c_loopback.c
* 来源:根据 TI 例程修订
* 功能描述:在该例程中,MSP432 的 DMA 用于连接 I2C 回环配置,演示如何利用硬件触发 DMA
* 传输。将 DMA 传输设置成使用两个不同的通道。通道 2 用于 DMA 发送,通道 5 用于 DMA
* 接收。一旦传输被设置和启动,设备将进入休眠状态。当设备处于休眠状态时,DMA 控制器
* 会自动传输来自 const 数组的数据并将 eUSCI B1 I2C 作为主机。设置在 eUSCI B2 上的从
* 机将自动触发 DMA 控制器,将传输来的数据放置到 RAM 缓冲器(recBuffer)中。当 DMA 传输
* 完成时将触发一个中断,并且主机将发出一个停止条件到 I2C 总线上。该程序只能由用户
* 来终止
****************************************************************************/
/* DriverLib Includes */
#include "driverlib.h"

/* Standard Includes */
#include <stdint.h>

#include <string.h>
#include <stdbool.h>

/* 定义静态变量 */
static uint8_trecBuffer[1024];
static volatilebool sendStopCondition;

/* 配置 I2C 参数 */
const eUSCI_I2C_MasterConfigi2cMasterConf =
{
        EUSCI_B_I2C_CLOCKSOURCE_SMCLK,          //SMCLK 时钟源
        3000000,                                //SMCLK = 3 MHz
        EUSCI_B_I2C_SET_DATA_RATE_100KBPS,      //所需的 I2C 时钟为 100 kHz
        0,                                      //无字节计数器阈值
        EUSCI_B_I2C_NO_AUTO_STOP                //无自动停止条件
};

/* DMA 控制表 */
#ifdefewarm
#pragmadata_alignment = 256
#else
#pragmaDATA_ALIGN(controlTable, 256)
#endif
```

```
uint8_tcontrolTable[256];

/* 外部数据 */
extern uint8_tdata_array[];

int main(void)
{
    /* 关闭看门狗定时器 */
    MAP_WDT_A_holdTimer();

    /* 初始化设置 */
    memset(recBuffer, 0x00, 1024);
    sendStopCondition = false;

/* 初始化 eUSCI B1 上的 I²C 主机 */
    MAP_GPIO_setAsPeripheralModuleFunctionInputPin(GPIO_PORT_P6,
            GPIO_PIN4 | GPIO_PIN5, GPIO_PRIMARY_MODULE_FUNCTION);
    MAP_I2C_initMaster(EUSCI_B1_MODULE, &i2cMasterConf);
    MAP_I2C_setSlaveAddress(EUSCI_B1_MODULE, 0x48);
    MAP_I2C_setMode(EUSCI_B1_MODULE, EUSCI_B_I2C_TRANSMIT_MODE);
    MAP_I2C_enableModule(EUSCI_B1_MODULE);

/* 初始化 eUSCI B2 上的 I²C 从机并将从机地址设置为 0x48 */
    MAP_GPIO_setAsPeripheralModuleFunctionInputPin(GPIO_PORT_P3,
            GPIO_PIN6|GPIO_PIN7, GPIO_PRIMARY_MODULE_FUNCTION);
    MAP_I2C_initSlave(EUSCI_B2_MODULE, 0x48, EUSCI_B_I2C_OWN_ADDRESS_OFFSET0,
                      EUSCI_B_I2C_OWN_ADDRESS_ENABLE);
    MAP_I2C_enableModule(EUSCI_B2_MODULE);

    /* 配置 DMA 控制器 */
    MAP_DMA_enableModule();
    MAP_DMA_setControlBase(controlTable);

    /* 将通道 2 分配给 EUSCIB1TX0,通道 5 分配给 EUSCIB2RX0,并使能通道 2 和通道 5
     */
    MAP_DMA_assignChannel(DMA_CH2_EUSCIB1TX0);
    MAP_DMA_assignChannel(DMA_CH5_EUSCIB2RX0);

     /* 禁用通道属性(attributes) */
    MAP_DMA_disableChannelAttribute(DMA_CH2_EUSCIB1TX0,
                                    UDMA_ATTR_ALTSELECT | UDMA_ATTR_USEBURST |
                                    UDMA_ATTR_HIGH_PRIORITY |
```

```
                                    UDMA_ATTR_REQMASK);
MAP_DMA_disableChannelAttribute(DMA_CH5_EUSCIB2RX0,
                                    UDMA_ATTR_ALTSELECT | UDMA_ATTR_USEBURST |
                                    UDMA_ATTR_HIGH_PRIORITY |
                                    UDMA_ATTR_REQMASK);

/* 设置通道控制索引 */
MAP_DMA_setChannelControl(UDMA_PRI_SELECT | DMA_CH2_EUSCIB1TX0,
        UDMA_SIZE_8 | UDMA_SRC_INC_8 | UDMA_DST_INC_NONE | UDMA_ARB_1);
MAP_DMA_setChannelControl(UDMA_PRI_SELECT | DMA_CH5_EUSCIB2RX0,
        UDMA_SIZE_8 | UDMA_SRC_INC_NONE | UDMA_DST_INC_8 | UDMA_ARB_1);
MAP_DMA_setChannelTransfer(UDMA_PRI_SELECT | DMA_CH2_EUSCIB1TX0,
                                    UDMA_MODE_BASIC, data_array,
        (void *) MAP_I2C_getTransmitBufferAddressForDMA(EUSCI_B1_MODULE), 1024);
MAP_DMA_setChannelTransfer(UDMA_PRI_SELECT | DMA_CH5_EUSCIB2RX0,
                                    UDMA_MODE_BASIC,
        (void *)MAP_I2C_getReceiveBufferAddressForDMA(EUSCI_B2_MODULE),
                                      recBuffer,
                                      1024);

/* 分配/使能中断 */
MAP_DMA_assignInterrupt(DMA_INT1, 2);
MAP_Interrupt_enableInterrupt(INT_DMA_INT1);

/* 使能 DMA 通道
 * EUSCI 硬件将接管所有字节的发送/接收操作 */
MAP_DMA_enableChannel(2);
MAP_DMA_enableChannel(5);

/* 发送起始条件 */
MAP_I2C_masterSendStart(EUSCI_B1_MODULE);
while(!MAP_I2C_masterIsStartSent(EUSCI_B1_MODULE));

while(1)
{
    if(sendStopCondition)
    {
        MAP_I2C_masterSendMultiByteStop(EUSCI_B1_MODULE);
    }

    MAP_PCM_gotoLPM0InterruptSafe();
}
```

```
}

/*完成 eUSCI B1 发送中断*/
void dma_1_interrupt(void)
{
/*禁用完成中断和禁用 DMA 通道*/
    MAP_DMA_disableChannel(2);
    MAP_DMA_disableInterrupt(INT_DMA_INT1);
    sendStopCondition = true;
}
```

(3) 测试结果

① 硬件连接实物图如图14-12所示。在Expressions窗口添加recBuffer(接收数组)和data_array(数据数组),程序运行前的数据数组和接收数组的值片段,如图14-13所示。

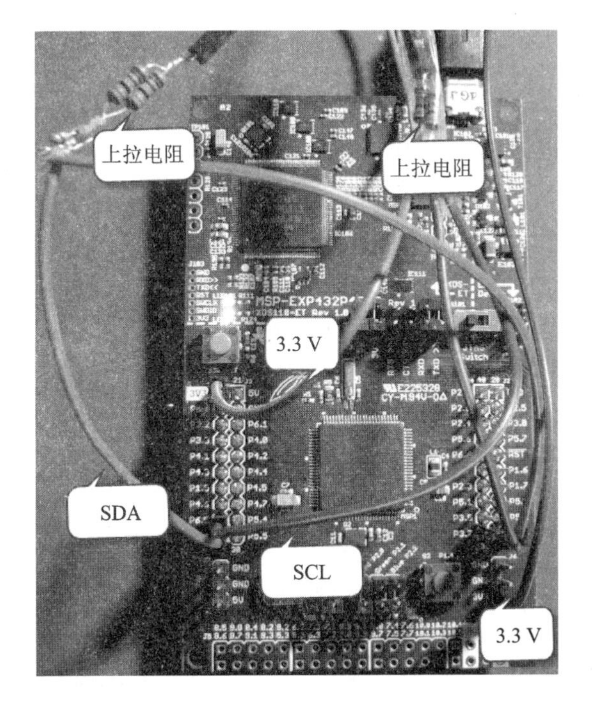

图14-12 硬件连接实物图

② 在图14-14所示的位置设置断点。

③ 程序运行后的数据数组和接收数组的值片段如图14-15所示。

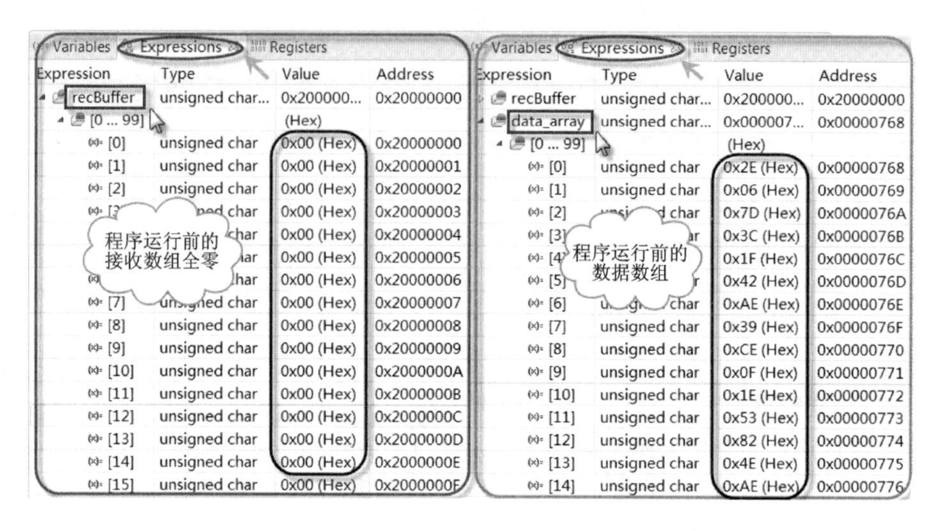

图 14 - 13　程序运行前的数据数组和接收数组的值片段

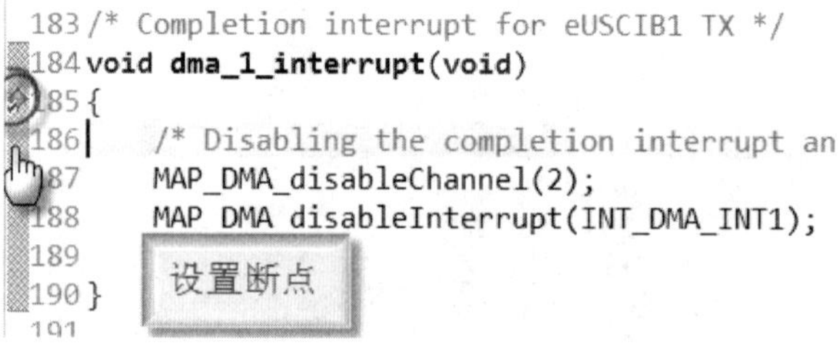

```
183 /* Completion interrupt for eUSCIB1 TX */
184 void dma_1_interrupt(void)
185 {
186     /* Disabling the completion interrupt an
187     MAP_DMA_disableChannel(2);
188     MAP_DMA_disableInterrupt(INT_DMA_INT1);
189
190 }
191
```

设置断点

图 14 - 14　设置断点

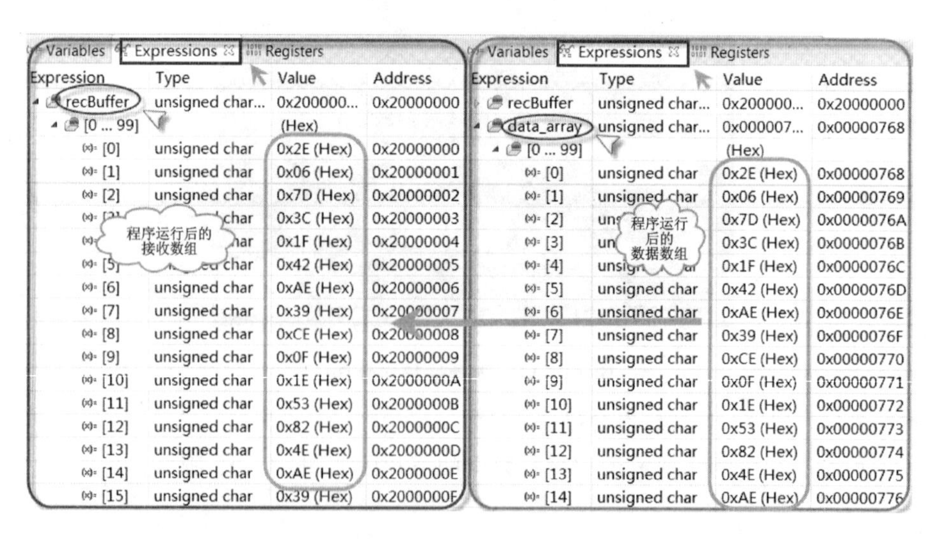

图 14 - 15　程序运行后的数据数组和接收数组的值片段

第 15 章

基本图形库

本章将扼要介绍液晶显示屏的基本特点、MSPWare 图形库以及基于图形库的应用(包括 TFT 液晶显示器底层驱动程序的写法)。

本章的主要内容:

◇ 液晶显示器简介;

◇ MSPWare 图形库简介;

◇ 图形库驱动程序简介;

◇ 例程。

15.1 液晶显示器简介

目前在国内市场上常见的液晶显示器主要有两种:LCD 和 OLED(Organic Light-Emitting Diode)液晶显示器。

1. LCD

LCD 有 3 种:

◇ 超扭转向列式液晶显示器(Super Twisted Nematic-Liquid Crystal Display, STN-LCD);

◇ 低温多晶硅(Low Temperature Poly Silicon,LTPS);

◇ 薄膜晶体管液晶显示器(Thin Film Transistor-Liquid Crystal Display,TFT-LCD)。

以 TFT-LCD 应用最广泛,它由光导、偏振片、玻璃基板、储能电容、源驱动(数据)、门驱动、TFT、公共电极、滤色片等组成。其特点是:在显示屏的每一个像素点上都有一个薄膜晶体管,使每个像素都可以通过脉冲信号来直接控制,可有效克服非选通时的串扰,使显示的图形色彩鲜艳逼真。尽管液晶本身并不发光,但可以通过对液晶施加不同的电压来改变液晶分子的排列顺序,结合偏振片与 RGB 彩色滤光片等控制机构,就可以将背光源的光信号(包含要显示图形的信息)打在液晶面板上,从而实现图形的显示,如图 15-1~图 15-4 所示。

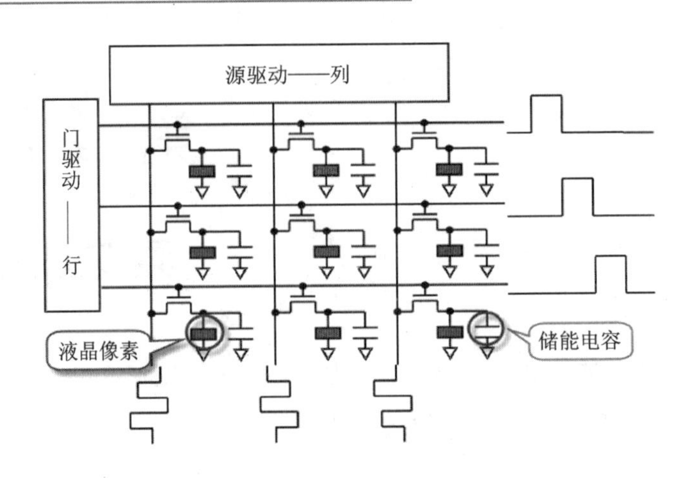

图 15-1 TFT-LCD 的等效电路

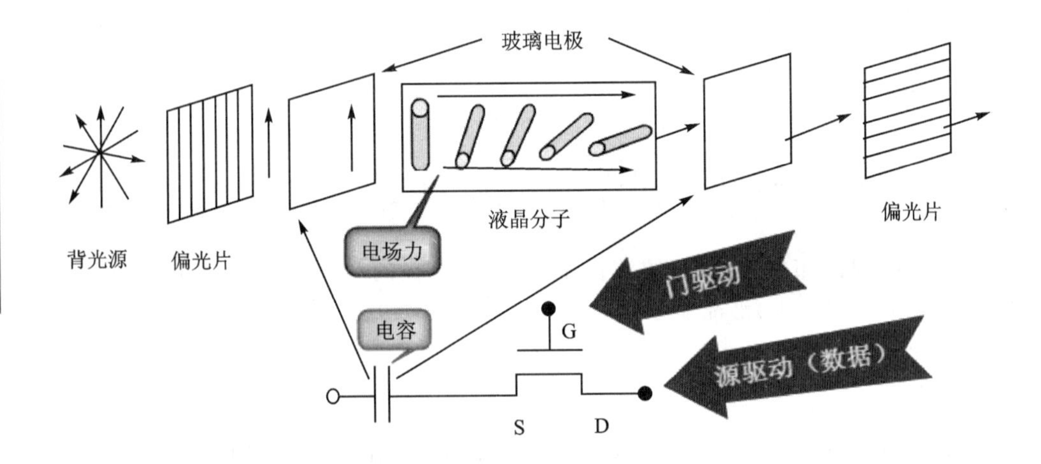

图 15-2 TFT 亮度控制示意图

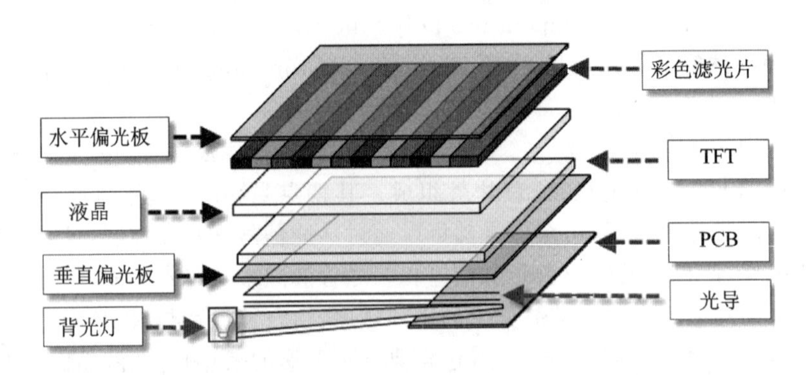

图 15-3 TFT-LCD 组件示意图

从图 15-4 中可以看到，要使 TFT-LCD 正常工作，需要一个控制系统来协调

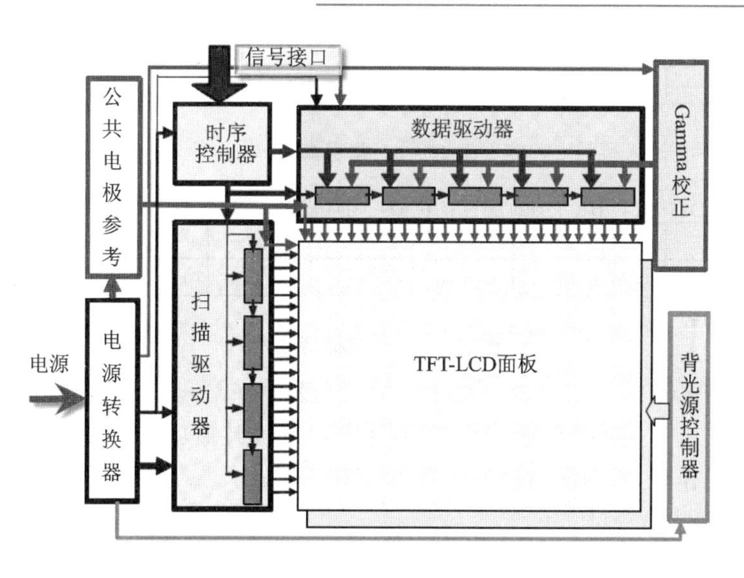

图 15－4　TFT-LCD 驱动框图

TFT 各个模块之间的关系，因此各种控制芯片应运而生。市面上常用的控制芯片有 ILI9xxx 系列（比如，ILI9320、ILI9341 等）和 TI 公司制作的开发板上常用的 SSD2119 等。

(1) 数据显示格式

常用的数据显示格式有 18 bpp 的 RGB666（占 3 个字节）与 16 bpp 的 RGB565（占 2 个字节）格式，如图 15－5 所示。

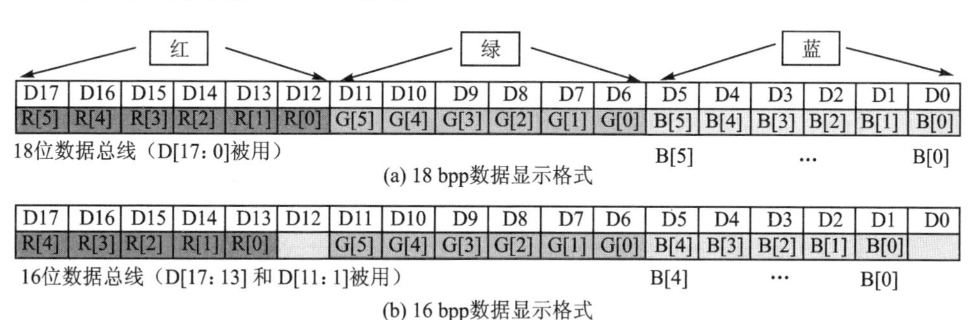

(a) 18 bpp数据显示格式

(b) 16 bpp数据显示格式

图 15－5　TFT-LCD 常用的数据显示格式

(2) ILI9320 常用的几个命令

1) 索引命令(IR)

索引命令(IR)如图 15－6 所示。该索引命令指定寄存器(R00h～RFFh)的地址或将要访问的 RAM。

2) 开始振荡命令(R00h)

开始振荡命令(R00h)如图 15－7 所示。

R/W	RS	D15	D14	D13	D12	D11	D10	D9	D8	D7	D6	D5	D4	D3	D2	D1	D0
W	0	—	—	—	—	—	—	—	—	ID7	ID6	ID5	ID4	ID3	ID2	ID1	ID0

图 15－6　索引命令

R/W	RS	D15	D14	D13	D12	D11	D10	D9	D8	D7	D6	D5	D4	D3	D2	D1	D0
W	1	—	—	—	—	—	—	—	—	—	—	—	—	—	—	—	1
R	1	1	0	0	1	0	0	1	1	0	0	1	0	0	0	0	0

图 15－7　开始振荡命令

通过设置 OSC＝1 来启动内部振荡器，而设置 OSC＝0 时则停止振荡器工作。至少等待 10 ms 使振荡器的频率稳定后，才可以进行其他功能的设置。当对该寄存器进行读取操作时，将返回器件型号为“9320h”。

3）入口模式命令（R03h）

入口模式命令如图 15－8(a)所示。

从图 15－8 中可看到，AM 用于 GRAM 更新方向的控制，当 AM＝0 时，水平写方向的地址得到更新；当 AM＝1 时，垂直写方向的地址得到更新。当用寄存器 R16h 和 R17h 设置一个窗口区域时，仅基于 I/D［1:0］的 GRAM 寻址区域和 AM 置位的区域得到更新。

当更新一个显示数据的像素时，I/D［1:0］控制的地址计数器（AC）会自动进行增 1 或减 1 的操作，详细过程如图 15－8(b)所示。

R/W	RS	D15	D14	D13	D12	D11	D10	D9	D8	D7	D6	D5	D4	D3	D2	D1	D0
W	1	TRI	DFM	0	BGR	0	0	HWM	0	ORG	0	I/D1	I/D0	AM	0	0	0

(a) 入口模式命令

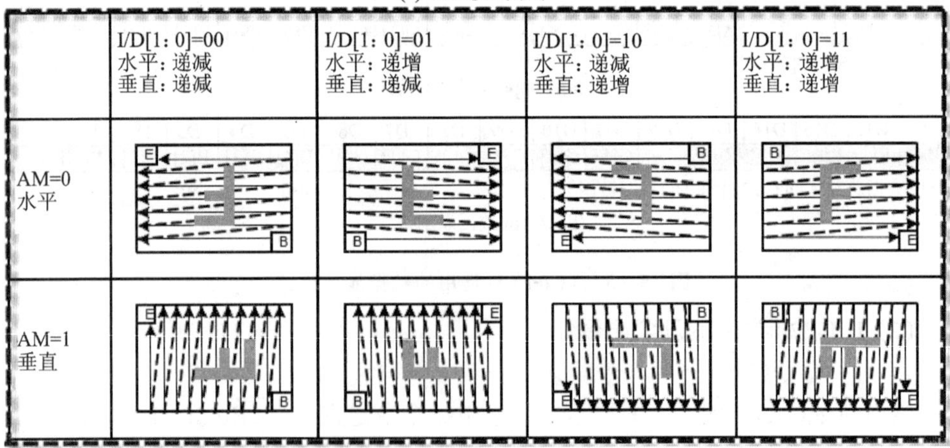

(b) 更新一个显示数据像素的详细过程

图 15－8　入口模式命令和更新一个显示数据像素的详细过程

4）显示控制1命令

显示控制1命令如图15-9所示。

R/W	RS	D15	D14	D13	D12	D11	D10	D9	D8	D7	D6	D5	D4	D3	D2	D1	D0
W	1	0	0	PTDE1	PTDE0	0	0	BASEE	0	0	0	GON	DTE	CL	0	D1	D0

图15-9 显示控制1命令

该命令的CL位用来控制是8位色还是262k色。当CL为0时是262k色，当CL为1时是8位色。D1、D0、BASEE这3位用于显示器的关断控制，当全部置1时打开显示，当其全为0时关断显示。可应用该命令来使能和禁用显示，合理使用电能。

通过设置D[1:0]=11来打开显示面板，通过设置D[1:0]=00来关闭显示面板。

当D1=1时，图形将显示在面板上，这时ILI9320将显示图形数据；当D1=0时，将停止图形显示，面板上将不会有显示，图形显示数据将被保留在内部GRAM中，所有的源输出接地，以减少驱动液晶时所需的充电/放电电流。

虽然可以通过设置D[1:0]=01来关闭显示器，但是ILI9320仍然会继续进行内部的显示操作；而当设置D[1:0]=00时，却可以完全关闭显示器，这时ILI9320的内部显示操作将全部停止。结合GON与DTE位的设置，可通过设置D[1:0]来控制显示器的关断。

BASEE为基本图像显示使能位。当BASEE=0时，禁用基本图像显示，ILI9320驱动液晶再不点亮显示等级或者仅显示部分图像；当BASEE=1时，使能基本图像显示。D [1:0]设置的优先级高于BASEE的设置。

PTDE[1:0]为部分图像2和部分图像1的使能位。当PTDE1/0= 0时，关闭部分图像显示，仅显示基本图像；当PTDE1/0=1时，使能部分图像显示，且需设置BASEE=0。

显示控制1命令中的位与其实现的功能或操作如图15-10所示。

①

D1	D0	BASEE	Source, VCOM Output	ILI9320 internal operation
0	0	0	GND	停止
0	1	1	GND	操作
1	0	0	不点亮显示	操作
1	1	0	不点亮显示	操作
1	1	1	基本图形显示	操作

②

CL	Colors
0	262 144
1	8

③

GON	DTE	G1~G320 Gate Output
0	0	VGH
0	1	VGH
1	0	VGL
1	1	正常显示

图15-10 显示控制命令中的位与其实现的功能或操作

5) GRAM 水平/垂直地址设置命令(R20h, R21h)

AD[16:0]设置地址计数器(AC)的初始值。地址计数器(AC)可根据 AM 的设置自动更新,I/D 位作为被写入内部 GRAM 的数据。当从内部 GRAM 中读取数据时,地址计数器不会自动更新,如图 15-11 所示。

R/W	RS		D15	D14	D13	D12	D11	D10	D9	D8	D7	D6	D5	D4	D3	D2	D1	D0
W	1		0	0	0	0	0	0	0	0	AD7	AD6	AD5	AD4	AD3	AD2	AD1	AD0
W	1		0	0	0	0	0	0	0	AD16	AD15	AD14	AD13	AD12	AD11	AD10	AD9	AD8

AD[16:0]	GRAM Data Map
17'h00000~17'h000EF	1st line GRAM Data
17'h00100~17'h001EF	2nd line GRAM Data
17'h00200~17'h002EF	3rd line GRAM Data
17'h00300~17'h003EF	4th line GRAM Data
17'h13D00~17'h13DEF	318th line GRAM Data
17'h13E00~17'h13EEF	319th line GRAM Data
17'h13F00~17'h13FEF	320th line GRAM Data

图 15-11 GRAM 水平/垂直地址设置命令

6) 写数据到 GRAM 命令(R22h)

写数据到 GRAM 命令如图 15-12 所示。

R/W	RS	D17	D16	D15	D14	D13	D12	D11	D10	D9	D8	D7	D6	D5	D4	D3	D2	D1	D0
W	1	向RAM写入数据(WD[17:0],在DB[17:0]为每个接口分配不同的引脚)																	

图 15-12 写数据到 GRAM 命令

该寄存器是 GRAM 的访问端口。当通过该寄存器更新显示数据时,地址计数器自动递增/递减。

7) 水平和垂直 RAM 的地址位置设置命令(R50h、R51h、R52h、R53h)

水平和垂直 RAM 的地址位置设置命令如图 15-13 所示。

	R/W	RS	D15	D14	D13	D12	D11	D10	D9	D8	D7	D6	D5	D4	D3	D2	D1	D0
R50h	W	1	0	0	0	0	0	0	0	0	HSA7	HSA6	HSA5	HSA4	HSA3	HSA2	HSA1	HSA0
R51h	W	1	0	0	0	0	0	0	0	0	HEA7	HEA6	HEA5	HEA4	HEA3	HEA2	HEA1	HEA0
R52h	W	1	0	0	0	0	0	0	0	VSA8	VSA7	VSA6	VSA5	VSA4	VSA3	VSA2	VSA1	VSA0
R53h	W	1	0	0	0	0	0	0	0	VEA8	VEA7	VEA6	VEA5	VEA4	VEA3	VEA2	VEA1	VEA0

图 15-13 水平和垂直 RAM 的地址位置设置命令

HSA[7:0]/HEA[7:0]为水平方向窗口的起始地址和结束地址。通过设置 HSA 和 HEA 位可调整写数据时 GRAM 水平区域的大小。设置 HSA 和 HEA 位必须在开始写 RAM 操作之前进行,且必须保证:00h≤HSA[7:0]<HEA[7:0]≤EFh(即 239),以及 04h≤HEA−HAS。

VSA[8:0]/VEA[8:0]为垂直方向窗口的起始地址和结束地址。通过设置

VSA和VEA位可调整写数据时GRAM垂直区域的大小。同样，设置VSA和VEA位必须在开始写RAM操作之前进行，且必须保证：00h≤VSA[8:0]＜VEA[8:0]≤13Fh(即319)。这几个命令可用于设置自定义显示区域的大小，如图15-14所示。

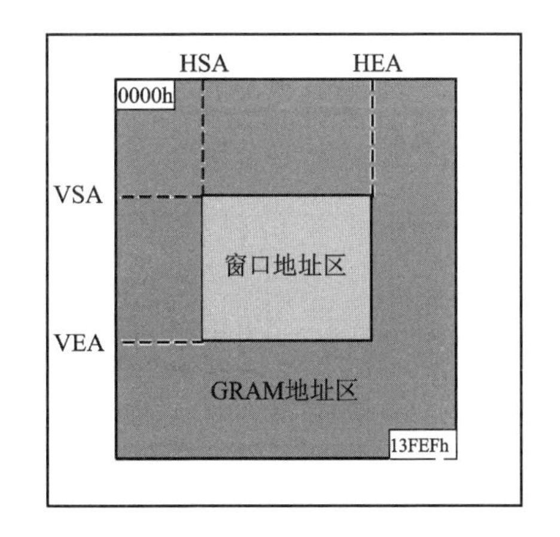

图15-14 设置的显示区域大小

2. OLED液晶显示屏

OLED(有机发光二极管)液晶显示器的发光原理为：从阴极注入的电子和阳极注入的空穴在电场力的作用下相向而行，在有机材料中由于相遇复合而释放能量，从而导致有机发光材料分子中的原子核外围的电子从低能态跃迁到高能态，当这些高能电子返回低能态时将会出现发光现象。

驱动OLED中的一个像素点可分为3个阶段：第1阶段，段驱动首先把像素复位到低电平，以便释放存储在段电极周边寄生电容中先前数据的电荷，并且可以通过命令(编程)来缩短放电的时间；第2阶段，段驱动把A、B或C色彩中的像素分别预充电到所需的电平值VPA、VPB和VPC，同样可以通过命令(编程)来缩短充电的时间；第3阶段，这一阶段是电流驱动阶段，采用PWM方式，通过段驱动中的电流源给像素点提供恒定的驱动电流。OLED段和公共驱动模块框图与驱动信号波形分别如图15-15和图15-16所示。

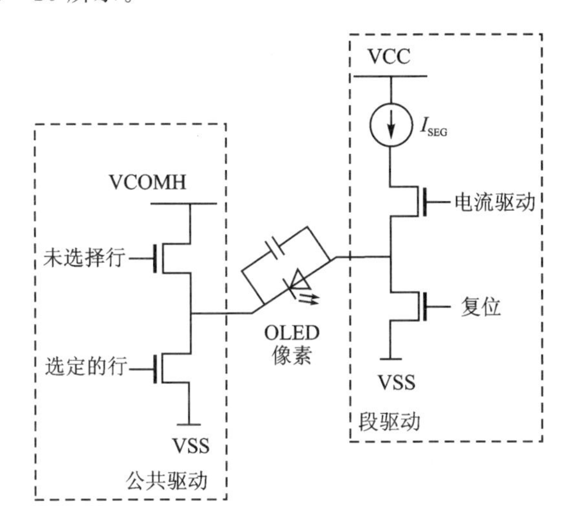

图15-15 OLED段和公共驱动模块框图

从图15-15和图15-16中可以看到，通过对比度设置命令，可将驱动电流在

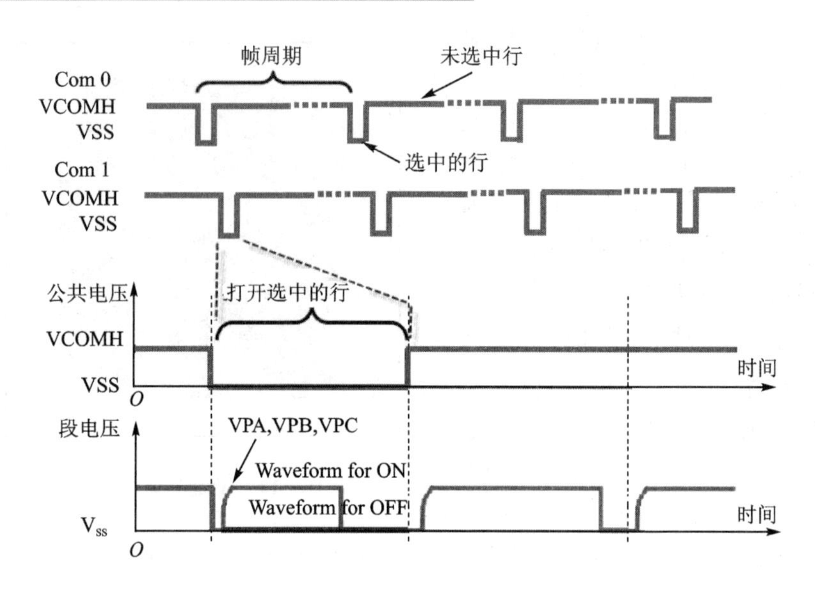

图 15-16　驱动信号波形

0～200 μA 内进行调整，总共 256 级。公共驱动器会产生电压扫描脉冲，并进行逐行顺序扫描。如果没有行被选中，那么该行的所有像素将被驱动到电压 VCOMH 的反相偏置。在扫描行时，该行的所有像素可以通过发送相应的数据信号到对应段引脚来打开或关闭这些像素点。如果该像素点被关闭，段驱动电流将保持 0 电平；反之，该像素点打开，段驱动电流为 I_{SEG}。

(1) OLED 的主要优点

OLED 的主要优点有：质轻、厚度薄、可弯曲、省电、自发光、对比度较高、视角广、反应速度快等。由于 OLED 液晶显示器比 TFT-LCD 性能更为优越，所以已被广泛地应用于各种电子产品中。

(2) SSD1332 控制芯片的模块框图

SSD1332 控制芯片的模块框图如图 15-17 所示。SSD1332 控制芯片和 96×64 面板可以组成 OLED 液晶显示器。

(3) 通信方式

通信方式采用串行(SPI)模式，其时序如图 15-18 所示。对图 15-18 中相应信号的描述如表 15-1 所列。

从图 15-18 中可以看到，当 CS＃为低电平时，将使能 SSD1332 控制器。在每个 SCLK(D0)信号的上升沿，SDIN(D1)上的数据会以 D7→D6→D5→D4→D3→D2→D1→D0 的次序移入 8 位移位寄存器中。每 8 个时钟周期采样 1 次，如果 D/C＃信号为高电平，则移位寄存器中的数据将会写入图形显示数据 RAM(GDDRAM)中；如果 D/C＃为低电平，那么移位寄存器中的数据将会写入指令寄存器。

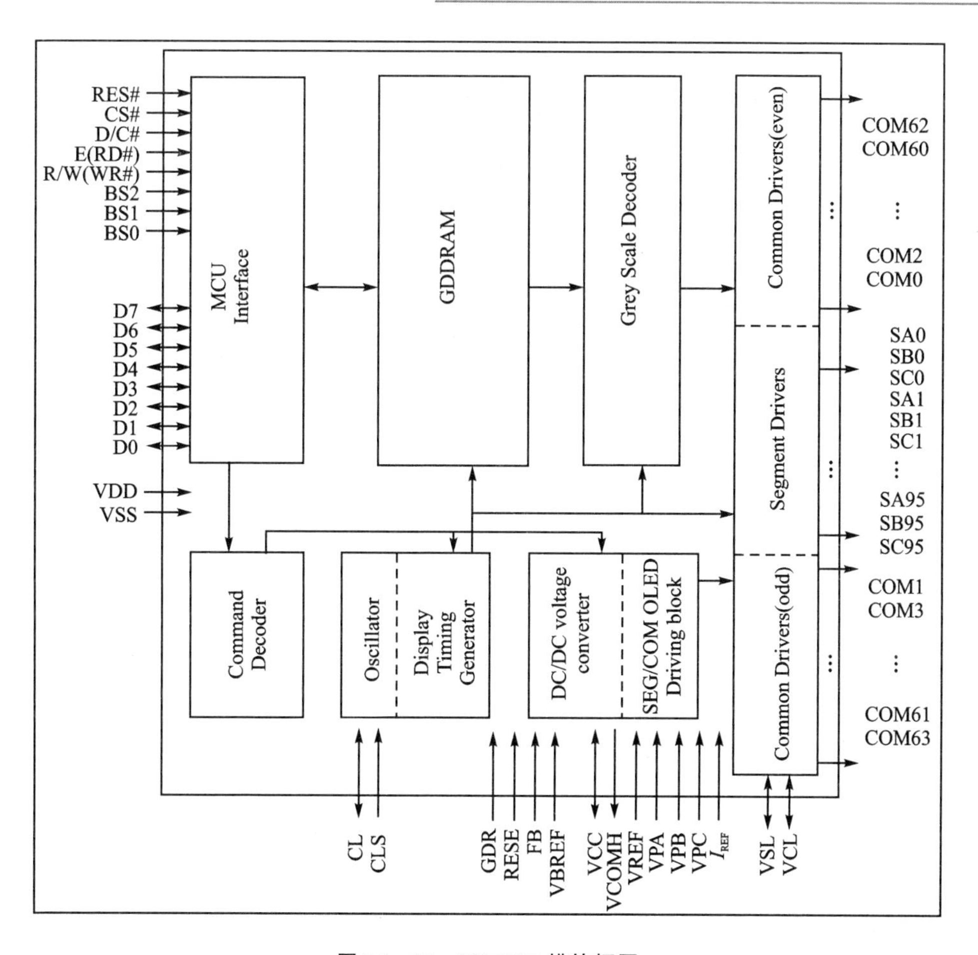

图 15－17 SSD1332 模块框图

表 15－1 图 15－18 中相应信号的描述

信号名称	描 述	信号名称	描 述
D/C＃	数据/命令标志(0,命令;1,数据)	CS＃	片选信号
SCLK(D0)	串行时钟线	SDIN(D1)	串行数据线
t_{cycle}	时钟周期	t_{DSW}	写数据建立时间
t_{AS}	地址建立时间	t_{DHW}	写数据保持时间
t_{AH}	地址保持时间	t_{CLKL}	时钟低电平时间
t_{CSS}	片选建立时间	t_{CLKH}	时钟高电平时间
t_{CSH}	片选保持时间	t_R	上升时间
t_F	下降时间	—	—

(4) 图形显示数据 RAM

GDDRAM 为待显示图形的位映射静态 RAM,其大小为 96×64×16 位,且操作

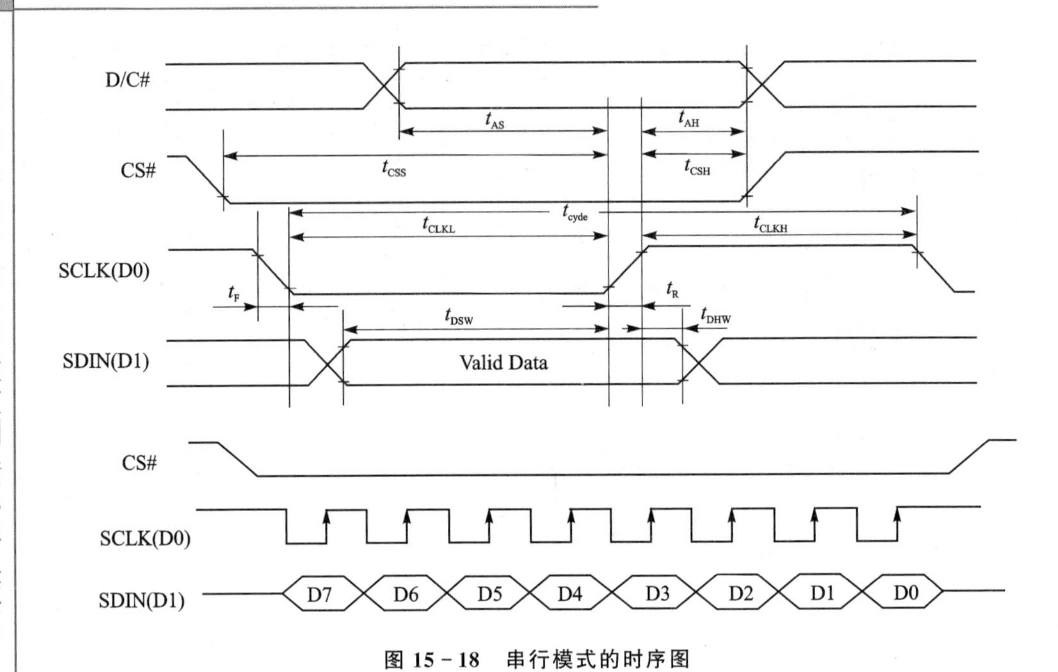

图 15－18　串行模式的时序图

灵活，可通过软件来实现段和公共输出的重映射。

对于显示的垂直滚动，内部寄存器存储显示的起始行可以被设置成控制 RAM 数据的部分被映射到显示器。每个像素点都具有 16 位的数据，颜色 A、B 和 C 三个子像素分别为 6 位、5 位和 6 位。65k 色彩深度图形显示数据 RAM 结构如图 15－19 所示。

列地址	正常	0			1			2			⋮	93			94			95			
	重映射	95			94			93			⋮	2			1			0			
数据格式		A4	B5	C4	A4	B5	C4	A4	B5	C4		A4	B5	C4	A4	B5	C4	A4	B5	C4	
		A3	B4	C3	A3	B4	C3	A3	B4	C3		A3	B4	C3	A3	B4	C3	A3	B4	C3	
		A2	B3	C2	A2	B3	C2	A2	B3	C2	⋮	A2	B3	C2	A2	B3	C2	A2	B3	C2	
		A1	B2	C1	A1	B2	C1	A1	B2	C1		A1	B2	C1	A1	B2	C1	A1	B2	C1	
行地址		A0	B1	C0	A0	B1	C0	A0	B1	C0		A0	B1	C0	A0	B1	C0	A0	B1	C0	
			B0			B0			B0				B0			B0			B0		COM 输出
正常	重映射																				
0	95	5	6	5	5	6	5	5	6	5		5	6	5	5	6	5	5	6	5	COM0
1	94										⋮										COM1
2	93																				COM2
⋮	⋮																				⋮
93	2																				COM61
94	1										⋮										COM62
95	0																				COM63
段输出		SA0	SB0	SC0	SA1	SB1	SC1	SA2	SB2	SC2	⋮	SA93	SB93	SC93	SA94	SB94	SC94	SA95	SB95	SC95	

在该单元中数据位的个数

565RGB

图 15－19　65k 色彩深度图形显示数据 RAM 结构

发送一个 16 位数据的像素被分成两个 8 位数据的传输，如图 15－20 所示。

在 256 色模式中，每个像素由 8 位构成。颜色 A 用 2 位表示，颜色 B 和 C 由 3 位表示。虽然只用 8 位来表示一个像素，但每个像素在内部图形显示数据 RAM 中却

字节	bit7	bit6	bit5	bit4	bit3	bit2	bit1	bit0
1st字节	C4	C3	C2	C1	C0	B5	B4	B3
2nd字节	B2	B1	B0	A4	A3	A2	A1	A0

图 15－20　65k 色彩深度图形显示数据写入序列

要占用 16 位存储空间，其格式如图 15－21 所示。

字节	bit7	bit6	bit5	bit4	bit3	bit2	bit1	bit0
1st字节	C2	C1	C0	B2	B1	B0	A1	A0

1个像素点

C (3 位)	RAM (5 位)
000	00000
001	00100
010	01000
011	01100
100	10010
101	10110
110	11010
111	11110

B (3 位)	RAM 内容 (6 位)
000	000000
001	001000
010	010000
011	011000
100	100100
101	101100
110	110100
111	111100

A (2 位)	RAM (5 位)
00	00000
01	01000
10	10100
11	11100

565RGB

图 15－21　一个像素 256 色深度的图形显示数据 RAM 结构

(5) OLED 液晶显示器的几个常用命令

OLED 液晶显示器的几个常用命令的功能介绍如表 15－2 所列。

表 15－2　几个常用命令的功能介绍(MCU 接口引脚设置:D/C=0,R/W(WR♯)=0,E(RD♯)=1)

D/C	Hex	D7	D6	D5	D4	D3	D2	D1	D0	命　令	描　述
0	15	0	0	0	1	0	1	0	1	设置列地址	A[6:0]设置列地址从 0～95，复位＝00d；B[6:0]设置列结束地址从 0～95，复位＝95d
0	A[6:0]	*	A6	A5	A4	A3	A2	A1	A0		
0	B[6:0]	*	B6	B5	B4	B3	B2	B1	B0		
0	75	0	1	1	1	0	1	0	1	设置行地址	A[5:0]设置行起始地址 0～63，复位＝00d；B[5:0] 设置行结束地址 0～63，复位＝63d
0	A[5:0]	*	*	A5	A4	A3	A2	A1	A0		
0	B[5:0]	*	*	B5	B4	B3	B2	B1	B0		
0	81	1	0	0	0	0	0	0	1	设置颜色 A 的对比度(段引脚：SA0～SA95)	双字节命令从 1～256 个对比度步长可选；对比度随步数的增加而增大，复位＝ 80h
0	A[7:0]	A7	A6	A5	A4	A3	A2	A1	A0		

续表 15 - 2

D/C	Hex	D7	D6	D5	D4	D3	D2	D1	D0	命　令	描　述
0	62	1	0	0	0	0	0	1	0	设置颜色 B 的对比度（段引脚：SB0～SB95）	双字节命令从 1～256 个对比度步长可选；对比度随步数的增加而增大，复位＝80h
0	A[7:0]	A7	A6	A5	A4	A3	A2	A1	A0		
0	83	1	0	0	0	0	0	1	1	设置颜色 C 的对比度(段引脚：SC0～SC95)	双字节命令从 1～256 个对比度步长可选；对比度随步数的增加而增大，复位＝ 80h
0	A[7:0]	A7	A6	A5	A4	A3	A2	A1	A0		
0	A[3:0]	*	*	*	*	A3	A2	A1	A0	主电流控制	设置 A[3:0] 从 0000，0001… 到 1111 来调节主电流衰减因子从 1/16，2/16… 到 16/16。复位＝1111，无衰减
0	A0	1	0	1	0	0	0	0	0	设置重映射和数据格式	A[0]＝0，水平地址增量（复位）； A[0]＝1，垂直地址增量； A[1]＝0，列地址 0 映射到 SEG0(复位)； A[1]＝1，列地址 95 映射到 SEG0 列地址； A[4]＝0，从 COM 0 扫描到 COM(N－1)； A[4]＝1，从 COM(N－1)扫描到 COM0，其中 N 是复用率； A[5]＝0，禁止把 COM 拆分成奇偶(复位)； A[5]＝1，使能把 COM 拆分成奇偶； A[7:6]＝00，256 彩色格式； A[7:6]＝01，65 k 彩色格式（复位）
0	A[7:0]	A7	A6	A5	A4	*	*	A1	A0		
0	A1	1	0	1	0	0	0	0	1	设置显示起始行	设置 GRAM 的显示起始行寄存器从 0～63，显示起始行寄存器复位后重置为 00h
0	A[5:0]	*	*	A5	A4	A3	A2	A1	A0		

续表 15-2

D/C	Hex	D7	D6	D5	D4	D3	D2	D1	D0	命　令	描　述
0	A2	1	0	1	0	0	0	1	0	设置显示偏移量	由 COM 设置从 0～63 垂直滚动，该值复位后重置为 00h
0	A[5:0]	*	*	A5	A4	A3	A2	A1	A0		
0	A4～A7	1	0	1	0	0	1	X1	X0	设置显示模式	A4h=正常显示(复位)； A5h=开启全屏显示，所有像素在 GS 63 级； A6h=关闭全屏显示，关闭所有的像素； A7h=逆显示
0	AE～AF	1	0	1	0	X3	1	1	1	显示开/关	AEh=关闭显示(复位)； AFh=打开显示

15.2 MSPWare 图形库简介

MSPWare 图形库是一组免版税的图形基元和小工具，用于在基于 MSP432 系列微处理器的具有图形显示的电路板上创建图形用户界面。该图形库是一个比较简单的库，包含 3 个功能部分，具体如下：

1. 驱动模板

基于使用中的显示屏，该层的主要任务是完成下列与显示硬件相关的低层接口程序：

◇ 绘制图形库程序：
- 刷新；
- 画线；
- 画像素点；
- 矩形绘制；
- 根据彩色图将 24 位 RGB 值转换到屏幕上。

◇ 用户修改的与硬件相关的程序：
- 将显示器与 MSP432 器件相连；
- 根据使用的显示设备编写或修改现存的模板驱动程序(如颜色深度和大小)。

2. 图形基元层

该层为低层绘图支持，具有以下特点：

◇ 可绘制点、线、矩形、圆、字体、位图图形和文本；

◇ 支持离屏缓冲；

◇ 绘图上下文的前景和背景；

◇ 由 24 位的 RGB 值表示一种颜色（每色 8 位），其中，预先定义了 140 种左右的颜色；

◇ 预先定义 153 个基于现代计算机的字体。

3. 小工具层

小工具层提供复选框、按钮、单选按钮，以及一个或多个图像基元的通用封装，以便在显示屏上绘制用户界面元素，并能够通过小工具元素为用户交互提供应用程序定义的响应，如图 15－22 所示。

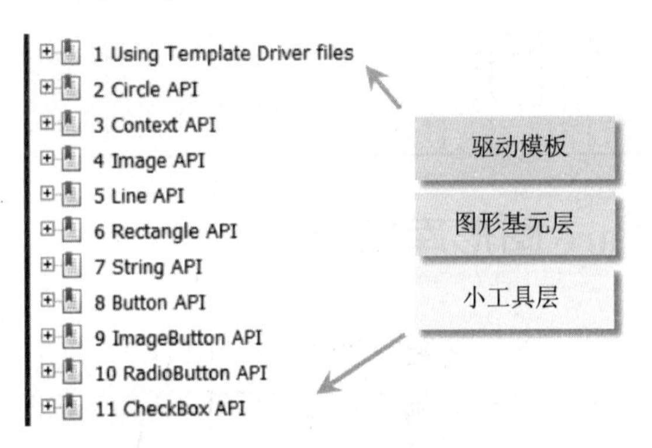

图 15－22　图形库框架

15.2.1　图形库的特性

为了确保该软件易于理解和维护，MSPWare 图形库完全采用 C 语言编写（除无法实现的外）。虽然是用 C 语言编写，但是由于 Cortex-M4 Thumb－2 指令集的紧凑性，所以该库在存储和处理器使用方面仍然非常有效。

其主要的特性如下：

◇ 免费许可证和免版税使用权（与 MSP432 MCU 配合使用）；

◇ 简化并加快应用程序的开发：可用于应用程序开发或作为编程示例；

◇ 可创建功能完整、易于维护的代码；

◇ MSPWare 图形库完全采用 C 语言编写（除了不可能实现的例外）；

◇ 完全利用 Cortex-M4 内核的中断性能，无须任何特殊的 pragma 或自定义汇编起始代码/结束代码功能；

◇ 既可以使用错误检查代码进行编译（用于开发），也可以不使用（用于具有较小存储器配置的 MCU 中的最终生产）；

◇ 可作为对象库和源代码，以便按原样使用图形库或根据需要进行修改；

◇ 可在 CCS 6、ARM/Keil、IAR 等开发工具上编译所建立的图形库工程。

15.2.2 图形库源码

图形库源代码的组织概述及各部分的功能简介如表15-3所列。

表15-3 图形库源码简介

程序名称	功能描述
checkbox.c	复选框的源代码
checkbox.h	复选框的头文件
circle.c	圆基元的源代码
context.c	绘图上下文的源代码
fonts/	图形库提供的包含字体结构的字体源文件
grlib.h	包含基本图形原型的头文件
image.c	基本图形的源代码
imageButton.c	基本图形按钮的源代码
imageButton.h	基本图形按钮的头文件
line.c	线基元的源代码
button.c	按钮控件的源代码
button.h	按钮控件的头文件
radiobutton.c	单选按钮的源代码
radiobutton.h	单选按钮的头文件
rectangle.c	矩形基元的源代码
string.c	字符串基元的源代码
Display.c	显示基元的源代码

15.2.3 图形固件库函数

1. 显示驱动库

(1) 概 述

显示驱动用于图形库与特定显示器的接口,它负责处理有关显示的底层细节,包括与显示控制器进行通信和理解显示控制器所需命令的行为。

显示驱动程序必须具有两个功能:通过图形库将所需程序集绘制到屏幕上,具有一组用于执行与显示操作有关的例程。显示相关的操作会根据不同显示器而有所不同,但都包含初始化程序,并可能包括诸如背光控制和对比度控制的功能。

由图形库所需的例程组成的一个结构体来描述图形库的显示驱动程序,即Graphics_Display结构体。Graphics_Display结构体包含一些函数指针,以及屏幕的宽度和高度。显示驱动程序提供了该结构的实例,以及在特定显示驱动程序的头文件中定义的该结构体原型。

对于某些显示器，它可能在本地存储器的缓冲区中绘制更有效，并在所有的绘图操作完成后将结果复制到屏幕上，这就是常用的4 bpp真彩显示。其中，在显示存储器中的每个字节都有两个像素。在这种情况下，Flush()操作用于指示应该被复制到显示器上的本地显示缓冲区。

(2) Graphics_Display 结构体定义

该结构体定义了与显示驱动有关的变量和参数，具体如下：

```
typedef struct
{
    int32_t i32Size;
void     * pvDisplayData;
uint16_t ui16Width;
uint16_t ui16Height;
void( * pfnPixelDraw)(void * pvDisplayData,
                      int32_t i32X,
                      int32_t i32Y,
                      uint32_t ui32Value);
void( * pfnPixelDrawMultiple)(void * pvDisplayData,
                              int32_t i32X,
                              int32_t i32Y,
                              int32_t i32X0,
                              int32_t i32Count,
                              int32_t i32BPP,
                              const uint8_t * pui8Data,
                              const uint8_t * pui8Palette);
void( * pfnLineDrawH)(void * pvDisplayData,
                      int32_t i32X1,
                      int32_t i32X2,
                      int32_t i32Y,
                      uint32_t ui32Value);
void( * pfnLineDrawV)(void * pvDisplayData,
                      int32_t i32X,
                      int32_t i32Y1,
                      int32_t i32Y2,
                      uint32_t ui32Value);
void( * pfnRectFill)(void * pvDisplayData,
                     const tRectangle * psRect,
                     uint32_t ui32Value);
uint32_t( * pfnColorTranslate)(void * pvDisplayData,
                               uint32_t ui32Value);
```

```
void( * pfnFlush)(void * pvDisplayData);
void( * pvDisplayData)(void * pvDisplayData ,
                       uint16_t ulValue);
}
tDisplay
```

参数说明：

i32Size：结构体的大小。

pvDisplayData：指向特定显示驱动数据的指针。

ui16Width：显示宽度。

ui16Height：显示高度。

pfnPixelDraw：指向在显示设备上画点的函数指针。

pfnPixelDrawMultiple：指向在显示设备上画多点的函数指针。

pfnLineDrawH：指向在显示设备上绘制水平线的函数指针。

pfnLineDrawV：指向在显示设备上绘制垂直线的函数指针。

pfnRectFill：指向显示设备上绘制填充型矩形的函数指针。

pfnColorTranslate：指向将24位RGB颜色转换成特定显示颜色函数的指针。

pfnFlush：指向在显示设备上刷新任何绘图操作缓存的函数指针。

功能描述：该结构体定义了显示驱动的特性。

例如，模拓的MSP432 LaunchPad扩展板，采用240×320 TFT和ILI9341控制芯片液晶显示器，其Graphics_Display结构体的定义如下：

```
const Graphics_Display g_sILI240x320x16 =
{
    sizeof(tDisplay),                      //结构体的大小
    0,                                     //没有用到特定数据，这里为空
    240,                                   //显示宽度
    320,                                   //显示高度
    ILI240x320x16PixelDraw,                //画点
    ILI240x320x16PixelDrawMultiple,        //画多点
    ILI240x320x16LineDrawH,                //绘制水平线
    ILI240x320x16LineDrawV,                //绘制垂直线
    ILI240x320x16RectFill,                 //绘制填充型矩形
    ILI240x320x166ColorTranslate,          //将24位RGB颜色转换成特定的显示颜色
    ILI240x320x16Flush                     //刷新任何绘图操作缓存
    ILI240x320x16 ClearScreen              //清屏
};
```

在这个结构体中定义了TFT-LCD的色彩数据为16 bpp，显示区大小为240(宽)×320(高)，并且调用了基本的图形绘制函数。

(3) TFT-LCD驱动程序片段解读

目前已有的有关MSP430的书籍、一些MSP430的实验箱例程,以及网络上有关MSP430驱动的液晶显示器程序,鲜有人采用TI提供的图形库来实现需求。究其原因为:如果使用TI提供的图形库,那么必须将用户特定的液晶显示器按TI图形库要求的数据结构进行定义。因此,深入分析图形库驱动是很有必要的。下面仅就TI提供的kitronix3.5' TFT-LCD的驱动程序片段进行较为详细的介绍。

1) 4线SPI接口(8位)时序

4线SPI接口时序如图15-23所示。

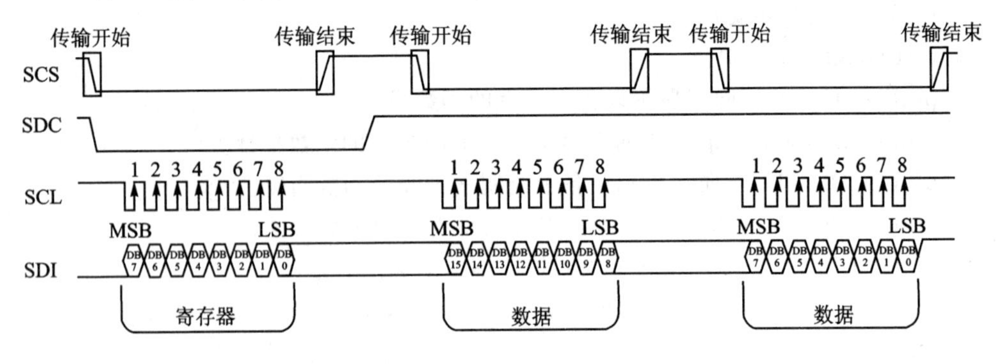

图15-23 4线SPI接口时序

读者若要看懂下面的kitronix3.5'TFT-LCD的驱动程序,则了解4线SPI接口时序尤其重要。

2) 液晶显示器的驱动程序 kitronix320x240x16_ssd2119_16bit.c

```
//*****************************************************************
#include < msp432.h >
#include < stdint.h >
#include "grlib.h"
#include "HAL_MSP_EXP432P401R_KITRONIX320X240_SSD2119_SPI.h"
#include "kitronix320x240x16_ssd2119_spi.h"

//*****************************************************************
//! 初始化显示驱动程序
//! 该函数初始化显示面板上的控制器 SSD2119,以显示数据
//!
//! \返回:无
//
//*****************************************************************
void
Kitronix320x240x16_SSD2119Init(void)
{
```

```
uint32_tulCount;
volatile uint32_t i;

HAL_LCD_initLCD();

//
//选择 LCD 的 SPI 通信
//
HAL_LCD_selectLCD();

//
//进入休眠模式
//休眠模式寄存器设置如图 15-24 所示
```

Sleep mode (R10h, R12h)

Reg#	R/W	DC	IB15	IB14	IB13	IB12	IB11	IB10	IB9	IB8	IB7	IB6	IB5	IB4	IB3	IB2	IB1	IB0
R10h	W	1	0	0	0	0	0	0	0	0	0	0	0	0	0	0	0	SLP
	POR		0	0	0	0	0	0	0	0	0	0	0	0	0	0	0	0
R12h	W	1	0	0	DSLP	0	VSH2	VSH1	VSH0	1	1	0	0	1	1	0	0	1
	POR		0	0	0	0	1	1	0	1	1	0	0	1	1	0	0	1

SLP:

When SLP = 1 the driver enters normal sleep mode if DSLP = 0. The driver will enter deep sleep mode if DSLP=1.

When SLP = 0, the driver leaves the sleep mode.

图 15-24　休眠模式寄存器设置


```
HAL_LCD_writeCommand(SSD2119_SLEEP_MODE_1_REG);
HAL_LCD_writeData(0x0001);

//
//设置初始电源参数
//电源控制 5 寄存器设置如图 15-25 所示
```

Power Control 5 (R1Eh) (POR = 002Bh)

R/W	DC	IB15	IB14	IB13	IB12	IB11	IB10	IB9	IB8	IB7	IB6	IB5	IB4	IB3	IB2	IB1	IB0
W	1	0	0	0	0	0	0	0	0	nOTP	0	VCM5	VCM4	VCM3	VCM2	VCM1	VCM0
POR*		0	0	0	0	0	0	0	0	0	0	1	0	1	0	1	1

nOTP: nOTP equals to "0" after power on reset and VcomH voltage equals to programmed OTP value. When nOTP set to 1, setting of VCM[5:0] becomes valid and voltage of VcomH can be adjusted.

VCM[5:0]: Set the VcomH voltage if nOTP = "1". These bits amplify the VcomH voltage 0.36 to 0.99 times the VLCD63 voltage. Default value is "101001" when power on reset.

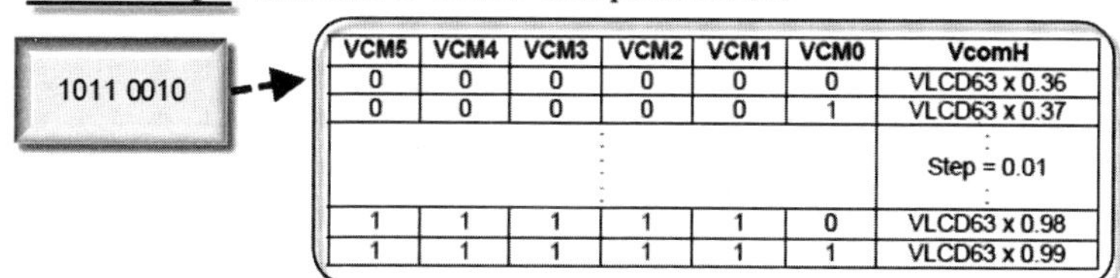

1011 0010

VCM5	VCM4	VCM3	VCM2	VCM1	VCM0	VcomH
0	0	0	0	0	0	VLCD63 x 0.36
0	0	0	0	0	1	VLCD63 x 0.37
:						Step = 0.01
1	1	1	1	1	0	VLCD63 x 0.98
1	1	1	1	1	1	VLCD63 x 0.99

图 15-25　电源控制 5 寄存器设置

```
HAL_LCD_writeCommand(SSD2119_PWR_CTRL_5_REG);
HAL_LCD_writeData(0x00B2);

//下面的寄存器设置请读者按上述方法自行完成
HAL_LCD_writeCommand(SSD2119_VCOM_OTP_1_REG);
HAL_LCD_writeData(0x0006);

//
//启动振荡器
//
HAL_LCD_writeCommand(SSD2119_OSC_START_REG);
HAL_LCD_writeData(0x0001);

//
//设置像素格式和基本显示方向(扫描方向)
//
HAL_LCD_writeCommand(SSD2119_OUTPUT_CTRL_REG);
HAL_LCD_writeData(0x30EF);
HAL_LCD_writeCommand(SSD2119_LCD_DRIVE_AC_CTRL_REG);
HAL_LCD_writeData(0x0600);

//
//退出睡眠模式
//
HAL_LCD_writeCommand(SSD2119_SLEEP_MODE_1_REG);
HAL_LCD_writeData(0x0000);

//
// 延时 30 ms
//
HAL_LCD_delay(30);

//
//配置像素的颜色格式和 MCU 的接口参数
//
HAL_LCD_writeCommand(SSD2119_ENTRY_MODE_REG);
HAL_LCD_writeData(ENTRY_MODE_DEFAULT);

//
//设置模拟参数
//
HAL_LCD_writeCommand(SSD2119_SLEEP_MODE_2_REG);
```

```
HAL_LCD_writeData(0x0999);
HAL_LCD_writeCommand(SSD2119_ANALOG_SET_REG);
HAL_LCD_writeData(0x3800);

//
//打开显示
//
HAL_LCD_writeCommand(SSD2119_DISPLAY_CTRL_REG);
HAL_LCD_writeData(0x0033);

//
//设置 VCIX2 电压为 6.1 V
//
HAL_LCD_writeCommand(SSD2119_PWR_CTRL_2_REG);
HAL_LCD_writeData(0x0005);

//
//配置 Gamma 校正
//
HAL_LCD_writeCommand(SSD2119_GAMMA_CTRL_1_REG);
HAL_LCD_writeData(0x0000);
HAL_LCD_writeCommand(SSD2119_GAMMA_CTRL_2_REG);
HAL_LCD_writeData(0x0303);
HAL_LCD_writeCommand(SSD2119_GAMMA_CTRL_3_REG);
HAL_LCD_writeData(0x0407);
HAL_LCD_writeCommand(SSD2119_GAMMA_CTRL_4_REG);
HAL_LCD_writeData(0x0301);
HAL_LCD_writeCommand(SSD2119_GAMMA_CTRL_5_REG);
HAL_LCD_writeData(0x0301);
HAL_LCD_writeCommand(SSD2119_GAMMA_CTRL_6_REG);
HAL_LCD_writeData(0x0403);
HAL_LCD_writeCommand(SSD2119_GAMMA_CTRL_7_REG);
HAL_LCD_writeData(0x0707);
HAL_LCD_writeCommand(SSD2119_GAMMA_CTRL_8_REG);
HAL_LCD_writeData(0x0400);
HAL_LCD_writeCommand(SSD2119_GAMMA_CTRL_9_REG);
HAL_LCD_writeData(0x0a00);
HAL_LCD_writeCommand(SSD2119_GAMMA_CTRL_10_REG);
HAL_LCD_writeData(0x1000);

//
//配置 Vlcd63 和 VCOMl
```

```
    //
    HAL_LCD_writeCommand(SSD2119_PWR_CTRL_3_REG);
    HAL_LCD_writeData(0x000A);
    HAL_LCD_writeCommand(SSD2119_PWR_CTRL_4_REG);
    HAL_LCD_writeData(0x2E00);

    //
    //设置显示尺寸,并确保 GRAM 窗口设置为允许访问完全的显示缓冲器
    //
    HAL_LCD_writeCommand(SSD2119_V_RAM_POS_REG);
    HAL_LCD_writeData((uint16_t)(LCD_VERTICAL_MAX - 1) << 8);
    HAL_LCD_writeCommand(SSD2119_H_RAM_START_REG);
    HAL_LCD_writeData(0x0000);
    HAL_LCD_writeCommand(SSD2119_H_RAM_END_REG);
    HAL_LCD_writeData(LCD_HORIZONTAL_MAX - 1);
    HAL_LCD_writeCommand(SSD2119_X_RAM_ADDR_REG);
    HAL_LCD_writeData(0x00);
    HAL_LCD_writeCommand(SSD2119_Y_RAM_ADDR_REG);
    HAL_LCD_writeData(0x00);

    //
    //清除显示缓冲区内容
    //
    HAL_LCD_writeCommand(SSD2119_RAM_DATA_REG);
    for(ulCount = 0; ulCount < 76800; ulCount ++ )
    {
        HAL_LCD_writeData(0x0000);      //Black
        //HAL_LCD_writeData(0xF800);    //Red
        //HAL_LCD_writeData(0x07E0);    //Green
        //HAL_LCD_writeData(0x001F);    //Blue
    }

    //
    //取消 LCD 的 SPI 通信
    //
    HAL_LCD_deselectLCD();
}

//
//设置光标坐标 X,Y 增量从左→右
//
// \参数 X 和 Y 是光标处 LCD 的像素坐标
```

```
// \返回值:无

void Kitronix320x240x16_SSD2119_setCursorLtoR(uint16_t X,
                                              uint16_t Y)
{
    HAL_LCD_writeCommand(SSD2119_ENTRY_MODE_REG);
    HAL_LCD_writeData(MAKE_ENTRY_MODE(HORIZ_DIRECTION));
    HAL_LCD_writeCommand(SSD2119_X_RAM_ADDR_REG);
    HAL_LCD_writeData(MAPPED_X(X, Y));
    HAL_LCD_writeCommand(SSD2119_Y_RAM_ADDR_REG);
    HAL_LCD_writeData(MAPPED_Y(X, Y));
    HAL_LCD_writeCommand(SSD2119_RAM_DATA_REG);
}

//
// 设置光标坐标 X,Y 增量从上→下
//
// \参数 X 和 Y 是光标处 LCD 的像素坐标
// \返回值:无

void Kitronix320x240x16_SSD2119_setCursorTtoB(uint16_t X,
                                              uint16_t Y)
{
    HAL_LCD_writeCommand(SSD2119_ENTRY_MODE_REG);
    HAL_LCD_writeData(MAKE_ENTRY_MODE(VERT_DIRECTION));
    HAL_LCD_writeCommand(SSD2119_X_RAM_ADDR_REG);
    HAL_LCD_writeData(MAPPED_X(X, Y));
    HAL_LCD_writeCommand(SSD2119_Y_RAM_ADDR_REG);
    HAL_LCD_writeData(MAPPED_Y(X, Y));
    HAL_LCD_writeCommand(SSD2119_RAM_DATA_REG);
}

//*****************************************************************************
//
//! 在屏幕上绘制一个像素点
//! \参数 pvDisplayData:指向特定显示驱动数据的指针
//! \参数 X :像素的 X 坐标
//! \参数 Y :像素的 Y 坐标
//! \参数 Value :像素的颜色值
//!
//! 该函数给指定的像素设置一个特定的颜色
//! 假设像素的坐标在可显示的区域之内
```

```
//! \返回值:无
//
//*****************************************************************
static void
Kitronix320x240x16_SSD2119PixelDraw(void * pvDisplayData,
                                    int16_t X,
                                    int16_t Y,
                                    uint16_t Value)
{
    //
    //选择 LCD 的 SPI 通信
    //
    HAL_LCD_selectLCD();

    //
    //设置显示光标的 X 地址
    //
    HAL_LCD_writeCommand(SSD2119_X_RAM_ADDR_REG);
    HAL_LCD_writeData(MAPPED_X(X, Y));

    //
    //设置显示光标的 Y 地址
    //
    HAL_LCD_writeCommand(SSD2119_Y_RAM_ADDR_REG);
    HAL_LCD_writeData(MAPPED_Y(X, Y));

    //
    //写像素值
    //
    HAL_LCD_writeCommand(SSD2119_RAM_DATA_REG);
    HAL_LCD_writeData(Value);

    //
    //取消 LCD 的 SPI 通信
    //
    HAL_LCD_deselectLCD();
}

//*****************************************************************
//
//! 在屏幕上绘制像素点的水平序列,即绘制多个像素点
//!
```

```
//! \参数 pvDisplayData:指向特定显示驱动数据的指针
//! \参数 X :第一个像素的 X 坐标
//! \参数 Y :第一个像素的 Y 坐标
//! \参数 X0:在像素数据中的子像素偏移量,其有效值为每个像素 1 或 4 位的格式
//! \参数 Count:待绘制像素的个数
//! \参数 BPP:每个像素的位数,必须是 1、4、8
//! \参数 puint8Data :指向像素数据的指针。对于每个像素 1 和 4 位的格式,MSB 代表最左
//! \边的像素参数 pucPalette:指向用于绘制像素调色板的指针
//!
//! 该函数使用提供的调色板在屏幕上绘制像素的水平序列
//! 对于每个像素 1 位的格式,调色板包含预转换颜色
//! 对于每个像素 4 和 8 位的格式,在调色板中包含的 24 位 RGB 值在写入显示器之前必须
//! 被转换
//! \返回值:无
//
//**************************************************************
static void
Kitronix320x240x16_SSD2119PixelDrawMultiple(void * pvDisplayData,
                                            int16_t X,
                                            int16_t Y,
                                            int16_t X0,
                                            int16_t Count,
                                            int16_t BPP,
                                            const uint8_t  * puint8Data,
                                            const uint32_t  * pucPalette)
{
 ⋮
}
//**************************************************************
//
//! 绘制一条水平线
//!
//! \参数 pvDisplayData:指向特定显示驱动数据的指针
//! \参数 X1 :线段的起始 X 坐标
//! \参数 X2:线段的结束 X 坐标
//! \参数 Y :线段的 Y 坐标
//! \参数 Value :线段的颜色值
//!
//! 该函数在液晶显示器上绘制一条水平线
//! 假设线段的坐标在可显示的区域之内
//!
//! \返回值:无
```

```
//
//*****************************************************************
static void
Kitronix320x240x16_SSD2119LineDrawH(void * pvDisplayData,
                                    int16_t X1,
                                    int16_t X2,
                                    int16_t Y,
                                    uint16_t Value)
{
  ⋮
}

//*****************************************************************
//
//! 绘制一条垂直线
//!
//! \参数 pvDisplayData:指向特定显示驱动数据的指针
//! \参数 X :线段的 X 坐标
//! \参数 Y1:线段的起始 Y 坐标
//! \参数 Y2 :线段的结束 Y 坐标
//! \参数 Value :线段的颜色值
//!
//! 该函数在液晶屏上绘制一条垂直线
//! 假设线段的坐标在可显示的区域之内
//!
//! \返回值:无
//
//*****************************************************************
static void
Kitronix320x240x16_SSD2119LineDrawV(void * pvDisplayData,
                                    int16_t X,
                                    int16_t Y1,
                                    int16_t Y2,
                                    uint16_t Value)
{
  ⋮
}

//*****************************************************************
//
//! 绘制一条线
//!
```

```
//! \参数 pContext :指向使用的绘图上下文的指针
//! \参数 lX1 : 线段的起始 X 坐标
//! \参数 lY1 : 线段的起始 Y 坐标
//! \参数 lX2 : 线段的结束 X 坐标
//! \参数 lY2 :线段的结束 Y 坐标
//!
//! 该函数使用布氏画线算法
//!
//! \返回值:无
//
//*****************************************************************
void
Kitronix320x240x16_SSD2119LineDraw(void * pContext,
                                   int16_t lX1,
                                   int16_t lY1,
                                   int16_t lX2,
                                   int16_t lY2,
                                   uint16_t Value)
{
    ⋮
}
```



```
//*****************************************************************
//
//! 填充一个矩形
//!
//! \参数 pvDisplayData:指向特定显示驱动数据的指针
//! \参数 pRect :指向所描述的矩形结构的指针
//! \参数 ulValue :矩形的颜色值
//!
//! 该函数的功能为在显示器上填充一个矩形区域
//! \返回值:无
//
//*****************************************************************
static void
Kitronix320x240x16_SSD2119RectFill(void * pvDisplayData,
                                   const Graphics_Rectangle * pRect,
                                   uint16_t ulValue)
{
    ⋮
}
```

```
//*****************************************************************
//
//! 将 24 位的 RGB 颜色转换成特定的显示颜色
//!
//! \参数 pvDisplayData:指向特定显示驱动数据的指针
//! \参数 ulValue:24 位 RGB 的颜色值,其中,LSB 是蓝色通道,第二个字节是绿色通道,第三
//! 个字节是红色通道
//! 该函数将 24 位的 RGB 颜色转换成可以写入显示帧缓冲区中的值,以便再现该颜色
//! 或者最接近该颜色的近似值
//!
//! \返回显示驱动的特定颜色
//
//*****************************************************************
static uint32_t
Kitronix320x240x16_SSD2119ColorTranslate(void * pvDisplayData,
                                         uint32_t ulValue)
{
    //
    //将 24 位的 RGB 颜色转换成 5-6-5 RGB 的颜色(见图 15 - 5)
    //
    return(((((ulValue) & 0x00f80000) >> 8) |
            (((ulValue) & 0x0000fc00) >> 5) |
            (((ulValue) & 0x000000f8) >> 3)));
}

//*****************************************************************
//
//! 刷新绘制操作的任何缓存
//!
//! \参数 pvDisplayData:指向特定显示驱动数据的指针
//!
//! 该函数刷新在显示器上绘制操作的任何缓存,这有利于使用本地帧缓冲器来进行绘制
//! 操作,并且刷新操作将复制到显示器的本地帧缓冲区。对于 SSD2119 驱动器来说,不包
    含刷新操作
//!
//! \返回值:无
//
//*****************************************************************
static void
Kitronix320x240x16_SSD2119Flush(void * pvDisplayData)
{
    //
```

```
    //对于 SSD2119 无操作
    //
}

//*****************************************************************
//
//! 发送清屏命令
//!
//! \参数 pvDisplayData:指向特定显示驱动数据的指针
//!
//! 该函数用于清屏,并使显示缓存中的内容初始化为当前的背景颜色
//!
//! \返回值:无
//
//*****************************************************************
static void
Kitronix320x240x16_SSD2119ClearScreen(void * pvDisplayData,
                                      uint16_t ulValue)
{
    uint16_ty0;

    for(y0 = 0; y0 < LCD_VERTICAL_MAX; y0 ++ )
    {
        Kitronix320x240x16_SSD2119LineDrawH(pvDisplayData, 0,
                                            LCD_HORIZONTAL_MAX - 1, y0,
                                            ulValue);
    }
}

//*****************************************************************
//
//! 图形显示结构体(Graphics_Display)描述了采用 SSD2119 液晶驱动芯片的 Kitronix
// K350QVG - V1 - F TFT-LCD 的驱动
//*****************************************************************
const Graphics_Displayg_sKitronix320x240x16_SSD2119 =
{
    sizeof(tDisplay),
    0,
#ifdefined(PORTRAIT) || defined(PORTRAIT_FLIP)
    240,
    320,
#else
```

```
    320,
    240,
#endif
    Kitronix320x240x16_SSD2119PixelDraw,
    Kitronix320x240x16_SSD2119PixelDrawMultiple,
    Kitronix320x240x16_SSD2119LineDrawH,
    Kitronix320x240x16_SSD2119LineDrawV,
    Kitronix320x240x16_SSD2119RectFill,
    Kitronix320x240x16_SSD2119ColorTranslate,
    Kitronix320x240x16_SSD2119Flush,
    Kitronix320x240x16_SSD2119ClearScreen
};
```

2. 图形基元层

图形基元层提供了一组底层的绘图操作，这些操作包括画线、圆、文本和位图等；允许多个绘图操作使用离屏缓冲区，并将最后的结果一次性复制到屏幕上。

(1) 常用数据结构定义

tContext 结构体的定义如下：

```
typedef struct
{
    int32_t i32Size;
    const tDisplay *psDisplay;
    tRectangle sClipRegion;
    uint32_t ui32Foreground;
    uint32_t ui32Background;
    const tFont *psFont;
    void(*pfnStringRenderer)(const struct _t Context *,
                             const char *,
                             int32_t,
                             int32_t,
                             int32_t,
                             bool);
    const tCodePointMap *pCodePointMapTable;
    uint16_t ui16Codepage;
    uint8_t ui8NumCodePointMaps;
    uint8_t ui8CodePointMap;
    uint8_t ui8Reserved;
}
tContext
```

参数说明：

i32Size：结构体的大小。

psDisplay：在屏幕上执行绘图操作。

sClipRegion：在屏幕上绘图时所使用的裁减区域。

ui32Foreground：在屏幕上绘制图形的前景色。

ui32Background：在屏幕上绘制图形的背景色。

psFont：在屏幕上渲染文本的字体。

pfnStringRenderer：指向替换字符串渲染函数的指针，应用程序能够使用它为特定语言字符串提供渲染支持。如果设置了该功能，则其通过调用 GrStringDraw 函数来控制。

pCodePointMapTable：用于映射在各种被支持的源代码页与使用字体所支持的代码页之间的功能表。

ui16Codepage：当前选定的源文本的代码页。

ui8NumCodePointMaps：在 pCodePointMapTable 数组中的条目数。

ui8CodePointMap：基于选定的代码页和当前字体的代码点映射表条目的索引。

ui8Reserved：保留用于将来的扩展。

功能描述：该结构定义了用于在屏幕上绘图的绘图上下文，在任何时候可以存在多种绘图上下文。

(2) 几个常用图形基元层的固件库函数

1) Graphics_drawCircle

函数原型：
```
void Graphics_drawCircle(const Graphics_Context * context,
                         int32_t x,
                         int32_t y,
                         int32_t radius)
```

功能：画一个圆。

参数说明：

context：指向使用的绘制上下文的指针。

x：圆心的 X 坐标。

y：圆心的 Y 坐标。

radius：圆的半径。

返回参数：无。

2) Graphics_fillCircle

函数原型：
```
void Graphics_fillCircle(const Graphics_Context * context,
                         int32_t x,
                         int32_t y,
                         int32_t radius)
```

功能:画一个实心圆。

参数说明:

context:指向使用的绘制上下文的指针。

x:圆心的X坐标。

y:圆心的Y坐标。

radius:圆的半径。

返回参数 :无。

3) Graphics_initContext

函数原型:void Graphics_initContext(Graphics_Context * context,
                                  const Graphics_Display * display)

功能:初始化绘图上下文。

参数说明:

context:指向要初始化的绘图上下文的指针。

display:指向描述使用显示驱动的 Graphics_Display Info 结构的指针。

返回参数 :无。

4) Graphics_getFontHeight

函数原型:uint8_t Graphics_getFontHeight(const Graphics_Font * font)

功能:获取字体的高度。

参数说明:

font:指向待查询字体的指针。

返回参数:返回以像素为单位的字体高度。

5) Graphics_getFontMaxWidth

函数原型:uint8_t Graphics_getFontMaxWidth(const Graphics_Font * font)

功能:获取字体最大宽度。

参数说明:

font:指向待查询字体的指针。

返回参数:返回以像素为单位的字体最大宽度。

6) Graphics_drawLine

函数原型:void Graphics_drawLine(const Graphics_Context * context,
                              int32_t x1,
                              int32_t y1,
                              int32_t x2,
                              int32_t y2)

功能:绘制一条直线。

参数说明:

context:指向待绘图上下文的指针。

x1:直线起始位置的 X 坐标。

y1:直线起始位置的 Y 坐标。

x2:直线结束位置的 X 坐标。

y2:直线结束位置的 Y 坐标。

返回参数 :无。

7) Graphics_drawLineH

函数原型:

```
void Graphics_drawLineH(const Graphics_Context * context,
                        int32_t x1,
                        int32_t x2,
                        int32_t y)
```

功能:绘制一条水平线。

参数说明:

context:指向待绘图上下文的指针。

x1:直线起始位置的 X 坐标。

x2:直线结束位置的 X 坐标。

y:直线的 Y 坐标。

返回参数 :无。

8) Graphics_drawLineV

函数原型:

```
void Graphics_drawLineV(const Graphics_Context * context,
                        int32_t x,
                        int32_t y1,
                        int32_t y2)
```

功能:绘制一条垂直线。

参数说明:

context:指向待绘图上下文的指针。

x:直线的 X 坐标。

y1:直线起始位置的 Y 坐标。

y2:直线结束位置的 Y 坐标。

返回参数:无。

9) Graphics_drawRectangle

函数原型:

```
void Graphics_drawRectangle(const Graphics_Context * context,
                            const Graphics_Rectangle * rect)
```

功能:绘制一个矩形。

参数说明:

context:指向待绘图上下文的指针。

rect:指向包含矩形内容的结构指针。

返回参数：无。

10) Graphics_fillRectangle

函数原型：void Graphics_fillRectangle(const Graphics_Context * context,
                                                        const Graphics_Rectangle * rect)

功能：绘制一个填充的矩形。

参数说明：

context：指向待绘图上下文的指针。

rect：指向包含矩形内容的结构指针。

返回参数：无。

11) Graphics_drawString

函数原型：void Graphics_drawString(const Graphics_Context * context,
                                                    int8_t * string,
                                                    int32_t length,
                                                    int32_t x,
                                                    int32_t y,
                                                    bool opaque)

功能：绘制一个字符串。

参数说明：

context：指向待绘图上下文的指针。

string：指向待绘制的字符串指针。

length：应绘制在屏幕上的字符串的字符数。

x：屏幕上字符串的起始位置 X 坐标。

y：屏幕上字符串的起始位置 Y 坐标。

opaque：为真时，可以绘制每一个字符的背景色，为假时则不可以。

返回参数：无。

注意：更多更详细的图形基元层固件库函数的功能介绍请参考 TI 手册。

3. 小工具层

小工具层位于图形基元层之上，有如下小工具组成：

◇ 按钮小工具(Button)；

◇ 复选框小工具(Checkbox)；

◇ 图形按钮小工具(Image Button)；

◇ 单选按钮小工具(Radio Button Widget)。

在遇到绘制以上列出的小工具图形时，仅需简单调用这些函数即可实现，比前面的显示驱动层和图像基元层绘图更方便。这些固件库图形函数请参考 TI 的图形库函数(MSPWare_2_21_00_39_grlib)的小工具部分。

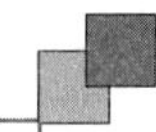

15.3 例　程

下面将以 TI 提供的 MSP－EXP432P401R_GrLib_Example 例程为例来介绍图形库的使用及编程方法。

(1) 硬件连线图

图形库例程的硬件连线图如图 15－26 所示。

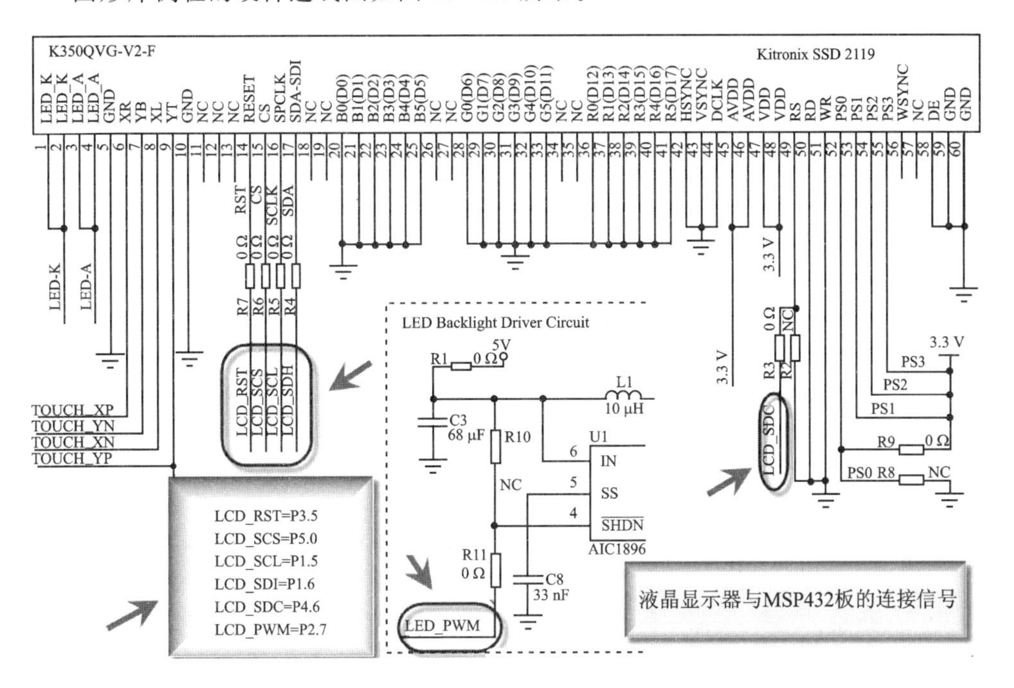

图 15－26　图形库例程的硬件连线图

注意：LED_PWM 接液晶显示器的背光灯电路。

(2) grlib_demo.c 程序介绍

```
//**************************************************************************
/* 文件名:grlib_demo.c
/* 来源:TI 提供的例程
/* 功能描述:演示 MSP432 图形库的一些基本使用方法
**************************************************************************//
/* DriverLib Includes */
#include "driverlib.h"

/* Standard Includes */
#include < stdint.h >
```

```
/* 包含图像库 */
#include "grlib.h"
#include "button.h"
#include "imageButton.h"
#include "radioButton.h"
#include "checkbox.h"
#include "LcdDriver/kitronix320x240x16_ssd2119_spi.h"
#include "images/images.h"
#include "touch_P401R.h"

//触摸屏上下文
touch_contextg_sTouchContext;
Graphics_ImageButtonprimitiveButton;
Graphics_ImageButtonimageButton;
Graphics_ButtonyesButton;
Graphics_ButtonnoButton;

//图形库上下文
Graphics_Contextg_sContext;

// demo 是否运行的标志
bool g_ranDemo = false;

void Delay(uint16_tmsec);
void boardInit(void);
void clockInit(void);
void initializeDemoButtons(void);
void drawMainMenu(void);
void runPrimitivesDemo(void);
void runImagesDemo(void);
void drawRestarDemo(void);

void main(void)
{
//   int16_t ulIdx;
    WDT_A_hold(__WDT_A_BASE__);

    /* 初始化 demo */
    boardInit();
    clockInit();
    initializeDemoButtons();

    /* 使能全局中断 */
    __enable_interrupt();
```

```
    //LCD使用图形库固件库函数调用的设置
    Kitronix320x240x16_SSD2119Init();
    Graphics_initContext(&g_sContext, &g_sKitronix320x240x16_SSD2119);
    Graphics_setBackgroundColor(&g_sContext, GRAPHICS_COLOR_BLACK);
    Graphics_setFont(&g_sContext,&g_sFontCmss20b);
    Graphics_clearDisplay(&g_sContext);

    touch_initInterface();

    drawMainMenu();

    //检测触摸循环
    while(1)
    {
        touch_updateCurrentTouch(&g_sTouchContext);

        if(g_sTouchContext.touch)
        {
            if(Graphics_isImageButtonSelected(&primitiveButton,
                                              g_sTouchContext.x,
                                              g_sTouchContext.y))
            {
                Graphics_drawSelectedImageButton(&g_sContext,&primitiveButton);
                    runPrimitivesDemo();
            }
            else if(Graphics_isImageButtonSelected(&imageButton,
                                                   g_sTouchContext.x,
                                                   g_sTouchContext.y))
            {
                Graphics_drawSelectedImageButton(&g_sContext,&imageButton);
                runImagesDemo();
            }

            if(g_ranDemo == true)
            {
                g_ranDemo = false;
                drawMainMenu();
            }
        }
    }
}

void initializeDemoButtons(void)
{
    //初始化基元demo按钮
```

```
primitiveButton.xPosition = 20;
primitiveButton.yPosition = 50;
primitiveButton.borderWidth = 5;
primitiveButton.selected =  false;
primitiveButton.imageWidth = Primitives_Button4BPP_UNCOMP.xSize;
primitiveButton.imageHeight = Primitives_Button4BPP_UNCOMP.ySize;
primitiveButton.borderColor = GRAPHICS_COLOR_WHITE;
primitiveButton.selectedColor = GRAPHICS_COLOR_RED;
primitiveButton.image = &Primitives_Button4BPP_UNCOMP;

//初始化图形 demo 按钮
imageButton.xPosition = 180;
imageButton.yPosition = 50;
imageButton.borderWidth = 5;
imageButton.selected = false;
imageButton.imageWidth = Primitives_Button4BPP_UNCOMP.xSize;
imageButton.imageHeight = Primitives_Button4BPP_UNCOMP.ySize;
imageButton.borderColor = GRAPHICS_COLOR_WHITE;
imageButton.selectedColor = GRAPHICS_COLOR_RED;
imageButton.image = &Images_Button4BPP_UNCOMP;

yesButton.xMin = 80;
yesButton.xMax = 150;
yesButton.yMin = 80;
yesButton.yMax = 120;
yesButton.borderWidth = 1;
yesButton.selected = false;
yesButton.fillColor = GRAPHICS_COLOR_RED;
yesButton.borderColor = GRAPHICS_COLOR_RED;
yesButton.selectedColor = GRAPHICS_COLOR_BLACK;
yesButton.textColor = GRAPHICS_COLOR_BLACK;
yesButton.selectedTextColor = GRAPHICS_COLOR_RED;
yesButton.textXPos = 100;
yesButton.textYPos = 90;
yesButton.text = "YES";
yesButton.font = &g_sFontCm18;

noButton.xMin = 180;
noButton.xMax = 250;
noButton.yMin = 80;
noButton.yMax = 120;
noButton.borderWidth = 1;
noButton.selected = false;
noButton.fillColor = GRAPHICS_COLOR_RED;
noButton.borderColor = GRAPHICS_COLOR_RED;
```

```
    noButton.selectedColor = GRAPHICS_COLOR_BLACK;
    noButton.textColor = GRAPHICS_COLOR_BLACK;
    noButton.selectedTextColor = GRAPHICS_COLOR_RED;
    noButton.textXPos = 200;
    noButton.textYPos = 90;
    noButton.text = "NO";
    noButton.font = &g_sFontCm18;
}

void drawMainMenu(void)
{
    Graphics_setForegroundColor(&g_sContext, GRAPHICS_COLOR_RED);
    Graphics_setBackgroundColor(&g_sContext, GRAPHICS_COLOR_BLACK);
    Graphics_clearDisplay(&g_sContext);
    Graphics_drawStringCentered(&g_sContext, "MSP Graphics Library Demo",
                                AUTO_STRING_LENGTH,
                                159,
                                15,
                                TRANSPARENT_TEXT);

    //在屏幕底部绘制TI标志
    Graphics_drawImage(&g_sContext,
                       &TI_platform_bar_red4BPP_UNCOMP,
                       0,
                       Graphics_getDisplayHeight(
                       &g_sContext) - TI_platform_bar_red4BPP_UNCOMP.ySize);

    //绘制基元的图形按钮
    Graphics_drawImageButton(&g_sContext, &primitiveButton);

    //绘制图形的图形按钮
    Graphics_drawImageButton(&g_sContext, &imageButton);
}

void runPrimitivesDemo(void)
{
    int16_tulIdx;
    uint32_tcolor;

    Graphics_RectanglemyRectangle1 = { 10, 50, 155, 120};
    Graphics_RectanglemyRectangle2 = { 150, 100, 300, 200};
    Graphics_RectanglemyRectangle3 = { 0, 0, 319, 239};

    Graphics_setForegroundColor(&g_sContext, GRAPHICS_COLOR_RED);
    Graphics_setBackgroundColor(&g_sContext, GRAPHICS_COLOR_BLACK);
```

```
Graphics_clearDisplay(&g_sContext);
Graphics_drawString(&g_sContext, "Draw Pixels & Lines",AUTO_STRING_LENGTH,
                    60, 5, TRANSPARENT_TEXT);
Graphics_drawPixel(&g_sContext, 45, 45);
Graphics_drawPixel(&g_sContext, 45, 50);
Graphics_drawPixel(&g_sContext, 50, 50);
Graphics_drawPixel(&g_sContext, 50, 45);
Graphics_drawLine(&g_sContext, 60, 60, 200, 200);
Graphics_drawLine(&g_sContext, 30, 200, 200, 60);
Graphics_drawLine(&g_sContext, 0, Graphics_getDisplayHeight(
                        &g_sContext) - 1,
                   Graphics_getDisplayWidth(&g_sContext) - 1,
                    Graphics_getDisplayHeight(&g_sContext) - 1);
Delay(2000);
Graphics_clearDisplay(&g_sContext);
Graphics_drawStringCentered(&g_sContext, "Draw Rectangles",
                              AUTO_STRING_LENGTH,
                              159, 15, TRANSPARENT_TEXT);
Graphics_drawRectangle(&g_sContext, &myRectangle1);
Graphics_fillRectangle(&g_sContext, &myRectangle2);
//由于透明(前景颜色匹配),所以文本将不会显示在屏幕上
Graphics_drawStringCentered(&g_sContext, "Normal Text",
                              AUTO_STRING_LENGTH,
                              225, 120, TRANSPARENT_TEXT);
//绘制前景和背景不透明的文本
Graphics_drawStringCentered(&g_sContext, "Opaque Text",
                              AUTO_STRING_LENGTH,
                              225, 150, OPAQUE_TEXT);
Graphics_setForegroundColor(&g_sContext, GRAPHICS_COLOR_BLACK);

Graphics_setBackgroundColor(&g_sContext, GRAPHICS_COLOR_RED);
//前景反色使其文本可见
Graphics_drawStringCentered(&g_sContext, "Invert Text",
                              AUTO_STRING_LENGTH,
                              225, 180, TRANSPARENT_TEXT);
Delay(2000);
Graphics_setForegroundColor(&g_sContext, GRAPHICS_COLOR_RED);
Graphics_setBackgroundColor(&g_sContext, GRAPHICS_COLOR_BLACK);
//反转前景和背景的颜色
Graphics_fillRectangle(&g_sContext, &myRectangle3);
Graphics_setForegroundColor(&g_sContext, GRAPHICS_COLOR_BLACK);
Graphics_setBackgroundColor(&g_sContext, GRAPHICS_COLOR_RED);
Graphics_drawStringCentered(&g_sContext, "Invert Colors",
                              AUTO_STRING_LENGTH, 159, 15, TRANSPARENT_TEXT);
Graphics_drawRectangle(&g_sContext, &myRectangle1);
```

```
    Graphics_fillRectangle(&g_sContext, &myRectangle2);

   //绘制一个 1/4 的矩形扫描线,从红色到紫色
    for(ulIdx = 128; ulIdx >= 1; ulIdx--)
    {
        //红色
        *((uint16_t *)(&color) + 1) = 255;
        //蓝色和绿色
        *((uint16_t *)(&color)) =
            ((((128 - ulIdx) * 255) >> 7) << ClrBlueShift);

        Graphics_setForegroundColor(&g_sContext, color);
        Graphics_drawLine(&g_sContext, 160, 200, 32, ulIdx + 72);
    }

    Delay(2000);
    g_ranDemo = true;

    drawRestarDemo();
}

void runImagesDemo(void)
{
    Graphics_setForegroundColor(&g_sContext, GRAPHICS_COLOR_RED);
    Graphics_setBackgroundColor(&g_sContext, GRAPHICS_COLOR_BLACK);
    Graphics_clearDisplay(&g_sContext);
    Graphics_drawStringCentered(&g_sContext, "Draw Uncompressed Image",
                                AUTO_STRING_LENGTH, 159, 200, TRANSPARENT_TEXT);
    Delay(2000);
    //在显示器上绘制图形
    Graphics_drawImage(&g_sContext, &lcd_color_320x2408BPP_UNCOMP, 0, 0);
    Delay(2000);
    Graphics_setForegroundColor(&g_sContext, GRAPHICS_COLOR_BLACK);
    Graphics_setBackgroundColor(&g_sContext, GRAPHICS_COLOR_WHITE);
    Graphics_clearDisplay(&g_sContext);
    Graphics_drawStringCentered(&g_sContext, "Draw RLE4 compressed Image",
                               AUTO_STRING_LENGTH, 159, 200, TRANSPARENT_TEXT);
    Delay(2000);
    Graphics_drawImage(&g_sContext, &TI_logo_150x1501BPP_COMP_RLE4, 85, 45);
    Delay(2000);

    g_ranDemo = true;

    drawRestarDemo();
}
```

```
void drawRestarDemo(void)
{
    g_ranDemo = false;
    Graphics_setForegroundColor(&g_sContext, GRAPHICS_COLOR_RED);
    Graphics_setBackgroundColor(&g_sContext, GRAPHICS_COLOR_BLACK);
    Graphics_clearDisplay(&g_sContext);
    Graphics_drawStringCentered(&g_sContext, "Would you like to go back",
                                AUTO_STRING_LENGTH,
                                159,
                                45,
                                TRANSPARENT_TEXT);
    Graphics_drawStringCentered(&g_sContext, "to the main menu?",
                                AUTO_STRING_LENGTH,
                                159,
                                65,
                                TRANSPARENT_TEXT);

    //绘制基元的图形按钮
    Graphics_drawButton(&g_sContext, &yesButton);

    // 绘制图形的图形按钮
    Graphics_drawButton(&g_sContext, &noButton);

    do
    {
        touch_updateCurrentTouch(&g_sTouchContext);
        if(Graphics_isButtonSelected(&noButton, g_sTouchContext.x,
                                     g_sTouchContext.y))
        {
            Graphics_drawSelectedButton(&g_sContext, &noButton);
            g_ranDemo = true;
        }
        else
        {
            if(g_ranDemo)
            {
                Graphics_drawReleasedButton(&g_sContext, &noButton);
                g_ranDemo = false;
            }
        }
    }
    while(!Graphics_isButtonSelected(&yesButton,g_sTouchContext.x,
                                     g_sTouchContext.y));

    Graphics_drawSelectedButton(&g_sContext, &yesButton);
```

```
    g_ranDemo = true;
    Delay(1000);
}

void boardInit()
{
    FPU_enableModule();
}

void clockInit(void)
{
    /* 两个 Flash 等待状态,VCORE = 1,关闭 DC/DC,48 MHz */
    FlashCtl_setWaitState(FLASH_BANK0, 2);
    FlashCtl_setWaitState(FLASH_BANK1, 2);
    PCM_setPowerState(PCM_AM_DCDC_VCORE1);
    CS_setDCOCenteredFrequency(CS_DCO_FREQUENCY_48);
    CS_setDCOFrequency(48000000);
    CS_initClockSignal(CS_MCLK, CS_DCOCLK_SELECT, 1);
    CS_initClockSignal(CS_SMCLK, CS_DCOCLK_SELECT, 1);
    CS_initClockSignal(CS_HSMCLK, CS_DCOCLK_SELECT, 1);

    return;
}

void Delay(uint16_tmsec)
{
    uint32_ti = 0;
    uint32_ttime = (msec / 1000) * (SYSTEM_CLOCK_SPEED / 15);

    for(i = 0; i<time; i++)
    {
        ;
    }
}
```

小结:

① 必须将待使用液晶显示器的基本属性用 Graphics_Display 结构体进行描述,以满足调用 MSPWare 图形库的条件。

② 需将液晶显示器技术手册中的命令列表以宏定义的方式表述出来(仅用到的功能)。例如,本例的 SSD2119 内部寄存器的宏定义及命令表,如图 15-27 所示。

请读者按照图 15-27 所示的格式,用宏定义来描述目前比较流行的控制芯片为 ILI9341 的 TFT 内部寄存器,如图 15-28 所示。这是能否调用 MSPWare 图形库的重要一步。

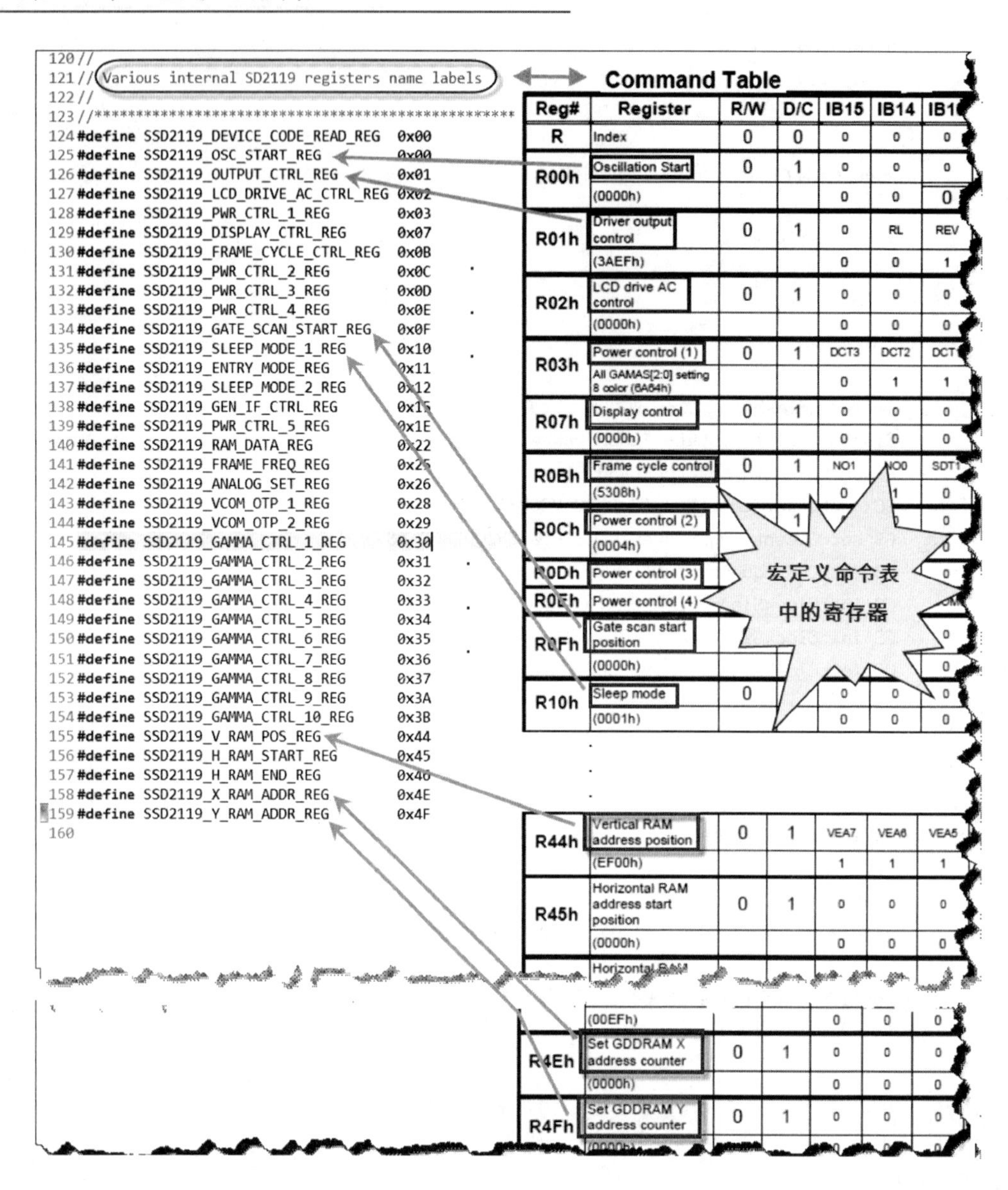

图15-27　SSD2119内部寄存器的宏定义及命令表

③ 编写液晶显示器的驱动程序是使用液晶显示器的关键一步，这也是学习如何使用液晶显示器最难的一步，这其中又以初始化液晶显示器最为麻烦。如何突破驱动程序的编写是读者应该重点关注的问题。

第一，要使液晶显示器实现某项功能，必须首先写入命令，然后写入能实现该任务的数据，如图15-23所示。例如，要想使液晶显示器进入休眠模式，其代码的写法如下：

写命令：HAL_LCD_writeCommand(SSD2119_SLEEP_MODE_1_REG)

写数据：HAL_LCD_writeData(0x0001)

第二，按照图 15－24 和图 15－25 中的描述方法对寄存器中的每一位按照需求进行定义。

④ 完成以上 3 个步骤后，再模仿本例或 TI 提供的调用 MSPWare 图形库的模板，即可实现 TI 图形库固件库函数的调用。

Command List

Regulative Command Set													
Command Function	D/CX	RDX	WRX	D17-8	D7	D6	D5	D4	D3	D2	D1	D0	Hex
No Operation	0	1	↑	XX	0	0	0	0	0	0	0	0	00h
Software Reset	0	1	↑	XX	0	0	0	0	0	0	0	1	01h
Read Display Identification Information	0	1	↑	XX	0	0	0	0	0	1	0	0	04h
	1	↑	1	XX	X	X	X	X	X	X	X	X	XX
	1	↑	1	XX	ID1 [7:0]								XX
	1	↑	1	XX	ID2 [7:0]								XX
	1	↑	1	XX	ID3 [7:0]								XX
Read Display Status	0	1	↑	XX	0	0	0	0	1	0	0	1	09h
	1	↑	1	XX	X	[illegible]	X	X	X	X	X	X	XX
	1	↑	1	[illegible]	[illegible]							X	00
	1	↑	[illegible]	[illegible]	[illegible]				D [19:16]				61
	1	↑	[illegible]	[illegible]	[illegible]				X	D [10:8]			00
	1	[illegible]	[illegible]	[illegible]	[illegible]					X	X	X	00
Read Display Power Mode	0	[illegible]	[illegible]	[illegible]	[illegible]	[illegible]	[illegible]	[illegible]	1	0	1	0	0Ah
	1	↑	[illegible]	[illegible]	[illegible]	[illegible]	[illegible]	[illegible]	X	X	X	X	XX
	1	↑	1	[illegible]	[illegible]						0	0	08
Read Display MADCTL	0	1	↑	XX	[illegible]	[illegible]	[illegible]	0	1	0	1	1	0Bh
	1	↑	1	XX	X	X	X	X	X	X	X	X	XX
	1	↑	1	XX	D [7:2]						0	0	00
Read Display Pixel Format	0	1	↑	XX	0	0	0	0	1	1	0	0	0Ch
	1	↑	1	XX	X	X	X	X	X	X	X	X	XX
	1	↑	1	XX	RIM	DPI [2:0]			X	DBI [2:0]			06
	0	1	↑	XX	0	0	0	0	1	1	0	1	0Dh
Digital Gamma Control 1	0	1	↑	XX	1	1	1	0	0	0	1	0	E2h
1st Parameter	1	1	↑	XX	RCA0 [3:0]				BCA0 [3:0]				XX
:	1	1	↑	XX	RCAx [3:0]				BCAx [3:0]				XX
16th Parameter	1	1	↑	XX	RCA15 [3:0]				BCA15 [3:0]				XX
Digital Gamma Control 2	0	1	↑	XX	1	1	1	0	0	0	1	1	E3h
1st Parameter	1	1	↑	XX	RFA0 [3:0]				BFA0 [3:0]				XX
:	1	1	↑	XX	RFAx [3:0]				BFAx [3:0]				XX
64th Parameter	1	1	↑	XX	RFA63 [3:0]				BFA63 [3:0]				XX
Interface Control	0	1	↑	XX	1	1	1	1	0	1	1	0	F6h
	1	1	↑	XX	MY_EOR	MX_EOR	MV_EOR	X	BGR_EOR	X	X	WEMODE	01
	1	1	↑	XX	X	X	EPF [1:0]		X	X	MDT [1:0]		00
	1	1	↑	XX	X	X	ENDIAN	X	DM [1:0]		RM	RIM	00

可根据该ILI9341命令列表
添加寄存器的宏定义

图 15－28 ILI9341 的命令列表

参考文献

[1] TEXAS INSTRUMENTS. TI MSP432 Peripheral Driver Library USER'S GUIDE. 2015.
[2] TEXAS INSTRUMENTS. TI MSP_Graphics_Library USER'S GUIDE. 2015.
[3] TEXAS INSTRUMENTS. TI MSP－EXP432P401R LaunchPad Evaluation Kit USER'S GUIDE. 2015.
[4] TEXAS INSTRUMENTS. TI MSP432P401x Mixed-Signal Microcontrollers (datasheet). 2015.
[5] TEXAS INSTRUMENTS. TI MSP432P4xx Family Technical Reference Manual. 2015.
[6] 刘杰:基于固件的 ARM Cortex-M4 原理及应用. 北京:机械工业出版社,2015.
[7] TEXAS INSTRUMENTS. TI MSP430g2553 用户指南. 2012.